程序设计竞赛专题挑战教程

蓝桥杯大赛组委会◎组编

罗勇军 杨培林◎编著

人民邮电出版社

北京

图书在版编目（CIP）数据

程序设计竞赛专题挑战教程 / 蓝桥杯大赛组委会组编 ; 罗勇军, 杨培林编著. -- 北京 : 人民邮电出版社, 2023.1
ISBN 978-7-115-60150-6

Ⅰ. ①程… Ⅱ. ①蓝… ②罗… ③杨… Ⅲ. ①程序设计—教材 Ⅳ. ①TP311.1

中国版本图书馆CIP数据核字(2022)第184538号

内 容 提 要

本书面向蓝桥杯全国软件和信息技术专业人才大赛的软件类赛项（以下简称蓝桥杯软件类大赛），从数据结构和算法的维度帮助广大读者训练编程思维和计算思维，掌握编程方法和解题技巧。

本书共 10 章，第 1 章主要介绍了蓝桥杯软件类大赛的基本情况，归类汇总了其涉及的知识点（包括算法知识点），详细介绍了其在线评测系统以说明评分情况。第 2~10 章则由浅入深、由易到难地介绍了各类知识点，包括手算题和杂题、基础数据结构、基本算法、搜索、高级数据结构、动态规划、数学、字符串、图论等，对于每一类知识点都简明扼要地进行说明，并以真题作为例题进行细致讲解，以更好地帮助读者实现学用结合的学习效果。需要特别说明的是，本书例题的代码部分，分别由 C++、Python、Java 三种语言来实现（书中仅提供以 C++、Python 语言编写的代码，以 Java 语言编写的代码可从本书的配套数字资源中获取）。

本书不仅适合作为蓝桥杯软件类大赛参赛者的备赛用书，还适用于备赛其他编程或算法类大赛（如全国青少年信息学奥林匹克竞赛 NOI、国际大学生程序设计竞赛 ICPC、中国大学生程序设计竞赛 CCPC、中国高校计算机大赛-团体程序设计天梯赛 GPLT 等）。此外，本书还可作为本科生和研究生的相关算法课程的教材或参考资料。

◆ 组　　编　蓝桥杯大赛组委会
编　　著　罗勇军　杨培林
责任编辑　李　莎
责任印制　王　郁　胡　南

◆ 人民邮电出版社出版发行　　北京市丰台区成寿寺路 11 号
邮编　100164　　电子邮件　315@ptpress.com.cn
网址　https://www.ptpress.com.cn
三河市君旺印务有限公司印刷

◆ 开本：787×1092　1/16
印张：23.5　　2023 年 1 月第 1 版
字数：581 千字　　2024 年11月河北第12次印刷

定价：85.00 元

读者服务热线：(010)81055410　印装质量热线：(010)81055316
反盗版热线：(010)81055315
广告经营许可证：京东市监广登字 20170147 号

写在前面的话

欢迎开始“蓝桥杯软件类大赛”的学习与备赛！

蓝桥杯软件类大赛实质上是算法竞赛，本书定位的读者是初学者，他有这样的初始能力：

（1）刚学过编程语言，C/C++、Java、Python这三种语言任何一个都行；

（2）具备了基本的编码能力，不需要再问语法问题；

（3）编码仍然不熟练；不懂算法，遇到较难的问题没有思路。

他有这样的学习目标：

（1）深入学习算法知识，提高自己的计算思维能力；

（2）做有难度的编码，提高编码能力；

（3）参加蓝桥杯软件类大赛并获奖。

如果你符合上述初学者画像，那么本书就是你高效实现目标的“脚手架”。

下面就来了解算法竞赛的相关事宜，以及如何高效地备赛。

正确看待算法竞赛

在大学学习过程中，既有面向学位要求的专业课程，又有面向非学位要求的竞赛、创新项目、课题等学习活动。虽然参加竞赛活动是课余的、非强制性的，但是竞赛活动能有力地帮助参赛者强化巩固所学的专业知识，提高思维和动手能力，提升专业水平。不少竞赛活动的含金量也足以证明学生的专业能力，从而使学生在保研、找工作时获得优势。

在权威的全国普通高等院校的学科竞赛排行榜上，蓝桥杯大赛名列其中，是广受欢迎的信息类专业竞赛。其中，蓝桥杯软件类大赛目前已成为参赛人数最多的大学计算机编程竞赛，获得了高校和就业单位的广泛认可，其奖牌是大学生计算机编程能力的一个有力证明。

通过本书的学习，读者不仅有能力获得蓝桥杯软件类大赛的奖项，也有能力在其他算法竞赛中获奖，而且将来在找工作面试时遇到算法题也不用紧张。

从就业需求看，算法竞赛可以说是十分实用的，甚至是带些许“功利色彩”的竞赛。其他类别的一些竞赛活动也能有助于参赛者提高思维能力或锻炼动手能力，但不一定能将这些能力的提升直接体现到就业竞争力上，而通过算法竞赛培养出的计算思维能力、编程能力，则能直接服务于计算机专业工作中，因而算法竞赛的获奖者是企业非常欢迎的人才。常看到这样的新闻：有人在中学时参加了全国青少年信息学奥林匹克竞赛，上大学后从大一开始就能找到公司实习，并且能力超出一般的大学毕业生。不少非计算机专业的学生，在算法竞赛获奖之后，也能从事计算机程序员的工作，并且能力很强。更何况计算机专业的学生，他们在学习算法竞赛后则如虎添翼，能力上升一个大台阶！

算法竞赛具体培养哪些能力？从就业角度看，一名出色的程序员需要经过以下几方面的锻炼。

1. 编写大量代码

编程不是纸上谈兵，而是动手写出合格并高效的代码。在编写代码上进行大量的训练，是成为杰出程序员必下的功夫。

2. 学习各种算法知识

算法是计算机程序的灵魂，每个计算机问题都需要采用适当的算法来解决，例如分析算法的时间复杂度、空间复杂度，从而通过代码来高效地完成任务。竞赛主要考核如何根据具体情况灵活地应用算法，这能很好地促进参赛者对算法的理解与掌握。

3. 培养计算思维和逻辑思维

一道竞赛题往往需要参赛者综合运用多种知识与方法，例如数据结构、算法知识、数学方法、流程和逻辑等，这是计算思维和逻辑思维能力的体现。

4. 掌握多种编程语言

对于蓝桥杯软件类大赛而言，其用到的编程语言就有 C/C++、Java、Python。其中，C/C++因运行效率高、拥有丰富的 STL 函数库，最受参赛者欢迎。Java 和 Python 也很常用，特别是 Python，其上升势头越来越明显。当然，对于这几种编程语言，就业市场上都有大量的相应岗位需求，参赛者掌握得好，就业要容易得多。

如何高效备赛

刚接触蓝桥杯软件类大赛的参赛者往往有这样的困惑：大赛似乎很难、很花时间，不仅难以入门，而且学习成本很高，往往需要半年以上，甚至一年、两年的勤奋学习，才能获得较好的成绩。

本书正是为了解除这样的困惑而编写的：通过本书的学习，你能从一名算法竞赛的“小白”，开始成长为熟悉算法知识、构建起算法思维、拥有高效编码能力的计算机编程人才。

好学上进的你肯定有这样的期望：我想得奖，尽快得奖！

这本书是得奖的捷径吗？答案是确定的！然而，“捷径”往往是“艰难”的代名词。“捷径”并不一定意味着省力，正如爬山的捷径往往更陡峭、更令人费力一样。在算法竞赛的学习这件事上，“捷径”意味着要付出更大的努力，要进行高强度的学习。本书之所以能成为得奖的“捷径”，是因为所提供的知识点更为集中、讲解更清晰、题目设置更有针对性。是否能走通这个“捷径”，取决于你愿意付出多少时间和精力。

学习算法竞赛，请注意以下几个重要问题。

1. 刷题

在面向算法竞赛的所有学习方法中，最重要的一种方法是“刷题”。也就是大量做题，在做题时进行建模训练和编码练习。只读理论、只看书，而不做题，学习效果只会略大于零，能力得不到提高，肯定不能得奖。《天龙八部》里的王语嫣，是位武学理论大师，但手无缚鸡之力，打不过一个没学过任何武功的人。要成为真正的编程高手，只能通过大量做题，才能真正理解算法知识、提高编程能力，并在竞赛中发挥出水平。

那么，“刷”多少题合适？本书介绍了算法竞赛中处于初级和中级层次的知识点，读者可每个知识点做 10～20 题，总共要做 600～1000 题，多多益善！

初学者问：“啊，要做这么多题吗？太累了！”

我的回答：“没其他办法，这是算法竞赛的必由之路。”

2. 速度

参加算法竞赛，编程速度极为重要。蓝桥杯软件类大赛要求在 4 小时内完成 10 道题，时间非常紧张。因而，编程速度是所获奖项级别的重要影响因素。

如何提高编程速度？读题要快！对于每道题，都需要建模后才能进行编程。在竞赛时能快速读完题目并思考出合适的算法，是需要经过大量做题训练的。训练会提高大脑的兴奋度，用最快的速度理解题目并建立计算机编程模型。

此外，为加快做题速度，还需要注意以下 3 点。

（1）熟练掌握集成编译环境。

（2）减少调试，最好是写完程序后，争取一次能通过测试样例。为了减少调试，尽量使用不容易出错的方法，例如少用指针、多使用静态数组、将逻辑功能模块化等。注意，不要使用动态调试方法，不要用单步跟踪、断点等调试工具。因为这样会很慢，况且算法竞赛的代码不长，用不着这样做。如果需要查看中间的运行结果，就在代码中的关键地方打印出调试信息。

（3）使用库函数。如果题目涉及比较复杂的数据处理，或者像 sort()这样需要灵活排序的函数，用库函数可以大大地减少编码量，并减少错误的发生。注意积累 C++、Java、Python 编程语言的库函数。

3. 模板

模板是某些数据结构、算法的标准代码，可谓计算机科学发展过程中众多高手提炼出的“精华”。

初学者问：我想速成，来不及做很多题，不过我可以多准备一些模板，竞赛的时候套一套模板，是不是也能获奖？

我的回答：模板有用且需要掌握，但是，在赛场上模板的作用有限。

模板很有用，例如并查集模板、快速幂模板、埃氏筛模板等，需要参赛者牢记并熟练应用。学习经典算法时，往往也需要整理模板并要多次地学习和使用。有必要强调的是，对于模板中的代码，参赛者得真正理解并多次使用过，才能在做题时快速地应用于编程。

有的算法竞赛可以带纸质资料进场，相当于开卷考试，例如 ICPC、CCPC，有不少参赛者带了打印出来的厚厚一沓代码资料和各种书籍进场竞赛。但是，蓝桥杯软件类大赛采用的是闭卷形式，禁止带任何资料进场，因而参赛者要完全靠脑力，模板要靠“背”！这就增加了一定的难度。

不过，把模板带到赛场上用处大吗？答案是“90%的否定”！换句话说，想靠模板速成、急着用来参赛获奖是不现实的。

首先，赛场上的题目基本是新题，也就是以前没有出现过的（按道理是这样，至于命题人是不是按道理办事，就是主办方的责任了）。做题少、对知识点理解不深的初学者难以知道应该套用哪个模板。

其次，不能直接套用模板。不同的编程题目，即使用到相同的算法或数据结构，也往往不能直接使用同样的代码，而是要作出很多修改，因为不同环境下的变量和数据规模是不同的。对于模板的学习和使用，需要花时间融会贯通，不能急于求成。参赛者应在深入理解和熟练地掌握模板之后，才能将之应用到竞赛解题中。为了避免参赛者直接套用模板，蓝桥杯软件类大赛的命题人甚至会在出题上“绕圈子”。因而不能原封不动地“抄”模板，而是要灵活运用。

初学者看到这里，可能想打退堂鼓了。但是，请记住“成本越高，收益越大”。学习备赛累、提高编码水平累，这的确是一道门槛，但也正是如此才能筛选出真正的计算机编程能手。如果一个技能很容易掌握，那这个技能大多是大众化的，含金量不高；而像蓝桥杯这样的竞赛，的确是不好学且学习成本高，但能学出来的就是高手，毕业后也能有更光明的就业前景。

有学生是零基础，是刚开始学编程语言，想等学完之后再开始算法竞赛的学习。不要等！因为算法竞赛的编码用不着复杂语法，而且初学者也能将竞赛题当成编程语言的练习题来做。

自主学习，最大的动力是自己！也要找同学一起学，不要自己一个人，有难度的学习，需要互相鼓励，一起进步。

让我们一起走进算法竞赛的“星辰大海”！

蓝桥杯大赛官方资源的获取

蓝桥云课是蓝桥杯大赛的官方资源平台。对于本书所提供的题目，读者都可以在蓝桥云课上进行模拟训练，其内嵌了在线评测系统，能进行自动判题，并返回有关正误的提示，从而帮助读者可以完全自主地高效学习编程。蓝桥云课所提供资源的相关链接如下。

- 链接 1：蓝桥杯大赛官方网站，dasai.lanqiao.cn。
- 链接 2：Python 3 自带标准库，https://docs.python.org/3/library/index.html。
- 链接 3：蓝桥杯大赛历届真题，https://www.lanqiao.cn/courses/2786。
- 链接 4：蓝桥杯官网题库，www.lanqiao.cn/problems，以下简称 lanqiaoOJ。

需要特别指出的是，lanqiaoOJ 提供了海量的算法竞赛经典例题及蓝桥杯软件类大赛的历年真题，真题所使用的评测数据与大赛评分时使用的测试数据一致。如果你参加了大赛，那在赛后于蓝桥云课的“链接 3”或“链接 4”中提交源代码，可得到最接近于实际成绩的结果。如果你正在备赛，那么可以在蓝桥云课中找到完整的算法学习路线与训练体系，其能在很大程度上帮助你取得好成绩。

对于本书例题的解答，虽然书中以 C++为主，并在必要时提供了 Python 的代码以供读者对照学习，但实际上每道题均提供了 C++、Java、Python 三种语言的参考代码，所有的参考代码均可在本书配套资源中获取。

此外，蓝桥云课的社区资源相当丰富，不仅有专为蓝桥杯软件类大赛展开的话题，还涵盖了计算机相关岗位求职就业的内容。

罗勇军
2022 年 8 月，上海

资源与支持

本书由异步社区出品，社区（https://www.epubit.com/）为您提供相关资源和后续服务。

配套资源

本书提供如下资源：

- 本书配套源代码；
- 本书配套 PPT 课件。

要获得以上配套资源，请在异步社区本书页面中点击 配套资源 ，跳转到下载界面，按提示进行操作即可。注意：为保证购书读者的权益，该操作会给出相关提示，要求输入提取码进行验证。

提交勘误

作者和编辑尽最大努力来确保书中内容的准确性，但难免会存在疏漏。欢迎您将发现的问题反馈给我们，帮助我们提升图书的质量。

当您发现错误时，请登录异步社区，按书名搜索，进入本书页面，点击“提交勘误”，输入勘误信息，单击“提交”按钮即可。本书的作者和编辑会对您提交的勘误进行审核，确认并接受后，您将获赠异步社区的 100 积分。积分可用于在异步社区兑换优惠券、样书或奖品。

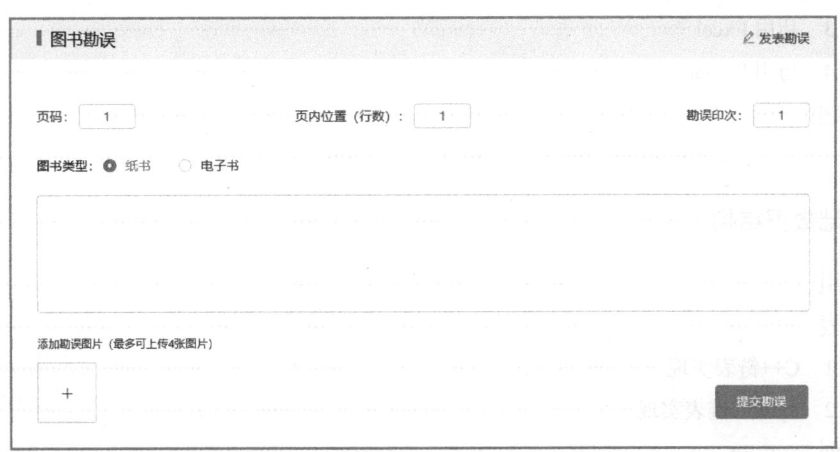

扫码关注本书

扫描下方二维码，您将会在异步社区微信服务号中看到本书信息及相关的服务提示。

目录

第 1 章　蓝桥杯软件类大赛介绍……1
1.1　蓝桥杯软件类大赛的竞赛规则……1
1.2　竞赛题示例……4
1.3　算法知识点总览……5
1.4　历年真题知识点统计……7
1.5　蓝桥杯软件类大赛的评测系统……9
小结……12
第 2 章　手算题和杂题……13
2.1　手算题攻略……13
2.1.1　巧用编辑器……13
2.1.2　眼看手数……14
2.1.3　巧用 Excel……16
2.1.4　巧用 Python……17
2.2　杂题……22
小结……32
第 3 章　基础数据结构……33
3.1　数组……33
3.2　链表……37
3.2.1　C++链表实现……38
3.2.2　Python 链表实现……42
3.3　队列……44
3.3.1　C++普通队列……44
3.3.2　Python 普通队列……47
3.3.3　C++优先队列……49
3.3.4　Python 优先队列……51
3.4　栈……51
3.4.1　C++栈的实现……52
3.4.2　Python 栈的实现……55

3.4.3 例题 ························57
3.5 二叉树 ························59
3.5.1 二叉树的定义 ························60
3.5.2 二叉树的存储 ························60
3.5.3 二叉树的遍历 ························61
3.5.4 例题 ························63
小结 ························66

第 4 章 基本算法 ························67

4.1 算法复杂度 ························67
4.1.1 算法的概念 ························67
4.1.2 计算资源 ························68
4.1.3 选择解题方法 ························69
4.1.4 算法复杂度概述 ························71
4.2 排序 ························73
4.2.1 C++的 sort()函数 ························73
4.2.2 Python 的 sort()和 sorted()函数 ························74
4.2.3 Java 的 sort()函数 ························75
4.2.4 例题 ························75
4.3 排列和组合 ························87
4.3.1 C++的全排列函数 next_permutation() ························88
4.3.2 Python 的排列函数 permutations() ························89
4.3.3 Python 的组合函数 combinations() ························89
4.3.4 手写排列和组合代码 ························90
4.3.5 例题 ························92
4.4 尺取法 ························97
4.4.1 尺取法的概念 ························97
4.4.2 反向扫描 ························98
4.4.3 同向扫描 ························99
4.5 二分法 ························102
4.5.1 二分法的概念 ························102
4.5.2 整数二分 ························103
4.5.3 整数二分例题 ························104
4.5.4 实数二分 ························112
4.6 倍增法和 ST 算法 ························114
4.6.1 用暴力法解决区间问题 ························115
4.6.2 ST 算法 ························116
4.6.3 ST 算法的模板代码 ························118
4.7 前缀和 ························119
4.8 贪心算法 ························124

小结 …… 132

第 5 章 搜索 …… 133

5.1 DFS 基础 …… 134

5.1.1 递归和记忆化搜索 …… 134

5.1.2 DFS 的代码框架 …… 136

5.1.3 DFS 的所有路径 …… 137

5.1.4 DFS 与排列组合 …… 140

5.1.5 DFS 应用详解 …… 143

5.1.6 DFS 真题 …… 147

5.2 BFS 基础 …… 152

5.2.1 BFS 的原理 …… 152

5.2.2 BFS 与最短路径 …… 154

5.3 连通性判断 …… 158

5.3.1 DFS 连通性判断 …… 159

5.3.2 BFS 连通性判断 …… 161

5.3.3 连通性例题 …… 163

5.4 BFS 与判重 …… 168

5.5 双向广搜 …… 171

5.6 剪枝 …… 174

小结 …… 182

第 6 章 高级数据结构 …… 183

6.1 并查集 …… 183

6.1.1 用并查集检查连通性 …… 183

6.1.2 并查集的基本操作 …… 185

6.1.3 路径压缩 …… 188

6.1.4 例题 …… 189

6.2 树状数组 …… 197

6.2.1 区间和问题 …… 197

6.2.2 树状数组的原理 …… 199

6.2.3 lowbit() …… 201

6.2.4 树状数组的代码 …… 202

6.2.5 逆序对问题 …… 203

6.3 线段树 …… 207

6.3.1 线段树的概念 …… 208

6.3.2 区间查询 …… 209

6.3.3 区间查询例题 …… 214

6.3.4 区间修改和懒惰标记 …… 221

小结 …… 226

第 7 章 动态规划……227

7.1 动态规划的概念……227
7.2 动态规划基础……228
7.3 线性 DP……235
7.4 状态压缩 DP……247
7.4.1 状态压缩 DP 的概念……247
7.4.2 状态压缩 DP 的原理……249
7.4.3 位运算……249
7.4.4 例题……250
7.5 树形 DP……255
7.6 数位 DP……259
小结……264

第 8 章 数学……265

8.1 模运算……265
8.2 快速幂……266
8.3 矩阵乘法……271
8.4 矩阵快速幂……273
8.5 GCD 和 LCM……278
8.5.1 GCD 的定义和性质……278
8.5.2 GCD 的编程实现……278
8.5.3 LCM……279
8.5.4 例题……280
8.6 素数……286
8.6.1 素数的判断……287
8.6.2 素数的筛选……290
8.6.3 区间素数……294
8.6.4 分解质因子……295
8.7 组合数学……297
8.7.1 基本计数……297
8.7.2 鸽巢原理……301
8.7.3 二项式定理和杨辉三角……302
8.8 几何……304
8.8.1 普通几何题……305
8.8.2 点和向量……306
8.8.3 点积和叉积……307
8.8.4 点和线的关系……310
小结……314

第 9 章　字符串……316
9.1　字符串函数……316
9.1.1　C++的字符串函数……316
9.1.2　Python 的字符串处理……317
9.1.3　Java 的字符串函数……318
9.2　简单字符串例题……319
9.3　朴素模式匹配算法……325
9.4　KMP 算法……326
9.4.1　模式串 *P* 的特征与匹配的关系……327
9.4.2　最长公共前后缀和 Next[]数组……328
9.4.3　例题……329
小结……335

第 10 章　图论……336
10.1　图的基本概念……336
10.2　图的存储……337
10.3　拓扑排序……338
10.4　Floyd 算法……342
10.4.1　Floyd 算法思想……342
10.4.2　例题……344
10.5　Dijkstra 算法……347
10.5.1　Dijkstra 算法思想……348
10.5.2　编程实现 Dijkstra 算法……349
10.5.3　例题……350
10.6　Bellman-Ford 算法……352
10.7　SPFA……355
10.7.1　SPFA 原理……355
10.7.2　SPFA 的模板代码……356
10.8　最小生成树……358
10.8.1　Prim 算法……358
10.8.2　Kruskal 算法……360
小结……363

第 1 章 蓝桥杯软件类大赛介绍

CHAPTER 1

蓝桥杯全国软件和信息技术专业人才大赛（以下简称蓝桥杯大赛）的主办单位是工业和信息化部人才交流中心，由国信蓝桥数字科技有限公司承办。第一届蓝桥杯大赛于 2010 年举办，在十多年的发展中，该大赛的举办得到了各省教育厅和相关院校的积极响应，2022 年，参赛学校超过 1600 所，几乎所有的高校都参加了，蓝桥杯大赛进入全国普通高校学科竞赛排行榜。蓝桥杯软件类大赛目前已成为参赛人数最多的大学计算机编程竞赛之一。

蓝桥杯软件类大赛分为省赛、全国赛两级，设一等奖、二等奖、三等奖，获省赛一等奖即可入围全国赛。

蓝桥杯大赛的参赛人数快速增长。2022 年约有 14 万大学生参加蓝桥杯大赛，与 2021 年相比，2022 年的参赛人数总计增长 45.4%，其中 C/C++组增长 46%，Java 组增长 32.6%，Python 组增长 61.7%。

3 种编程语言的参赛人数的占比也在变化。2021 年，C/C++组占 67.4%，Java 组占 23.6%，Python 组占 9%。2022 年，C/C++组占 68%，Java 组占 19%，Python 组占 13%。可以看出，C/C++组的参赛人数基本稳定，Python 组的参赛人数增长较快。

1.1 蓝桥杯软件类大赛的竞赛规则

蓝桥杯软件类大赛的参赛对象：具有正式全日制学籍并且符合相关科目报名要求的研究生、本科生、高职高专及中职中专学生，以个人为单位进行竞赛。本节内容参考的是《第十三届蓝桥杯全国软件和信息技术专业人才大赛个人赛（软件类）竞赛规则及说明》。

1. 组别

竞赛按编程语言、院校进行分组。

（1）按编程语言分组。个人赛软件类按编程语言分为 3 种：C/C++程序设计、Java 程序设计、Python 程序设计。

（2）按院校分组。设研究生组、大学 A 组、大学 B 组、大学 C 组。每个组再按照 3 种编程语言分类，如大学 A 组 C/C++、大学 A 组 Java、大学 A 组 Python 等。研究生只能报研究生组。重点本科院校（985、211）的本科生只能报大学 A 组及以上组别。其他本科院校的本科生可报大学 B 组及以上组别。其他高职高专、中职中专院校的学生可自行选报任意组别。

目前每位选手每个赛季只能申请参加其中一个组别一种语言的竞赛，如大学 A 组 Python。各个组别单独评奖。

2. 竞赛赛程

竞赛在每年的春季举办，有省赛和全国赛，获省赛一等奖即可参加全国赛。每次竞赛的时长为 4 小时，所有组别同时进行。

3. 竞赛形式

个人赛，一人一机，全程机考。选手机器通过局域网连接到各个赛场的竞赛服务器。选手在答题过程中无法访问互联网，也不允许使用除本机以外的资源（如 USB 连接）。竞赛系统以“服务器-浏览器”方式发放试题、回收选手答案。

4. 参赛选手的机器环境

以 2022 年第十三届蓝桥杯软件类大赛省赛为例。

选手机器配置：x86 兼容机器，内存不小于 1GB，硬盘不小于 60GB。操作系统：Windows 7、Windows 8 或 Windows 10。

C/C++语言开发环境：Dev-cpp 5.4.0、C/C++ API 帮助文档。

Java 语言开发环境：JDK 1.8、Eclipse-java-2020-06、API 帮助文档。

Python 编程环境：Python 3.8.6、IDLE（Python 自带编辑器）。

5. 试题形式

竞赛题目全部为客观题型，以选手提交的答案的测评结果为评分依据。题型有以下两种。

（1）结果填空。题目描述一个具有确定解的问题，要求选手填写问题的解。不要求解题过程，不限制解题手段（可以使用任何开发语言或工具，甚至可以动手计算），只要求填写最终的结果。最终的解是一个整数或者一个字符串，且可以使用 ASCII 字符表达。

（2）编程大题。题目包含明确的问题描述、输入和输出格式，以及用于解释问题的样例数据。对于编程大题所涉及的问题，一定有明确、客观的标准来判断结果是否正确，并可以通过程序对结果进行评判。选手应当根据问题描述，编写程序来解决问题。在评测时，选手的程序应当从标准输入读入数据，并将最终的结果输出到标准输出中。在问题描述中会明确说明给定的条件和限制，明确问题的任务，选手的程序应当能解决在给定条件和限制下的所有可能的情况。选手的程序应当具有普遍性，不能只适用于题目的样例数据。为了测试选手给出解法的性能，评分时用的测试用例可能包含大数据量的压力测试用例，选手选择算法时要尽可能考虑其可行性和效率问题。

6. 试题考查范围

试题考查选手解决实际问题的能力，对于结果填空题，选手可以使用手算、软件、编程等方法解决；对于编程大题，选手只能编程解决。

竞赛侧重考查选手对于算法和数据结构的灵活运用能力，很多试题需要使用算法才能被有效解决。

考查范围如下（标*部分只限于研究生组、大学 A 组）。

C/C++程序设计基础：考查选手使用 C/C++编写程序的能力。该部分不考查选手对某一语法的理解程度，选手可以使用自己喜欢的语句编写程序。选手可在 C 语言程序中使用标准 C 语言的库函数，在 C++程序中使用标准 C++的库函数（包括 C 库、STL 等）。

Java 程序设计基础：考查选手使用 Java 编写程序的能力。该部分不考查选手对某一语法的理解程度，选手可以使用自己喜欢的语句编写程序。选手可在程序中使用 JDK 中自带的类，但不能使用其他的第三方类。

Python 程序设计基础：考查选手使用 Python 编写程序的能力。该部分不考查选手对某一语法的理解程度，选手可以使用自己喜欢的语句编写程序。

计算机算法：枚举、排序、搜索、计数、贪心、动态规划（Dynamic Programming，DP）、图论、数论、博弈论*、概率论*、计算几何*、字符串算法等。

数据结构：数组、对象/结构、字符串、队列、栈、树、图、堆、平衡树/线段树、复杂数据结构*、嵌套数据结构*等。

7. 答案提交

只有在竞赛时间内提交的答案内容才可以被用来评测，竞赛结束之后，任何提交内容均无效。选手应使用考试指定的网页来提交代码，任何其他方式的提交（如邮件、U 盘）都不作为评测依据。

选手可在竞赛中的任何时间查看自己之前提交的代码，也可以重新提交任何题目的答案，对于每道试题，仅有最后一次的提交结果被保存并作为评测的依据。在竞赛中，评测结果不会显示给选手，选手应当在没有反馈的情况下自行设计数据来调试自己的程序。对于每道试题，选手应将试题的答案内容复制粘贴到网页上进行提交。程序中应只包含计算模块，不要包含任何其他的模块，例如图形、系统接口调用、系统中断等。所有系统接口的调用都应通过标准库来进行。程序中引用的库应该在程序中以源代码的方式写出，在提交时也应当和程序的其他部分一起提交。Python 程序仅可以使用 Python 自带的库，评测时不会安装其他的扩展库。

8. 评分

全部使用机器进行自动评分。

对于结果填空题，题目保证只有唯一解，选手的结果只有和解完全相同才得分，出现格式错误或有多余内容时不得分。

对于编程大题，评测系统将使用多个评测数据来测试程序。每个评测数据都有对应的分数。选手所提交的程序将分别用每个评测数据作为输入来运行。对于某个评测数据，如果选手程序的输出与正确答案是匹配的，则选手获得该评测数据的分数。

评测使用的评测数据一般与试题中给定的样例输入输出不一样。因此建议选手在提交程序前使用不同的数据测试自己的程序。

提交的程序应严格按照输出格式的要求来输出，包括输出空格和换行的要求。如果程序没有遵循输出格式的要求将被判错。请注意，程序在输出的时候多输出了内容也属于没有遵循输出格式要求的一种情况，所以在输出的时候请不要输出任何多余的内容，例如调试输出的内容。

C/C++选手请务必选择正确的编译器，如果编译器选择错误，可能导致编译不通过而得 0 分。请务必让主函数的返回值为 0，当返回非 0 时程序会被看作执行错误而得 0 分。所有依赖的函数必须明确地在源文件#include <xxx>中，不能通过工程设置而省略常用头文件。Java

选手请务必不要使用package语句，并且确保自己的主类名称为Main，否则会导致评测系统在运行时找不到主类而得0分；如果在程序中引用了类库，那么在提交时必须将import语句与程序的其他部分同时提交。该大赛只允许使用Java自带的类库。

1.2 竞赛题示例

蓝桥杯软件类大赛的竞赛题目共10题，总分为150分，竞赛时间为4小时。对于“结果填空”和“编程大题”这两种题型，现作以下特别提示。

（1）结果填空：要求选手根据题目描述直接填写结果。求解方式不限，不要求编写源代码。把答案直接通过网页提交即可，不要写多余的内容。结果填空题每题5分。

（2）编程大题：要求选手设计的程序对于给定的输入能给出正确的输出结果。选手的程序只有能运行出正确结果才有机会得分。每道题目会给出多个测试数据，其中20%～40%是弱测试数据，可以用“暴力”或简单方法编程得分；其他是强测试数据，只有用高效算法进行编程才能得分。由于题量大、时间紧张，因此在难题不会做或来不及用高效算法进行编程时，可以用“暴力”方法编程，以获取20%的分数。程序设计题每题10～25分。

以2022年（第十三届）省赛为例，竞赛分为4个组，大学A组、大学B组、大学C组、研究生组，题目难度相差不大。一般情况下，省赛一等奖获得者的要求是5～7题每道题得100%分数，其他题得部分分数。

现就竞赛中使用的3种编程语言的题目难度情况作了统计，详见表1.1～表1.3。表格中具体题目名称后面的数字表示难度评分，最低难度是1，最高难度是5，最后一行统计了总体难度。

表1.1　第十三届C/C++组题目难度统计

竞赛分组	大学A组	大学B组	大学C组	研究生组	分数
结果填空	裁纸刀1	九进制转十进制1	排列字母1	裁纸刀1	5
	灭鼠先锋4	顺子日期1	特殊时间2	灭鼠先锋4	5
编程大题	求和2	刷题统计2	纸张尺寸2	质因数个数2	10
	选数异或3	修剪灌木2	求和2	选数异或3	10
	爬树的甲壳虫4	X进制减法3	数位排序2	GCD 2	15
	青蛙过河3	统计子矩阵3	选数异或3	爬树的甲壳虫4	15
	最长不下降子序列5	积木画4	消除游戏4	全排列的价值4	20
	扫描游戏5	扫雷4	重新排序4	扫描游戏5	20
	数的拆分4	李白打酒加强版4	技能升级4	数的拆分4	25
	推导部分和4	砍竹子4	重复的数4	重复的数4	25
总体难度	35	28	28	33	

表1.2　第十三届Java组题目难度统计

竞赛分组	大学A组	大学B组	大学C组	研究生组	分数
结果填空	裁纸刀1	星期计算1	排列字母1	排列字母1	5
	寻找整数2	山1	特殊时间2	灭鼠先锋4	5

续表

竞赛分组	大学 A 组	大学 B 组	大学 C 组	研究生组	分数
编程大题	求和 2	字符统计 2	纸张尺寸 2	质因数个数 2	10
	GCD 2	最少刷题数 3	求和 2	数位排序 2	10
	蜂巢 4	求阶乘 3	矩形拼接 3	蜂巢 4	15
	全排列的价值 4	最大子矩阵 4	选数异或 3	爬树的甲壳虫 4	15
	青蛙过河 3	数组切分 4	GCD 2	重新排序 4	20
	因数平方和 4	回忆迷宫 4	青蛙过河 3	技能升级 4	20
	最优清零方案 5	红绿灯 4	因数平方和 4	最优清零方案 5	25
	推导部分和 4	拉箱子 4	最长不下降子序列 5	推导部分和 4	25
总体难度	31	30	27	34	

表 1.3　第十三届 Python 组题目难度统计

竞赛分组	大学 A 组	大学 B 组	大学 C 组	研究生组	分数
结果填空	裁纸刀 1	排列字母 1	排列字母 1	裁纸刀 1	5
	寻找整数 2	寻找整数 2	特殊时间 2	寻找整数 2	5
编程大题	质因数个数 2	纸张尺寸 2	纸张尺寸 2	质因数个数 2	10
	矩形拼接 3	数位排序 2	数位排序 2	矩形拼接 3	10
	消除游戏 4	蜂巢 4	矩形拼接 3	消除游戏 4	15
	重新排序 4	消除游戏 4	GCD 2	爬树的甲壳虫 4	15
	全排列的价值 4	全排列的价值 4	蜂巢 4	技能升级 4	20
	最长不下降子序列 5	技能升级 4	重新排序 4	因数平方和 4	20
	最优清零方案 5	最长不下降子序列 5	青蛙过河 3	扫描游戏 5	25
	数的拆分 4	最优清零方案 5	因数平方和 4	数的拆分 4	25
总体难度	34	33	27	33	

1.3　算法知识点总览

蓝桥杯软件类大赛是算法竞赛，主要考核数据结构和算法的相关知识。算法竞赛涉及丰富的知识点和高难度的编程。不过不用太担心，算法竞赛题目的难度是分级、分阶段的，难题、罕见题并不多，能做出来的参赛选手也少。参赛选手可以把学习的重点放在基础的、常见的算法上，并通过大量的实战练习提高编程能力，以期在蓝桥杯大赛的省赛甚至全国赛上获奖。

计算机数据结构和算法的知识点非常多，这些知识点是计算机科学发展的过程中，经过无数科学家和程序员研究、实践而总结出的精华，是计算机科学这片天空中的“星星”。学习和掌握它们，是成为一名合格程序员的必经之路。当然，蓝桥杯软件类大赛只考一小部分。按所涉及的知识点可以将算法竞赛题目分为这几个大类：杂题、数据结构、基本算法、搜索、DP、数学、字符串、图论等。其中的“杂题”是指不需要使用什么算法和数据结构，或者不方便归类的题目，但其目的都是考查参赛选手的思维和编程能力，杂题也可能很难。

本节会列出除“杂题”外的绝大多数算法竞赛知识点，并按难度将它们分成一星（*）、二星（**）、三星（***）知识点。读者应努力掌握一星、二星知识点，本书的内容也主要涉及一星和二星知识点。

✧ 提示：知识点的难度和题目的难度并不一定对应，对于简单的知识点也可能会出难题。

---

1. 基本数据结构

*	链表、队列、优先队列、栈、哈希、二叉树
**	堆、二叉堆、单调队列、单调栈、排序（冒泡排序、交换排序、快速排序、归并排序、基尔排序）

2. 基础算法

*	打表、枚举、倍增、离散化、前缀和、差分、尺取
**	分治、贪心（哈夫曼编码）、二分、三分、整体二分、ST 算法（Sparse Table，稀疏表）

3. 搜索

*	基本深度优先搜索（Depth First Search，DFS）、DFS 记忆化搜索、基本广度优先搜索（Breadth First Search，BFS）、连通性判断、洪水填充
**	BFS 扩展（双向广搜、优先队列）、剪枝、爬山算法、随机增量法、迭代加深搜索（Iterative Deepening Depth First Search，IDDFS）
***	IDA*、模拟退火、BFS 扩展（双端队列）、A*

4. 高级数据结构

*	并查集（带权）、分块、块状链表
**	莫队算法、树状数组、线段树、二叉搜索树、替罪羊树、树堆（Treap）、笛卡尔树
***	FHQ Treap 树、伸展（Splay）树、可持久化线段树、动态树（LCT）、树套树、CDQ 分治、后缀平衡树、K-D 树

5. 动态规划（DP）

*	DP 问题的性质（重叠子问题、最优子结构、无后效性）、编码方法（记忆化递归、递推）、滚动数组 常见线性 DP 问题：0/1 背包问题、分组背包、多重背包、最长公共子序列、最长递增子序列、编辑距离、最小划分、行走问题、矩阵最长递增路径、子集和问题、矩阵链乘法、布尔括号问题
**	区间 DP、状态压缩 DP、树形 DP、数位 DP、计数类 DP、概率 DP
***	插头 DP、基环树 DP DP 优化：数据结构优化、单调队列优化、斜率优化、分治优化、四边形不等式优化

6. 数学

数学是一个大类。

（1）简单数学，只用到中小学的数学知识，但是相应题目也可能很难。

（2）初等数论。

*	模运算、GCD、LCM、素数判定、埃氏筛
**	整数拆分、ExGCD、欧拉筛（线性筛）、威尔逊定理、原根、费马小定理、欧拉定理、欧拉函数、整除分块、同余、逆元、高斯消元、线性基、中国剩余定理、积性函数、0/1 分数规划、丢番图方程
***	狄利克雷卷积、默比乌斯函数和默比乌斯反演、Min-25 筛、杜教筛、洲阁筛

（3）组合数学。

*	排列、组合、二项式定理、杨辉三角、鸽巢原理、常见恒等式、帕斯卡恒等式、容斥原理、错排问题、斐波那契数列 递推方程：线性递推方程、非线性递推方程、求解递推方程（模板）
**	卢卡斯定理、Catalan 数列、Stirling 数列、普通母函数、指数母函数、泰勒级数
***	博弈论（公平组合游戏，巴什游戏、P-position、N-position、尼姆游戏、威佐夫游戏）、图游戏与 Sprague-Grundy 函数、Burnside 定理、Pólya 定理、L 级数、贝尔级数、狄利克雷级数

（4）其他。

*	高精度、快速幂、矩阵乘法、矩阵快速幂
**	概率与期望、Simpson 积分、高等数学
***	单纯形法解线性规划、快速傅里叶变换（Fast Fourier Tramsform，FFT）

（5）几何。

*	点积、叉积、点、线、面、二维几何、面积、体积
**	三维几何、凸包、最近点对、半平面交、旋转卡壳、三角剖分、最小圆覆盖
***	三维凸包、最小球覆盖

7. 字符串

*	进制哈希
**	字典树、Manacher 回文算法、回文树、KMP、后缀树、后缀数组、AC 自动机、后缀自动机

8. 图论

*	图的存储（矩阵、邻接表、链式前向星）、最短路（BFS）、树的重心、树的直径
**	最短路（Dijkstra、Bellman-Ford、Spfa、Floyd）、最小生成树（Kruskal、Prim）、拓扑排序、二分图匹配、差分约束、无向图的连通性、有向图的连通性、强连通分量、割点、割边、缩点、桥、2-SAT、树上分治、LCA、树分块、虚树、基环树
***	树链剖分、最大流（Dinic、Sap、ISAP）、最小割、费用流

1.4　历年真题知识点统计

本节盘点 2017～2022 年（第八届 ～ 第十三届）省赛 C/C++大学 A 组 60 道题的知识点，把这 60 道题分类填到对应的知识点表格中，如表 1.4 所示，其中有些题目是综合题，一道题考了几个知识点。C/C++大学 A 组的知识点具有代表性，其他语言和组别的题目涉及的知识点与之类似。

表 1.4　第八届～第十三届蓝桥杯软件类大赛省赛 C/C++大学 A 组题目所涉知识点统计

知识点	题目
杂题	2017 油漆面积，2018 付账问题、2019 最大降雨量、2019 外卖店优先级、2020 蛇形填数、2020 成绩分析、2020 回文日期、2022 裁纸刀
基本数据结构	二叉树（2019 完全二叉树的值）
基础算法	枚举（2018 打印图形、2021 卡片）、差分（2018 三体攻击）、倍增
	二分法（2017 分巧克力、2022 青蛙过河）、前缀和（2022 求和）
搜索	DFS（2017 迷宫、2017 方格分割、2017 正则问题）、BFS（2017 跳蚱蜢、2018 全球变暖、2019 迷宫）
高级数据结构	并查集（2019 修改数组、2020 七段码、2022 推导部分和）、线段树（2022 选数异或、2022 最长不下降子序列、2022 扫描游戏）
动态规划	线性 DP（2017 字母组串，2017 最大公共子串、2017 包子凑数、2020 字串排序、2021 砝码称重、2021 括号序列）、记忆化搜索
	状态压缩 DP（2019 糖果、2021 回路计数）、树形 DP（2021 左子结点右兄弟）、单调优化（2021 分果果）
数学	简单数学：2018 分数、2018 星期一、2018 乘积尾零、2018 第几个幸运数、2019 平方和、2019 数列求值、2020 门牌制作、2020 平面分割
	数论：余数（2018 倍数问题）、GCD（2017 包子凑数，2020 既约分数）、质因数分解（2021 货物摆放）、素数（2022 数的拆分）、逆元（2022 爬树的甲壳虫）
	组合数学：burnside 引理（2017 魔方状态）、卢卡斯定理（2019 组合数问题）、博弈论（2021 异或数列、2022 灭鼠先锋）
	其他：快速幂（2019 RSA 解密）
	几何：叉积、面积（2020 荒岛探测）、2021 直线、2022 扫描游戏
字符串	简单字符串处理（2018 航班时间、2020 子串分值）
图论	最短路 BFS（2019 迷宫）、最短路 Floyd（2021 路径）

表 1.4 中涉及的知识点不算多，不过蓝桥杯软件类大赛的考点在逐年增多。

从表 1.4 中可以看出，省赛涉及的知识点比较基础，考核的是基本的算法思维、算法、编程能力。要想获奖，最重要的是通过大量做基础题目，培养自己的计算思维，并提高自己的建模和编程能力。

有一些知识点是**必考**的，因为它们是整个算法竞赛知识库的基础，现举例如下。

（1）杂题。杂题是指不需要使用算法和数据结构，只需要进行逻辑推理的题目，可难可易。考查的是参赛选手的思维能力和编程能力，这只能通过大量做题来提高。

（2）广度优先搜索（Breadth First Search，BFS）和深度优先搜索（Depth First Search，DFS）就是暴力搜索。这是非常基础的算法，是基础中的基础。

（3）动态规划。涉及线性 DP 及一些 DP 应用，例如状态压缩 DP、树形 DP 等。

（4）简单数学和简单数论。

（5）简单的字符串处理、输入与输出。

（6）基本算法，例如排序、排列、二分、倍增、差分、贪心。

（7）基本数据结构，例如队列、栈、链表、二叉树等。

1.5　蓝桥杯软件类大赛的评测系统

本书的例题和习题选自蓝桥杯大赛官网题库（在本书中简称 lanqiaoOJ），lanqiaoOJ 中有历年真题和一些训练题。

lanqiaoOJ 里面的“判题机器人”如何判断你提交的代码是否正确？

能否直接通过看代码的方式，检查每一行代码的逻辑的正确性？这几乎是不可能实现的，因为看别人的代码极其痛苦，往往会让人晕头转向。即使是常年进行计算机编程教学的老师在检查别人的代码时也不例外，像程序设计这样的题目，如果改卷的老师不是用机器验证，而是手动批阅，将很难打分。

所以 lanqiaoOJ 中的“判题机器人”如果看不懂你提交的代码，它干脆就不看代码，而是直接检验你提交代码的正确性。这一方法简单粗暴（即用黑盒测试），步骤如下。

（1）准备好标准测试数据，包括输入 data.in 和对应的输出 data.out。

（2）运行你提交的代码，读入输入数据 data.in，产生输出数据 my.out。

（3）如果超出限定时间，代码还没运行结束，那就是没有产生输出，则判错。

（4）对比 data.out 和 my.out，如果完全一样，则判为正确，否则判错。

蓝桥杯软件类大赛的判题规则允许选手得部分分数。一道题包含多组测试数据，一般是 10 组，每组占 10%的分数。有的测试数据比较简单，容易通过，能够让选手得一些分数。

下面说明 lanqiaoOJ 的使用方法。输入链接地址（www.lanqiao.cn/problems）之后，出现图 1.1 所示的页面，单击“标签”，然后按“年份”或其他算法分类查询题目。

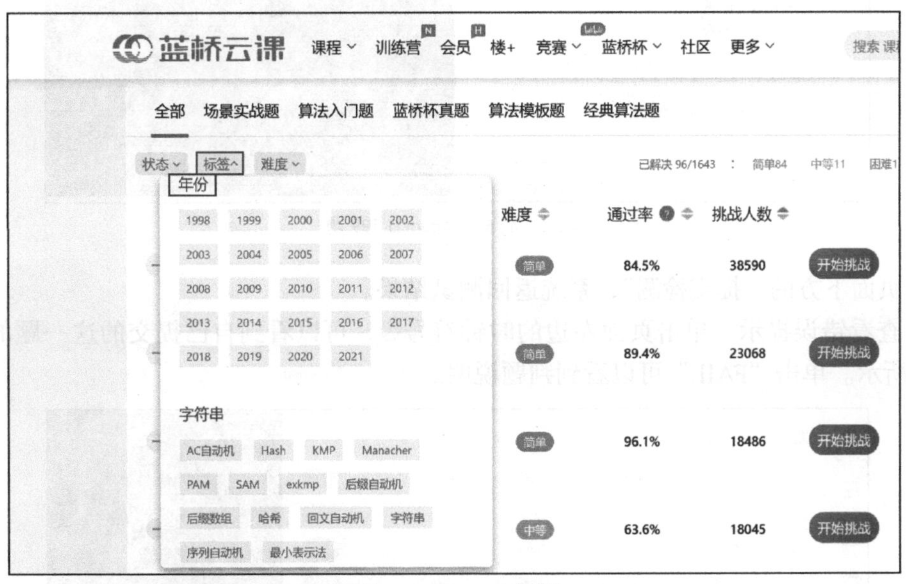

图 1.1　lanqiaoOJ 题库

做 lanqiaoOJ 中的题目时，需要输入相应的代码让“判题机器人”判断。下面分别就结果填空题（以下简称填空题）和编程大题举例说明。

1. 结果填空题

例题 1-1. 平方和

2019 年（第十届）省赛，填空题，lanqiaoOJ 题号 599

【题目描述】小明对数位中含有 2、0、1、9 的数字很感兴趣，在 1 到 40 中这样的数包括 1、2、9、10 至 32、39 和 40，共 28 个，它们的和是 574，平方和是 14362。注意，平方和是指将每个数分别平方后求和的结果。请问，在 1 到 2019 中，所有这样的数的平方和是多少？

✧ 提示：这一题的链接是 https://www.lanqiao.cn/problems/599/learning/，题号 599。本书后面的题目只给出题号，省略完整的链接。

这是一道填空题，只需要写出答案即可，不过仍需要编写代码以求得答案，这一题的求解过程参见 2.1.4 小节“巧用 Python”中的例题 2-12“平方和”。

（1）编写并提交代码。这一题的答案是 2658417853，在 lanqiaoOJ 中的测试方法如图 1.2 所示。

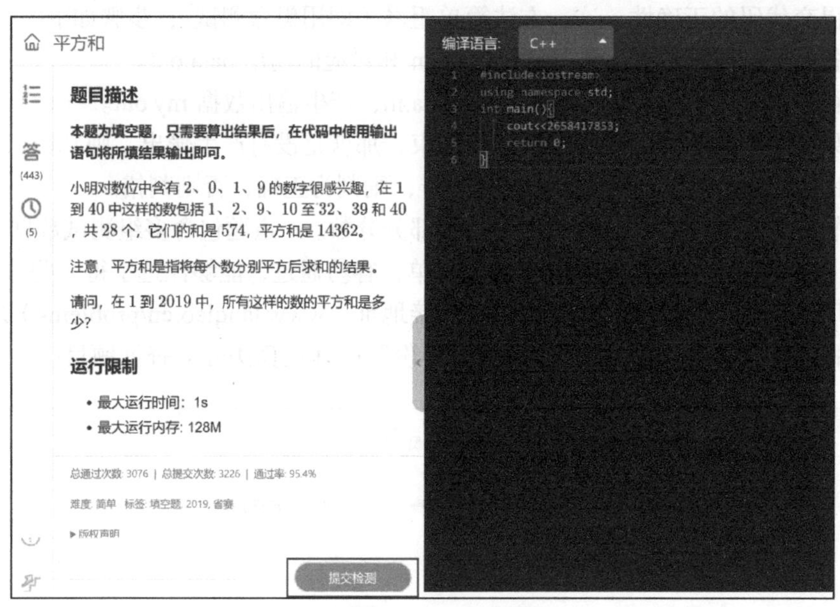

图 1.2 测试 lanqiaoOJ 599 题

单击页面下方的“提交检测”，系统返回测试结果。

（2）查看错误提示。单击页面左边的时钟符号🕓，可以看到自己提交的这一题的记录，如图 1.3 所示。单击“FAIL”可以看到判题说明。

平方和 编译语言: C++

时间	内存	用时	语言	结果
2022-07-06 20:27:38	1344kb	22ms	C++	FAIL
2022-07-06 20:19:25	1344kb	23ms	C++	PASS
2022-07-06 20:13:59	1344kb	25ms	C++	PASS
2022-05-06 10:11:18	29292kb	194ms	Java	PASS
2022-05-06 10:10:39	1344kb	4ms	C++	PASS
2022-05-06 10:10:14	0kb	0ms	Python3	FAIL
2022-05-06 10:09:56	6412kb	40ms	Python3	PASS

```
#include<iostream>
using namespace std;
int main(){
    cout<<"2658417853";
    return 0;
}
```

图 1.3 lanqiaoOJ 599 题的测试记录

（3）看题解。lanqiaoOJ 的一个优点是提供了题解功能，能看到其他人的题解。单击页面左边的“答 题解”，可以看到此题的各种编程语言的题解，非常方便。单击此题的“Python3”题解，可以看到有 123 个题解，如图 1.4 所示。读者做题后也可以发布自己的题解，方便别人学习你的解题思路。

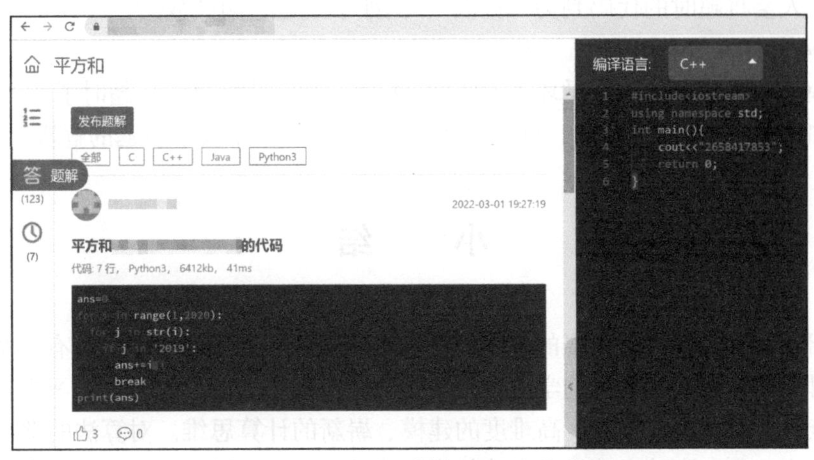

图 1.4　lanqiaoOJ 599 题的“Python3”题解

2. 编程大题

编程大题有多组测试数据。下面用一道题说明“判题机器人”如何用这些数据测试出你的代码的正确性。

例题 1-2. 刷题统计

2022 年（第十三届）省赛，lanqiaoOJ 题号 2098

时间限制： 1s　**内存限制：** 256MB

【题目描述】 小明决定从下周一开始努力刷题准备蓝桥杯竞赛。他计划周一至周五每天做 a 道题，周六和周日每天做 b 道题。请你帮小明计算，按照计划他将在第几天实现做题数大于等于 n 题？

【输入格式】 输入一行，包含 3 个整数 a、b 和 n。

【输出格式】 输出一个整数代表天数。

【评测用例规模与约定】 对于 50%的评测用例，$1\leqslant a, b, n\leqslant 10^6$；对于 100%的评测用例，$1\leqslant a, b, n\leqslant 10^{18}$。

下面的代码可以简单地模拟题目的操作：周六、周日每天做 b 道题，周一到周五每天做 a 道题，累计到 n 题时输出天数。

```
#include<bits/stdc++.h>
using namespace std;
int main(){
    long long a,b,n;    cin>>a>>b>>n;     //注意用 long long
    long long sum=0,day=0;
    while(sum<=n){
        day++;
        if(day%7==6||day%7==0) sum+=b; //周六、周日每天做 b 道题
        else                   sum+=a; //周一至周五每天做 a 道题
    }
    cout << day;
}
```

提交代码后，只能通过 50%的测试。这意味着若是 10 分的题，只能得到 5 分。

为什么只能通过 50%的测试？因为代码的运行效率低。在 while 循环中，每循环一次，day 加 1，所做题目数量累加为 sum，直到 sum > n，这样做效率非常低。本题要求“时间限制：1s”，对于 100%的数据，$1\leqslant a, b, n\leqslant 10^{18}$，上面代码的运行时间显然会超过 1s。

判题机器人会将超时的代码判为“错误”，例如下面这组测试数据：

7089 7494 500000014592.

答案是 69399007，即 while 循环了 69399007 次，运行时间约 2s，超时了。

这一题如果要 100%通过测试，可参见 8.1 节“模运算”中关于该题的解析。

小结

本章介绍了蓝桥杯软件类大赛的基本规则和考核内容，让读者对该大赛有了基本的了解，从而可以有目的地开始后续知识的学习。算法是内涵极其丰富的“综合性学习内容”，它包含大量的知识点、复杂的编程技术、高难度的建模、崭新的计算思维。对算法的学习不存在“速成”，只有一步一步、脚踏实地地学习才能走向成功。

第2章 手算题和杂题

CHAPTER 2

在介绍算法的知识点之前，本章先介绍简单的手算题，以及不需要使用算法就能求出答案的杂题，帮助初学者入门算法竞赛，建立参赛的信心。手算题的题型主要是结果填空题，很多结果填空题可以不通过编程，而是通过手算或借助一些软件工具就能得到答案，从而加快解题速度、节省时间。杂题的题型主要是程序大题，只不过解答时不需要使用算法或复杂的数据结构，即使是编程语言的初学者，也能自己编写程序完成。

2.1 手算题攻略

每次竞赛都有一些基础题，只需要几分钟或十几分钟就能做出来。特别是部分填空题，只需要填写答案，不用提交代码，可以用多种方法来解答。编程一般比较慢，所以能不编程就不要编程，尽量通过推理或者用软件工具找到答案。这种填空题在本书中称为"手算题"。

竞赛的时间极为紧张，应选用最快的方式解题，以节省时间，更重要的是，如果能尽快求出答案，会让人心情愉快，然后带着愉快的心情做后面的题目。

本节介绍一些"投机取巧"的手算方法。不过，蓝桥杯软件类大赛每次竞赛的结果填空题只有两道，其中适合手算的是分值不高的简单题，大多数参赛选手都能做出来，只是做题时间有长有短，这些题对能不能得奖也不起决定性作用。参赛选手真正能超过他人获得更高奖项的决定因素还是做出那些编程比较难的、需要使用算法的题目。

下面介绍4种解题小技巧：巧用编辑器、眼看手数、巧用Excel、巧用Python。

✧ 提示：有的读者担心用于竞赛的机器上没有安装Excel、Python软件。不用担心，这些软件都是标配的，竞赛机器上肯定有。

对于下面的例题，请读者在看题解前，先自己思考解决方案。

2.1.1 巧用编辑器

例题2-1. 门牌制作

2020年（第十一届）省赛，填空题，lanqiaoOJ题号592

【题目描述】从1到2020的所有数字中，共有多少个2？

这是一道基础题，解题思路也很简单：先判断每个数字中有几个 2，然后把所有数字中 2 的个数加起来。编写程序大概 5 分钟。但是有更简单的手算方法：先编写程序连续输出 1～2020 这 2020 个数字，然后复制粘贴到任何一个编辑器中，使用查询或替换功能查找或替换字符 2，最后结果是 624，用时 1 分钟。

本题直接用 Excel 也行，Excel 是一个编辑器，能快速填充、统计数据，不用编写程序。Excel 能非常方便地处理简单的数列、日期类统计问题。以本题为例：在第一个单元格中输入 1，再选择“填充”→“序列”选项，打开“序列”对话框，在其中设置“终止值”为 2020，单击“确定”按钮，即可得到 1 至 2020 的数列；然后用“替换”功能将 2 替换成任何字符，从弹出的替换结果对话框中可以看到“完成 624 处替换”的提示，得到答案为 624。

例题 2-2. 卡片

2021 年（第十二届）省赛，填空题，lanqiaoOJ 题号 1443

【题目描述】小蓝有很多数字卡片，每张卡片上都是 0 到 9 的数字。小蓝准备用这些卡片来拼一些数，他想从 1 开始拼出正整数，每拼一个，就保存起来，卡片就不能用来拼其他数了。小蓝想知道自己能从 1 拼到多少。例如，当小蓝有 30 张卡片，其中 0 到 9 各 3 张，则小蓝可以拼出 1 到 10，但是拼 11 时卡片 1 只有一张了，不够拼出 11。现在小蓝手里有 0 到 9 的卡片各 2021 张，共 20210 张，请问小蓝可以从 1 拼到多少？提示：建议使用计算机编程解决问题。

虽然题目中有“建议使用计算机编程”，但是可以不编程，直接使用 Excel 解题。

先估计可能可以拼出 3000 多个数。在 Excel 中输出 1～3500，然后检查 1 用了多少次（搜索有多少个 1）、2 用了多少次，依次类推，最后发现 1 用得最多，且 1～3181 用了 2021 个 1，所以答案是 3181。这种方法简单直接。

本题还有别的解法，在 2.1.4 小节“巧用 Python”中再用 Python 代码计算一次。

2.1.2 眼看手数

虽然有的填空题本身比较复杂，但是因为数据规模小，所以选手也可以不用编程，能直接通过眼睛看、动手数得到答案。

例题 2-3. 迷宫

2017 年（第八届）省赛，填空题，lanqiaoOJ 题号 641

【题目描述】给出一个迷宫，问迷宫内的人有多少能走出来。迷宫的每个位置上有一个人，共 100 人，每个位置有指示牌，L 表示向左走，R 表示向右走，U 表示向上走，D 表示向下走。迷宫地图如下：

UDDLUULRUL
UURLLLRRRU
RRUURLDLRD
RUDDDDUUUU
URUDLLRRUU
DURLRLDLRL

```
ULLURLLRDU
RDLULLRDDD
UUDDUDUDLL
ULRDLUURRR
```

这道题是典型的 DFS 算法题，用编程解题至少需要 10 分钟。因为其是填空题，而且迷宫地图只涉及 100 个字符，所以可以直接数，从左往右数，从上往下数，约两分钟就能数完。

建议读者在 5.1 节"DFS 基础"中用编程方法再做一次这一题。

例题 2-4．七段码

2020 年（第十一届）省赛，填空题，lanqiaoOJ 题号 595

【题目描述】七段数码管一共有 7 段可以发光的二极管，分别标记为 a、b、c、d、e、f、g，问能表示多少种不同的字符，要求发光的二极管是相连的。

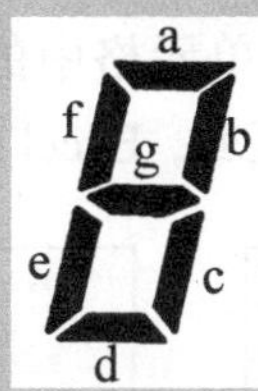

题目要求发光的二极管是相连的，所以可以用 DFS 或并查集查找连通块，用编程解题往往要花费 15 分钟左右。不过，因为图形简单，所以可以直接手算，用 3～5 分钟。

用字符表示数码管不太方便，可以改用数字，a：1，f：2，b：3，g：4，e：5，c：6，d：7。

这是一个组合问题，从 n 个数中选 r 个数有 $\frac{n!}{r!(n-r)!}$ 种组合，例如 7 选 1 有 7 种、7 选 2 有 21 种、7 选 5 有 21 种等。本题统计这些组合中的连续亮灯情况，分为以下 7 种情况。

亮一个灯：1、2、3、4、5、6、7，共 7 种。

亮两个灯：12、13、24、25、34、36、45、46、57、67，共 10 种。

亮 3 个灯：123、124、125、134、136、234、245、246、257、345、346、367、456、457、467、567，共 16 种。

亮 4 个灯，这时不要直接数 4 个灯，这种情况与灭 3 个灯是等价的，数 3 个灯比数 4 个灯简单。注意灭 3 个灯后其他的 4 个亮灯连续的情况：灭 123、124、125、126、127、134、135、136、137、157、167、245、257、267、346、357、367、457、467、567，共 20 种。

亮 5 个灯，数灭两个灯的情况：灭 12、13、14 等，共 19 种。

亮 6 个灯，数灭一个灯的情况，共 7 种。

亮 7 个灯，共 1 种。

对以上所有情况求和，答案是 80。

✧ 提示：这题的编码实现见 6.1.4 小节"例题"中的例题 6-5"七段码"，用 DFS 和并查集求解。

2.1.3 巧用 Excel

例题 2-5. 分数

2018 年（第九届）省赛，填空题，lanqiaoOJ 题号 610

【题目描述】1/1 + 1/2 + 1/4 + 1/8 + …，每项是前一项的一半，如果一共有 20 项，求和是多少，结果用分数表示出来。分子分母要求互质。

运用编程求解很简单，几分钟就能算出来。也可以巧用 Excel 计算，所花费的时间差不多，而且不用费劲思考如何编程。

在 Excel 表格的 A 列填分子，都是 1；在 B 列填分母，每行是前一行的两倍，在 B1 单元格填写 1，在 B2 单元格填写“=B1*2”，然后将鼠标指针移动到 B2 单元格的右下角，当鼠标指针变成十字形状时，按住鼠标左键向下拖曳到第 20 行，就填好了所有分数的分母。

最后通分求和。其分母就是 B20 单元格中的 524288，其分子的计算公式实际上就是“SUM(B1:B20)”。只要选中 B1 到 B20 区域，Excel 就会自动算出结果 1048575，如图 2.1 所示。

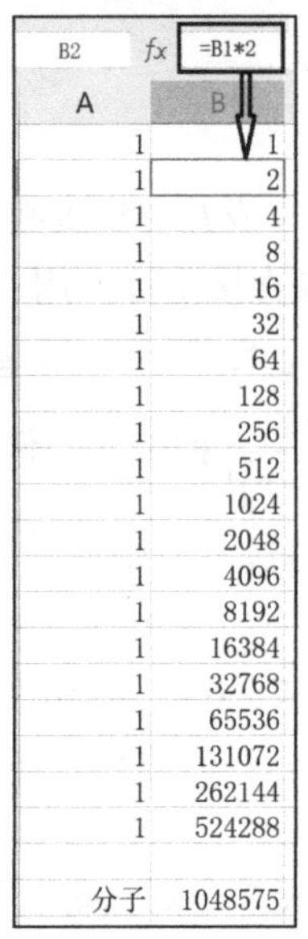

A	B
1	1
1	2
1	4
1	8
1	16
1	32
1	64
1	128
1	256
1	512
1	1024
1	2048
1	4096
1	8192
1	16384
1	32768
1	65536
1	131072
1	262144
1	524288
分子	1048575

（1）填分子分母

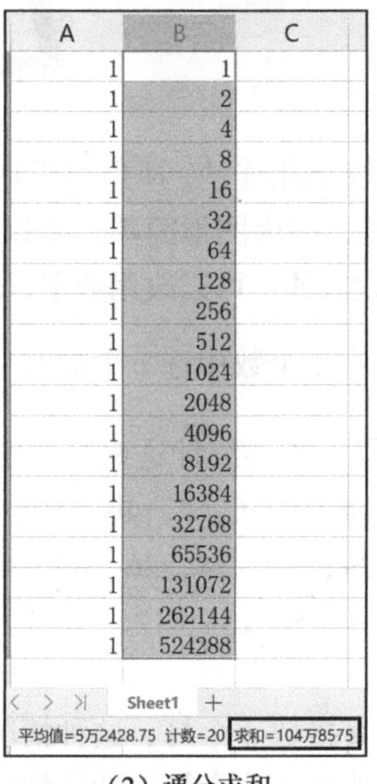

A	B	C
1	1	
1	2	
1	4	
1	8	
1	16	
1	32	
1	64	
1	128	
1	256	
1	512	
1	1024	
1	2048	
1	4096	
1	8192	
1	16384	
1	32768	
1	65536	
1	131072	
1	262144	
1	524288	

（2）通分求和

图 2.1　用 Excel 求分数

例题 2-6. 日期问题

2018 年（第九届）省赛，填空题，lanqiaoOJ 题号 611

【题目描述】整个 20 世纪（1901 年 1 月 1 日至 2000 年 12 月 31 日），一共有多少个星期一？

在 Excel 中，在 A1 单元格中输入日期“1901 年 1 月 1 日”，在 B1 单元格中输入日期“2000 年 12 月 31 日”，然后将 B1 与 A1 相减得 36524 天，如图 2.2 所示。

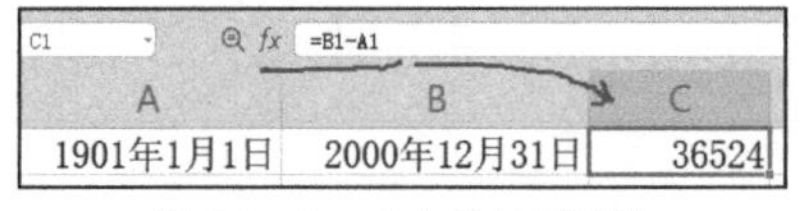

A	B	C
1901年1月1日	2000年12月31日	36524

图 2.2　Excel 中的日期减法

然后用 36524 除以 7 得出周数，其商为 5217，余数为 5。再计算 1901 年 1 月 1 日是星期几。在 Excel 中，右击 A1 单元格，选择“设置单元格格式”→“数字”→“日期”→“星期三”，单击“确定”，得“星期二”，即 1901 年 1 月 1 日是星期二，如图 2.3 所示。36524 天是 5217 周多 5 天，最后 5 天中没有星期一，说明答案就是 5217。也可直接利用 Excel 的“设置单元格格式”对话框得出 2000 年 12 月 31 日刚好是星期天，从星期三至星期天之间没有星期一，答案也是 5217。

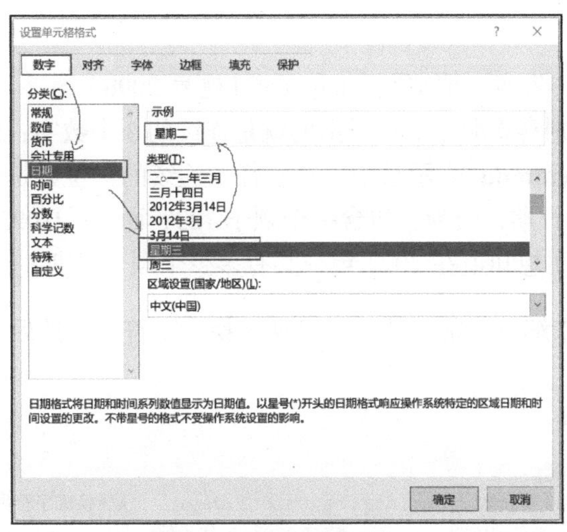

图 2.3　用 Excel 计算星期几

不过，如果时间问题涉及一些复杂计算，则用 Python 编程来解决更好。

2.1.4　巧用 Python

如果填空题涉及字符、大数计算、日期问题，则 Python 是首选。

即使是参加 C/C++组或 Java 组竞赛，也要学一些 Python 的知识，以方便手算，或用来做对比测试。这几种语言的编译器，竞赛机器上都有。

编写 Python 代码既简单又快速，且代码量一般比 C/C++、Java 代码少很多，例如 30 行的 C++代码，用 Python 实现只需要 20 行代码。

1. 用 Python 处理日期问题

例题 2-7. 日期问题

这里运用 Python 编程来解答 2.1.3 小节“巧用 Excel”的例题 2-6“日期问题”，下面分别给出两段 Python 代码。

① 直接用 datetime 库求解，这是推荐用法。第 4 行可以输出某个日期是星期几。

```
1  from datetime import *
2  dt1 = datetime(1901,1,1)
3  dt2 = datetime(2000,12,31)
4  print(dt1.weekday())   #输出 1，表示周二。注意，周一用 0 表示，周日用 6 表示
5  td = dt2- dt1
6  print(td.days//7)
```

② 编写程序判断闰年，见下面的代码。不过这段代码没有体现出 Python 的优势，而且没有输出 1901 年 1 月 1 日是星期几，而运行上一段代码能直接输出该日期是星期几。

```
sum = 0
for i in range(1901,2001):
    if (i%4==0 and i%100!=0) or (i%400==0):  sum += 366
    else:    sum += 365
#print(sum % 7)              #输出余几天
print(sum//7)
```

例题 2-8. 顺子日期

2022 年（第十三届）省赛，填空题，lanqiaoOJ 题号 2096

【题目描述】小明特别喜欢顺子。顺子指的就是连续的 3 个数字：123、456 等。顺子日期指的就是在日期的 **yyyymmdd** 表示法中，存在任意连续的三位数是一个顺子的日期。例如 20220123 就是一个顺子日期，因为它包含一个顺子 123；而 20221023 则不是一个顺子日期，它一个顺子也没有。小明想知道在 2022 年一共有多少个顺子日期。

时间问题用 Python 来解决非常方便。把日期转换为字符串，然后判断其是否为顺子日期。

```
from datetime import *
dt1 = datetime(2022,1,1)
cnt = 0
for i in range(0,365):
    s="%02d%02d%02d" %(dt1.year,dt1.month,dt1.day)     #转换成字符串
    dt1 +=  timedelta(days=1)        #timedelta 有 3 种：days、seconds、microseconds
    if "012" in s or "123" in s or "234" in s or "345" in s or   \
       "456" in s or "678" in s or "789" in s:
        cnt +=1
print(cnt)
```

这一题是 C/C++组的，不过这是填空题，即使是 C/C++组的题目，也能用 Python 来做。下面用 C/C++做一遍，只是为了说明这题用 C/C++编程来解决较为麻烦。

```
#include <bits/stdc++.h>
using namespace std;
int months[]={0,31,28,31,30,31,30,31,31,30,31,30,31};
bool check(string s){
    for(int i=0; i+2<s.size(); i++)
        if(s[i]+1 == s[i+1]   && s[i]+2 == s[i+2])
            return True;
    return False;
}
int main(){
    int y=2022, m=1, d=1;        //分别表示年（year）、月（month）、日（day）
    int cnt=0;
    for(int i=0; i<365; i++){
        char s[10];  sprintf(s, "%04d%02d%02d", y, m, d);
        if(check(s)) cnt++;
        d++;
        if(d>months[m]){d=1; m++;}
    }
    cout<<cnt;
    return 0;
}
```

例题 2-9. 特殊时间

2022 年（第十三届）省赛，填空题，lanqiaoOJ 题号 2119

【题目描述】2022 年 2 月 22 日 22:20 是一个很有意义的时间，年份为 2022，由 3 个 2 和 1 个 0 组成，如果将月和日写成 4 位，为 0222，也由 3 个 2 和 1 个 0 组成，如果将时间中的时和分写成 4 位，还由 3 个 2 和 1 个 0 组成。小蓝对这样的时间很感兴趣，他还找到了其他类似的例子，如 111 年 10 月 11 日 01:11、2202 年 2 月 22 日 22:02 等。请问，总共有多少个时间是这种年份写成 4 位、月日写成 4 位、时间写成 4 位后均由 3 个一种数字和 1 个另一种数字组成的。注意 1111 年 11 月 11 日 11:11 不算，因为它里面没有两种数字。

下面的代码中，先分别把合法的年、月日、时分存到字符数组中，然后在第 26～第 29 行判断是否相等。

```
1  def check(n):                        #检查数字是否合法，n 是排序后的
2      if n[0] == n[3]: return False
3      if n[1] != n[2]: return False
4      if n[0] == n[1] or n[2]==n[3]: return True
5      return False
6  year=[]
7  for y in range(1,10000):             #0001 年～9999 年
8      s="%04d" %(y)
9      s1=sorted(s)
10     if check(s1):  year.append(s1)
11 day=[]
12 for m in range(1,13):                #12 个月
13     for d in range(1,31):            #30 日、31 日都不符合要求，不用管。同理 2 月 29 日、2 月 30 日也不用管
14         s="%02d%02d" %(m,d)
15         s1=sorted(s)
16         if check(s1):
17             day.append(s1)
18 hour=[]
19 for h in range(0,24):
20     for m in range(0,60):
21         s="%02d%02d" %(h,m)
22         s1=sorted(s)
23         if check(s1):
24             hour.append(s1)
25 cnt = 0
26 for i in year:                      #遍历年
27     for j in day:                   #遍历月日
28         for k in hour:              #遍历时分
29             if i==j and i==k:  cnt+=1
30 print(cnt)                          #输出 212
```

2. 用 Python 计算大数

例题 2-10. 乘积尾零

2018 年（第九届）省赛，填空题，lanqiaoOJ 题号 612

【题目描述】给出 100 个整数 5650，4542，3554，……，问它们乘积的末尾有多少个 0。

涉及大数的问题用 Python 处理是最简单的，可以直接算，不用像 C/C++代码那样要考虑数据类型和溢出问题。

```
num = [5650, 4542, 3554, ...]       #把 100 个数复制到数组里
s = 1
for i in num:   s=s*i               #直接连乘，结果是一个极大的数
cnt =  0
while s%10 == 0:                    #逐个统计末尾的 0 的个数
      s //= 10                      #除以 10，把末尾 0 去掉
```

```
        cnt += 1                          #统计 0 的数量
print(cnt)
```

本题如果用 C++代码实现，因 100 个数的乘积太大，所以需要考虑是否要用高精度。如果用到下面的技巧，则不需要用高精度。联想到 10 等于 2×5，统计乘积中有多少个 2 和 5 的因子，特别是 5 的个数，它一般比 2 的个数少，所以有多少个 5，就有多少个 0。编码时，每读一个数，就整除 5，统计它的因子 5 的个数，最后总计 5 的个数，即可得到末尾 0 的个数。

```
#include<bits/stdc++.h>
using namespace std;
int main(void){
    int cnt5 = 0;
    for(int i=0;i<100;++i){
        int x;    cin>>x;
        while(x%5 == 0){ cnt5++;   x/=5; }
    }
    cout<< cnt5 <<endl;
    return 0;
}
```

例题 2-11. 相乘

2021 年（第十二届）省赛，填空题，lanqiaoOJ 题号 1444

【题目描述】小蓝发现，他将 1 至 1000000007 之间的不同的数与 2021 相乘后再求除以 1000000007 的余数，会得到不同的数。小蓝想知道，能不能在 1 至 1000000007 之间找到一个数，其与 2021 相乘后再除以 1000000007 后的余数为 999999999。如果存在，请在答案中提交这个数；如果不存在，请在答案中提交 0。

本题考核取模运算，下面编写 Python 代码来解题。有的读者可能会注意到，这段 Python 代码的运行时间很长，如果直接提交会被判超时。不过这是填空题，在运行出结果后提交答案即可。

```
for i in range(1,1000000008):
    if (i*2021)%1000000007==999999999:
        print(i)
        break
```

3. 用 Python 处理字符

例题 2-12. 平方和

2019 年（第十届）省赛，填空题，lanqiaoOJ 题号 599

【题目描述】小明对数位中含有 2、0、1、9 的数字很感兴趣，在 1 到 40 中这样的数包括 1、2、9、10 至 32、39 和 40，共 28 个，它们的和是 574，平方和是 14362。注意，平方和是指将每个数分别平方后求和的结果。请问，在 1 到 2019 中，所有这样的数的平方和是多少？

编写 Python 代码来解题，不用任何算法，直接把数字看作字符来统计。

```
sum = 0
for i in range(1,2020):
    s = str(i)
    if '2' in s or '0' in s or '1' in s or '9' in s:   sum += i*i
print(sum)
```

如果用 C++编程，就麻烦一些。请读者自己尝试用 C++编程实现。

例题 2-13. 题目内容与 2.1.1 小节“巧用编辑器”中的例题 2-2“卡片”相同。

用 Python 按字符处理，简单直接。下面给出两段代码。

（1）模拟法，直接模拟题目的操作过程。先输出 20210 个字符，然后每拼一个数字，就把对应的卡片去掉。如果找不到卡片，就停止。

```
s=['0', '1', '2', '3', '4', '5', '6', '7', '8', '9']*2021
for i in range(1,10000):
    a=list(str(i))
    try:
        for j in a: s.remove(j)        #去掉这个卡片
    except:                            #找不到卡片了，停止
        print(i-1)
        break
```

（2）数字 1 用得最多，统计从 1 开始到哪个数字为止用了 2021 次数字 1 即可。

```
s=" "
for i in range(1,100000):
    s+=str(i)
    if s.count('1') == 2021:
        print (i)
        break
```

例题 2-14. 山

2022 年（第十三届）省赛，填空题，lanqiaoOJ 题号 2141

【题目描述】这天小明正在学数数。他突然发现有些正整数的形状像一座“山”，如 123565321、145541，它们左右对称（回文）且数位上的数字先单调不减，后单调不增。小明数了很久也没有数完，他想让你告诉他在[2022, 2022222022]中有多少个数的形状像一座“山”。

如果直接判断[2022, 2022222022]内每个数是否为“山”数，则一共需要判断 20 多亿次，计算量太大。此时可以用构造法构造出“山”数。由于“山”数是左右对称的回文数，所以只需构造“山”数的一半，另一半是这一半的翻转，分为以下两种情况。

（1）“山”数的长度是偶数，左右对称，例如 123321。在[20, 20222]内构造出“山”数的左边一半即可。

（2）“山”数的长度是奇数，中间数不比左右两边小，例如 1233321、1234321。这种“山”数的范围是[11111, 999999999]，所以在[11, 9999]内构造左边部分即可。对于下面第 17 行代码中的 10−int(s[i+1])，例如构造了“山”数左边部分 s = 123，末尾是 3，那么中间数可以是 3～9，得到“山”数 1233321、1234321 等，共 10−3 = 7 个“山”数。

在 Python 中，range()函数是左闭右开的。

```
1   ans = 0
2   for i in range(20,20223):       # (1) 回文串长度为偶数，右半边是左半边的翻转
3       flag = 1
4       s = str(i)
5       for i in range(0,len(s)-1):   #判断左半边的单调性
6           if s[i]>s[i+1]:           #非单调不减
7               flag = 0              # = 0: 不合法
8               break
9       if flag == 1: ans += 1      #得到了左半边，可以构造一个“山”数
10  for i in range(11,10000):       #[11,9999]。(2) 回文串长度为奇数，中间数不小于左右两边
11      flag = 1
```

```
    s = str(i)
    for i in range(0,len(s)-1):
       if s[i]>s[i+1]:
           flag = 0
           break
    if flag == 1:    ans += 10-int(s[i+1])
print(ans)                           #输出 3138
```

例题 2-15. 三角回文数

2022 年（第十三届）省赛，填空题

【题目描述】对于正整数 n，如果存在正整数 k 使得 $n = 1 + 2 + 3 + \ldots + k = k(k+1)/2$，则 n 称为三角数。例如，66066 是一个三角数，因为 66066 = 1 + 2 + 3 + … + 363。如果一个整数从左到右读出所有数位上的数字，与从右到左读出所有数位上的数字是一样的，则称这个数为回文数。例如，66066 是一个回文数，8778 也是一个回文数。如果一个整数 n 既是三角数又是回文数，则称它为三角回文数。例如 66066 是三角回文数。请问，第一个大于 20220514 的三角回文数是多少？

本题应遍历 k，而不是遍历 n。n=20220514 对应的 k，根据 $n=k(k+1)/2$ 算得 k 大于 4000，让 k 从 4000 开始。下面第 3 行代码把 n 转换为字符串 s；反串在 Python 中的表示非常简单，s 的反串是第 4 行代码中的 s[::−1]。

```
1  for k in range(4000, 20000):
2      n = k*(k+1)//2
3      s = str(n)
4      if(s[::-1] == s):  print(k,n); break          # k = 8382, n = 35133153
```

✧ 提示：请读者自己练习往年蓝桥杯软件类大赛真题的填空题，尝试用手算方式解决。

2.2 杂题

竞赛题不但有算法题，还有很多不需要使用算法的题目，只要学过编程语言就能做，主要考核参赛选手的思维逻辑和编程能力。这种题有模拟题、构造题、思维题、找规律题，在本书中统称为杂题，每届大赛都会出现杂题，而且可能有好几道题，这是重要的得分点。虽然不需要用到算法，但是这些题可能比较简单，也可能比较难。

✧ 提示：请在看例题时，一定要先自己编写程序解题，再看题解，对照所用方法的异同。通过自己思考获得解题方法，能大大提高思维能力。如果先看了题解再做题，则训练效果会大打折扣，也会失去思考的乐趣。

例题 2-16. 裁纸刀

2022 年（第十三届）省赛，填空题，lanqiaoOJ 题号 2060

【题目描述】小蓝有一把裁纸刀，每次可以将一张纸沿一条直线裁成两半。小蓝用一张纸打印出两行三列共 6 个二维码，至少要裁 9 次才能把它们裁出来，下图给出了一种裁法。

在上面的例子中，小蓝的打印机没办法打印到边缘，所以边缘至少要裁 4 次。另外，小蓝每次只能裁一张纸，不能重叠或者拼起来裁。如果小蓝要用一张纸打印出 20 行 22 列共 440 个二维码，那么他至少需要裁多少次？

这是一道很直接的**思维题**，比较简单，但是也有一些有趣的解法。

（1）模拟法，模拟裁剪过程。先在四周裁 4 次裁掉边界，然后裁 19 次得到 20 个长条（20 行），再将每个长条裁 21 次得 22 列，答案是 4 + 19 + 21×20 = 443。

（2）扩展法，每裁 1 次，纸张数目增加 1。先裁 4 次裁掉边界，然后要得到 440 个二维码，需要裁 439 次，答案是 4 + 439 = 443。

例题 2-17．分数

2018 年（第九届）省赛，填空题，lanqiaoOJ 题号 610

【题目描述】1/1 + 1/2 + 1/4 + 1/8 + …，每项是前一项的一半，如果一共有 20 项，求和是多少，结果用分数表示出来。分子分母要求互质。

这是一道杂题，考核选手对二进制的理解。2.1.3 小节“巧用 Excel”中的例题 2-5“分数”以手算的方式解答过该题，下面通过编程来解答。

先将分数通分，再用等比数列求和，就能将原式化简，然后通过位运算或者幂次运算计算分子、分母，再除以二者的最大公约数。

（1）C++代码。

代码中用_gcd()函数计算最大公约数用于约分，使得分子分母互质。不过其实不用约分，因为分子分母本身就是互质的。

```cpp
#include<bits/stdc++.h>
using namespace std;
int main(){
    int a = (1 << 20) - 1;     //分子
    int b = (1 << 19);         //分母
    int t = _gcd(a, b);       //除去公约数
    cout << a/t << "/" << b/t;
    return 0;
}
```

（2）Python 代码。

相比编写 C++、Java 代码，编写 Python 代码的速度更快。下面分别给出 4 种 Python 代码来完成计算，其对应的 Python 代码如下。

① Python 代码 1。

```python
a,b = 1,0
for i in range(0,20):
```

```
    b += a
    a *= 2
print("%d/%d"%(b,a/2))
```

② Python 代码 2。

```
print("%d/%d"%(2 ** 20 -1,2 ** 19))        #注意**表示乘方
```

③ Python 代码 3。

```
print(str(2 ** 20 -1)+ '/'+str(2 ** 19))
```

④ Python 代码 4。

```
print("%d/%d"% (pow(2,20)-1 ,pow(2,19)))
```

例题 2-18. 付账问题

2018 年（第九届）省赛，lanqiaoOJ 题号 174

【**题目描述**】几个人一起出去吃饭是常有的事。但在结账的时候，常常会出现一些争执。现在有 n 个人出去吃饭，他们总共消费了 S 元。其中第 i 个人带了 a_i 元。幸运的是，所有人带的钱的总数是足够付账的。但现在问题来了：每个人分别要出多少钱呢？为了公平起见，我们希望在总付钱量恰好为 S 的前提下，最后每个人付的钱的标准差最小。这里约定，每个人支付的钱数可以是任意非负实数（不一定是整数）。你需要输出最小的标准差是多少？

标准差的介绍：标准差是多个数与它们平均数差值的平方的平均数的二分之一次方，一般用于刻画这些数之间的“偏差有多大”。形式化地说，设第 i 个人付的钱为 b_i 元，那么标准差为：$\sqrt{\frac{1}{n}\sum_{i=1}^{n}\left(b_i-\frac{1}{n}\sum_{i=1}^{n}b_i\right)^2}$

【**输入描述**】第一行包含两个整数 n、S；第二行包含 n 个非负整数 $a_1,\ldots,a_n$。

【**输出描述**】输出最小的标准差，四舍五入保留 4 位小数。保证正确答案再加上或减去 10^{-9} 后不会导致四舍五入的结果发生变化。

【**输入样例**】

10 30

2 1 4 7 4 8 3 6 4 7

【**输出样例**】

0.7928

【**数据说明**】对于 10%的数据，所有 a_i 相等；对于 30%的数据，所有非 0 的 a_i 相等；对于 60%数据，$n\leqslant1000$；对于 80%的数据，$n\leqslant10^5$；对于所有数据，$n\leqslant5\times10^5$，$0\leqslant a_i\leqslant10^9$。

这是一道模拟题，模拟付钱过程，解题思路并不复杂，但是需要考虑全面，防止遗漏。

标准差公式里面有两个求和，还是嵌套的，但后一个求和的结果就是 S，所以标准差公式是 $X=\sqrt{\frac{1}{n}\sum_{i=1}^{n}\left(b_i-\frac{S}{n}\right)^2}$。

如果每个人带的钱足够多，那么每人所付的钱就完全一样，$b_i = S/n = \text{avg}$，$X = 0$。不过总有人钱不够，分以下两种情况进行讨论。

（1）第 i 个人带的钱不够平均数 avg，他只能出他带的全部钱 a_i。

（2）第 i 个人带的钱比平均数 avg 多，他可以多摊一些。

求解的基本步骤如下。

① 对 a_i 进行从小到大排序。

② 前一部分人的钱不够，那么就出他们所有的钱。

③ 从总付钱数中扣除前一部分人出的钱，得剩余需要付的钱数为 S'，以及后一部分人需要付的钱的平均数 avg′。

④ 后一部分人带的钱多，他们多出一些，但是该怎么出？这部分人也分为两类：一类是带的钱比较多的人，但是他的钱少于 avg′，那么他的钱还是要全出；另一类是带的钱非常多的人，不管怎么平摊，他的钱都有富余。

（1）C++代码。

```
#include <bits/stdc++.h>
using namespace std;
const int M = 5e5;
long long a[M];
int main(){
    int n;  long long s;
    scanf("%d %ld",&n,&s);
    for(int i=1;i<=n;i++)  scanf("%ld",&a[i]);
    sort(a+1,a+n+1);        //从小到大排序
    double avg = 1.0*s/n;  //平均值
    double sum = 0.0;
    for(int i=1;i<=n;i++){
        if(a[i]*(n+1-i) < s){
                    //需要把钱全拿出的人：一类是钱少于平均数的；另一类是钱多于平均数，但也不是很多的
            sum += (a[i]-avg)*(a[i]-avg);
            s -= a[i];              //更新剩余钱数
        }
        else{       //不用把钱全拿出的人：带的钱非常多，不管怎么平摊他的钱都够
            double cur_avg = 1.0*s/(n+1-i);     //更新平均出钱数
            sum += (cur_avg-avg)*(cur_avg-avg)*(n+1-i);
            break;
        }
    }
    printf("%.4f",sqrt(sum/n));
    return 0;
}
```

（2）Python 代码。

```
from math import *
n, s = map(int,input().split())
a = list(map(int,input().split()))
a.sort()
avg = s/n
sum = 0
for i in range(n):
     if a[i]*(n-i) < s:
          sum += pow(a[i]-avg,2)
          s -= a[i]
     else:
          cur_avg = s/(n-i);       #更新平均出钱数
          sum += pow(cur_avg-avg,2)*(n-i)
          break
print("{:.4f}".format(sqrt(sum/(n))))
```

例题 2-19. 修剪灌木

2022 年（第十三届）省赛，lanqiaoOJ 题号 2107

【题目描述】爱丽丝要完成一项修剪灌木的工作。有 n 棵灌木整齐地从左到右排成一排。爱丽丝在每天傍晚会修剪一棵灌木，让灌木的高度变为 0 厘米。爱丽丝修剪灌木的顺序是从最左侧的灌木开始，每天向右修剪一棵。当修剪了最右侧的灌木后，她会调转方向，下一天开始向左修剪。直到修剪了最左侧的灌木后再次调转方向。然后如此循环往复。灌木每天从早上到傍晚会长高 1 厘米，而其余时间不会长高。在第一天的早晨，所有灌木的高度都是 0 厘米。爱丽丝想知道每棵灌木最高能长到多高。

【输入格式】一个正整数 n，含义如题目描述所述。

【输出格式】输出 n 行，每行一个整数，第 i 行表示从左到右第 i 棵灌木最高能长到多高。

【评测用例规模与约定】对于 30%的数据，$n \leq 10$；对于 100%的数据，$1 < n \leq 10000$。

这是一道思维题。由于每棵灌木都会在 $2n$ 天内被剪为 0 厘米，所以不会无限长高。其中的第 i 棵灌木，它左边有 $i-1$ 棵灌木，右边有 $n-i$ 棵灌木。爱丽丝分别从左边或右边绕回来，各需要 $2i$ 和 $2(n-i-1)$天，取最大值就是高度。i 从 0 开始。

（1）C++代码。

```
#include<bits/stdc++.h>
using namespace std;
int main() {
    int n;  cin >> n;
    for (int i = 0; i < n; i++)   cout << max(i, n - i - 1) * 2 << endl;
    return 0;
}
```

（2）Python 代码。

```
n = int(input())
for i in range (n): print(max(i,n-i-1)*2)
```

例题 2-20. 矩形拼接

2022 年（第十三届）省赛，lanqiaoOJ 题号 2238

时间限制：1 s　**内存限制：**512MB

【题目描述】已知 3 个矩形的大小依次是 $a_1 \times b_1$、$a_2 \times b_2$ 和 $a_3 \times b_3$。用这 3 个矩形能拼出的所有多边形中，边数最少是多少？例如用大小为 2×3 的矩形（用 A 表示）、大小为 4×1 的矩形（用 B 表示）和大小为 4×2 的矩形（用 C 表示）可以拼出如下四边形。

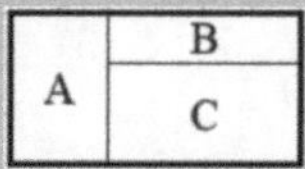

例如用大小为 2×3 的矩形（用 A 表示）、大小为 3×1 的矩形（用 B 表示）和大小为 1×1 的矩形（用 C 表示）可以拼出如下六边形。

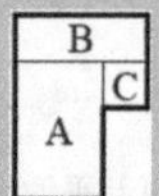

【输入格式】输入包含多组数据。第一行包含一个整数 T，代表数据组数。以下 T 行，每行包含 6 个整数 a_1、b_1、a_2、b_2、a_3、b_3，其中 a_1、b_1 是第一个矩形的边长，a_2、b_2 是第二个

矩形的边长，a_3、b_3 是第三个矩形的边长。

【输出格式】对于每组数据，输出一个整数代表答案。

【输入样例】

2

2 3 4 1 2 4

1 2 3 4 5 6

【输出样例】

4

6

【评测用例规模与约定】对于 10%的评测用例，$1 \leqslant T \leqslant 5$，$1 \leqslant a_1, b_1, a_2, b_2, a_3, b_3 \leqslant 10$，$a_1 = a_2 = a_3$；对于 30%的评测用例，$1 \leqslant T \leqslant 5$，$1 \leqslant a_1, b_1, a_2, b_2, a_3, b_3 \leqslant 10$；对于 60%的评测用例，$1 \leqslant T \leqslant 10$，$1 \leqslant a_1, b_1, a_2, b_2, a_3, b_3 \leqslant 20$；对于所有评测用例，$1 \leqslant T \leqslant 1000$，$1 \leqslant a_1, b_1, a_2, b_2, a_3, b_3 \leqslant 100$。

本题是一道纯粹的构造题，解题思路简单，但是编码会比较烦琐，目的是考核编程能力。

3 个矩形摆在一起，可能有几条边？读者可以在纸上绘图观察，如果 3 个矩形完全不能匹配，则拼出的图形是八边形；如果能完全匹配成一个新矩形，则拼出的图形是四边形；其他情况拼出的图形是六边形。

本题只有 3 个矩形，并不复杂。3 个矩形任意组合，每个矩形有横竖两种摆法，共 48 种情况。当做 1000 组测试时，总计算量是 1000×48，计算量很小不会超时，所以简单地用暴力法组合出所有情况，取最小值即可。

（1）C++代码。

下面的 C++代码中，第 10～第 14 行对 3 个矩形进行组合；第 15～第 17 行，每个矩形有横和竖两种摆法；第 18、19 行，如果一个矩形的边长等于另外两个矩形的边长之和，那么至少是 6 条边；第 20、21 行，如果两个矩形边长相等，那么就是 4 条边。后面几行代码请读者自行分析。

```
1   #include<bits/stdc++.h>
2   using namespace std;
3   int a[3][2];
4   int main(){
5       int T;    cin >> T;
6       while(T--)    {
7           for(int i = 0; i < 3; i++)
8               cin >> a[i][0] >> a[i][1];
9           int ans = 8;
10          for(int i = 0; i < 3; i++)                                  //第 1 个矩形
11              for(int j = 0; j < 3; j++)
12                  if(i != j)                                          //第 2 个矩形
13                      for(int k = 0; k < 3; k++)
14                          if(k != i && k != j)                        //第 3 个矩形
15                              for(int ii = 0; ii <= 1; ii++){         //第 1 个有横竖两种摆法
16                                  for(int jj = 0; jj <= 1; jj++){     //第 2 个横竖摆
17                                      for(int kk = 0; kk <= 1; kk++){ //第 3 个横竖摆
18                                          if(a[i][ii] == a[j][jj] + a[k][kk]){
19                                              ans = min(ans, 6);
20                                              if(a[j][1-jj] == a[k][1-kk])
21                                                  ans = min(ans, 4);
22                                          }
23                                          if(a[i][ii] == a[j][jj] || a[j][jj] == a[k][kk])
24                                              ans = min(ans, 6);
25                                          if(a[i][ii] == a[j][jj] && a[j][jj] == a[k][kk])
26                                              ans = min(ans, 4);
27                                      }
28                                  }
```

```
                        }
        cout<<ans<<endl;
    }
    return 0;
}
```

（2）Python 代码。

```python
def check1(x1,x2,x3):
    if x1>=x2 and x1>=x3:
        if x1==x2+x3 and a[2]+a[3]-x2==a[4]+a[5]-x3:  return True
    if x2>=x1 and x2>=x3:
        if x2==x1+x3 and a[0]+a[1]-x1==a[4]+a[5]-x3:  return True
    if x3>=x1 and x3>=x2:
        if x3==x1+x2 and a[0]+a[1]-x1==a[2]+a[3]-x2:  return True
    return False
def check2(x1,x2,x3):
    if x1>=x2 and x1>=x3:
        if x1==x2+x3:    return True
    if x2>=x1 and x2>=x3:
        if x2==x1+x3:    return True
    if x3>=x1 and x3>=x2:
        if x3==x1+x2:    return True
    return False

T = int(input())
for t in range(T):
    a=list(map(int,input().split()))
    ans=8
    for i in range(0,2):                       #第 1 个矩形
        for j in range(2,4):                   #第 2 个矩形
            for k in range(4,6):               #第 3 个矩形
                x1,x2,x3 = a[i],a[j],a[k]
                if x1==x2 and x2==x3:          ans = min(ans,4)
                if check1(x1,x2,x3):           ans = min(ans,4)
                if x1==x2 or x1==x3 or x2==x3: ans = min(ans,6)
                if check2(x1,x2,x3):           ans = min(ans,6)
    print(ans)
```

例题 2-21．蜂巢

2022 年（第十三届）省赛，lanqiaoOJ 题号 2134

时间限制：1s　**内存限制：**512MB

【题目描述】蜂巢由大量的六边形拼接而成，定义蜂巢中的方向：0 表示正西方向，1 表示西偏北 60°，2 表示东偏北 60°，3 表示正东，4 表示东偏南 60°，5 表示西偏南 60°。对于给定的一点 O，以 O 为原点定义坐标系，如果一个点 A 由 O 点先向 d 方向走 p 步再向 $(d+2) \bmod 6$ 方向（d 的顺时针 120° 方向）走 q 步到达，则这个点的坐标定义为(d, p, q)。在蜂巢中，一个点的坐标可能有多种。下图是点 $B(0, 5, 3)$和点 $C(2, 3, 2)$的示意图。

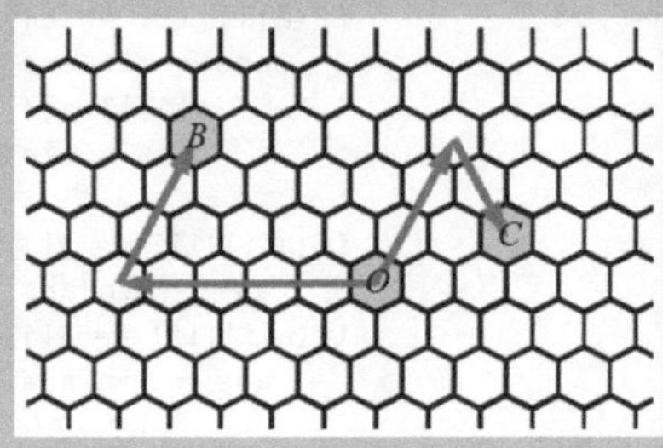

给定点(d_1, p_1, q_1)和点(d_2, p_2, q_2)，请问它们之间最少走多少步可以到达？

【输入格式】 输入一行，包含 6 个整数 d_1、p_1、q_1、d_2、p_2、q_2，表示两个点的坐标，相邻两个整数之间使用一个空格分隔。

【输出格式】 输出一行，包含一个整数，表示两点之间最少走多少步可以到达。

【输入样例】

0 5 3 2 3 2

【输出样例】

7

【评测用例规模与约定】 对于 25%的评测用例，$p_1, p_2 \leqslant 10^3$；对于 50%的评测用例，$p_1, p_2 \leqslant 10^5$；对于 75% 的评测用例，$p_1, p_2 \leqslant 10^7$；对于所有评测用例，$0 \leqslant d_1, d_2 \leqslant 5$，$0 \leqslant q_1 < p_1 \leqslant 10^9$，$0 \leqslant q_2 < p_2 \leqslant 10^9$。

本题是一道构造题，考点有两个：坐标转换、距离计算。

蜂巢有 6 个方向，虽然看起来比较复杂，但实际上走步非常简单，例如样例中从点 B 走到点 C，点 C 在点 B 的右下方，点 B 只要一直向右向下走，且不超过点 C 所在的行和列，一定存在从点 B 走到点 C 的最少步数。

本题的难点是对坐标的处理。如果是简单的直角坐标系，就很容易计算。本题的蜂巢由多个是六边形的蜂室组成，每个蜂室的中心点是否能转为直角坐标？把蜂室的中心点用图 2.4 所示的直角坐标表示。

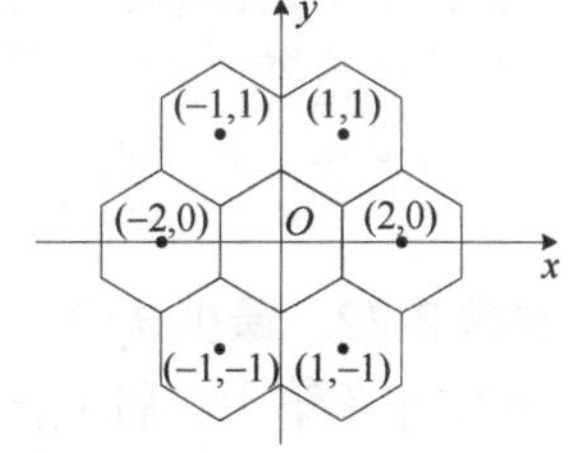

图 2.4　将蜂室中心点转化成直角坐标

中心点为 O，对应的 6 个蜂室的中心点坐标分别为$(-2, 0)$、$(-1, 1)$、$(1, 1)$、$(2, 0)$、$(1, -1)$、$(-1, -1)$，在下面的代码中用 xdir[]、ydir[]表示。

先计算得到起点坐标(x_1, y_1)、终点坐标(x_2, y_2)。如何计算起点到终点的步数？蜂室中心点坐标的距离不能直接用曼哈顿距离①计算。读者如果已经做了这一题，可能是用各种复杂的判断来计算的。下面给出一个简单巧妙的方法。

坐标之差的绝对值 $dx = |x_1 - x_2|$、$dy = |y_1 - y_2|$，有以下结论。

（1）若 $dx \geqslant dy$，则最少步数是$(dx+dy)/2$，即先横着走，再斜着走。

（2）若 $dx < dy$，一直斜着走就行，最少步数是 dy。

下面是解题代码。

（1）C++代码。

代码中有一个需要注意的地方，即坐标值应该用 long long 类型，如果用 int 类型会发生溢出。

```
#include<bits/stdc++.h>
using namespace std;
typedef long long ll;
ll xdir[] = {-2,-1,1,2, 1,-1};  //横向
ll ydir[] = { 0, 1,1,0,-1,-1};  //纵向
void walk(ll d, ll q, ll &x, ll &y){
    x += xdir[d] * q;
    y += ydir[d] * q;              //引用传参，返回坐标(x, y)
```

① 曼哈顿距离，又称为出租车距离：两点的距离等于 x 方向上的距离加上 y 方向上的距离，即$|x_1-x_2| + |y_1-y_2|$。

```
}
int main(){
    ll d1,p1,q1,d2,p2,q2;
    cin>>d1>>p1>>q1>>d2>>p2>>q2;
    ll x1 = 0, y1 = 0;                          //计算起点坐标(x1,y1)
    walk(d1,p1,x1,y1);                          //先沿第 1 个方向走
    walk((d1 + 2) % 6,q1,x1,y1);                //再沿第 2 个方向走
    ll x2 = 0, y2 = 0;                          //计算终点坐标(x2,y2)
    walk(d2,p2,x2,y2);
    walk((d2 + 2) % 6,q2,x2,y2);
    ll dx = abs(x1 - x2), dy = abs(y1 - y2);
    if (dx >= dy) cout << (dx+dy)/2;            //先横着走，再斜着走
    else          cout << dy;                   //一直斜着走就行了
}
```

（2）Python 代码。

```
xdir = [-2,-1,1,2, 1,-1]
ydir = [ 0, 1,1,0,-1,-1]
def walk(d, q,x,y):
    x += xdir[d]*q
    y += ydir[d]*q
    return x,y
d1,p1,q1,d2,p2,q2 = map(int,input().split())
x1, y1 = walk(d1,p1,0,0)
x1, y1 = walk((d1 + 2) % 6, q1,x1,y1)
x2, y2 = walk(d2,p2,0,0)
x2, y2 = walk((d2 + 2) % 6, q2,x2,y2)
dx,dy = abs(x1 - x2), abs(y1 - y2);
if (dx >= dy): print((dx+dy)//2)      #先横着走，再斜着走
else:          print(dy)              #一直斜着走
```

例题 2-22. 最少砝码

2021 年（第十二届）省赛，lanqiaoOJ 题号 1461

【题目描述】你有一架天平。现在你要设计一套砝码，使得利用这些砝码可以称出任意重量小于或等于 N（N 为正整数）的物体的质量。那么这套砝码最少需要包含多少个砝码？注意砝码可以放在天平两边。

【输入格式】输入一行，包含一个正整数 N，$1 \leqslant N \leqslant 10^9$。

【输出格式】输出一行表示答案。

这是一道找规律题。

题目要求给出最少数量的几个整数（砝码），将它们加减组合可以得到 1～N 的整数。熟悉二进制的都知道，1 和 2、4、8、16 等这些 2 的倍数可以组合相加得到任意整数。不过，本题的砝码不仅可以相加，还可以放在天平的两边，通过减法得到新的称重。例如 $N = 3$ 时，一套码可以是{1, 2}，也可以是{1, 3}、{2, 3}。

本题有一点难度，有的读者的解题过程可能比较烦琐，下面给出一种简洁的推理方法。

设当前砝码的称重范围是 1～R。加一个砝码 w，并且要求不重复加 w 就能实现此称重范围，那么 w 将是一个很大的砝码。新的称重范围：

$\{1, 2, ..., R, w-R, w-R+1,..., w, w+1, w+2, ..., w+R\}$.

因为从 R 到 $w-R$ 是连续的，所以有 $w-R = R+1$，即 $w = 2R+1$。也就是说，如果当前称重范围是 1～R，那么加一个 $w = 2R+1$ 的砝码，可以扩展到新的称重范围 $R' = w+R = 3R+1$。

下面列表计算，每一行的“原砝码”“原称重范围”分别是上一行的“新砝码”“新称重范围”，如表 2.1 所示。

表 2.1　砝码最少的实现方式

R	原砝码	原称重范围	$w = 2R+1$	$R' = 3R+1$	新砝码	新称重范围
1	1	1	3	4	1, 3	1～4
4	1, 3	1～4	9	13	1, 3, 9	1～13
13	1, 3, 9	1～13	27	40	1, 3, 9, 27	1～40
40	1, 3, 9, 27	1～40	81	121	1, 3, 9, 27, 81	1～121

表 2.1 给出了一种所用砝码最少的实现方式，虽然可能还有其他实现方式，但这种实现方式最大限度地扩展了新的称重范围，是一种最优方案。

根据表 2.1 可以得到计算方法：（1）砝码按 3 的倍数增长；（2）每加一个砝码，称重范围增长到 $R' = 3R+1$。

R 按 3 倍增长，这比二进制的倍增还快，当 $N = 10^9$ 时，计算量 $\log_3 N < \log_2 N = 30$。

下面是 Python 代码（C++代码略）。

```
N = int(input())
R = 1
cnt = 1
while R < N:
    R = R*3 + 1
    cnt += 1
print(cnt)
```

【练习题】

从本章的例题可以看出，杂题没有用到复杂算法，即使是不熟悉数据结构和算法的初学者也能做。而且题目有难有易，能很好地考核参赛选手的思维能力和编码能力。杂题在蓝桥杯软件类大赛和其他算法竞赛中，都是常见且必不可少的题型。

表 2.2 所示列出了蓝桥杯官网的杂题，请读者大量练习这类题目。

该表中的“题号”是指题目在 lanqianOJ 中的题号。

表 2.2　蓝桥杯官网中的杂题

题名	题号	题名	题号	题名	题号
k 倍区间	97	拉马车	101	日期问题	103
图形排版	104	小计算器	115	四平方和	122
冰雹数	128	打印大 X	133	奇怪的数列	136
机器人繁殖	140	饮料换购	143	数位递增的数	145
三元组中心问题	146	音节判断	148	反倍数	152
洁净数	153	凯撒加密	154	最大距离	155
螺旋矩阵	156	最长递增	158	积木	163
倍数问题	168	次数差	170	等腰三角形	171
递增三元组	172	螺旋折线	176	缩位求和	181
特别数的和	191	旋转	197	Fibonacci 数列	200

续表

题名	题号	题名	题号	题名	题号
打印十字图	206	连号区间数	212	分糖果	218
兰顿蚂蚁	220	蚂蚁感冒	221	采油	224
交换次数	227	整理玩具	232	解谜游戏	241
拼接平方数	270	密码发生器	277	生物芯片	271
手机尾数	279	地址转换	282	机器人行走	283
拼音字母	284	上三角方阵	285	Playfair 密码	286
画表格	288	5 个砝码	289	子串分值和	1037
绘制表格	290	有理数的循环节	295	成绩分析	497
回文日期	498	子串分值	499	成绩统计	502
合法日期	541	天数	542	最大间隙	543
时间加法	548	图像模糊	550	扫雷	549
谁拿了最多奖学金	565	天干地支	1029		

小　　结

在算法竞赛中，一般会有 20%的杂题，用于考核参赛选手用计算机解决常见问题的能力。解答这些题一般不需要使用数据结构或算法，但是大赛中也常有难度很大的杂题，以考核参赛选手的编程能力和思维能力。请读者大量做杂题，提高自己编程的基本能力，培养对编程的兴趣。

本章的题目是整本书的“热身题”，适合学过编程语言，但是还没有学习数据结构和算法的读者。这些题也可以作为程序设计语言课程的辅助练习题。

第 3 章 基础数据结构

CHAPTER 3

从这一章开始讲解数据结构和算法，进入算法竞赛的大道，这条大道的起点是基础数据结构。

什么是数据结构？每个程序都有输入数据和输出数据，输入数据是代码处理的对象，输出数据是代码运行的结果。代码在执行过程中需要用一定的方式来存储和处理数据，这种方式就是数据结构。

常见的数据结构相关教材一般包含这些内容：数组、链表、栈和队列、串、多维数组和广义表、哈希、树和二叉树、图（图的存储、遍历等）、排序等。

本章将给出这些基础数据结构的解释、例题及其代码：数组、链表、队列、栈、二叉树。

本章内容适合学过编程语言，正在学习数据结构的编程新手；也适合学过基础数据结构，但是对代码的掌握还不够熟练的读者。

学了基础数据结构远远不够，还有大量的高级数据结构需要学习。

本章讲解基础数据结构时，一般与其他知识点结合出题，纯粹的基础题较少。读者应完全掌握本章讲解的知识点和基本代码，以便在后续知识点的例题中应用。

✧ 提示：学习编程，主动性非常关键。在阅读例题的代码之前，请读者先尝试自己编写代码，再对比例题的代码。这样虽然耗时，但是学习效率更高、进步会更快。自己独立做一道题，比看题解做 5 道题的收获更大。

3.1 数组

在展开数据结构的学习之前，下面先练习一下数组的题目。

数组是最简单的数据结构，创建数组的方法是把数据按先后顺序存储在空间中。虽然数组简单，但是在算法竞赛中至关重要，因为其他数据结构都可以用数组来模拟，即“物理存储上是数组，逻辑上是其他数据结构”。用数组模拟其他数据结构，虽然不是工程项目中的正规做法，但是非常适合算法竞赛，因为这样编写代码快、不易出错。本章的链表、队列、栈、二叉树，都给出了数组实现，强烈建议读者在竞赛中使用这种方法。

例题 3-1. 高精度加法

lanqiaoOJ 题号 1516

【题目描述】输入两个整数 a 和 b，输出这两个整数的和。a 和 b 都不超过 100 位。

本题和下一题介绍计算大数的乘法和加法。在 C/C++中，大数的计算方法称为高精度算法，是常见的考题。而使用 Python 和 Java 代码能直接计算大数，不需要用高精度算法。

（1）C++代码。

C++的数据类型中，最大的 long long 类型，可以声明 64 位的二进制数变量。此题的关键是处理大数的输入，因为整数 a 和 b 太大，无法将其直接赋值给 C++的变量，所以不能按数字读入，只能按字符读入。

大数 a 用字符串来存储，一个字符存储一位数字，a[0]存最高位数字，a[1]存次高位数字……a[n−1]存最低位数字，等等。计算 a 加上 b，先模拟每一位相加，再处理进位。

```
#include <bits/stdc++.h>
using namespace std;
string add(string a,string b){
    string s;                          //存结果
    int c = 0;                         //进位
    for(int i=a.size()-1,j=b.size()-1;i>=0||j>=0||c>0;i--,j--){
        if(i>=0)    c += a[i]-'0';
        if(j>=0)    c += b[j]- '0';
        s += (c%10)+ '0';              //注意这里的 s，低位在前，高位在后
        c /= 10;
    }
    reverse(s.begin(),s.end());  //反过来，高位在前，低位在后
    return s;
}
int main(){
    string a,b;  cin>>a>>b;        //用字符串方式读入整数 a 和 b
    cout<<add(a,b);
    return 0;
}
```

✧ 提示：这段代码正确吗？可以用另外一段代码来验证它的正确性，这种方法称为对拍，就是写两段代码，对两段代码做一样的测试，看结果是否一致。由于使用 Python 代码可以直接计算大数，因此写一段 Python 代码来验证 C++高精度加法代码的正确性。

（2）Python 代码。

用 Python 代码计算大数加法，验证 C++高精度加法代码的正确性。

```
a,b = int(input()),int(input())
print(a+b)
```

例题 3-2. 阶乘计算

lanqiaoOJ 题号 1515

【题目描述】输入一个正整数 n，输出 $n!$的值，$n \leqslant 1000$。

（1）C++代码。

阶乘的值极大，在 C++中，unsigned long long 类型变量的最大值是 2^{64}，而 21!就已经大于 2^{64} 了，所以需要用数组来存这个大数。这是一道高精度算法题目，高精度算法可用数组实现。

编程时注意以下细节。

① 定义一个数组 a[]来存放大数，数组的一个元素存放大数的一位数字。例如 a[0]存放个位数，a[1]存放十位数，a[2]存放百位数，等等。

② 数组 a[]需要定义成多大？也就是说，1000!有多少位？可以用 Windows 自带的计算器直接算出来，$1000! \approx 4\times10^{2567}$。代码中简单地定义成一个更大的数组 a[10000]。

③ 模拟乘法运算，处理进位。

例如 356×8，先计算个位的 6×8，得 48，其中个位的 8 等于 48%10=8，进位的 4 等于 48/10=4。见下面代码中的第 10～第 13 行，这几行代码实际上是处理了两个数的乘法，请仔细分析这几行代码。

④ 按③的计算方法计算 *n*!。第 8 行代码中的 *i* 遍历了 1～*n*，计算 *n*!。

⑤ 从最高位开始输出。先找到最高位，即第一个不等于 0 的数，然后从高位往最低位输出。

✧ 提示：第 4 行代码的 int a[]表示定义一个大静态数组，大静态数组应该定义在全局。如果将其定义在函数内部，有些编译器会报错。

有的读者可能知道需要考虑代码的计算复杂度问题（见本书的 4.1 节“算法复杂度”）。第 8 行和第 10 行代码共循环计算了 10000×*n* = 10000×1000 = 1 千万次，不会超时。

```
1  #include <bits/stdc++.h>
2  using namespace std;
3  const int N = 10000;
4  int a[N] = {0};                          //存结果，注意大静态数组要定义在全局
5  int main(){
6      int n;   cin >> n;
7      a[0] = 1;
8      for(int i=1;i<= n;i++){                          //模拟计算 n!
9          int carry = 0;                               //进位
10         for(int j=0;j< N;j++){                       //两个数相乘
11             a[j] = a[j] * i + carry;
12             carry = a[j] / 10;
13             a[j] = a[j] % 10;
14         }
15     }
16     int last;                                        //准备打印。找到最高位，就是第一个不等于 0 的数
17     for(int i=N-1;i>=0;i--){
18         if (a[i] != 0){
19             last = i;
20             break;
21         }
22     }
23     for(int i=last; i>=0;i--) cout << a[i];  //从最高位开始打印
24     return 0;
25 }
```

（2）Python 代码。

使用 Python 代码能直接计算大数，不需要任何技巧。用下面的代码验证上面的 C++代码。

```
N = int(input())
ans = 1
for i in range(1, N+1):  ans *= i
print(ans)
```

例题 3-3. 回形取数

lanqiaoOJ 题号 1517

【题目描述】回形取数就是沿矩阵的边取数，若当前方向上无数可取或所有数已经取过，则逆时针转 90°。从矩阵左上角开始，向下取数。

【输入描述】输入两个不超过 200 的正整数 m、n，表示矩阵的行和列。接下来输入 m 行 n 列整数，表示矩阵。

【输出描述】输出只有一行，共 $m \times n$ 个数，为输入矩阵后回形取数得到的结果。数之间用空格分隔，行末不要有多余的空格。

【输入样例】	【输出样例】
3 3 1 2 3 4 5 6 7 8 9	1 4 7 8 9 6 3 2 5

（1）C++代码。

沿下、右、上、左 4 个方向取数，其对应实现代码分别写了 4 次，比较烦琐。后面 Python 代码的写法更简洁。

注意第 15 行代码是对越界的处理。

```
1  #include<bits/stdc++.h>
2  using namespace std;
3  int a[201][201];    //存矩阵
4  int vis[201][201]; //标记这个坐标的点是否已经取过
5  int main(){
6      int n,m;  cin >> n >> m;
7      for(int i=1;i<=n;i++)
8          for(int j=1;j<=m;j++)
9              cin >> a[i][j];
10     int x=1, y=1;
11     cout << a[1][1];
12     vis[1][1] = 1;        //标记这个坐标点已经取过
13     int sum = 1;
14     while(sum < n*m){    //下面分别沿下、右、上、左 4 个方向取数
15         while(x+1<=n && vis[x+1][y]==0){
16             cout << " " << a[++x][y] ;
17             vis[x][y]=1;
18             sum++;
19         }
20         while(y+1<=m && vis[x][y+1]==0){
21             cout << " " << a[x][++y] ;
22             vis[x][y]=1;
23             sum++;
24         }
25         while(x-1>=1 && vis[x-1][y]==0){
26             cout << " " << a[--x][y] ;
27             vis[x][y]=1;
28             sum++;
29         }
30         while(y-1>=1 && vis[x][y-1]==0){
31             cout << " " << a[x][--y] ;
32             vis[x][y] = 1;
33             sum++;
34         }
35     }
```

```
    return 0;
}
```

（2）Python 代码。

用 Python 代码把上面的 C++代码改写一遍。第 1 行代码用 dir[]数组表示 4 个方向，代码简短了很多。

```
1  dir = [(1, 0), (0, 1), (-1, 0), (0, -1)]   #4 个方向
2  m, n = map(int, input().split())
3  a = []
4  for i in range(m):  a.append(input().split())
5  x, y = -1, 0
6  d = 0
7  sum = 0
8  while sum < m*n:
9      sum = sum + 1
10     nx, ny = x + dir[d][0], y + dir[d][1]
11     if nx < 0 or nx >= m or ny < 0 or ny >= n or a[nx][ny]==-1:
12         d = (d + 1) % 4
13         x, y = x + dir[d][0], y + dir[d][1]
14     else:
15         x, y = nx, ny
16     print(a[x][y], end=' ')
17     a[x][y] = -1                #标记这个坐标点已经取过
```

3.2 链表

数组使用连续的存储空间，其访问和使用方法都很简单。不过数组不够灵活，有 2 个缺点。

（1）需要占用连续的空间。

若某个数组很大，可能没有这么大的连续空间给它用。

◇ 提示：在算法竞赛中，为了简化编程，链表都是用数组模拟的，也就是说，在逻辑上是链表，但是在物理上链表中的数据是用连续空间顺序存储的。这样做的好处是编写代码简单，缺点是浪费了空间，不过只要不超过竞赛题目的空间限制就行。

（2）不方便删除和插入数据。

例如删除数组中的一个数据，需要把后面所有的数据往前移，以填补这个空位，会产生大量的复制开销。在中间插入数据，也同样不方便。

一种简单的数据结构——链表能解决上述问题，它不需要把数据存储在连续的空间上，而且删除和增加数据都很方便。链表可以看作用指针串起来的数组，它用一串位于任意位置的存储单元存放线性表的数据元素，这些存储单元可以是连续的，也可以是不连续的。

链表有两种：单向链表、双向链表。单向链表如图 3.1 所示，其指针是单向的，只能从左向右单向遍历数据。单向链表中比较特殊的是头和尾，为了方便从任何一个位置出发都能遍历整个链表，所以让其首尾相接，尾巴 tail 的 next 指针指向头部 head 的 data。由于首尾相接的链表是循环的，所以任意结点都可以成为头和尾。

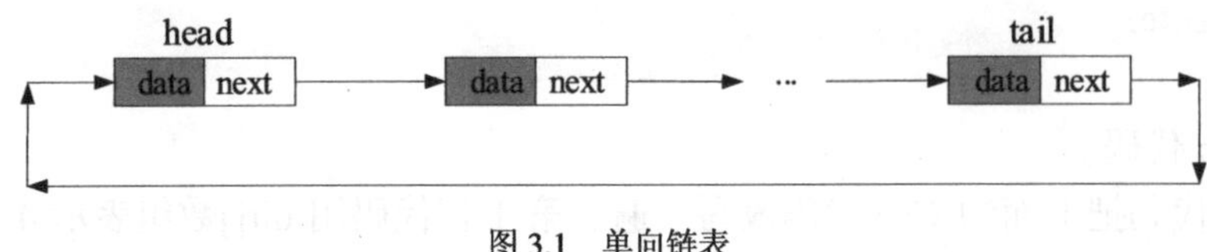

图 3.1 单向链表

双向链表如图 3.2 所示。每个结点有两个指针，pre 指针指向前一个结点，next 指针指向后一个结点。双向链表也是首尾相接的，最后一个结点的 next 指针指向第一个结点，第一个结点的 pre 指针指向最后一个结点。

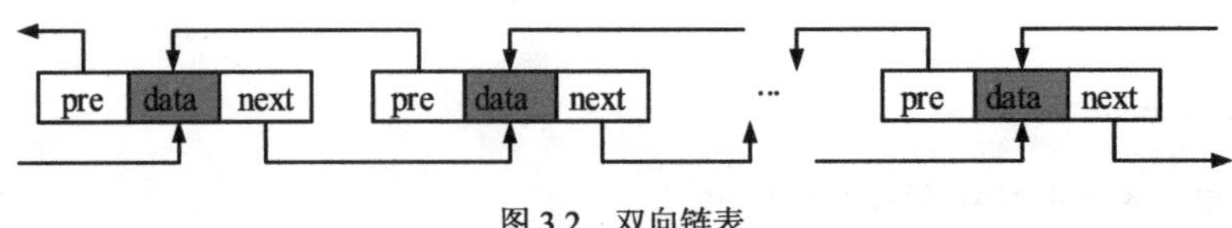

图 3.2 双向链表

双向链表比单向链表的编写麻烦一点，但访问起来比较方便快捷。在需要频繁访问前后几个结点的场景中，可以使用双向链表。例如删除一个结点 now 的操作，前一个结点是 pre，后一个结点是 next，那么就让 pre 指向 next，now 被跳过，相当于被删除，此时需要 pre 和 next，如果是双向链表，则很容易得到 pre 和 next；如果是单向链表，则不方便找到 pre。

链表用起来很简单，它的操作有初始化、添加、遍历、插入、删除、查找、释放等。

和数组相比，链表的功能更多，使用更灵活。链表的优点是删除和插入结点很快，例如删除结点，找到结点后，直接断开指向它的指针，再让该指针指向要删除结点后面的结点即可，不需要移动其他结点。

但链表仍是一种简单的数据结构，它的缺点是查找慢，例如查找 data 等于某个值的结点时，需要遍历整个链表才能找到它。

✧ 提示：查找慢是线性表的通病，数组、链表、队列、栈都有这个问题。

在这里，pre 和 next 可以理解为指针，也可以理解为所在的结点。

3.2.1 C++链表实现

链表的编程实现有动态链表、静态链表、STL list 等多种方法。在算法竞赛中，为了加快编程速度，一般使用静态链表或 STL list。下面介绍静态链表和 STL list 的编程实现方法。

1. 单向静态链表

静态链表使用预先分配的一段连续空间来存储数据，也就是用一个数组来模拟链表，逻辑上实现了链表的所有操作，物理上仍然使用了连续的空间。

下面先给出 C++的用结构体数组实现单向静态链表的代码。3.2.2 小节“Python 链表实现”的例题中提供了单向静态链表的 Python 代码实现。

（1）链表结点的定义。

用 Struct node 定义一个链表结点上的元素：id，表示这个结点的编号，一般用不上，因为可以用存储这个结点的 nodes[i]的 i 来直接表示结点编号；data，表示结点存储的数据；nextid，表示 next 指针，指向下一个结点的编号。

（2）链表初始化。

因为直接用 i 来赋值 nodes[i]，所以下面代码中，第 10 行的 id 是不必要的，可以省去。重点是第 11 行的 nextid 和第 14 行的首尾相接，这样才能完成一个循环的链表结构。

（3）遍历链表。

沿着 nextid 指针访问所有结点。

（4）删除结点。

若当前结点是 now，要删除它，则需要先找到它的前一个结点 pre，然后跳过 now，即 nodes[pre].nextid = nodes[now].nextid。如何找到 pre，是单向链表的难点。

（5）插入结点。

由于是用数组来模拟链表的，因此需要插入一个结点时，只能把数组末尾还没用到的新 nodes[]赋值给新结点。例如，定义一个静态链表 nodes[10000]，已经用 nodes[1]～nodes[100]构成了一个循环链表，现在需要在 nodes[1]和 nodes[2]之间插入一个新结点，那么新结点就使用 nodes[101]，然后赋值，即 nodes[1].nextid = 101、nodes[101].nextid = 2，这样就完成了插入。

下面的代码是伪代码，不是完整的可执行代码，只是为了解释链表的操作。后面的例题有完整代码。

```
1   const int N = 10000;                          //按需要定义静态链表的空间大小
2   struct node{                                  //单向链表
3       int id;                                   //这个结点的 id
4       int data;                                 //数据
5       int nextid;                               //指向下一个结点
6   }nodes[N];                                    //静态分配需要定义在全局
7   //为链表的 next 指针赋初值
8       nodes[0].nextid = 1;
9       for(int i = 1; i <= n; i++){
10          nodes[i].id = i;                      //第 i 个结点的 id 就赋值为 i
11          nodes[i].nextid = i + 1;              //next 指针指向下一个结点
12      }
13  //定义为循环链表：尾指向头
14      nodes[n].nextid = 1;
15  //遍历链表，沿着 nextid 访问结点即可
16  //删除结点。设当前位于 now，要删除这个结点，需要找到它的前一个结点，即 pre
17      nodes[pre].nextid = nodes[now].nextid;    //跳过结点 now，即删除 now
18      now = nodes[pre].nextid;                  //更新 now
19  //插入结点，略
```

用静态数组模拟链表的缺点是，若有频繁的删除和插入操作，则会逐渐消耗数组空间，因为删除的结点不方便回收再使用。插入结点时，不能使用已被删除的结点，而是一直使用数组末尾的新 nodes[]。所以需要定义一个足够大的 nodes[N]，避免用完。双向静态链表也有此缺点。

2. 双向静态链表

下面用静态结构体数组实现双向静态链表。双向静态链表和单向静态链表的区别是增加了一个指向前一个结点的指针 preid，这样删除结点的操作就很容易实现，见下面第 21～25 行代码。

插入结点的操作，见例题 3-4“自行车停放”。

```
1   const int N = 10000;
2   struct node{                                  //双向链表
3       int id;                                   //结点编号
```

```
    int data;                                  //数据
    int preid;                                 //指向前一个结点
    int nextid;                                //指向后一个结点
}nodes[N];
//为结点的指针赋初值
    nodes[0].nextid = 1;
    nodes[1].preid  = 0;
    for(int i = 1; i <= n; i++){               //建立链表
        nodes[i].id = i;
        nodes[i].preid  = i-1;                 //前结点
        nodes[i].nextid = i+1;                 //后结点
    }
//定义为循环链表
    nodes[n].nextid = 1;                       //循环链表：尾指向头
    nodes[1].preid = n;                        //循环链表：头指向尾
//遍历链表，沿着 preid 和 nextid 访问结点即可
//删除结点。设当前位于 now，删除这个结点
    prev = nodes[now].preid;
    next = nodes[now].nextid;
    nodes[prev].nextid = nodes[now].nextid;    //删除 now
    nodes[next].preid  = nodes[now].preid;
    now = next;                                //更新 now
//插入结点，见例题 3-4“自行车停放”
```

3. STL list

上述链表的实现代码已经比较简单了，如果读者嫌麻烦，则可以使用 C++的 STL list，这样就不用自己管理链表。

STL list 是双向链表，通过指针访问结点数据，它的内存空间可以是不连续的，使用它能高效地删除和插入结点。就此意义而言，list 是真正的链表。

```
//定义一个 list
    list<int>node;
//为链表赋值，例如定义一个包含 n 个结点的链表
    for(int i=1;i<=n;i++)
        node.push_back(i);
//遍历链表，用 it 遍历链表，例如从头遍历到尾
    list<int>::iterator it = node.begin();
    while(node.size()>1){              //list 的大小由 STL 管理
        it++;
        if(it == node.end())           //循环链表，end()是 list 末端下一位置
            it = node.begin();
    }
//删除一个结点
    list<int>::iterator next = ++it;
    if(next==node.end())  next=node.begin();   //循环链表
    node.erase(--it);                  //删除这个结点，使得 node.size()自动减 1
    it = next;                         //更新 it
//插入结点，见例题 3-4“自行车停放”
```

例题 3-4. 自行车停放

lanqiaoOJ 题号 1518

【题目描述】有 n 辆自行车依次来到停车棚，除了第一辆自行车外，每辆自行车都会恰好停放在已经在停车棚里的某辆自行车的左边或右边。例如，停车棚里已经有 3 辆自行车，从左到右编号为 3、5、1，现在编号为 2 的第 4 辆自行车要停放在编号为 5 的自行车的左边，停车棚里的自行车编号就会变为 3、2、5、1。给定 n 辆自行车的停放情况，按顺序输出最后停放在车棚里的自行车编号。$n \leqslant 100000$。

【输入描述】第一行输入一个整数 n。第二行输入一个整数 x，表示第一辆自行车的编号。以下 n−1 行，每行输入 3 个整数 x、y、z。$z=0$ 时，表示编号为 x 的自行车恰好停放在编号为 y 的自行车的左边。$z=1$ 时，表示编号为 x 的自行车恰好停放在编号为 y 的自行车的右边。

【输出描述】从左到右输出停车棚里的自行车编号。

【输入样例】

```
4
3
1 3 1
2 1 0
5 2 1
```

【输出样例】

```
3 2 5 1
```

本题是很直接的链表问题。下面用几种链表的实现方式求解本题。

（1）双向静态链表。

题目的数据规模是 $n≤100000$，这说明不能使用 $O(n^2)$复杂度的算法。若使用标准的双向链表，则每插入一个结点都需要遍历查找自行车的编号；而链表的缺点是查找较慢，遍历一次的计算复杂度是 $O(n)$。插入 n 个结点，总复杂度是 $O(n^2)$，超时。

下面的代码仍然使用双向链表，但是需要使用一个小技巧，以加快查找自行车编号的速度。

✧ 小技巧：用 locate[]来定位自行车“存”在哪个结点上。locate[x]= now 表示值为 x 的结点存储在位置 nodes[now]。使用这个技巧，可以避免复杂度为 $O(n)$的遍历查找，使插入一个结点的时间复杂度仅为 $O(1)$，大大降低了复杂度。

```
#include <bits/stdc++.h>
using namespace std;
const int N = 200010;
struct node{                              //双向链表
    //int id;                             //结点编号，没用到
    int data;                             //数据
    int preid;                            //指向前一个结点
    int nextid;                           //指向后一个结点
}nodes[N];
int now;                                  //链表的当前结点
int locate[N];                            //locate[x] = now，值为 x 的结点的位置在 nodes[now]
void init() {                             //初始化
    nodes[0].nextid = 1;
    nodes[1].preid  = 0;
    now = 2;
}
void insert(int k, int x) {               //插入一个 nodes[now]，插到 nodes[k]的右边
    nodes[now].data = x;
    locate[x] = now;                      //记录值为 x 的结点的位置
    nodes[now].nextid = nodes[k].nextid;
    nodes[now].preid = k;
    nodes[nodes[k].nextid].preid = now;
    nodes[k].nextid = now;
    now++;
}
int main() {
    int n,a;  cin>>n>>a;                  //a 是第一辆自行车的编号
    init();
    insert(0, a);
    n--;
    while (n--) {
```

```
        int x,y,z; cin>>x>>y>>z;
        int temp = locate[y];              //用 locate[]快速定位
        if (z==0)                          //把 x 插到 y 的左边
            insert(nodes[temp].preid, x);
        else                               //把 x 插到 y 的右边
            insert(temp, x);
    }
    for (int i = nodes[0].nextid; i != 1; i = nodes[i].nextid)
        cout << nodes[i].data << " ";
    return 0;
}
```

（2）STL list。

下面用 STL list 求解，参考下面的代码。注意 locate[]的作用，它和上面代码中 locate[]的作用一样。

```
#include <bits/stdc++.h>
using namespace std;
list<int>::iterator locate[100003];      //小技巧
int main(){
   int n,a; cin>>n>>a;
   list<int> L;                          //链表
   L.push_back(a);                       //插入第一个编号
   locate[a] = L.begin();                //迭代器地址存入数组
   n--;
   while(n--){
        int x,y,z; cin>>x>>y>>z;
        list<int>::iterator temp = locate[y];
        if(z==0){                        //把 x 插到 y 的左边
            L.insert(temp,x);
            locate[x] = --temp;          //将新插入的元素地址记录到数组中
        }
           else{
            L.insert(++temp,x);
            locate[x] = --temp;
        }
    }
    for(list<int>::iterator it=L.begin();it!=L.end();it++)
        cout << *it <<" ";
    return 0;
}
```

3.2.2 Python 链表实现

1. 列表（List）

Python 中的列表可以当成链表使用，也可以当成队列、栈使用，还可以当成数组使用。下面举例说明 Python 列表的功能。

```
#初始化列表
li = [11,24,3,4,5,6]; print(li) #[11, 24, 3, 4, 5, 6]
#在末尾添加 61
li.append(61); print(li)        #[11, 24, 3, 4, 5, 6, 61]
#统计 4 的个数
cnt=li.count(4);  print(cnt)    #1
#在 5 前面插入 49
index =li.index(5); li.insert(index,49)
print(li)                       #[11, 24, 3, 4, 49, 5, 6, 61]
#在 5 后面插入 51
```

```
index =li.index(5); li.insert(index+1,51);print(li)    #[11, 24, 3, 4, 49, 5, 51, 6, 61]
#找到 3,将其删除
index=li.index(3);  li.pop(index); print(li)           #[11, 24, 4, 49, 5, 51, 6, 61]
#删除 5
li.remove(5);print(li)              #[11, 24, 4, 49, 51, 6, 61]
#反转
li.reverse();print(li)              #[61, 6, 51, 49, 4, 24, 11]
#排序
li.sort(); print(li)                #[4, 6, 11, 24, 49, 51, 61]
#长度
print(len(li))                      #7
#最大值
print(max(li))                      #61
#最小值
print(min(li))                      #4
```

对于例题 3-4“自行车停放”，用 Python 的列表实现，模拟题目的操作步骤。

```
#自行车停放
n = int(input())
a = int(input())
bicycles = []                        #空链表
bicycles.append(a)
for i in range(n-1):
   x,y,z = map(int,input().split())
   if z==0: bicycles.insert(bicycles.index(y),x)
   else:    bicycles.insert(bicycles.index(y)+1,x)
for i in bicycles:  print(i,end=' ')
```

2. 手写链表

一般不需要手写 Python 链表。为了练习，下面给出手写单向静态链表的代码，用以解出例题 3-4“自行车停放”。

```
#自行车停放
class Node():
    def __init__(self,data):
        self.data = data
        self.next = None
class SingleLinkList():
    def __init__(self, node = None):
        self.__head = node
    def left_insert(self,x, y):
        pre = self.__head
        while pre.next.data != x:  pre = pre.next
        node = Node(y)
        node.next = pre.next
        pre.next = node
    def right_insert(self,x, y):
        pre = self.__head
        while pre.data != x:  pre = pre.next
        node = Node(y)
        node.next = pre.next
        pre.next = node
    def print_list(self):
        cur = self.__head
        while cur != None:
            print(cur.data, end=' ')
            cur = cur.next

n = int(input())
a = int(input())
node = Node(a)
```

```
li = SingleLinkList(node)
for i in range(n-1):
    x,y,z = map(int, input().split())
    if z==0:    li.left_insert(y,x)
    else:       li.right_insert(y,x)
li.print_list()
```

【练习题】

“小王子单链表”，lanqiaoOJ 题号 1110；“小王子双链表”，lanqiaoOJ 题号 1112；“约瑟夫环”，lanqiaoOJ 题号 1111。

下面给出“约瑟夫环”这道题的一种 Python 实现方法，它直接模拟了约瑟夫环的操作过程。

```
n,k,m = map(int,input().split())
a = list(range(1,n+1))
i = k-1
while len(a)>0:
    i = (i+m-1)%len(a)
    print(a.pop(i))
```

3.3 队列

队列是很常见的数据结构，它的存取方式是“先进先出”。生活中的排队就是队列的原型，例如在奶茶店排长队买奶茶，排在前面的人先得到服务。

队列有一个很明显的特征：元素只能从队首离开队列，从队尾进入队列。

队列有两种实现方式：链队列和循环队列。

链队列和单向链表类似，都是用指针把各个结点连接起来。

循环队列使用一组连续的存储单元依次存放队列元素，用指针 head 指向队首元素，用指针 rear 指向队尾元素，如图 3.3 所示。当 head 和 rear 走到底时，下一步回到开始的位置，从而在这组连续空间内循环。

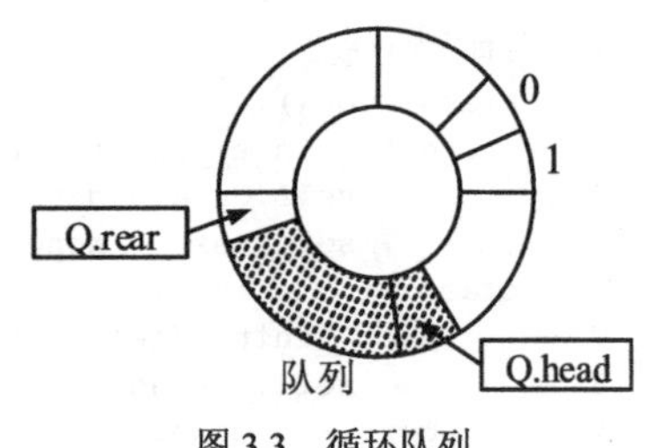

图 3.3　循环队列

和链表一样，队列的查找速度较慢，需要从头到尾一个个地查找。为解决这一问题，有一种“优先队列”，它让优先级最高的元素先出，复杂度为 $O(\log n)$，不过，“优先队列”虽然被称为队列，但并不是正常的队列，实际上是“堆”。

3.3.1 C++普通队列

算法竞赛中一般用静态数组来模拟队列，或者使用 STL queue。

1. 手写循环队列

下面是循环队列的手写模板代码。用静态数组 data[]存放队列中的数据。head 指向队首，rear 指向队尾。该代码给出了队列的主要功能，简洁清晰，读者很容易掌握。

```
#define MAXQSIZE 100003                        //自定义队列大小
struct myqueue{
    int data[MAXQSIZE];                        //分配静态空间
    int head;                                  //队首，指向队首的元素
```

```
    int rear;                              //队尾，指向下一个可以存放元素的空位置
    bool init(){                           //初始化队列
        head = rear = 0;
        return True;
    }
    int size(){                            //返回队列长度
        return (rear - head + MAXQSIZE) % MAXQSIZE;
    }
    bool empty(){                          //判断队列是否为空
        if(size()==0) return True;
        else          return False;
    }
    bool push(int e){                      //在队尾插入新元素。新的 rear 指向下一个空的位置
         if((rear + 1) % MAXQSIZE == head ) return False; //队列满
         data[rear] = e;
         rear = (rear + 1) % MAXQSIZE;
         return True;
    }
    bool pop(int &e){                      //删除队首元素，并返回它
         if(head == rear) return False;    //队列空
         e = data[head];
         head = (head + 1) % MAXQSIZE;
         return True;
    }
    int front(){                           //返回队首元素，但不进行删除操作
        return data[head];
    }
};
```

2. STL queue

使用 C++的 STL queue 时，由于不用自己管理队列，因此代码很简洁。队列的部分操作如下。

queue<Type> q：定义队列，Type 为数据类型，如 int、float、char 等。

q.push(item)：把 item 放进队列。

q.front()：返回队首元素，但不进行删除。

q.pop()：删除队首元素。

q.back()：返回队尾元素。

q.size()：返回元素个数。

q.empty()：检查队列是否为空。

3. 例题

下面用一道例题给出 C++队列的实现代码。

例题 3-5. 队列操作

lanqiaoOJ 题号 1519

【题目描述】根据输入的操作命令操作队列。

【输入描述】第一行输入一个数字 N。接下来的 N 行，每行输入的第一个数字为操作命令：1 表示入队、2 表示出队并输出、3 表示计算队列中元素的个数并输出。$1 \leq N \leq 50$。

【输出描述】若干行每行显示一个执行 2 或 3 命令的输出结果。注意：2 出队命令可能会出现空队出队（下溢），请输出“no”，并退出。

【输入样例】	**【输出样例】**
7	19

1 19	1
1 56	56
2	0
3	no
2	
3	
2	

下面给出用 STL queue 实现队列和手写队列的两种代码，请仔细对照。

（1）用 STL queue 实现队列。

```
#include <bits/stdc++.h>
using namespace std;
int main(){
    queue<int> q;
    int n;  cin>>n;
    while(n--){
     int num;  cin>>num;
     switch(num){
          case 1:
               int element;     cin>>element;
                 q.push(element);
               break;
          case 2:
                  if(q.empty()==0){ cout<<q.front()<<endl; q.pop();}
               else{                   cout<<"no"<<endl;          return 0;}
               break;
          case 3:
              cout<<q.size()<<endl;
               break;
    }
    }
    return 0;
}
```

（2）手写队列。

```
#include <bits/stdc++.h>
using namespace std;
#define MAXQSIZE 100003          //自定义队列大小
struct myqueue{
    int data[MAXQSIZE];          //分配静态空间
    int head;                    //队首，指向队首的元素
    int rear;                    //队尾，指向下一个可以存放元素的空位置
    bool init(){                 //初始化
        head = rear = 0;
        return True;
    }
    int size(){ return (rear - head + MAXQSIZE) % MAXQSIZE;}//返回队列长度
    bool empty(){                //判断队列是否为空
        if(size()==0) return True;
        else          return False;
    }
    bool push(int e){                             //在队尾插入新元素，rear 指向下一个空的位置
         if((rear + 1) % MAXQSIZE == head ) return False; //队列满
         data[rear] = e;
         rear = (rear + 1) % MAXQSIZE;
         return True;
    }
    bool pop(int &e){                             //删除队首元素，并返回它
```

```
        if(head == rear) return False;    //队列空
        e = data[head];
        head = (head + 1) % MAXQSIZE;
        return True;
    }
    int front(){ return data[head];}      //返回队首元素，但是不进行删除
}Q;
int main(){
    Q.init();                             //初始化队列
    int n;  cin>>n;
    for(int i=0;i<n;i++)     {
     int num;  cin>>num;
     switch(num){
          case 1:
              int element;  cin>>element;
                Q.push(element);
              break;
          case 2:
                if(!Q.empty()){
                    cout<<Q.front()<<endl;
                    int tmp;
                    Q.pop(tmp);
              }
              else{ cout<<"no"<<endl; return 0;}
              break;
          case 3:
              cout<<Q.size()<<endl;
               break;
     }
    }
    return 0;
}
```

3.3.2 Python 普通队列

Python 有以下 3 种队列实现方式。

（1）用 Queue()实现队列。有 q.qsize()、q.empty()、q.put()、q.get()等功能。

（2）列表 list 可以当成一个普通队列来使用，或者用 list 实现手写队列。

（3）双端队列 deque()。

比较它们的运行速度：Queue 比较慢，deque 最快，比 Queue 快 10 倍以上。需要高性能时用 deque。

下面以例题 3-5“队列操作”为例，分别给出用 Queue()、list、deque()实现队列的代码。

✧ 提示：5.3.2 小节“BFS 连通性判断”中也有 Queue()、list、deque()的例题。

---

1. 用 Queue()实现队列

```
from queue import *
q = Queue()
n = eval(input())
for i in range(n):
    s = list(map(int,input().split()))
    if s[0] == 1:   q.put(s[1])         #输入到队尾
    elif s[0] == 2:
        if not q.empty():
            a = q.get()                 #读取队头，并删除队头
```

```
                print(a)
            else:
                print('no')
                break
        elif s[0] == 3:  print(q.qsize())
```

2. 用 list 实现队列

下面的代码第 9 行，直接用 del q[0]删除队头。这样做效率很低，因为删除 q[0]后，其他数据需要往前挪动，填补 q[0]位置，涉及大量复制操作。

```
1  n = eval(input())
2  q = []
3  for i in range(n):
4      s = list(map(int,input().split()))
5      if s[0] == 1:  q.append(s[1])    #输入到队尾
6      elif s[0] == 2:
7          if len(q) > 0:
8              print(q[0])   #打印队头
9              del q[0]      #删除队头
10         else:
11             print('no')
12             break
13     elif s[0] == 3:  print(len(q))
```

也可以用 list 实现手写队列，下面的代码用 head 和 tail 指向队列头和尾，删除队头的操作是 head+=1，插入队尾的操作是 tail+=1。没有 del q[0]这样的低效操作。

手写队列的运行速度极高，比后面的 deque 高得多。不过，手写队列需要自己管理队列，竞赛中一般不用。

```
n = eval(input())
q = []
head = 0
tail = 0
for i in range(n):
    s = list(map(int,input().split()))
    if s[0] == 1: q.append(s[1]); tail+=1
    elif s[0] == 2:
        if tail > head:
            print(q[head])
            head += 1
        else:
            print('no')
            break
    elif s[0] == 3:   print(tail-head)
```

3. 用 deque()实现队列

```
from collections import *
n = eval(input())
q = deque()
for i in range(n):
    s = list(map(int,input().split()))
    if s[0] == 1:  q.append(s[1])        #输入到队尾
    elif s[0] == 2:
        if len(q) > 0:
            a = q.popleft()  #读取队头，并删除队头
            print(a)
        else:
            print('no')
            break
    elif s[0] == 3:  print(len(q))
```

3.3.3 C++优先队列

很多算法需要用到一种特殊的队列：优先队列。它的特点是最优数据始终位于队首。

优先队列的效率很高：新数据插入队列生成新的最优队首元素，计算复杂度是 $O(\log n)$；弹出最优的队首元素后在队列中计算出新的最优队首元素，计算复杂度也是 $O(\log n)$。

C++ STL 优先队列 priority_queue 用堆来实现，堆是用二叉树实现的一种数据结构。

定义：priority_queue<Type, Container, Functional>。

Type 是数据类型，Container 是容器类型（用数组实现的容器，默认是 vector），Functional 是比较的方式。当需要使用自定义的数据类型时才需要传入这 3 个参数，而使用基本数据类型时，只需要传入数据类型，默认是大顶堆，堆顶是最大值。

priority_queue 的部分操作如下。

priority_queue<Type, Container, Functional>：定义队列。

pq.push()：入队。

pq.pop()：出队。

pq.size()：返回当前队列元素个数。

pq.top()：返回队首元素。

pq.empty()：判断是否为空（空返回 1，非空返回 0）。

下面的代码是实现优先队列的例子。

```
#include<bits/stdc++.h>
using namespace std;
int main() {
    pair<int,string> a(1, "abc"), b(7, "xyz"), c(5, "mn");
    priority_queue<pair<int, string>> x;  //队首元素总是最大值
    x.push(a);
    x.push(b);
    x.push(c);
    while (!x.empty()){
        cout<<x.top().first<<" "<<x.top().second<<" --- ";
        x.pop();
    }
    cout<<"\n";
    priority_queue<pair<int, string> ,vector<pair<int, string>> ,greater<pair<int,
string>>> y;  //队首元素总是最小值
    y.push(a);
    y.push(b);
    y.push(c);
    while (!y.empty()) {
       cout<<y.top().first<<" "<<y.top().second<<" --- ";
       y.pop();
    }
    return 0;
}
```

输出如下。

```
7 xyz --- 5 mn --- 1 abc ---
1 abc --- 5 mn --- 7 xyz ---
```

下面用例题演示 priority_queue 的应用。

例题 3-6. 小明的衣服

lanqiaoOJ 题号 1228

【题目描述】小明买了 n 件白色的衣服，他希望对这些衣服进行染色，每次染色时，他会

将某种颜色的所有衣服寄去染色厂，第 i 件衣服的邮费为 a_i 元，染色厂会按照小明的要求将其中一部分衣服染成同一种任意的颜色，之后将衣服寄给小明，请问小明要将 n 件衣服染成不同颜色的最小代价是多少？

【输入描述】第一行输入一个整数 n，表示衣服的数量。第二行输入 n 个整数 a_1、a_2……a_n，表示第 i 件衣服的邮费为 a_i 元。$1 \leqslant n \leqslant 10^5$，$1 \leqslant a_i \leqslant 10^9$。

【输出描述】输出一个整数表示小明所要花费的最小代价。

【输入样例】

```
5
4 5 3 3 7
```

【输出样例】

```
50
```

本题的解题思路比较复杂，下面直接给出样例的最佳染色方法。

第 1 次，寄出 5 件，邮费共 22 元，染邮费为 3、3、7 元的衣服，颜色为(4, 5)、(3, 3, 7)，这里一个括号表示一种颜色。

第 2 次，寄出 3 件（3+3+7），邮费共 13 元，染邮费为 7 元的衣服，颜色为(4, 5)、(3, 3)、(7)。

第 3 次，寄出 2 件（4+5），邮费共 9 元，染邮费 5 元的衣服，颜色为(4)、(5)、(3, 3)、(7)。

第 4 次，寄出 2 件（3+3），邮费共 6 元，染邮费 3 元的衣服，颜色为(4)、(5)、(3)、(3)、(7)。

解题的关键：把染色过程反过来思考，开始所有衣服的颜色全不同，最后染成同一种颜色。显然每次寄出邮费“最便宜”的 2 种颜色的衣服，将它们染成一种颜色，是最省钱的。样例的开始颜色有 5 种：(4)、(5)、(3)、(3)、(7)。执行以下合并颜色的操作。

第 1 次，寄出邮费为 3、3 元的衣服，邮费共 6 元，合并了(3)、(3)，合并后衣服颜色为(4)、(5)、(3, 3)、(7)。如果后面寄出同样颜色的衣服，邮费分别是 4、5、6、7。

第 2 次，寄出邮费为 4、5 元的衣服，邮费共 9 元，合并后衣服颜色为(4, 5)、(3, 3)、(7)，邮费分别是 9、6、7。

第 3 次，寄出邮费为 3、3、7 元的衣服，邮费共 13 元，合并后衣服颜色为(4, 5)、(3, 3, 7)，邮费分别是 9、13。

第 4 次，全部寄出，邮费共 22 元。

在每个计算步骤，取最小的 2 个邮费相加，新的邮费将在后面继续累加。

✧ 提示：这个过程和哈夫曼树的原理很相似，哈夫曼树见 4.8 节“贪心算法”的例题 4-25“荷马史诗”。

本题用优先队列最为简便。下面的代码中，第 7～第 9 行把所有数字放进优先队列；第 13、14 行分两次取出最小的 2 个数，将其相加后重新放回队列。队列中只剩下 2 个数时执行最后一次计算，第 12 行的 while 做了这个判断。

本题的计算复杂度：取队首元素和入队的复杂度都是 $O(\log n)$，共 n 次操作，总复杂度为 $O(n\log n)$。

```
1  #include<bits/stdc++.h>
2  using namespace std;
3  typedef long long ll;
4  int main(){
5      ll n; cin>>n;
6      priority_queue< ll,vector<ll>,greater<ll> > q;   //队首是最小元素
7      for(ll i=0;i<n;i++){
```

```
        ll a; cin>>a;
        q.push(a);
    }
    ll sum=0;
    while(q.size()>1){              //队列中只剩下 2 个数时执行最后一次计算
        ll x = q.top(); q.pop();  //取队首元素，并弹出队首
        ll y = q.top(); q.pop();
        ll z = x+y;
        sum += z;
        q.push(z);                 //入队
    }
    cout<<sum<<endl;
}
```

3.3.4　Python 优先队列

Python 优先队列 PriorityQueue 的基本操作如下。

pq = queue.PriorityQueue()：定义队列。

pq.put([priority, value])：入队。

pq.get()：取出队首元素。

put()函数的第一个参数 priority 表示数据的优先级，第二个参数 value 表示值，如果只有一个参数，它同时表示优先级和值，值越小优先级越高。队首总是最小值。

下面的代码是实现优先队列的例子。

```
import queue
pq = queue.PriorityQueue()
pq.put([1, 'abc'])
pq.put([7, 998])
pq.put([5, True])
while not pq.empty():  print(pq.get(),end='  ')   #输出：[1, 'abc']  [5, True]  [7, 998]
```

用 Python 优先队列求解例题 3-6 “小明的衣服”。

```
import queue
pq = queue.PriorityQueue()
n = int(input())
a = list(map(int, input().split()))
for i in range(len(a)):  pq.put(a[i])
sum = 0
while pq.qsize()>1:
    t = pq.get() + pq.get()
    sum += t
    pq.put(t)
print(sum)
```

✧ 提示：Python 的优先队列还可以用堆实现，见 4.8 节 “贪心算法” 的例题 4-25 “荷马史诗”。

3.4　栈

栈（Stack）这种数据结构在生活中也很常见，它的特点是“先进后出”。厨房里放到容器里面的东西都是先进后出的，例如薯片筒、调料罐等。

栈的特点是只有唯一的一个出入口，元素既从这个口进入，又从这个口出来，这是栈与队列最大的区别。队列有两个口，一个入口和一个出口。栈像一栋只有一扇门的房子，而队列像一栋既有前门又有后门的房子。所以自己编写栈的代码，比自己编写队列的代码更简单。

栈在编程中有基础的应用，例如常用的递归，系统中是用栈来保存“现场”的。栈需要空间来存储，如果栈的深度太大，或者存进栈的数组太大，那么总数会超过系统为栈分配的空间，就会导致栈溢出。不过，算法竞赛的题目一般不会出现这么大的栈。

栈的常见操作如下。

empty()：返回栈是否为空。

size()：返回栈的长度。

top()：查看栈顶元素。

push()：向栈顶添加元素。

pop()：删除栈顶元素。

栈的这些操作的计算量都是 $O(1)$，效率很高。

3.4.1 C++栈的实现

在 C++程序中需要使用栈时，直接用 STL stack 或者自己编写栈。

1. 手写栈

因为手写栈非常简单，所以自己编写一个栈并不比用 STL stack 慢。

```
const int N = 100100;                          //定义栈的大小
struct mystack{
    int a[N];                                  //存放栈元素
    int t = -1;                                //栈顶位置
    void push(int x){ a[++t] = x; }            //入栈
    int top()        { return a[t]; }          //读栈顶元素，不弹出
    void pop()        { t--;          }        //弹出栈顶元素
    int empty()       { return t==0?1:0;}      //返回 1 表示栈为空
};
```

2. STL stack

STL stack 的有关操作如下。

stack<Type> s：定义栈，Type 为数据类型，如 int、float、char 等。

s.push(item) ：把 item 放到栈顶。

s.top()：返回栈顶元素，但不将其删除。

s.pop()：删除栈顶元素，但不会返回。出栈需要进行两步操作：先获得栈顶元素，再删除栈顶元素。

s.size()：返回栈中元素的个数。

s.empty()：检查栈是否为空，如果为空则返回 True，否则返回 False。

3. 例题

下面用一道经典题说明栈的应用。

例题 3-7. 汉诺塔

lanqiaoOJ 题号 1512

【题目描述】汉诺塔是一个古老的数学问题：有 3 根杆子 A、B、C。A 杆上有 N 个（N>1）穿孔圆盘，盘的尺寸由下到上依次变小。要求按下列规则将所有圆盘移至 C 杆上：

每次只能移动一个圆盘；

大圆盘不能叠在小圆盘上面。

提示：可将圆盘临时置于 B 杆上，也可将从 A 杆移出的圆盘重新移回 A 杆，但都必须遵循上述两条规则。

问：如何移？最少要移动多少次？

【输入描述】输入一行，包含 2 个正整数，一个是 N，表示要移动的圆盘数；一个是 M，表示最少移动步数的第 M 步。

【输出描述】共 2 行。第一行的输出格式为#No: a->b，表示第 M 步的具体移动方法，其中 No 表示第 M 步移动的圆盘的编号（N 个圆盘从上到下编号依次为 1 到 N），第 M 步将编号为 No 的圆盘从 a 杆移动到 b 杆（a 和 b 的取值均为 {A、B、C}）。

第 2 行输出一个整数，表示最少移动步数。

【输入样例】

3 2

【输出样例】

#2: A->B

7

下面给出 3 种方法：递归、手写栈、STL stack。

（1）用递归求解汉诺塔。

汉诺塔的经典解法是递归。

✧ 提示：5.1 节“DFS 基础”还会详细讲解递归的应用。

下面直接给出求解汉诺塔的递归代码。汉诺塔的递归逻辑较为简单，把 N 个圆盘的问题，递归成 N−1 个圆盘的问题即可。

有 A、B、C 共 3 根杆子，开始时 N 个圆盘都位于 A 杆。其递归思路：把 N 个圆盘中最下面的大圆盘看成一个整体 X，把上面的 N−1 个圆盘看成一个整体 Y。移动方法如下。

① 把 Y 从 A 杆移动到 B 杆。第 10 行代码用 hanoi(a, c, b, n−1)实现。

② 把 X 从 A 杆移动到 C 杆。

③ 把 Y 从 B 杆移动到 C 杆。第 13 行代码用 hanoi(b, a, c, n−1)实现。

递归函数 hanoi()的计算量有多大？每个 hanoi()内部递归 2 次，1 分 2、2 分 4、4 分 8……如果有 n 层递归，则共递归 2^n 次，例如 $n = 30$ 时，递归 $2^{30} = 10$ 亿次，更大的 n 的递归将是个天文数字。递归函数是众所周知的 NP 难度问题（NP-hard problem），计算量极大，很容易“爆栈”。

```
1  #include<bits/stdc++.h>
2  using namespace std;
3  int sum = 0, m;
4  void hanoi(char a,char b,char c,int n){ //递归函数
```

```
    if(n==1) {
        sum++;
        if(sum==m) cout<<"#"<<n<<": "<<a<<"->"<<c<<endl;
    }
    else {                                       //把 n 层递归到 n-1 层
        hanoi(a,c,b,n-1);                        //把 Y 从 A 移动到 B 上
        sum++;
        if(sum==m) cout<<"#"<<n<<": "<<a<<"->"<<c<<endl;
        hanoi(b,a,c,n-1);                        //把 Y 从 B 移动到 C 上
    }
}
int main(){
    int n;    cin>>n>>m;
    hanoi('A', 'B', 'C',n);
    cout<<sum<<endl;
    return 0;
}
```

（2）用手写栈求解汉诺塔。

为了练习栈的应用，下面用栈来模拟汉诺塔的递归。

有 3 根杆子，每根杆子上的圆盘是“先进后出”的，每根杆子可以看作一个栈，3 根杆子就是 3 个栈。

```
#include<bits/stdc++.h>
using namespace std;
const int N = 30;
int sum = 0, m;
struct mystack{
    int a[N];                                   //存放栈元素
    int t = -1;                                 //栈顶位置
    void push(int x){ a[++t] = x; }             //把 x 入栈
    int top()       { return a[t];}             //返回栈顶元素
    void pop()      { t--;         }            //弹出栈顶元素
    int empty()     { return t==0?1:0;}         //返回 1 表示空
}st[4];                                         //定义 3 根杆子：st[1]、st[2]、st[3]。st[0]不用
void move(int x, int y,int n){                  //移动圆盘
    int element = st[x].top();                  //从杆子 x 上取出顶部的圆盘放到杆子 y 上
    st[x].pop();
    st[y].push(element);
    sum++;
    char a,b;                                   //用于输出
    if(x==1)  a='A';  if(x==2)  a='B';  if(x==3)  a='C';
    if(y==1)  b='A';  if(y==2)  b='B';   if(y==3)  b='C';
    if(sum == m) cout<<"#"<<n<<": "<<a<<"->"<<b<<endl;
}
void hanoi(int n, int x, int y, int z){
    if(n==1) move(x,z,n);
    else{
          hanoi(n-1, x, z, y);
             move(x,z,n);
             hanoi(n-1, y, x, z);
    }
}
int main(){
    int n;    cin>>n>>m;
    for(int i=n;i>=1;i--)                       //初始状态：在第 1 根杆子上添加 n 个圆盘
        st[1].push(i);
    hanoi(n,1,2,3);
    cout<<sum<<endl;
    return 0;
}
```

（3）用 STL stack 求解汉诺塔。

下面的代码中，除了用 stack 替换上面手写栈部分的代码，其他代码与上面的完全一样。

```
#include<bits/stdc++.h>
using namespace std;
const int N = 30;
int sum = 0, m;
stack<int> st[4];
void move(int x, int y,int n){   //移动圆盘
    int element = st[x].top();   //从杆子 x 上取出顶部的圆盘放到杆子 y 上
    st[x].pop();
    st[y].push(element);
    sum++;
    char a,b;  //用于输出
    if(x==1)  a='A';  if(x==2)  a='B';  if(x==3)  a='C';
    if(y==1)  b='A';  if(y==2)  b='B';    if(y==3)  b='C';
    if(sum == m) cout<<"#"<<n<<": "<<a<<"->"<<b<<endl;
}
void hanoi(int n, int x, int y, int z){
    if(n==1) move(x,z,n);
    else{
         hanoi(n-1, x, z, y);
         move(x,z,n);
         hanoi(n-1, y, x, z);
    }
}
int main(){
    int n;    cin>>n>>m;
    for(int i=n;i>=1;i--)
        st[1].push(i);
    hanoi(n,1,2,3);
    cout<<sum<<endl;
    return 0;
}
```

3.4.2 Python 栈的实现

1. 栈的实现

Python 中，栈可以用以下 3 种方法实现：list、deque()、LifoQueue()。比较它们的运行速度：list 和 deque 一样快，而 LifoQueue 慢得多。

（1）用 list 实现栈。list 可以当成数组、链表、队列、栈来使用。用作栈时，其功能演示如下。

```
st = []
st.append('hello')                #入栈，功能是 push()
st.append('world')
st.append(453)
print(st)                         #输出：['hello', 'world',453]
print(len(st))                    #栈的长度，输出：3
print(st[len(st)-1])              #输出栈顶元素，功能是 top()，输出：453
print(st[-1])                     #输出栈顶元素，功能是 top()，输出：453。和上一行功能一样
print(st.pop())                   #弹出栈顶元素，输出：453
print(st.pop())                   #弹出栈顶元素，输出：world
print(st.pop())                   #弹出栈顶元素，输出：hello
print(st)                         #输出：    []
if st: print("Not Empty")         #判断栈是否为空，功能是 empty()，或者写为 if len(st):
else:  print("Empty")
```

（2）使用 deque()实现栈。下面代码中的用法，与 list 几乎一样。

```
from collections import deque
st = deque()
st.append('hello')
st.append('world')
st.append(453)
print(st)                #输出：deque(['hello', 'world', 453])
print(len(st))           #栈的长度，输出：3
print(st[len(st)-1])     #输出栈顶元素，功能是 top()，输出：453
print(st.pop())          #弹出栈顶元素，输出：453
print(st.pop())          #弹出栈顶元素，输出：world
print(st.pop())          #弹出栈顶元素，输出：hello
print(st)                #输出：    deque([])
if st:                   #判断栈是否为空，功能是 empty()，或者写为 if len(st):
    print("Not Empty")
else :
    print("Empty")
```

（3）使用 LifoQueue()实现栈。Lifo，即 last in first out，意为后进先出，这就是栈。

```
from queue import LifoQueue
st = LifoQueue(maxsize = 100)
st.put('hello')
st.put('world')
st.put(453)
print(st.qsize())       #栈的长度，输出：3
print(st.get())         #弹出栈顶元素，输出：453
print(st.get())         #弹出栈顶元素，输出：world
print(st.get())         #弹出栈顶元素，输出：hello
print(st.empty())       #判断栈是否为空，输出：True
```

2. 例题

用 Python 求解例题 3-7 “汉诺塔”。

（1）递归。

```
#汉诺塔 lanqiaoOJ 题号 1512
def hanoi(x, y, z, n):
    global sum
    if (n == 1):
        sum += 1
        if (sum == m):  print(f"#{n}: {x}->{z}")
    else:
        hanoi(x, z, y, n-1)
        sum += 1
        if sum == m:    print(f"#{n}: {x}->{z}")
        hanoi(y, x, z, n-1)
n, m = map(int, input().split())
sum = 0
hanoi('A', 'B', 'C', n)
print(sum)
```

（2）用栈求解汉诺塔，栈用列表实现。

```
st =  [[0 for i in range(30000)] for i in range(4)]
sum,m = 0,0
def move(x, y, n):
    global sum,m
    element = st[x].pop()
    st[y].append(element)
```

```
        sum +=1
        a,b =' ', ' '
        if x==1: a='A'
        if x==2: a='B'
        if x==3: a='C'
        if y==1: b='A'
        if y==2: b='B'
        if y==3: b='C'
        if sum == m: print('#',n, ': ',a, "->",b, sep=" ")    #注意 sep=" "表示后面无空格
def hanoi(n,x, y, z):
    if (n == 1): move(x,z,n)
    else:
        hanoi(n-1,x, z, y)
        move(x,z,n)
        hanoi(n-1,y, x, z)
n, m = map(int, input().split())
for i in range(n):  st[1].append(i)
hanoi(n,1,2,3)
print(sum)
```

3.4.3 例题

下面这道省赛真题比较难，本小节给出的解法用到了栈。

例题 3-8. 砍竹子

2022 年（第十三届）省赛，lanqiaoOJ 题号 2117

【题目描述】小明砍竹子，他面前有 n 根竹子排成一排，一开始第 i 根竹子的高度为 h_i。他觉得一根一根地砍太慢了，决定使用魔法来砍竹子。魔法可以对连续的多根相同高度的竹子使用，假设这些竹子的高度均为 H，那么使用一次魔法可以把这些竹子的高度都变为 $\sqrt{\left\lfloor\frac{H}{2}\right\rfloor}+1$，其中$\lfloor H\rfloor$表示对 H 向下取整。小明想知道他最少要使用多少次魔法可以让所有的竹子的高度都变为 1。

【输入格式】第一行输入一个正整数 n，表示竹子的根数。第二行输入 n 个用空格分开的正整数 h_i，表示每棵竹子的高度。

【输出格式】输出一个整数表示答案。

【输入样例】	**【输出样例】**
6 2 1 4 2 6 7	5

【评测用例规模与约定】对于 20%的测试数据，$n \leqslant 1000$，$h_i \leqslant 10^6$；对于 100%的测试数据，$n \leqslant 2\times10^5$，$h_i \leqslant 10^{18}$。

先尝试用暴力法解题。从第一根竹子开始，找到连续的高度相同的竹子，砍掉这些竹子。循环这个操作，直到所有竹子的高度都变为 1。

下面用 Python 编写以暴力法求解的代码。代码的时间复杂度：从左到右遍历一次的复杂度为 $O(n)$，可能会遍历很多次，总复杂度大于 $O(n^2)$。只能通过 20%的测试数据。

```
from math import *
n = int(input())
a = list(map(int,input().split()))
```

```
ans = 0
while True:
    idx = 0
    for i in range(n):
        if a[i] > a[idx]: idx = i
    if a[idx] == 1:    break                    #全部竹子的高度都是 1，退出
    val = a[idx]
    for i in range(idx, n):
        if a[i] != val: break                   #砍多根连续的高度相同的竹子。如果不连续，则跳出循环
        a[i] = floor(sqrt(floor(a[i]/2)+1)) #floor()表示向下取整
    ans += 1
print(ans)
```

有一些题解用了优先队列，不过仍不能通过 100%的测试数据。

本题的正解是模拟，不需要什么算法就能计算出最少砍刀次数的步骤如下。

① 计算最多砍多少次，计算将每根竹子砍到高度为 1 需要砍多少次，将所有竹子被砍次数相加得到一个总数，记为 ans。

② 记录每根竹子每次被砍后的新高度。

③ 比较任意两个相邻的竹子，看它们是否有相同的高度，如果有相同的高度，则这两根竹子接下来可以一起砍，从而少砍一次，ans 减 1。

④ 比较结束后，ans 就是答案。

下面用 C++代码实现。

第 4 行的 M 是一根竹子最多被砍的次数，可以计算出最多 6 次。

第 5 行的 f[][]记录每根竹子被砍后的高度，f[i][j]记录第 i 根竹子被砍后的高度，f[i][0]是竹子被砍最后一次后的高度，f[i][top]是竹子第一次被砍后的高度。

第 13～第 19 行计算第 i 根竹子的 f[i][]。用手写栈 stk[]记录每砍一次后竹子的高度，然后在第 19 行赋值给 f[i][]。

第 21～第 24 行比较任意两根相邻竹子的高度，如果高度相等，则可以一起砍，从而少砍一次。

代码的复杂度：第 10～第 20 行是 $O(n)$，第 21～第 24 行两个 for 循环计算 M×n = 10×n 次，也是 $O(n)$。总复杂度为 $O(n)$。

```
1  #include<bits/stdc++.h>
2  using namespace std;
3  typedef long long ll;
4  const int N = 200010,M = 10; //一根竹子砍到高度为 1，最多需要砍 6 次,这里设 M=10 次
5  ll f[N][M];                  //f[i][j]：第 i 根竹子被砍后的高度，f[i][0]是竹子被砍最后一次后的高度
6  ll stk[M];                   //手写栈
7  int main(){
8      int n; scanf("%d",&n);
9      int ans = 0;
10     for(int i = 0;i < n;i++){
11         ll x;    scanf("%lld",&x);
12         int top = 0;
13         while(x > 1){
14             stk[++top] = x;          //记录竹子高度
15             x = sqrt(x / 2 + 1);     //砍后更新竹子高度
16         }
17         ans += top;                  //每根竹子单独砍，总共砍 top 次
18         for(int j = 0,k = top;k;j++,k--)
19             f[i][j] = stk[k];        //第 i 根竹子的高度
20     }
21     for(int j = 0;j < M;j++)
```

```
        for(int i = 1;i < n;i++)
            if(f[i][j] && f[i][j] == f[i - 1][j]) //如果相邻的竹子等高，则可以一起砍
                ans--;                            //少砍一次
    printf("%d\n",ans);
    return 0;
}
```

把上面代码改写为 Python 代码。

```
from math import *
f = [[0]*10 for _ in range(200010)] #初始化二维数组
stk = [0]*10                        #初始化一维数组
n = int(input())
a = list(map(int,input().split()))
ans = 0
for i in range(n):
    x = a[i]; top = 0
    while x>1:
        top += 1; stk[top] = x
        x = floor(sqrt(floor(x/2)+1))
    ans += top
    k = top; j = 0
    while k>0:  f[i][j] = stk[k]; k -= 1;j += 1
for j in range(10):
    for i in range(1,n):
        if f[i][j]>0 and f[i][j] == f[i-1][j]: ans -= 1
print(ans)
```

【练习题】

“小邋遢的衣橱”，lanqiaoOJ 题号 1229。

3.5　二叉树

二叉树是一种非常基础的数据结构，在竞赛中很常见，甚至比链表、队列、栈更常见，几乎每次蓝桥杯软件类大赛都会考核二叉树，它或者作为数据结构题出现，或者应用在其他算法中。

大部分高级数据结构是基于二叉树的，例如常用的高级数据结构线段树就是基于二叉树的。二叉树应用广泛和它的形态有关。

二叉树有很多优势，如下所示。

① 二叉树易于构造。

② 在二叉树上能进行高效率的访问。例如满二叉树或完全二叉树的每一层的结点数量按 2 的倍数递增，能极快地扩展到很大的范围。一棵有 N 个结点的满二叉树，树的高度是 $O(\log N)$。从根结点到叶子结点，只需要走 $\log N$ 步，例如 $N = 1000000$，树的高度仅有 20，只需要 20 步就能到达 1000000 个结点中的任意一个。

③ 二叉树是天然的“分治”结构，使得对树的操作非常方便和高效，从而能得到很好的算法复杂度。

④ 二叉树适合做区间操作。可以把二叉树内的一棵子树看作整棵树的一个子区间，求区间最值、区间和、区间翻转、区间合并、区间分裂等，用二叉树都很快捷。

⑤ 二叉树上结点的遍历和计算都非常简便，适合用 BFS 和 DFS 处理。二叉树可以一层层

地搜索，使用的是 BFS。对于二叉树的任意一个子结点，以它为根又是一棵二叉树，这是一种递归的结构，用 DFS 遍历二叉树非常快捷。

3.5.1 二叉树的定义

二叉树的第 1 层是一个结点，称为根，它最多有两个子结点，分别是左子结点、右子结点，以它们为根的子树称为左子树、右子树。二叉树上的每个结点，都是按照这个规则逐层往下构建出来的。

显然，二叉树的每一层的结点数量是按 2 的倍数递增的，第 1 层有 $2^0=1$ 个结点，这个结点是根结点；第 2 层最多有 $2^1=2$ 个结点；依次类推，第 i 层最多有 2^{i-1} 个结点。

二叉树的每个结点不必都有左子结点、右子结点，可以只有一个子结点或没有子结点，没有子结点的结点称为叶子结点。有各种形态的二叉树，下面是 3 个示例，如图 3.4 所示。

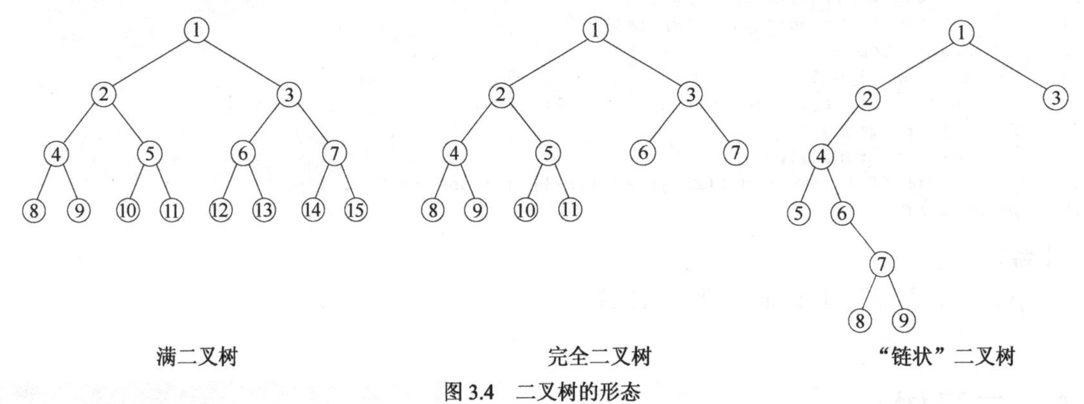

图 3.4 二叉树的形态

（1）满二叉树。

如果二叉树每一层的结点数都是满的，则称它为满二叉树。一个 n 层的满二叉树，其结点一共有 2^n-1 个，依次编号为 1、2、3……2^n-1。

（2）完全二叉树。

如果满二叉树只在最后一层缺失结点，并且缺失的结点编号都在最后，则称它为完全二叉树。

（3）“链状”二叉树。

“链状”二叉树的每一层都缺失很多结点，退化成一个长链条状。此时二叉树失去了它固有的优势。

满二叉树和完全二叉树是平衡的二叉树，因为每个结点的左右子树的数量都差不多。“链状”二叉树是不平衡的二叉树。只有在平衡的二叉树上才能进行高效的操作，而不平衡的二叉树退化成了线性结构，和低效的链表没多大区别。

✧ 提示：维护二叉树的平衡性是基于二叉树的数据结构或算法的关键操作。

3.5.2 二叉树的存储

二叉树的一个结点，需要存储结点的值，以及指向左右子结点的指针。

在算法竞赛中，为了使代码简单高效，编程速度加快，一般用静态数组来实现二叉树。定义一个大小为 N 的静态结构体数组，用它来存储一棵二叉树。

```
struct Node{                        //静态二叉树
    char value;
    int lson, rson;                 //指向左右子结点的存储位置，编程时可把 lson 简写为 ls 或者 l
}tree[N];                           //编程时可把 tree 简写为 t
```

编程时一般不用 tree[0]，因为 0 被用来表示空结点，例如叶子结点 tree[2]没有子结点，就把它的子结点 lson 和 rson 赋值为 0。

完全二叉树的访问非常便捷，此时连 lson、rson 都不需要。一棵结点总数量为 k 的完全二叉树，设 1 号结点为根结点，该二叉树有以下性质。

（1）$i > 1$ 的结点，其父结点是 $i/2$。

（2）如果 $2×i > k$，那么结点 i 没有子结点；如果 $2×i+1 > k$，那么结点 i 没有右子结点。

（3）如果结点 i 有子结点，那么它的左子结点是 $2×i$，右子结点是 $2×i+1$。

用静态数组 tree[N]表示满二叉树，N 需要设为多大？在极端情况下，需要设为元素数量的 4 倍。例如题目给的元素有 $m = 8$ 个，此时建立的满二叉树有 $\log_2 m + 1 = 3+1 = 4$ 层，4 层的满二叉树共有 $N = 2^4-1 = 15$ 个结点，第 4 层只在一个结点 v 上放了一个元素，其他 7 个结点都浪费了。然而这样还不够，还需要建第 5 层，因为虽然结点 v 是叶子结点，但是需要计算 v 的子结点，判断其是否为空。所以，这棵满二叉树的结点数量是 32，为 m 的 4 倍。满二叉树 tree[N]的空间需要设为 $N = 4m$，即元素数量的 4 倍，如图 3.5 所示。

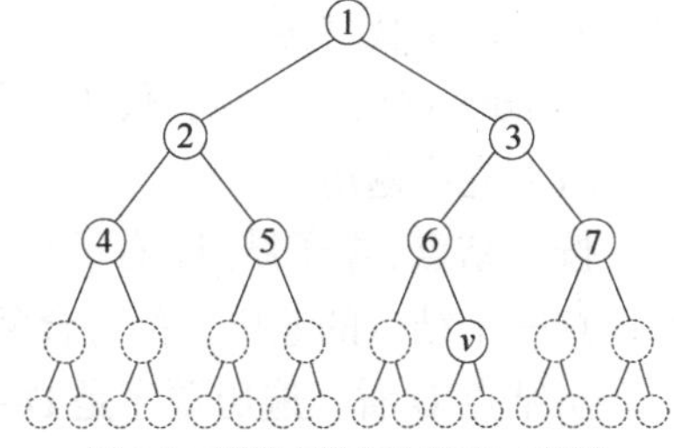

图 3.5　用静态数组存储满二叉树

3.5.3　二叉树的遍历

有关二叉树的题目经常需要遍历二叉树的每个结点。二叉树是极为重要的基础数据结构，它是很多高级数据结构的基础。二叉树的遍历是操作二叉树的基本问题，BFS 和 DFS 是遍历二叉树的基本方法。以下内容，可以在学习第 5 章“搜索”后再回头来看。

按访问二叉树的顺序，对父结点、左子结点、右子结点进行组合，有先（父）序遍历、中（父）序遍历、后（父）序遍历这 3 种访问顺序，这里默认左子结点在右子结点前面。后面的说明都以图 3.6 所示二叉树为例。

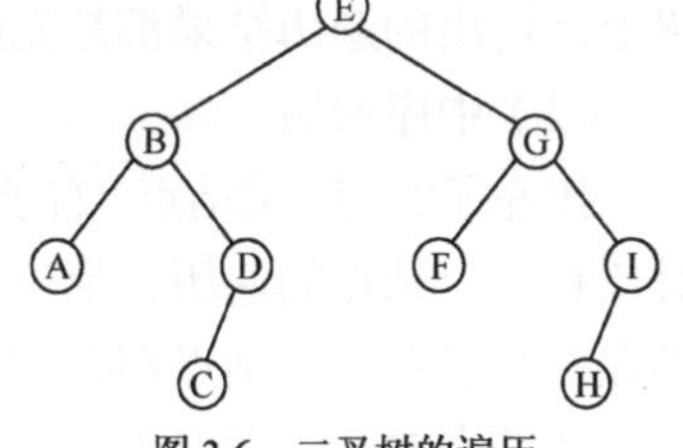

图 3.6　二叉树的遍历

1. 宽度优先遍历

有时需要按层次，一层一层地遍历二叉树，此时用 BFS 是最合适的。从根结点开始，在每一层，把下一层的结点放进队列。例如用 BFS 遍历图 3.6 所示的二叉树的步骤如表 3.1 所示。

表 3.1　用 BFS 遍历二叉树

步骤	出队	入队	当前队列
1		E	E
2	E	BG	BG

续表

步骤	出队	入队	当前队列
3	B	AD	GAD
4	G	FI	ADFI
5	A		DFI
6	D	C	FIC
7	F		IC
8	I	H	CH
9	C		H
10	H		空

出队的顺序：EBGADFICH。按层次深度逐层输出。

在任意时刻，队列中最多只有相邻两层的结点。例如，第 3 步后，当前队列是 GAD，是第 2、3 层的结点；第 4 步后，当前队列是 ADFI，只有第 3 层的结点。

2. 深度优先遍历

用 DFS 遍历二叉树，代码极其简单。

（1）先序遍历。

按父结点、左子结点、右子结点的顺序访问。在图 3.6 中，访问返回的结果是 EBADCGFIH。对任意一个结点的遍历，都符合父结点、左子结点、右子结点的顺序。

从结点 D 看，遍历顺序是 D→C，即父结点 D→左子结点 C。

从结点 B 看，遍历顺序是 B→A→D(C)，即父结点 B→左子结点 A→右子结点 D(C)。

从根结点 E 看，遍历顺序是 E→B(ADC) →G(FIH)，即父结点 E→左子结点 B(ADC) →右子结点 G(FIH)。

先序遍历用递归实现非常简单，“伪”代码如下。

```
void preorder (node *root){
    cout << root ->value;          //输出结点的值
    preorder (root -> lson);       //递归左子树
    preorder (root -> rson);       //递归右子树
}
```

在这个递归代码中，先输出父结点的值，然后分别递归左、右子树，从而实现了在任意子树上，输出的遍历结果都是先序遍历的结果。

（2）中序遍历。

按左子结点、父结点、右子结点的顺序访问。在图 3.6 中，访问返回的结果是 ABCDEFGHI。对任意一个结点的遍历，都符合左子结点、父结点、右子结点的顺序。在中序遍历的结果中，排在根结点左边的结点都在左子树上，排在根结点右边的结点都在右子树上。

从结点 D 看，遍历顺序是 C→D，即左子结点 C→父结点 D。

从结点 B 看，遍历顺序是 A→B→(C)D，即左子结点 A→父结点 B→右子结点(C)D。A 在 B 的左子树上，CD 在 B 的右子树上。

从根结点 E 看，遍历顺序是(A→B→(C)D) →E→(F→G→(H) I)，即左子结点(A→B→(C)D) →父结点 E→右子结点(F→G→(H) I)。E 左边的 ABCD 在它的左子树上，右边的 FGHI 在它的右子树上。

读者可能注意到 ABCDEFGHI 刚好是字典序，是图 3.6 所示二叉树从最左边数到最右边的顺序。这不是巧合，因为图 3.6 所示的是一个二叉搜索树。在二叉搜索树中，中序遍历实现了排序功能，返回的结果是一个有序排列。

中序遍历的递归“伪”代码如下。

```
void inorder (node *root){
    inorder (root -> lson);          //递归左子树
    cout << root ->value;            //输出
    inorder (root -> rson);          //递归右子树
}
```

（3）后序遍历。

按左子结点、右子结点、父结点的顺序访问。在图 3.6 中，访问返回的结果是 ACDBFHIGE。后序遍历的最后一个结点是根结点。

从结点 D 看，遍历顺序是 C→D，即左子结点 C→父结点 D。

从结点 B 看，遍历顺序是 A→(C)D→B，即左子结点 A→右子结点(C)D→父结点 B。

从根结点 E 看，遍历顺序是(ACD)B→(FHI)G→E，即左子结点(ACD)B→右子结点(FHI)G→父结点 E。

后序遍历的递归“伪”代码如下。

```
void postorder (node *root){
    postorder (root -> lson);        //递归左子树
    postorder (root -> rson);        //递归右子树
    cout << root ->value;            //输出
}
```

（4）3 种遍历的关系。

如果已知某棵二叉树的 3 种遍历结果，则可以把这棵二叉树构造出来：“中序遍历结果+先序遍历结果”或者“中序遍历结果+后序遍历结果”都能确定一棵二叉树。

可见，中序遍历结果是必须要知道的。如果不知道中序遍历结果，只有“先序遍历结果+后序遍历结果”，则不能确定一棵二叉树。例如图 3.7 所示的两棵不同的二叉树，它们的先序遍历结果都是“1 2 3”，后序遍历结果都是“3 2 1”，只有中序遍历结果不同，分别是“3 2 1”和“2 3 1”。

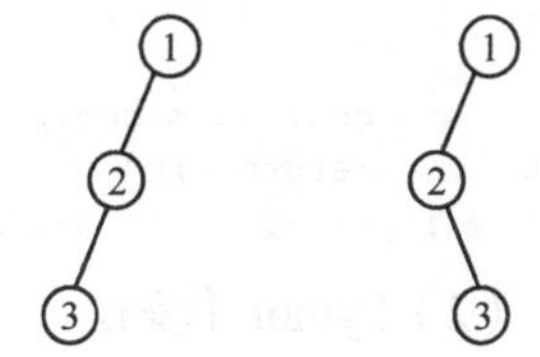

图 3.7 “先序遍历结果+后序遍历结果”不能确定一棵二叉树

3.5.4 例题

例题 3-9. 完全二叉树的权值

2019 年（第十届）省赛，lanqiaoOJ 题号 183

【题目描述】给定一棵包含 N 个结点的完全二叉树，树上每个结点都有一个权值，按从上到下、从左到右的顺序依次是 A_1、A_2……A_N。现在小明要把相同深度的结点的权值加在一起，他想知道哪个深度的结点权值之和最大。如果有多个深度的权值和同为最大，请你输出其中最小的深度。注：根的深度是 1。

【输入描述】第一行输入一个整数 N（$1 \leqslant N \leqslant 10^5$）。第二行输入 N 个整数 A_1、A_2……A_N（$-10^5 \leqslant A_i \leqslant 10^5$）。

【输出描述】输出一个整数代表答案。

【输入样例】

7

1 6 5 4 3 2 1

【输出样例】

2

这是一棵完全二叉树，第一层 1 个结点、第 2 层 2 个结点、第 3 层 4 个结点……最后的第 k 层最多 2^{k-1} 个结点。第 i 层存储第 2^{i-1} 个到第 2^i-1 个结点。

本题有多种实现方法，请读者自己编程实现。下面的代码可作为参考。

（1）C++代码。

第 15 行计算第 deep 层的和，第 16 行记录最大和。

```
1  #include<bits/stdc++.h>
2  using namespace std;
3  int a[101000];
4  int p(int deep){                                        //返回第 deep 层的结点数量，1、2、4、8、16……
5      return pow(2,deep);
6  }
7  int main(){
8      int n,mindeep=1,i=2,deep=2;
9      scanf("%d %d",&n,&a[1]);
10     long long maxx = a[1];                              //最大和，初值为第一层的和
11     for(i=2;i<=n;i++) scanf("%d",&a[i]);
12     i = 2;                                              //第二层从 a[2]开始
13     while(i<=n){
14         long long sum=0;
15         for(;i<p(deep)&&i<=n;i++)   sum+=a[i];  //计算第 deep 层的和
16         if(sum > maxx) maxx = sum, mindeep = deep;
17         deep++;
18    }
19    cout << mindeep;
20    return 0;
21 }
```

（2）Python 代码。

```
p = []
for i in range(0, 33):                              #32 层
    p.append(2 ** i)                                #每层的结点个数：p[]=1、2、4、8、16……
n = int(input())
a = input().split(" ")
sum = [0] * 32    #记录每层的和
for i in range(0, n):
    for j in range(0, len(p)):
        if i + 1 >= p[j] and i + 1 < p[j + 1]: #计算每层的和
            sum[j] += int(a[i])
maxx, mindeep = -1, -1
for i in range(0, len(sum)):
    if maxx < sum[i]:
        maxx, mindeep = sum[i], i
print(mindeep + 1)
```

或者用更简洁的写法：

```
import math
n = int(input())
c = int(math.log(n,2))+1                  #一共有 c 层
a = [0]+list(map(int, input().split()))   #a[1]~a[n]
```

```
s = [0] * (c+1)                            #记录每层的和，s[1]~s[c]
for i in range(1,c+1):                     #第 1 层到第 c 层
    s[i] = sum(a[2**(i-1): 2**i-1 +1])     #注意切片范围
print(s.index(max(s)))
```

例题 3-10. FBI 树

lanqiaoOJ 题号 571

【题目描述】我们可以把由“0”和“1”组成的字符串分为 3 类：全“0”串称为 B 串，全“1”串称为 I 串，既含“0”又含“1”的串则称为 F 串。FBI 树是一种二叉树，它的结点类型包括 F 结点、B 结点和 I 结点 3 种。用一个长度为 2^N 的“01”串 S 可以构造出一棵 FBI 树 T，其递归的构造方法如下。

（1）T 的根结点为 R，其类型与串 S 的类型相同。

（2）若串 S 的长度大于 1，将串 S 从中间分开，分为等长的左右子串 S1 和 S2，用左子串 S1 构造 R 的左子树 T1，用右子串 S2 构造 R 的右子树 T2。

现在给定一个长度为 2^N 的“01”串，请用上述构造方法构造出一棵 FBI 树，并输出它的后序遍历序列。

【输入描述】第一行输入一个整数 N（$0 \leq N \leq 10$）。第二行输入一个长度为 2^N 的“01”串。

【输出描述】输出一个字符串，即 FBI 树的后序遍历序列。

【输入样例】

3

10001011

【输出样例】

IBFBBBFIBFIIIFF

用满二叉树来存储题目中的 FBI 树，满二叉树用静态数组实现。$N = 10$ 时，串的长度是 $2^N = 1024$，即有 1024 个元素，根据前面 3.5.2 小节“二叉树的存储”中的讨论，需要构造一棵大小为 4096 的二叉树 tree[4096]。

题目要求构造一棵满二叉树，其从左到右的叶子结点就是给定的串 S，并且把叶子结点按规则赋值为字符 F、B、I，它们上层的父结点上也按规则赋值为字符 F、B、I。最后用后序遍历输出二叉树。

（1）C++代码。

```
#include <bits/stdc++.h>
using namespace std;
char s[1024],tree[4096];                            //tree[]用于存储满二叉树
int ls(int p){ return p<<1;  }                      //定位左子结点：p*2
int rs(int p){ return p<<1|1;}                      //定位右子结点：p*2 + 1
void build_FBI(int p,int left,int right){
    if(left==right){                                //到达叶子结点
        if(s[right]== '1')  tree[p]= 'I';
        else              tree[p]= 'B';
        return;
    }
    int mid=(left+right)/2;                         //分成两半
    build_FBI(ls(p),left,mid);                      //递归左半部分
    build_FBI(rs(p),mid+1,right);                   //递归右半部分

    if(tree[ls(p)]== 'B' && tree[rs(p)]== 'B')      //左右子结点都是 B，自己也是 B
        tree[p]= 'B';
    else if(tree[ls(p)]== 'I'&&tree[rs(p)]== 'I')  //左右子结点都是 I，自己也是 I
```

```
            tree[p]= 'I';
        else tree[p]= 'F';
    }
    void postorder (int p){                                     //后序遍历
        if(tree[ls(p)])      postorder (ls(p));
        if(tree[rs(p)])      postorder (rs(p));
        printf("%c",tree[p]);
    }
    int main(){
        int n;    scanf("%d",&n);
        scanf("%s",s+1);
        build_FBI(1,1,strlen(s+1));
        postorder(1);
    }
```

（2）Python 代码。

```
def build_FBI(p,left,right):
  if left==right:
    if s[right]== '1': tree[p]= 'I'
    else:  tree[p]= 'B'
    return
  mid=(left+right)//2
  build_FBI(2*p,left,mid)
  build_FBI(2*p+1,mid+1,right)
  if tree[2*p]== 'B' and tree[2*p+1]== 'B':  tree[p]= 'B'
  elif tree[2*p] == 'I' and tree[2*p+1]== 'I': tree[p]= 'I'
  else: tree[p]= 'F'
def postorder(p):
  if tree[2*p] != ' ':  postorder(2*p)
  if tree[2*p+1] != ' ':   postorder(2*p+1)
  print(tree[p],end=' ')

n = int(input())
s = input()
tree=[' ']*4400
build_FBI(1,0, len(s)-1)
postorder(1)
```

【练习题】

“横向打印二叉树”，lanqiaoOJ 题号 260。

小　结

本章介绍了数组、链表、队列、栈、二叉树等基础数据结构，在算法竞赛中可以用 STL 来实现它们，也可以自己编写代码来实现。STL 应该重点掌握，大多数题目用到的基础数据结构都能直接用 STL 实现，且编程简单快捷不容易出错。如果自己编写代码，一般都使用静态数组来模拟。在算法竞赛中可以用静态数组模拟所有的数据结构，这种编程速度快且不易出错。

基础数据结构是算法“大厦”的“砖石”，它们渗透在所有问题的代码实现中。对于基础数据结构，程序员应该能不假思索地、条件反射般地写出来，使它们成为大脑的“思想钢印”。初学者结束本章的学习后可能还达不到这样的熟练程度，可以在学习后续章节时，有意识地加强基础数据结构的编程练习。

第 4 章 基本算法

CHAPTER 4

本章将介绍一些基本而常用的算法，有排序、排列和组合、尺取、二分、倍增、前缀和、贪心等。这些算法没有复杂的逻辑，代码简短，但是它们的效率很高，被广泛应用在编程和竞赛中。在蓝桥杯软件类大赛中，这些算法几乎是必考的。

4.1 算法复杂度

在展开介绍各种算法之前，先讲解算法复杂度。做竞赛题时用算法复杂度评估问题的难度，以决定使用“好算法”还是“差算法”。

✧ 提示：好坏不是绝对的。好算法往往代码长，难调试。差算法虽然效率低，但往往简单易写，好调试。由于算法竞赛的时间很紧张，所以如果能用差算法，就不用好算法。

蓝桥杯软件类大赛是算法竞赛，因此需要了解以下基本问题。

（1）什么是算法？

（2）算法复杂度是什么？为什么算法复杂度很重要？

（3）程序设计题有“评测用例规模与约定”，如例题 4-1“求和”中的【评测用例规模与约定】，那么要如何编程才能满足这些要求？

本节将详细回答这些问题，并给出相应示例。

4.1.1 算法的概念

有一个经典定义：程序 = 算法 + 数据结构。算法是解决问题的逻辑、方法、过程，数据结构是数据在计算机中的存储和访问的方式，将两者紧密结合才能解决复杂问题。

算法（Algorithm）是对特定问题求解步骤的一种描述，是指令的有限序列。它有以下 5 个特征。

（1）输入：一个算法有 0 个或多个输入。程序可以没有输入，例如一个定时闹钟程序，它不需要输入，但是能够每隔一段时间就输出一个警告。

（2）输出：一个算法有一个或多个输出。程序可以没有输入，但是一定要有输出。

（3）有穷性：一个算法必须在执行有穷步之后结束，且每一步都在有穷时间内完成。

（4）确定性：算法中的每一条指令必须有确切的含义，相同的输入只能对应相同的输出。

（5）可行性：算法描述的操作可以通过将已经实现的基本操作执行有限次来实现。

4.1.2 计算资源

计算机程序运行需要的资源有两种：计算时间和存储空间。资源是有限的，可以根据一个算法对这两种资源的使用程度来衡量该算法的优劣。

- 时间复杂度：代码运行需要的计算时间。
- 空间复杂度：代码运行需要的存储空间。

与这两个复杂度对应，程序设计题会给出对运行时间和空间的限制条件，例如“时间限制: 1s，内存限制: 256MB”，参赛人员提交到评测系统的代码需要在 1s 内运行结束，且使用的空间不能超过 256MB。若有一个条件不满足，就判错。

这两个限制条件非常重要，是检验代码性能的参数。所参赛选手拿到题目后第一步就需要分析代码运行需要的**计算时间和存储空间**。

如何衡量代码运行的计算时间？在代码中编写输出运行时间的语句，可以得到一个直观的结果。

下面的 C++代码中只有一个 for 语句，对 *k* 进行累加，最后输出循环累加的运行时间，用 clock()函数统计时间。

```
#include<bits/stdc++.h>
using namespace std;
int main(){
    int k = 0, n = 1e7;                    //n=1×10^7
    clock_t start, end;
    start = clock();
    for(int i = 0; i < n; i++)   k++;      //循环累加
    end = clock();
    cout << (double)(end - start) / CLOCKS_PER_SEC;
}
```

上述代码运行结果：当 $n = 1e7 = 1 \times 10^7$ 时，输出的运行时间是 0.014s。

下面再看看功能完全相同的 Python 代码的运行时间。

```
from time import *
k, n = 0, 10000000            # n=1×10^7
start = time()
for i in range(n):    k+=1    #循环累加
end = time()
print(end - start)
```

Python 的 for 循环很耗时，循环 1×10^7 次，用时 1.08s，约为 C++的 for 循环所用时间的 77 倍。

评测用的 OJ 服务器，性能可能比普通计算机好一些，也可能差不多。对于 C++题目，如果题目的时间限制为 1s，那么内部的循环次数 *n* 应该控制在 1×10^8 次以内；对于同等规模的 Python 题目，时间限制一般是 5～10s。

由于代码的运行时间依赖于计算机的性能，不同的计算机的运行结果不尽相同，所以直接把运行时间作为判断标准并不准确。用代码的计算次数来衡量代码优劣更加合理，例如上述代码循环了 n 次，把它的运行次数记为 $O(n)$，称为计算复杂度的“大 O 记号”。

4.1.3　选择解题方法

算法竞赛中的题目一般都有多种解法，它考核的是参赛人员能否在限定时间和空间内解决问题。

如果条件很宽松，那么可以在多种解法中选一个容易编程的简单算法，以节约这一题的编程时间，从而有利于做更多的题。简单算法一般指暴力法，不使用复杂算法和复杂数据结构，虽然代码的效率低下，但是编程思路和编码都较为简单。

如果给定的时间和空间条件很苛刻，那么能选用的算法和数据结构就不多了。要得到 100% 的分数，就需要使用高效复杂的算法。如果不会复杂算法或时间来不及，则可以用暴力法解题，以获得部分分数。

✧ 提示：蓝桥杯软件类大赛有 10 题，在 4 小时内做出这么多题很有难度。所以如果时间来不及，对于难题，可以采用暴力法解题，以获得部分分数。

---

1. 计算次数和时间复杂度

下面举例说明一道题目使用不同解法的效果。

例题 4-1. 求和

2022 年（第十三届）省赛，lanqiaoOJ 题号 2080

时间限制：1s　**内存限制：**256MB

【题目描述】给定 n 个整数 $a_1,a_2,\ldots,a_n$，求它们两两相乘再相加的结果，即：

$$S=a_1\cdot a_2+a_1\cdot a_3+\ldots+a_1\cdot a_n+a_2\cdot a_3+\ldots+\quad a_{n-2}\cdot a_{n-1}+a_{n-2}\cdot a_n+a_{n-1}\cdot a_n$$

【输入格式】第一行输入一个整数 n，第二行输入 n 个整数 $a_1,a_2,\ldots,a_n$。

【输出格式】输出一个整数 S，表示所求的和。使用合适的数据类型进行运算。

【输入样例】	**【输出样例】**
4 1 3 6 9	117

【评测用例规模与约定】对于 30%的数据，$1\leqslant n\leqslant 1000$，$1\leqslant a_i\leqslant 100$；对于所有评测用例，$1\leqslant n\leqslant 200000$，$1\leqslant a_i\leqslant 1000$。

在思考解题方法之前，先要判断 S 的数值大小，选择合适的数据类型。

（1）本题用 C++编程时，需要考虑 S 是否太大，如果太大，就需要用高精度数据类型。若每个 a_i 都是最大的 1000，每两个数相乘等于 10^6，n 个数两两相乘，共计算 $n^2/2 = 200000^2/2 = 2\times 10^{10}$ 次，S 约为 $2\times10^{10}\times10^6=2\times10^{16}$。C++的 unsigned long long 能表示的最大正整数为 $2^{64}-1$，远大于 2×10^{16}，所以不需要用高精度数据类型。

（2）用 Python 求解时，由于 Python 能直接处理任意大的数，所以不用考虑 S 是否超限，这是 Python 的优势。

下面用两种方法求解本题：暴力法、前缀和。因为题目简单，所以这里只给出 Python 代码，

C++、Java 代码请读者自行练习。

（1）**暴力法**。直接按题意两两相乘然后求和，这是暴力法。

```
1  n = int(input())                                #读入 n
2  a = [int(i) for i in input().split()]           #读入 a[]
3  s = 0
4  for i in range(n):                              #用两个 for 循环计算两两相乘，然后求和
5      for j in range(i+1,n):
6          s += a[i]*a[j]
7  print(s)                                        #输出和 s
```

下面分析代码的时间和空间复杂度。

① 时间复杂度。代码执行了多少步？花了多少时间？

第 4、5 行代码有两层 for 循环，循环次数是：$n-1+n-2+...+1 \approx n^2/2$。时间复杂度记为 $O(n^2)$。在“大 O 记号”中，常数 1/2 可忽略。

对于 30%的测试数据，$n=1000$，循环次数为 $1000^2/2=500000$。计算时间远远小于题目的时间限制 1s，能够通过测试。

对于 100%的测试数据，$n=200000$，循环次数为 $200000^2/2=2\times10^{10}$。计算时间远大于题目的时间限制 1s，不能通过测试。

② 空间复杂度也就是程序占用的内存空间。对于 100%的数据，若用数组 int a[200000]存储数据，int 类型的数据是 32 位整数，占用 4 字节，则 int a[200000]共占用 800KB 的空间，远小于题目的内存限制 256MB。

本题用暴力法只能得到 30%的分数。暴力法的计算复杂度是 $O(n^2)$，在时间限制为 1s 的情况下，只能用于 $n<5000$ 的情况。不过，使用暴力法的解题时间短，5 分钟之内就能完成。

（2）**前缀和**。

本题使用前缀和求解，能得到 100%的分数。把计算式子变换如下：

$S=(a_1+a_2+...+a_{n-1})\cdot a_n+(a_1+a_2+...+a_{n-2})\cdot a_{n-1}+(a_1+a_2+...+a_{n-3})\cdot a_{n-2}+...+(a_1+a_2)\cdot a_3+a_1\cdot a_2$

其中，括号内的部分是前缀和 sum[i] = $a_1+a_2+...+a_i$，把上式修改如下。

S = sum[n−1] $\cdot\, a_n$ + sum[n−2] $\cdot\, a_{n-1}$ + sum[n−3] $\cdot\, a_{n-2}$ + ... + sum[2] $\cdot\, a_3$ + sum[1] $\cdot\, a_2$

式子中用到的 $n-1$ 个前缀和 sum[1] ～sum[n−1]，只需要做一次 for 循环就能全部提前计算出来（称为预处理或预计算）。计算步骤如下。

sum[1] = a[1]

sum[2] = a[2] + sum[1]

…

sum[n] = a[n] + sum[n−1]

下面的 Python 代码中，第 5 行先预计算出前缀和 sum[]，然后利用 sum[]求 S。

```
1  n = int(input())
2  a = [0]+[int(i) for i in input().split()]      #读入 a[1]～a[n]。a[0]不用
3  sum = [0] * (n+1)                               #定义前缀和
4  sum[1] = 0
5  for i in range(1,n): sum[i] = a[i]+sum[i-1]     #预计算前缀和 sum[1]～sum[n-1]
6  s = 0
7  for i in range(1,n): s += sum[i]*a[i+1]         #计算和 s
8  print(s)
```

此处注意一个编程小问题：第 2 行读入 a[1]～a[n]，而不用 a[0]。

下面分析计算复杂度，代码的计算量是多少？第 5、7 行各有一层 for 循环，分别计算 n 次，也就是两个 $O(n)$，合起来仍然是 $O(n)$。对于 100%的数据，计算 $n = 200000$ 次，运行时间满足时间限制条件。

从上述两种代码可知，对于同一个问题常常存在不同的解决方案，有高效的，也有低效的。算法竞赛主要考核的是能否在限定的时间和空间内解决问题。虽然在大部分情况下只有高效的算法才能满足评测系统的要求，但是并不是只有高效算法才是合理的，低效的算法有时也是有用的。由于算法竞赛时间极为紧张，因此解题速度极为关键，只有尽快完成更多的题目，才有机会取得胜利。在满足限制条件的前提下，用最短的时间完成编程任务，才是最重要的。

低效算法所需的编程时间往往大大少于高效算法。例如，题目限制时间是 1s，现在有两个方案：高效算法 0.01s 运行结束，但是代码有 50 行，编程需要 40 分钟；低效算法 1s 运行结束，但是代码只有 20 行，编程需要 10 分钟。显然，此时应该选择低效算法。

✧ 提示：复杂算法比简单算法的逻辑复杂，但是代码不一定比简单算法的代码长。代码长短不是衡量算法难易的标准。

---

2. 数据结构和空间复杂度

代码使用的存储空间也是算法竞赛的一个考核点，存储空间和使用的数据结构有关。例如上面的真题有“内存限制: 256MB”的说明，上面的两个算法都使用了一维数组这种简单的数据结构，都能满足要求。有时题目的数据规模较大，只有使用合适的数据结构，才能存储和访问这些数据。如果代码使用的存储空间超过了题目给出的内存限制，则测试系统返回“MLE”，即 Memory Limit Exceeded。

以图的存储为例，图的存储可以使用邻接矩阵、邻接表等数据结构，见 10.2 节“图的存储”。图的存储需要存储点和边，下面对比邻接矩阵和邻接表的存储效率。

（1）邻接矩阵。用二维数组 g[][]存储点和边，g[i][j]表示点 i 和点 j 的边长。要存储 n 个点和连接 n 个点的边，使用的二维数组是 g[n][n]，这个二维数组能存 n 个点和 n^2 条边。若一个 g[i][j]使用 4 字节的 int 型，则 g[n][n]共需要 $4n^2$ 的空间。当 $n = 8000$ 时，$4n^2 \approx 256$MB，等于题目给定的内存限制。所以邻接矩阵只能用于存储几千个点的小图。如果图的边很稀疏，那么 g[][]大部分都被浪费了，存储了很多不存在的边。但是如果图的边非常稠密，边的数量就是 $O(n^2)$，那么邻接矩阵是最好的存储结构。

（2）邻接表。邻接表只存储点和连接点的边，不存储那些不存在的边。设有 n 个点、m 条边，那么邻接表所需的存储空间是 $n + m$。对于稀疏图，$n \approx m$，即使 $n = 10^6$，也只用了 $2\times10^6\times4$B=8MB 空间。对于稠密图，$m \approx n^2$，就应直接使用邻接矩阵。由于图大多是稀疏图，所以邻接表更常用。

需要说明的是，数据结构和算法是紧密联系的，甚至有时候某种算法必须使用某种数据结构。例如计算最短路径的 Floyd 算法，它只能使用邻接矩阵，不能用邻接表。

4.1.4 算法复杂度概述

衡量算法性能的主要标准是时间复杂度，本小节将根据算法竞赛的要求对算法复杂度展开说明。

时间复杂度比空间复杂度更重要。一个程序的空间复杂度很容易分析，而时间复杂度往往关系到算法的根本逻辑，更能说明一个程序的优劣。因此，如果不特别说明，那么提到复杂度时一般指的是时间复杂度。

时间复杂度常常用“大 O 记号”来估计，并不需要精确地计算。例如，在一个有 n 个数的无序数列中查找某个数 x，可能第一个数就是 x，也可能最后一个数才是 x，平均需要查找 $n/2$ 次，最差的情况需要查找 n 次，把查找的时间复杂度记为最差情况下的 $O(n)$，而不是 $O(n/2)$。再例如，冒泡排序算法的计算次数约等于 $n^2/2$ 次，但是仍记为 $O(n^2)$，而不是 $O(n^2/2)$。在算法分析中，常数系数被认为是不重要的，因为 n 可能极大，比常数系数大得多。

还有，即使是同样的算法，不同的人写出的代码的效率也不一样。OJ 系统所判定的运行时间是整段代码运行所花的时间，而不是理论上算法所需要的时间。对于同一个算法，不同的人写出的程序，其复杂度和运行时间可能差别很大，这与使用的编程语言、逻辑结构、库函数等都有关系。所以参赛人员需要进行训练，提高自身的编程能力，纠正不合理的编程习惯。

一个算法的复杂度用“大 O 记号”表示，有以下几种可能的情况。

（1）$O(1)$。计算时间是一个常数，与问题的规模 n 无关。例如，用公式计算时，一次计算的复杂度就是 $O(1)$；哈希（Hash）算法，用哈希算法在常数时间内计算出存储位置；在矩阵 A[M][N] 中查找 i 行 j 列的元素，只需要访问一次 A[i][j]就够了。

（2）$O(\log n)$。计算时间是对数，通常是以 2 为底的对数，每一步计算后，问题的规模变为原来的 1/2。例如在一个长度为 n 的有序数列中查找某个数，用折半查找的方法，只需要 $\log n$ 次就能找到。$O(\log n)$和 $O(1)$没有太大差别，例如 $n=1\times10^7$ 时，$\log n<24$。

（3）$O(n)$。计算时间随规模 n 呈线性增长。在很多情况下，这是算法可能达到的最优复杂度，因为对输入的 n 个数，程序一般都需要对其进行处理，即计算 n 次。例如查找一个无序数列中的某个数，可能需要检查所有的数。再例如图问题，有 V 个点和 E 条边，大多数图的问题都需要搜索所有的点和边，复杂度的最优上限是 $O(V+E)$。

（4）$O(n\log n)$。这常常是算法能达到的最优复杂度。例如分治法，一般只有 $O(\log n)$个步骤，每个步骤对每个数操作一次，所以总复杂度是 $O(n\log n)$。例如 $n=1\times10^6$ 时，$n\log n\approx2\times10^7$。

（5）$O(n^2)$。一个两重循环的算法，复杂度是 $O(n^2)$。类似的复杂度有 $O(n^3)$、$O(n^4)$等。

（6）$O(2^n)$。一般对应集合问题，例如一个集合中有 n 个数，这些数不分先后，子集共有 2^n 个。

（7）$O(n!)$。一般对应排列问题。如果集合中的数分先后，按顺序输出所有的排列，共有 $O(n!)$个。

上面的复杂度可分成两类：一类是多项式复杂度，包括 $O(1)$、$O(n)$、$O(n\log n)$、$O(n^k)$等，其中 k 是一个常数；另一类是指数复杂度，包括 $O(2^n)$、$O(n!)$等。

如果一个算法的复杂度是多项式复杂度，则称其为“高效”算法；如果其复杂度是指数复杂度，则称其为“低效”算法。

竞赛题目一般的限制时间是 1s，对应普通计算机的计算速度是每秒几千万次级。上述的时间复杂度可以换算出能解决问题的数据规模，如表 4.1 所示。例如，如果一个算法的复杂度是 $O(n!)$，当 $n=11$ 时，$11!=39916800$，表示这个算法只能解决 $n\leqslant11$ 的问题。

表 4.1　数据规模和可用算法的时间复杂度

数据规模 n	可用算法的时间复杂度					
	$O(\log n)$	$O(n)$	$O(n\log n)$	$O(n^2)$	$O(2^n)$	$O(n!)$
$n \leqslant 11$	√	√	√	√	√	√
$n \leqslant 25$	√	√	√	√	√	×
$n \leqslant 5000$	√	√	√	√	×	×
$n \leqslant 10^6$	√	√	√	×	×	×
$n \leqslant 10^7$	√	√	×	×	×	×
$n > 10^7$	√	×	×	×	×	×

4.2　排序

排序和排列是算法题目常见的基本算法。几乎每次蓝桥杯软件类大赛都有题目会用到排序或排列。常见的排序算法如下。

（1）基于比较的低效算法：选择排序、插入排序、冒泡排序。时间复杂度为 $O(n^2)$。

（2）基于比较的高效算法：归并排序、快速排序、堆排序。时间复杂度为 $O(n\log n)$。

（3）基于数值划分的高效算法：计数排序、基数排序、桶排序。时间复杂度为 $O(n)$。

第（3）种排序算法不是基于比较的，而是对数值按位划分，按照以空间换取时间的思路来排序。看起来它们的复杂度更好，但实际上它们的应用环境比较苛刻，在很多情况下并不比前几种排序算法更好。

排序是基本的数据处理，读者需要认真体会这些算法的思路和操作方法。不过，在算法竞赛中，一般不需要手动编写这些排序算法，而是直接使用库函数，例如 C++的 sort()函数，Python 的 sort()和 sorted()函数，Java 的 sort()函数等。

本节后面的例题将详细讲解这些 sort()函数，读者应熟练掌握这些函数的用法，以便在竞赛时能得心应手地使用。

4.2.1　C++的 sort()函数

STL 的排序函数 sort()有以下两种定义：

（1）void sort (RandomAccessIterator first, RandomAccessIterator last);

（2）void sort (RandomAccessIterator first, RandomAccessIterator last, Compare comp);

返回值：无。

复杂度：$O(n\log n)$。

✧ 提示：它排序的范围是[first, last]，包括 first，不包括 last。

---

sort()支持从大到小的排序，也支持从小到大的排序。sort()自带 4 种排序：less、greater、less_equal、greater_equal。默认情况下，sort()按从小到大进行排序，less 可以不写。

也可以用自定义的比较函数进行排序，见下面代码中第 3、4 行的例子。

```
#include<bits/stdc++.h>
using namespace std;
bool my_less(int i, int j)     {return (i < j);}  //自定义小于函数
bool my_greater(int i, int j)  {return (i > j);}  //自定义大于函数
int main (){
    int a[]={3,7,2,5,6,8,5,4};
    sort(a,a+4);                         //对前 4 个数排序，结果：2 3 5 7 6 8 5 4
    for(int i=0;i<8;i++) cout<<a[i]<< " ";cout<<"\n";    //下面可以复制这一行输出
    sort(a,a+8,less<int>());             //从小到大排序，结果：2 3 4 5 5 6 7 8
    sort(a,a+8,my_less);                 //自定义排序，结果：2 3 4 5 5 6 7 8
    sort(a,a+8,greater<int>());          //从大到小排序，结果：8 7 6 5 5 4 3 2
    sort(a,a+8,my_greater);              //自定义排序，结果：8 7 6 5 5 4 3 2

    vector<int> c = {1,2,3,4,5,6,7,8};
    sort(c.begin(),c.end(),my_greater);   //结果：8 7 6 5 4 3 2 1
    for(int i=0; i<c.size(); i++)   cout<<c[i]<< " ";cout<<"\n";

    string s="hello world";
    sort(s.begin(),s.end());
    cout<<s;                             //输出：dehllloorw。注意第一个是空格
    return 0;
}
```

结合 cmp()函数，sort()函数可以对结构体进行排序，例如以下代码。

```
struct Student{
   char name[256];
   int score;                             //分数
};
bool cmp(struct Student* a,struct Student* b){//按分数从大到小排序
   return a->score > b->score;
}
…
vector<struct Student*> list;             //定义 list，把学生信息存到 list 里
…
sort(list.begin(), list.end(), cmp);      //按分数排序
```

C++的 sort()有两个优点：能在原数组上排序，不需要新的空间；能在数组的局部区间上排序。具体的应用见 4.2.4 小节“例题”。

4.2.2 Python 的 sort()和 sorted()函数

Python 提供了两个排序函数：sort()和 sorted()。

1. sort()和 sorted()的区别

sort()是应用在 list 上的方法，而 sorted()可以对所有可迭代的对象进行排序操作。

一个关键的区别：sort()是在原列表上排序，而 sorted()会产生一个新的列表，不改变原列表。

2. sorted()

Python3 和 Python2 对 sorted()的定义不同，下面给出 Python3 中的定义。

```
sorted(iterable, key=None, reverse=False)
```

参数说明如下。

iterable：可迭代对象。

key：用来进行比较的元素，只有一个参数，具体的函数的参数取自可迭代对象中，指定可迭代对象中的一个元素来进行排序。

reverse：排序规则，reverse = True 时降序，reverse = False 时升序（默认）。

返回值：重新排序的列表。

3. sort()和 sorted()的应用例子

```
a = [5,7,6,3,4,1,2]
b = sorted(a)
print(b)                    #排序结果赋值给 b，输出：[1, 2, 3, 4, 5, 6, 7]
print(a)                    #a 不变，输出：[5, 7, 6, 3, 4, 1, 2]
a.sort()                    #直接在 a 上升序排序，a 改变了
print(a)                    #输出：[1, 2, 3, 4, 5, 6, 7]
a.sort(reverse = True)      #降序
print(a)                    #输出：[7, 6, 5, 4, 3, 2, 1]

a = "bcdae"
print(sorted(a))            #输出：['a', 'b', 'c', 'd', 'e']
# a.sort()是错的，因为 sort()应用在 list 上，而 a 不是 list

s1 = [('b', 'A', 15), ('c', 'B', 12), ('e', 'B', 10)]
s2 = sorted(s1, key=lambda s: s[2])                    # 按第 3 个排序，默认升序
print(s2)                   #输出：[('e', 'B', 10), ('c', 'B', 12), ('b', 'A', 15)]
s3 = sorted(s1, key=lambda s: s[2], reverse=True)    # 按第 3 个排序，降序
print(s3)                   #输出：[('b', 'A', 15), ('c', 'B', 12), ('e', 'B', 10)]
s4 = sorted(s1, key=lambda s: s[1], reverse=True)    # 按第 2 个排序，降序
print(s4)                   #输出：[('c', 'B', 12), ('e', 'B', 10), ('b', 'A', 15)]
```

Python 的排序代码比 C++的排序代码更简单。

不过，Python 的 sort()不能对数组中的一部分进行排序，只能对整个数组进行排序；sorted()虽然可以对数组中的一部分进行排序，但是不能直接在原数组上进行。具体的应用见 4.2.4 小节“例题”中的例题 4-6“双向排序”。

4.2.3 Java 的 sort()函数

数组的排序用 Arrays.sort()，以下面的代码为例。

```
import java.util.*;
public class Main {
    public static void main(String[] args) {
        int[] a = {7, 3, 6, 2, 4, 5, 9};
        Arrays.sort(a);                        //排序
        for (int num : a)
            System.out.print(num+" ");     //升序,输出：2 3 4 5 6 7 9
        System.out.println();
        for (int i = a.length - 1; i >= 0; i--)
            System.out.print(a[i]+ " ");  //降序，输出：9 7 6 5 4 3 2
    }
}
```

4.2.4 例题

例题 4-2. 统计数字

lanqiaoOJ 题号 535

【题目描述】某次科研调查时得到了 n 个自然数。已知不相同的数不超过 10000 个，现在

需要统计这些自然数各自出现的次数，并按照自然数从小到大的顺序输出统计结果。

【输入描述】第一行输入整数 n，表示自然数的个数。第 2～第 n+1 行每行输入一个自然数。其中，$1 \leqslant n \leqslant 2 \times 10^5$，每个数均不大于 1.5×10^9。

【输出描述】输出 m 行（m 为 n 个自然数中不相同数的个数），按照自然数从小到大的顺序输出。每行输出两个整数，分别是自然数和该数出现的次数，其间用一个空格隔开。

【输入样例】

```
8
2
4
2
4
5
100
2
100
```

【输出样例】

```
2 3
4 2
5 1
100 2
```

本题的 n 较小，数字不多。先排序，然后对相等的数做统计即可。

（1）C++代码。

```
#include<bits/stdc++.h>
using namespace std;
int nums[200010];
int main() {
    int n;    scanf("%d",&n);
    for(int i = 1; i <= n; i++)     scanf("%d",&nums[i]);
    sort(nums+1, nums+1+n);
    int cnt = 0;
    for(int i = 1; i <= n; i++) {
        cnt++;
        if(nums[i] != nums[i+1]) {
           printf("%d %d\n", nums[i], cnt);
           cnt = 0;
        }
    }
}
```

（2）Python 代码。

用 Python 代码求解这种简单的题目，不用拐弯抹角。在第 5、6 行直接统计数字个数。

```
1  n = int(input())
2  nums = {}
3  for i in range(n):
4      x = int(input())
5      if x in nums.keys():    nums[x] += 1
6      else:                   nums[x] = 1
7  key = list(nums.keys())
8  key.sort()
9  for i in key: print(i, nums[i])
```

下面的代码更简单，但是超时了。因为第 6 行的计算量太大：for 循环的复杂度是 $O(n)$，内部统计每个数字的个数的复杂度也是 $O(n)$，合起来共 $O(n^2)$。

```
n = int(input())
nums = []
for i in range(n): nums.append(int(input()))    #读入n行的数字
key = list(set(nums))                            #去重，再转换为list，因为list才能调用sort()
key.sort()
for i in key:  print(i,nums.count(i))            #这里超时
```

例题 4-3. 错误票据

lanqiaoOJ 题号 205

【题目描述】某涉密单位下发了某种票据，并要在年终全部收回。每张票据有唯一的 ID 号。全年所有票据的 ID 号是连续的，但 ID 号的开始数码是随机选定的。因为工作人员疏忽，在录入 ID 号的时候引入了一处错误，造成了某个 ID 断号，另外一个 ID 重号。你的任务是编写程序，找出断号的 ID 和重号的 ID。假设断号不可能发生在最大和最小号。

【输入描述】首先输入一个整数 N（N<100）表示后面要读入的数据的行数。接着读入 N 行数据。每行数据长度不等，是用空格分开的若干个（不大于 100 个）正整数（不大于 10^5）。

【输出描述】要求程序输出一行数据，包含两个整数 m、n，用空格分隔。其中，m 表示断号 ID，n 表示重号 ID。

【输入样例】

2

5 6 8 11 9

10 12 9

【输出样例】

7 9

本题是简单题，解题思路是读取所有数字，先排序，然后查找丢失的数字和重复的数字。本题的麻烦之处是输入的处理。

（1）C++代码。

```
#include<bits/stdc++.h>
using namespace std;
const int N = 1e4+10;
int a[N];
int main(){
    int n; cin >> n;
    int cnt = 0;
    while(scanf("%d", &a[cnt]) != EOF)   cnt++;     //注意读数据的写法
    sort(a, a+cnt);
    int ans1, ans2;
    for(int i = 1; i < cnt; i++) {
        if(a[i] - a[i-1] > 1)   ans1 = a[i-1]+1;    //查找断号
        if(a[i] == a[i-1])      ans2 = a[i];        //查找重号
    }
    cout << ans1 << ' ' << ans2;
    return 0;
}
```

（2）Python 代码。

Python 代码比 C++代码简单直接。下面的代码中，第 9 行直接查询数字，第 10 行直接返回数字的数量。

```
1  n = int(input())
2  a = []
3  for i in range(n):
4      num = input().split()
5      for j in range(len(num)):
```

```
        a.append(int(num[j]))     #读取 n 行数据，存到 a[]中
a.sort()
for i in range(a[0], a[0]+len(a)):
    if i not in a:      ans1 = i
    if a.count(i)==2:   ans2 = i
print(ans1,ans2)
```

例题 4-4. 结构体排序

lanqiaoOJ 题号 531

【题目描述】某小学最近得到了一笔赞助，校方打算拿出其中一部分为学习成绩优秀的前 5 个学生发奖学金。期末考试结束后，每个学生都有 3 门课的成绩：语文、数学、英语。先按总分从高到低排序，如果两个学生总分相同，就按语文成绩从高到低排序，如果两个学生总分和语文成绩都相同，那么规定学号小的学生排在前面，这样，每个学生的排序是唯一确定的。

任务：先根据输入的 3 门课的成绩计算总分，然后按上述规则排序，最后按排名顺序输出前 5 个学生的学号和总分。注意，在前 5 个学生中，每个学生的奖学金都不相同，因此必须严格按上述规则排序。例如，在某个正确答案中，前两行的输出数据（每行输出两个数，学号、总分）：

7 279

5 279

这两行数据的含义：总分最高的两个学生的学号依次是 7 号、5 号。这两个学生的总分都是 279（总分等于输入的语文、数学、英语 3 门课的成绩之和），但学号为 7 的学生的语文成绩更高一些。如果前两行的输出数据：

5 279

7 279

则按输出错误处理，不能得分。

【输入描述】第一行输入一个正整数 n（$6 \leqslant n \leqslant 300$），表示该小学参加评选的学生人数。第 2 到第 $n+1$ 行，每行输入 3 个用空格隔开的数字，每个数字都在 0 到 100 之间。第 j 行的 3 个数字依次表示学号为 $j-1$ 的学生的语文、数学、英语的成绩。每个学生的学号按照输入顺序编号为 $1 \sim n$（恰好是输入数据的行号减 1）。所给的数据都是正确的，不必检验。

【输出描述】输出共有 5 行，每行是两个用空格隔开的正整数，依次表示学生的学号和总分。

（1）C++代码。

本题需要对结构体排序，为 sort()函数编写一个结构体的比较函数 cmp()。

```
#include<bits/stdc++.h>
using namespace std;
struct stu{
    int id;       //学号
    int c,m,e;    //语文、数学、英语成绩
    int sum;
}st[305];
bool cmp(stu a,stu b){
    if(a.sum > b.sum)       return True;
    else if(a.sum < b.sum)  return False;
    else{                                   //a.sum == b.sum
        if(a.c > b.c)       return True;
        else if(a.c < b.c)  return False;
        else{                               //a.c == b.c
            if(a.id > b.id) return False;
            else return True;
        }
```

```
    }
}
int main(){
    int n;    cin>>n;
    for(int i=1;i<=n;i++){
        st[i].id = i;                              //学号
        cin >> st[i].c >> st[i].m >> st[i].e;
        st[i].sum = st[i].c + st[i].m + st[i].e;    //总分
    }
    sort(st+1,st+1+n,cmp);
    for(int i=1;i<=5;i++)  cout<<st[i].id<<' '<<st[i].sum<<"\n";
    return 0;
}
```

（2）Python 代码。

下面的代码用 sort()或 sorted()对结构体排序。用第 8 行所示的 sort()，或者用第 9 行所示的 sorted()对结构体排序。

```
1   n = int(input())
2   scores = []
3   for i in range(n):
4       score = list(map(int, input().split()))    #读语、数、外
5       scores.append([i+1, sum(score)] + score)   #学号、总分、语、数、外
6   index = reversed((1,2))          #按总分、语文成绩的顺序排序，学号缺省是从小到大
7   for i in index:                  #排序
8       scores.sort(key=lambda x:x[i],reverse=True)
9       #scores = sorted(scores,key=lambda x:x[i],reverse=True)
10  for i in range(5):
11      print(scores[i][0],scores[i][1])
```

下面用另外一种写法，自己写排序的对比函数 cmp()，然后用 sort()或 sorted()对结构体排序。

```
import functools
def cmp(n1, n2):                     #1 表示逆序，-1 表示升序
  if n1[1] != n2[1]:                 #总分不一样,高分在前，低分在后
    return -1 if n1[1]>n2[1] else 1
  elif n1[2] != n2[2]:               #总分一样，语文成绩高的在前
     return -1 if n1[2]>n2[2] else 1
  else:                              #总分一样，语文成绩一样，学号小的在前
     return 1 if n1[0]>n2[0] else -1
n = int(input())
scores = []
for i in range(n):
    score = list(map(int, input().split()))
    scores.append([i+1, sum(score)] + score)
#scores.sort(key=functools.cmp_to_key(cmp))                 #用 sort()
scores = sorted(scores, key=functools.cmp_to_key(cmp))      #用 sorted()
for i in range(5):
    print(scores[i][0],scores[i][1])
```

例题 4-5. 外卖店优先级

2019 年（第十届）省赛，lanqiaoOJ 题号 184

【题目描述】“饱了么”外卖系统中维护着 N 家外卖店，编号为 1～N。每家外卖店都有一个优先级，初始时（0 时刻）优先级都为 0。每经过 1 个时间单位，如果外卖店没有订单，其优先级会减少 1，最低减到 0；而如果外卖店有订单，则优先级不减反加，每有一单优先级加 2。如果某家外卖店在某时刻的优先级大于 5，则会被系统加入优先缓存中；如果优先级小于或等于 3，则会被清除出优先缓存。给定 T 时刻以内的 M 条订单信息，请你计算 T 时刻有多少家外卖店在优先缓存中。

【输入描述】第一行输入 3 个整数 N、M、T。以下 M 行每行包含两个整数 ts、id，表示 ts 时刻编号为 id 的外卖店收到一个订单。其中，$1 \leqslant N, M, T \leqslant 10^5$，$1 \leqslant \mathrm{ts} \leqslant T$，$1 \leqslant \mathrm{id} \leqslant N$。

【输出描述】输出一个整数代表答案。

本题是一道模拟题，模拟题意即可，代码中需要对结构体排序。

（1）C++代码。

```cpp
#include<bits/stdc++.h>
using namespace std;
const int N = 100010;
int order[N];       //order[id]   第 id 号外卖店上一次的订单
int prior[N];       //prior[id]   第 id 号外卖店的优先级
int flag[N];        //flag[id]    第 id 号外卖店在不在优先缓存中
struct node{int time,id;}a[N];
bool cmp(node a, node b){  //结构体排序
    if(a.id == b.id) return a.time<b.time;
    return a.id<b.id;
}
int main(){
    int m,n,T;  cin>>n>>m>>T;
    for(int i=0;i<m;i++) cin>>a[i].time>>a[i].id;
    sort(a,a+m,cmp);                //按结构体中的时间排序
    for(int i=0;i<m;i++){
        int tt=a[i].time,  id=a[i].id;
        if(tt != order[id])     //如果当前订单不等于上一次的订单，则减去它们之间的间隔
            prior[id] -= tt-order[id]-1;
        prior[id] = prior[id] < 0 ? 0: prior[id];    //不小于 0
        if(prior[id]<=3)  flag[id]=0;
        prior[id]+=2;
        if(prior[id]> 5)  flag[id]=1;
        order[id] = tt;
    }
    for(int i=1;i<=n;i++)           //最后处理 T 时刻
        if(order[i]<T){
            prior[i] -= T-order[i];
            if(prior[i]<=3)
                flag[i]=0;
        }
    int ans=0;
    for(int i=0;i<=n;i++)
        if(flag[i]) ans++;
    cout<<ans;
    return 0;
}
```

（2）Python 代码。

用 Python 改写上面的 C++代码，用 sort()或 sorted()对结构体排序。

```python
n, m, T = map(int,input().split())
a = []
priorty = []
for i in range(m):
    a.append([int(i) for i in input().split()])
#a = sorted(a, key=lambda a: a[0])   #按结构体中的时间排序
a.sort(key=lambda a: a[0])
order = [0 for i in range(n+1)]
prior = [0 for i in range(n+1)]
flag = [0 for i in range(n+1)]
for i in range(m):
    tt = a[i][0]     #time
    idd = a[i][1]    #id
    if tt != order[idd]: prior[idd] -= tt-order[idd]-1
```

```
    if prior[idd] < 0:   prior[idd] =0
    if(prior[idd]<=3):   flag[idd]=0
    prior[idd] += 2
    if(prior[idd]> 5):   flag[idd]=1
    order[idd]=tt
for i in range (1,n+1):
    if(order[i]<T):
        prior[i] -= T-order[i]
        if(prior[i]<=3): flag[i]=0
ans=0
for i in range(n+1):
    if(flag[i]>0): ans += 1
print(ans)
```

例题 4-6. 双向排序

2021 年（第十二届）省赛，lanqiaoOJ 题号 1458

时间限制：1s　**内存限制**：256MB

【题目描述】给定序列 $(a_1, a_2, \ldots, a_n) = (1, 2, \ldots, n)$，即 $a_i = i$。小蓝将对这个序列进行 m 次操作，每次将 $a_1, a_2, \ldots, a_{q_i}$ 降序排列，或者将 $a_{q_i}, a_{q_i+1}, \ldots, a_n$ 升序排列。请求出操作完成后的序列。

【输入格式】输入的第一行包含两个整数 n、m，分别表示序列的长度和操作次数。接下来输入的 m 行描述对序列的操作，其中第 i 行包含两个整数 p_i、q_i，表示操作类型和参数。当 $p_i = 0$ 时，表示将 $a_1, a_2, \ldots, a_{q_i}$ 降序排列；当 $p_i = 1$ 时，表示将 $a_{q_i}, a_{q_i+1}, \ldots, a_n$ 升序排列。

【输出格式】输出一行，包含 n 个整数，相邻的整数之间使用空格分隔，表示操作完成后的序列。

【输入样例】

3 3
0 3
1 2
0 2

【输出样例】

3 1 2

【评测用例规模与约定】对于 30%的评测用例，$n, m \leqslant 1000$；对于 60%的评测用例，$n, m \leqslant 5000$；对于所有评测用例，$1 \leqslant n, m \leqslant 100000$，$0 \leqslant a_i \leqslant 1$，$1 \leqslant b_i \leqslant n$。

（1）简单解法。

如果直接按题目要求排序，一次排序的计算复杂度是 $O(n\log n)$，m 次排序的总复杂度是 $O(mn\log n)$，可以通过 60%的评测数据。

① C++代码。

```
#include<bits/stdc++.h>
using namespace std;
int a[100010];
bool cmp(int a, int b){return a>b;}      //降序
int main(){
    int n,m;  cin>>n>>m;
    for(int i=1;i<=n;i++)  a[i]=i;
    while(m--){
        int p,q; scanf("%d%d",&p,&q);
        if(p==1) sort(a+q,a+n+1);        //升序 q~n
        if(p==0) sort(a+1,a+q+1,cmp);  //降序 1~q
    }
    for(int i=1;i<=n;i++) printf("%d ",a[i]);
    return 0;
}
```

② Python 代码，用 sort()函数或 sorted()函数排序，不过这两个函数没有 C++的 sort()灵活。sort()不能对数组中的一部分进行排序，只能对整个数组排序，本题只能先复制出要排序的部分，排序后再将结果复制回去；sorted()虽然可以对数组中的一部分进行排序，但是不能直接在原数组上进行。使用 sort()的代码如下。

```
n,m = map(int,input().split())
a = [i for i in range(1,n+1)]
for i in range(m):
    p,q = map(int,input().split())
    if p==0:
        c = a[:q]                    #复制出来
        c.sort(reverse = True)       #排序
        a[:q] = c                    #复制回去
    else:
        b = a[q-1:n]
        b.sort()
        a[q-1:n] = b
for i in a:    print(i,end=' ')
```

使用 sorted()的代码如下。

```
n,m = map(int,input().split())
a = [n for n in range(1,n+1)]
for i in range(m):
    p,q = map(int,input().split())
    if p==0: a = sorted(a[:q],reverse=True)+a[q:]     #排序后再复制回去
    else:    a = a[:q-1]+sorted(a[q-1:])
for i in a:   print(i,end=" ")
```

（2）正解。

对于本题 100%的评测数据，$1 \leqslant n, m \leqslant 100000$，只有算法复杂度约为 $O(n\log n)$或 $O(m\log n)$时才能通过。

这是一道很难的思维题，虽然没有复杂的数据结构，也没有复杂算法，但是解题方法很难想到。

为减少排序计算，思考能否把操作合并，合并之后，是否有快速计算方法。

本题的两个操作：从头开始的“0 降序”操作、以末尾结束的“1 升序”操作。这些操作之间有关系，可以合并。

① 连续做“0 降序”操作。设上一步操作为$(0, x)$，下一步操作为$(0, y)$。若 $x \geqslant y$，相当于 y 没有操作，只操作 x 即可；若 $x < y$，则表示 x 被 y 覆盖了，只操作 y 即可。总结：连续的两个“0 降序”操作，只需要执行较大的 max(x, y)操作。

② 连续做“1 升序”操作。同理分析：连续的两个“1 升序”操作，只需要执行较小的 min(x, y)操作。

经过①和②的处理后，连续的“0”或“1”操作（“0”操作指“0 降序”操作，“1”操作指“1 升序”操作，后面同理）被合并，整个操作序列变成了“0”和“1”的交替操作。由于初始序列是升序排列的，所以第一个有效操作从“0”操作开始。

下面继续分析交替的“0”“1”操作。交替的“0”“1”操作在有些情况下也能合并。

① 从初始序列开始的 3 个连续操作$(0, a)$、$(1, b)$、$(0, c)$，若 $a \leqslant c$，则前两个操作无用，将这 3 个操作合并为$(0, c)$，分析如下。

第 1 次降序操作$(0, a)$：由于初始序列是升序排列的，所以 $a+1 \sim n$ 位的数都大于 $1 \sim a$ 位的数。

第 2 次升序操作(1, b)：若 $b \leqslant a$，则 1～b–1 位不变，a+1～n 位不变；若 $b > a$，则原数列保持不变。结论是只有 b≤a 有效。

第 3 次降序操作(0, c)：若 $a \leqslant c$，上一步 $b \leqslant a$，则 $b \leqslant a \leqslant c$，(0, c)操作覆盖了(0, a)操作，b～a 的部分也被(0, c)操作覆盖。

这种情况的合并结果：不能继续合并的“0”操作，其数字越来越小，即(0, a)、(1, b)、(0, c)，满足 $a > c$。

② 3 个连续操作(1, a)、(0, b)、(1, c)，若 a≥c，同理可以分析出 3 个操作合并为(1, c)。这种情况的合并结果：不能合并的“1”操作，其数字越来越大，即(1, a)、(0, b)、(1, c)，满足 $a < c$。

下面举例说明合并过程。初始序列为[1, 2, 3, 4, 5, 6, 7, 8, 9]，模拟表 4.2 所示的操作。

表 4.2　操作的合并过程

操作	原序列	新序列	操作合并	新操作
(0, 5)：1～5 位降序	[1, 2, 3, 4, 5, 6, 7, 8, 9]	[5, 4, 3, 2, 1, 6, 7, 8, 9]		
(1, 4)：4～9 位升序	[5, 4, 3, 2, 1, 6, 7, 8, 9]	[5, 4, 3, 1, 2, 6, 7, 8, 9]		
(0, 6)：1～6 位降序	[5, 4, 3, 1, 2, 6, 7, 8, 9]	[6, 5, 4, 3, 2, 1, 7, 8, 9]	合并前两个操作	(0, 6)
(1, 3)：3～9 位升序	[6, 5, 4, 3, 2, 1, 7, 8, 9]	[6, 5, 1, 2, 3, 4, 7, 8, 9]		
(0, 8)：1～8 位降序	[6, 5, 1, 2, 3, 4, 7, 8, 9]	[8, 7, 6, 5, 4, 3, 2, 1, 9]	合并前两个操作	(0, 8)
(1, 5)：5～9 位升序	[8, 7, 6, 5, 4, 3, 2, 1, 9]	[8, 7, 6, 5, 1, 2, 3, 4, 9]		
(0, 6)：1～6 位降序	[8, 7, 6, 5, 1, 2, 3, 4, 9]	[8, 7, 6, 5, 2, 1, 3, 4, 9]		
(1, 4)：4～9 位升序	[8, 7, 6, 5, 2, 1, 3, 4, 9]	[8, 7, 6, 1, 2, 3, 4, 5, 9]	合并前两个操作	(0, 8) (1, 4)

表 4.2 中的例子，原来有 8 个操作，合并后的新操作只有两个。

经过上述合并得到的操作序列，满足两个特征：“0”操作和“1”操作交替；(0, a) 操作中的 a 越来越小，(1, b) 操作中的 b 越来越大。

这种序列的操作是有规律的，下面举例说明，如表 4.3 所示。设操作序列：(0, 8)、(1, 2)、(0, 6)、(1, 3)、(0, 5)、(1, 7)。

表 4.3　操作序列的规律

操作	原序列	新序列	固定的数字
(0, 8)：1～8 位降序	[1, 2, 3, 4, 5, 6, 7, 8, 9]	[8, 7, 6, 5, 4, 3, 2, 1, **9**]	……9
(1, 2)：2～9 位升序	[8, 7, 6, 5, 4, 3, 2, 1, 9]	[**8**, 1, 2, 3, 4, 5, 6, 7, **9**]	8……9
(0, 6)：1～6 位降序	[8, 1, 2, 3, 4, 5, 6, 7, 9]	[**8**, 5, 4, 3, 2, 1, **6, 7, 9**]	8……6 7 9
(1, 3)：3～9 位升序	[8, 5, 4, 3, 2, 1, 6, 7, 9]	[**8, 5**, 1, 2, 3, 4, **6, 7, 9**]	8 5……6 7 9
(0, 5)：1～5 位降序	[8, 5, 1, 2, 3, 4, 6, 7, 9]	[**8, 5**, 3, 2, 1, **4, 6, 7, 9**]	8 5……4 6 7 9
(1, 7)：7～9 位升序	[8, 5, 3, 2, 1, 4, 6, 7, 9]	[**8, 5, 3**, 2, 1, **4, 6, 7, 9**]	8 5 3……4 6 7 9

每一次操作都能确定一些数字的位置。例如执行第一次(0, 8)操作后，最右边的 9 将在下一次升序操作中放在最右边；执行第二次（1, 2）操作后，最左边的 8 将在下一次降序操作中放在最左边……

总结：“0”操作从右侧固定（从大到小还没有被固定的）数字，到(0, a)中 a 右边停下；“1”

操作从左侧固定（从大到小还没有被固定的）数字，到$(1, b)$中 b 的左边停下。

到最后一步操作时，可能中间的数字还没被填满。若最后一次操作是“0”操作，则中间从左往右填上从大到小的数字；若最后一次操作是“1”操作，则从右往左填上从大到小的数字。

计算复杂度：最多有 m 次操作，每个数字最多在某次操作中填一次，总复杂度为 $O(m+n)$。

以上过程用栈来处理，先用栈把所有操作合并为“0”操作和“1”操作的交替序列，然后按照操作顺序逐个固定数字。

下面是 C++代码。第 11～第 27 行用栈合并操作，第 28～第 35 行填固定的数字，第 36～第 39 行处理最后一个操作。

```
1  #include <bits/stdc++.h>
2  using namespace std;
3  #define x first
4  #define y second
5  const int N = 100010;
6  int ans[N];
7  pair<int, int> stk[N];                              //用栈来存储操作序列，并进行合并操作
8  int main() {
9      int n, m;  cin>>n>>m;
10     int top = 0;                                    //栈顶
11     while (m--){                                    //读操作，并且合并
12         int p,q; scanf("%d%d", &p, &q);             //这里不用 cin，因为慢
13         if (p==0)  {                                //合并“0”操作
14             while(top && stk[top].x == 0)           //合并连续的“0”操作，取最大数字
15                 q = max(q, stk[top--].y);
16             while(top >= 2 && stk[top-1].y <= q)    //“0”“1”操作交替，合并
17                 top -= 2;
18             stk[++top] = {0, q};                    //存储本次合并的操作
19         }
20         else if (top) {                             //合并“1”操作
21             while (top && stk[top].x == 1)
22                 q = min(q, stk[top--].y);
23             while (top >= 2 && stk[top-1].y >= q)
24                 top -= 2;
25             stk[++top] = {1, q};
26         }
27     }
28     int k=n, L=1, R=n;                              //用 k 处理数字 1～n
29     for (int i=1; i<=top; i++ ) {
30         if (stk[i].x == 0)                          //“0”操作，固定右边的数字
31             while (R>stk[i].y && L<=R) ans[R--] = k--;
32         else                                        //“1”操作，固定左边的数字
33             while (L<stk[i].y && L<=R) ans[L++] = k--;
34         if (L>R) break;
35     }
36     if (top % 2)                                    //最后一次操作是“0”操作，补上中间的数字
37         while(L<=R) ans[L++] = k--;
38     else                                            //最后一次操作是“1”操作
39         while(L<=R) ans[R--] = k--;
40     for (int i=1; i<=n; i++)  printf("%d ", ans[i]);
41     return 0;
42 }
```

下面是 Python 代码，逻辑和上面 C++代码的完全一样。stk 是用 list 实现的栈。

```
stk = []        #空栈
n,m = map(int,input().split())
for i in range(m):
    p,q = map(int,input().split())
    if p == 0:                          #“0”操作
```

```
        while stk and stk[len(stk)-1][0]==0:
            q = max(q,stk.pop()[1])
        while len(stk)>=2 and stk[len(stk)-2][1] <= q:
            stk.pop()
            stk.pop()
        stk.append([0,q])
    elif stk:
        while stk and stk[len(stk)-1][0]==1:
            q = min(q,stk.pop()[1])
        while len(stk)>=2 and stk[len(stk)-2][1] >= q:
             stk.pop()
             stk.pop()
        stk.append([1,q])
k,L,R = n,1,n
ans = [0]*(n+1)
for x,y in stk:    #逐个处理栈元素
    if x == 0:
        while R>y and L<=R:  ans[R]=k; k=k-1; R=R-1
    else:
        while L<y and L<=R:  ans[L]=k; k=k-1; L=L+1
    if L>R: break
if x == 0:
        while L<=R: ans[L]=k; k=k-1; L=L+1
else :
        while L<=R: ans[R]=k; k=k-1; R=R-1
for i in range(1,n+1):  print(ans[i],end=' ')
```

例题 4-7. 第几个幸运数字

lanqiaoOJ 题号 613

【题目描述】一个整数如果只含有因子 3、5、7，则称为幸运数字。前 10 个幸运数字是 3、5、7、9、15、21、25、27、35、45。问 59084709587505 是第几个幸运数字。

59084709587505 这个数不算很大，在 C++的 long long 整型范围之内。本题如果从 3 开始逐一检查每个整数，肯定会超时。

（1）用 Python 编程有以下几种实现方法。

① 暴力搜索。幸运数字可以表示为 $3^i \times 5^j \times 7^k$，搜索所有不超过范围的 i、j、k 组合即可。使用 Python 不用担心大数，循环时可以取个足够大的范围作为终止条件，代码中最小的 3^{50} 肯定超过 59084709587505。

```
cnt = 0
for i in range(50):
    for j in range(50):
        for k in range(50):
            a = 3**i;  b = 5**j;  c = 7**k
            if a*b*c <= 59084709587505: cnt += 1
print(cnt-1)          #1906-1=1905, 幸运数字不包括 1
```

② 硬算+排序。Python 的代码简洁，即使硬算出所有 3、5、7 的倍数，然后排序找到 59084709587505 的位置，编程实现也很容易。

```
n = 59084709587505
a = [1]                          #放置 3、5、7 的倍数
k = 0
while True:
    for i in range(3, 8, 2):     #i = 3、5、7
        tmp = i*a[k]             #产生一个新的倍数
        if tmp not in a:         #去重
```

```
            a.append(tmp)        #放进去
            a.sort()             #排序
        if tmp > 2**64:          #随便取一个远远大于 n 的数
            print(a.index(n))    #输出
            exit(0)
    k += 1
```

③ 优先队列+set()去重。上面“硬算+排序”的思路可以用优先队列来实现。每生成一个新数，就将其放进优先队列；每次从队列中弹出的数，都是最小的，相当于实现了排序。另外，新数放进队列时用 set()去重。

```
import queue
q = queue.PriorityQueue()          #优先队列，用于排序
s = set()                          #用于去重
q.put(1)
s.add(1)
cnt = 0
while True:
    n = q.get()
    if n == 59084709587505: break
    cnt += 1
    for i in range(3, 8, 2):       #3、5、7
        t = n * i                  #生成一个新数
        if t not in s:             #去重
            q.put(t)
            s.add(t)
print(cnt)
```

（2）C++代码。

解题思路和上面的差不多，这里不再解释，只给出 C++代码。

① 暴力搜索。

```
#include<bits/stdc++.h>
using namespace std;
int main(void){
    long long n = 59084709587505;
    int cnt = 0;
    for(int i=0;pow(3,i)<n;i++)
        for(int j=0;pow(5,j)<n;j++)
            for(int k=0;pow(7,k)<n;k++)
                if(pow(3,i)*pow(5,j)*pow(7,k)<=n) cnt++;
    cout<<cnt-1;               //1906-1=1905，幸运数字不包括 1
    return 0;
}
```

② 优先队列+去重。

```
#include <bits/stdc++.h>
#define ll long long
using namespace std;
typedef priority_queue<ll,vector<ll>,greater<ll> > pq;
typedef map<ll,int> mp;
mp vis;
int sum[5]={3,5,7};
int main(){
    ll tem=59084709587505;
    pq qu;
    qu.push(1);
    int ans=0;
    while(1){
```

```
        ll cnt=qu.top();
        qu.pop();
        if(cnt==tem){ cout<<ans<<endl; break;}
        ll temcnt;
        for(int i=0;i<3;i++){
            temcnt=cnt*sum[i];
            if(vis[temcnt]==0){
                qu.push(temcnt);
                vis[temcnt]=1;
            }
        }
        ans++;
    }
}
```

③ set+upper_bound()。

```
#include<bits/stdc++.h>
using namespace std;
typedef long long ll;
set<ll> se;
int main(){
    ll f = 1;
    ll a[3] = {3,5,7};
    while(1){
        for(int i=0;i<3;i++)
            if(f*a[i]<=59084709587505)
                se.insert(f*a[i]);
        f = *se.upper_bound(f);
        if(f>=59084709587505) break;
    }
    cout<<se.size();
    return 0;
}
```

【练习题】

“分数线划定”lanqiaoOJ 题号 516；“明明的随机数”lanqiaoOJ 题号 539；“国王游戏”lanqiaoOJ 题号 391；“巧克力”lanqiaoOJ 题号 1596；“数位排序”lanqiaoOJ 题号 2122。

4.3　排列和组合

排列是暴力枚举时的常见操作。有以下两种情况。

情况 1：输出 n 个元素的全排列，共 $n!$种。例如{1, 2, 3}的全排列有 3! = 6 种，按从小到大的顺序写出来是{123, 132, 213, 231, 312, 321}。再例如{A, B, C}，其全排列按字典序写出来是{ABC, ACB, BAC, BCA, CAB, CBA}。

情况 2：输出 n 个元素中任意 m 个的排列，共 $n!/(n-m)!$种。例如从{A, B, C}中任选两个，有 3!/(3−2)! = 6 种排列，即{AB, AC, BA, BC , CA, CB}。

C++和 Python 都提供了排列函数，而 Java 没有。

C++的 next_permutation()是全排列函数，只能输出序列中所有元素的全排列。Python 的 permutations()更灵活一些，它能输出序列中部分元素的排列。

本节将给出手写排列和组合的代码。因为在很多场合中不能使用系统自带的排列函数，所以需要自己编写。

✧ 提示：还有几种手写代码将在 5.1.4 小节“DFS 与排列组合”中介绍。

4.3.1 C++的全排列函数 next_permutation()

STL 提供了求下一个排列组合的函数 next_permutation()。例如对于由 3 个字符{a, b, c}组成的序列，next_permutation()能按字典序返回 6 个组合：abc、acb、bac、bca、cab、cba。

函数 next_permutation()的定义有以下两种形式：

```
bool next_permutation (BidirectionalIterator first, BidirectionalIterator last);
bool next_permutation (BidirectionalIterator first, BidirectionalIterator last, Compare comp);
```

返回值：如果没有下一个排列组合，则返回 False，否则返回 True。每执行一次 next_permutation()，新的排列就会被放到原来的空间里。

✧ 提示：它排列的范围是[first, last]，包括 first，不包括 last。

next_permutation()从当前的全排列开始，逐个输出更大的全排列，而不是输出所有的全排列，例如下面的代码。

```
#include <bits/stdc++.h>
using namespace std;
int main(){
    string s="bca";
    do{
        cout<<s<<' ';
    }while(next_permutation(s.begin(),s.end()));
    return 0;
}   //输出：bca cab cba
```

如果要得到所有的全排列，就需要从最小的全排列开始。如果初始的全排列不是最小的，则需要先用 sort()对全排列排序，得到最小的全排列后，再使用 next_permutation()，例如下面的代码。

```
#include <bits/stdc++.h>
using namespace std;
int main(){
    string s="bca";
    sort(s.begin(),s.end());   //字符串内部排序，得到最小的排列“abc”
    do{
       cout<<s<<' ';
    }while(next_permutation(s.begin(),s.end()));
    return 0;
}   //输出：abc acb bac bca cab cba
```

C++中还有一个全排列函数 prev_permutation()，用于求前一个排列组合，与 next_permutation()相反，即从大到小输出排列。

✧ 提示：C++的 next_permutation()和 Python 的 permutations()有两大区别：next_permutation()是通过直接比较元素的大小来确定输出排列的顺序，而 permutations()不是按元素的大小，而是按元素的位置输出全排列；next_permutation()从当前的全排列开始，一直输出到最大的全排列，而不会输出所有的全排列，permutations()会输出所有的全排列。请通过例题 4-10“火星人”了解它们的区别。

4.3.2 Python 的排列函数 permutations()

itertools.permutations(iterable, r = None)的功能：连续返回由 iterable 序列中的元素生成的长度为 *r* 的排列。如果 *r* 未指定或为 None，则其默认值为 iterable 的长度，即生成包含所有元素的全排列。例如从 s 中选择两个元素的排列，代码如下。

```
from itertools import *
s = ['a', 'b', 'c']
for element in permutations(s, 2):
    a = element[0] + element[1]  #或者这样写：  a=' '.join(element)
    print(a,end=' ')
```

上述代码输出“ab ac ba bc ca cb”。

下面强调一个重要问题：permutations()**按什么顺序输出排列**？

答案：按元素的位置顺序。也就是说，输出排列的顺序是位置的字典序。

例如对于 s = ['b', 'a', 'c']，执行 permutations(s)，输出“bac bca abc acb cba cab”，可以看出 permutations()并不是按字符的字典序输出排列，而是按位置顺序输出。s = ['b', 'a', 'c']的 3 个元素的位置是'b'=1、'a'=2、'c'=3，输出的排列“bac bca abc acb cba cab”，用位置表示就是“123 132 213 231 312 321”，这是按从小到大的顺序输出的。

如果有相同的元素，则不同位置的相同元素会被认为是不同的。例如对于 s = ['a', 'a', 'c']，执行 permutations(s)，输出“aac aca aac aca caa caa”。

初学者很容易错把元素当成位置。例如对于 s = ['1', '3', '2']，执行 permutations(s)，输出“132 123 312 321 213 231”，看起来很乱，实际上是按 3 个元素的位置'1'=1、'3'=2、'2'=3 来输出有序的排列的。若需要输出看起来“正常”的排列“123 132 213 231 312 321”，可以把 s = ['1', '3', '2'] 先用 sort()排序为['1', '2', '3']，再执行 permutations(s)。

最后，请读者分析下面的代码。

```
from itertools import *
s = [1,3,2]
for i in permutations(s):
    print(i,end=' ')    #输出 (1, 3, 2) (1, 2, 3) (3, 1, 2) (3, 2, 1) (2, 1, 3) (2, 3, 1)
```

4.3.3 Python 的组合函数 combinations()

上面的 permutations()输出的是排列，元素的排列是分先后的，例如“123”和“321”不同。但是有时只需要输出组合，不用分先后，此时就可以用 combinations()函数。

```
from itertools import *
s = ['1', '3', '2']
for element in combinations(s,2):
    a=' '.join(element)      #把所有元素拼起来
    print(a,end=' ')       #输出：13 12 32
```

但是，如果序列 s 中有相同的字符，且 s 是用[]表示的数组，那么 s 中不同位置的元素会被认为是不同的。

```
from itertools import *
s = ['1', '1', '3', '2']
for element in combinations(s,2):
    a=' '.join(element)      #把所有元素拼起来
    print(a,end=' ')         #输出：11 13 12 13 12 32
```

此时可以将 s 改为集合，用{}表示。

```
from itertools import *
s = {'1', '1', '3', '2'}
for element in combinations(s,2):
    a=' '.join(element)      #把所有元素拼起来
    print(a,end=' ')         #输出：31 32 12
```

4.3.4 手写排列和组合代码

在某些场景下，不能用系统提供的排列函数，而是需要手写代码实现排列组合。5.1.4 小节“DFS 与排列组合”中给出了基于 DFS 的手写排列和组合代码的方法，也说明了在什么场景下需要手写代码。下面给出另外几种简单的手写排列和组合代码的方法。

1. 手写排列代码（暴力法）

从 n 个数中 m 个，有 $\frac{n!}{(n-m)!}$ 种排列。例如从{1, 2, 3, 4}中选 3 个数的排列有 24 种。

最简单、直接、无技巧的手写排列代码（以 Python 代码为例）如下。

```
s = [1,2,3,4]
for i in range(4):                          #循环 3 次，选 3 个数
    for j in range(4):
        if j!=i:                            #每个循环的数不同
            for k in range(4):
                if k!=j and k!=i:           #每个循环的数不同
                    print("%d%d%d"%(s[i],s[j],s[k]),end=", ")    #输出一个排列
```

输出：“123, 124, 132, 134, 142, 143, 213, 214, 231, 234, 241, 243, 312, 314, 321, 324, 341, 342, 412, 413, 421, 423, 431, 432, ”。此输出是按字典序，从小到大排列的。

✧ 提示：这样写代码虽然简单且效果很好，但是非常笨拙。如果写 5 个以上的数的排列组合，代码将冗长无趣。当然，竞赛时如果数字比较少，这样写也行。

---

2. 手写组合代码（暴力法）

有时需要输出组合，从 n 个数中选 m 个，有 $\frac{n!}{m!(n-m)!}$ 种组合。例如从{1, 2, 3, 4}中选 3 个数的组合有 4 种。排列中的数需要分先后，组合中的数不分先后。

只需要把上面求排列的代码中的 if 语句去掉，然后按从小到大的顺序排列，即可得到组合。

```
s = [1,2,3,4]
for i in range(4):                          #循环 3 次，选 3 个数
    for j in range(i+1,4):                  #让第 2 个数比第 1 个大
        for k in range(j+1,4):              #让第 3 个数比第 2 个大
            print("%d%d%d"%(s[i],s[j],s[k]),end=", ")        #输出一个组合
```

输出："123, 124, 134, 234, "。此输出是按字典序，从小到大排列的。

3. 手写组合代码（二进制法）

（1）输出 n 个数的任意组合（所有子集）。

一个包含 n 个元素的集合$\{a_0, a_1, a_2, a_3, ..., a_{n-1}\}$，它的子集有{ϕ}、$\{a_0\}$、$\{a_1\}$、$\{a_2\}$……$\{a_0, a_1, a_2\}$……$\{a_0, a_1, a_2, a_3, ..., a_{n-1}\}$，共 2^n 个。

用二进制的概念进行对照是最直观的，子集正好对应了二进制数。例如 $n = 3$ 的集合$\{a_0, a_1, a_2\}$，它的子集与二进制数的对应关系如表 4.4 所示。

表 4.4　子集与二进制数的对应关系

子集	ϕ	a_0	a_1	a_1, a_0	a_2	a_2, a_0	a_2, a_1	a_2, a_1, a_0
二进制数	000	001	010	011	100	101	110	111

表 4.4 中，每个子集对应一个二进制数，二进制数中的每个 1 对应子集中的某个元素。而且，子集中的元素是不分先后的，这正符合组合的要求。这个表也说明子集的数量是 2^n 个，因为对应的二进制数的总个数是 2^n。

下面的代码通过处理每个二进制数中的 1，输出了所有的子集。

```
#include<bits/stdc++.h>
using namespace std;
int a[] = {1,2,3,4,5,6,7,8,9,10,11,12,13,14};
void print_subset(int n){
    for(int i=0;i<(1<<n);i++) {
      //i：0～2ⁿ，每个 i 的二进制数对应一个子集。一次输出一个子集，最后可得到所有子集
        for(int j=0;j<n;j++)         //输出一个子集，即输出 i 的二进制数中所有的 1
           if(i & (1<<j))            //从 i 的最低位开始，逐个检查每一位，如果是 1，则输出
               cout<<a[j]<< " ";
        cout<<";  ";
    }
}
int main(){
    int n=3;  print_subset(n);       // 输出前 n 个元素 a[0]～a[n-1]的所有子集
}
```

输出为"； 1； 2； 1 2； 3； 1 3； 2 3； 1 2 3；"。3 个数的组合（子集）共有 8 个。

（2）输出 n 个数中任意 m 个数的组合。

根据上面生成子集的二进制方法，一个子集对应一个二进制数，一个有 m 个元素的子集对应的二进制数中有 m 个 1。所以问题转化为：查找 1 的个数为 m 个的二进制数，这些二进制数对应了需要输出的子集。

如何判断二进制数中 1 的个数为 m 个？简单的方法是对这个 n 位的二进制数进行逐位检查，共需要检查 n 次。

有一个更快的方法，它可以直接定位二进制数中 1 的位置，跳过中间的 0。它需要用到一个神奇的操作，$k = k \& (k-1)$，功能是消除 k 的二进制数的最后一个 1。连续进行这个操作，每次消除一个 1，直到二进制数中的 1 全被消除，操作次数就是二进制数中 1 的个数。例如二进制数-1011，经过连续 3 次操作后，所有的 1 都被消除了：

1011 & (1011−1) = 1011 & 1010 = 1010

1010 & (1010−1) = 1010 & 1001 = 1000

1000 & (1000−1) = 1000 & 0111 = 0000

利用这个操作，可以计算出二进制数中 1 的个数。用 num 统计 1 的个数，具体步骤如下。

① 用 $k=k\,\&\,(k-1)$清除 k 中的最后一个 1。

② num++。

③ 继续上述操作，直到 $k=0$。

在树状数组中，也有一个类似的操作，lowbit(x) = $x\,\&\,-x$，功能是计算 x 的二进制数的最后一个 1。

① C++代码。输出 $n=4$、$m=3$ 的组合。

```
1  #include<bits/stdc++.h>
2  using namespace std;
3  int a[] = {1,2,3,4,5,6,7,8,9,10,11,12,13,14};
4  void print_set(int n,int m){
5      for(int i = 0; i < (1<<n); i++){
6          int num = 0, k = i;          //num 用来统计 i 中 1 的个数；k 用来处理 i
7          while(k){
8              k = k&(k-1);             //清除 k 中的最后一个 1
9              num++;                   //统计 1 的个数
10         }
11         if(num == m){                //二进制数中的 1 有 m 个，符合条件
12             for(int j = 0; j < n; j++)
13                 if(i & (1<<j))   cout << a[j] << " ";
14             cout << ";  ";
15         }
16     }
17 }
18 int main(){
19     int n=4, m=3;    // n：元素的总数量。m：个数为 k 的子集
20     print_set(n,m);
21 }
```

② Python 代码。第 3 行的 2**n 等于 2^n，写成 1<<n 也行，和上面 C++代码第 5 行的 1<<n 一样。

```
1  a = [1,2,3,4,5,6,7,8,9,10,11,12,13,14]
2  def print_set(n, m):
3      for i in range(2**n):                #2**n 可以写成 1<<n
4          num,k= 0,i;                      #num 统计 i 中 1 的个数；k 用来处理 i
5          while(k>0):
6              k = k & (k-1)                #清除 k 中最后一个 1
7              num +=1                      #统计 1 的个数
8          if num == m:                     #二进制数中的 1 有 m 个，符合条件
9              for j in range(n):
10                 if(i & (2**j)): print(a[j], end=' ')
11             print(";  ",end=' ')
12 n,m = 4,3
13 print_set(n,m)
```

两段代码的输出都是“1 2 3; 1 2 4; 1 3 4; 2 3 4;”，是按字典序输出从小到大排列的。

4.3.5 例题

下面的例题给出了排列的详细用法。

例题 4-8. 排列序数

lanqiaoOJ 题号 269

【**题目描述**】如果用 a、b、c、d 这 4 个字母组成一个字符串，有 4!=24 种可能。现在有不

多于 10 个两两不同的小写字母，给出它们组成的字符串，你能求出该字符串在所有排列中的序号吗？

【输入描述】输入一个字符串。

【输出描述】输出一个整数，表示该字符串在其字母所有排列生成的字符串中的序号。注意：最小的序号是 0。

（1）C++代码。

先对输入的字符串 s 排序，然后用 next_permutation()输出全排列，当全排列与初始的字符串相等时结束。

```
#include <bits/stdc++.h>
using namespace std;
int main(){
    string s,olds;  cin>>s; olds=s;    //用 olds 记录最初的字符串
    int cnt = 0;
    sort(s.begin(),s.end());           //字符串内部排序，得到最小的排列
    do{
        if(s == olds){
            cout<<cnt<<endl;
            break;
        }
        cnt++;
    }while(next_permutation(s.begin(),s.end()));
    return 0;
}
```

（2）Python 代码。

下面给出两种代码，分别用 sort()和 sorted()排序，然后用 permutations()求出排列。

① 用 sort()函数。因为 sort()不能直接在字符串内部排序，所以可以先把字符串转换成数组，对数组排序后，再转换回字符串，即可得到最小字符串。

```
from itertools import *
olds = input()              #例如：olds = bdca
news = list(olds)           #把字符串 olds 转换成数组 news
news.sort()                 #对数组排序。例如：news = ['a', 'b', 'c', 'd']
cnt = 0
for element in permutations(news):
    a=' '.join(element)     #把所有元素拼成字符串
    if olds == a:
       print(cnt)
       break
    cnt += 1
```

② 用 sorted()函数。sorted()能直接在字符串的内部排序。注意第 6 行生成的 a 中包含 10! 个排列，可能导致超出题目的空间限制。

```
1  from itertools import *
2  olds = input()                    #例：olds = bdca
3  news = sorted(olds)               #例：news = ['a', 'b', 'c', 'd']
4  #print(olds,news)
5  a = []
6  for i in permutations(news):  a.append(i)
7  print(a.index(tuple(olds)))       #注意这里是 olds
```

例题 4-9．拼数

lanqiaoOJ 题号 782

【题目描述】设有 n 个正整数 a_1、a_2……a_n，将它们连接成一排，相邻数字首尾相接，组

成一个最大的整数。$n \leqslant 20$。

【输入描述】第一行有一个整数，表示数字个数 n。第二行有 n 个整数。

【输出描述】输出一个正整数，表示最大的整数。

最简单直接的方法：先得到这 n 个整数的所有排列，然后查找其中最大的排列。但是这个方法的复杂度是 $O(n!)$，当 $n = 20$ 时，有 $20! \approx 2 \times 10^{18}$ 种排列，这样做会超时。下面用 Python 代码实现这种暴力方法。

```
from itertools import *
N = int(input())                                #虽然 n 需要读取，但其实 n 没用到
ans = " "
nums = list( map(str,input().split()) )         #按字符的形式读入
for element in permutations(nums):              #每次输出一个全排列
    a=' '.join(element)                         #把这个全排列的所有元素拼起来，得到一个字符串
    if ans < a:  ans =  a                       #在所有字符串中找最大的排列
print(ans)
```

暴力排列的方法不可行，那么可以用排序吗？本题不能直接对数字排序然后进行首尾相接，例如“7, 13”，应该输出“713”，而不是“137”。

✧ 提示：这其实是按两个数字组合的字典序排序，也就是把数字看作字符串来排序，下面C++代码第 4 行的 cmp()函数体现了这一思路。

此算法的总复杂度等于库函数 sort()的复杂度，为 $O(n\log n)$。

```
1   #include<bits/stdc++.h>
2   using namespace std;
3   string a[21];  //记录 20 个数，用字符形式
4   bool cmp (string a, string b){                      //从大到小，按字典序的反序排列
5       return a + b > b + a;                           //组合字符串，注意这个技巧
6   }
7   int main( ){
8       int n;    cin >> n;
9       for(int i=0; i<n; i++)   cin >> a[i];
10      sort(a, a+n, cmp);                              //从大到小，按字典序的反序排列
11      for(int i=0; i<n; i++)     cout << a[i];
12      return 0;
13  }
```

本题的 n 很小，也可以用其他较差的排序算法，例如交换排序。下面用 Python 代码来求解，第 3～第 6 行用交换排序算法对所有的数（按字符串处理）排序，复杂度为 $O(n^2)$。

```
1   n = int(input())
2   nums = input().split()          #按字符读入
3   for i in range(0,n-1):          #交换排序
4       for j in range(i+1,n):
5           if nums[j]+nums[i] > nums[i]+nums[j]:   #合并字符串然后比较
6               nums[j],nums[i] = nums[i],nums[j]   #交换两个数（其实是字符串）的位置
7   print(' '.join(nums ))
```

例题 4-10. 火星人

lanqiaoOJ 题号 572

【题目描述】给出 N 个数的排列，输出这个排列后面的第 M 个排列。

【输入描述】第一行输入一个正整数 N，$1 \leqslant N \leqslant 10000$。第二行输入一个正整数 M。第三行输入 1 到 N 个整数的一个排列，用空格隔开。

【输出描述】输出一行，这一行包含 N 个整数，表示原排列后面的第 M 个排列。每两个相邻的数中间用空格分隔，不能有多余的空格。

【输入样例】

5

3

1 2 3 4 5

【输出样例】

1 2 4 5 3

✧ 提示：通过本题，读者可以进一步了解 C++的 next_permutation()和 Python 的 permutations()的区别。

本题如果用 C++编程就容易解答，因为 next_permutation()直接按元素的大小顺序进行排列，它能从当前排列开始，按顺序输出下一个更大的排列，连续做 M 次，就可得到答案。

```
#include <bits/stdc++.h>
using namespace std;
int a[100000];
int main(){
    int n,m;   cin >> n >> m;
    for(int i=1;i<=n;++i)   cin >> a[i];
    for(int i=1;i<=m;++i)   next_permutation(a+1,a+n+1);
    for(int i=1;i<=n;++i)   cout <<a[i]<< " ";
    return 0;
}
```

但是用 Python 编程比较麻烦，因为 Python 的 permutations()函数是按元素位置来输出排列的。所以只能这样编程：先把 N 个数排序成最小排列，然后从最小排列开始 permutations()，遇到题目给定的起始排列后，再往后数到第 M 个排列，输出该排列。这样编程会超时，因为浪费了很多计算时间。

```
from itertools import *
from copy import *
n = int(input())
m = int(input())
nums = list( map(str,input().split()) )
back = deepcopy(nums)                      #深度复制生成新的 list。不能写 back = nums，这是浅复制
k = 0
flag = 0
nums.sort()                                #排序，得到最小排列
for element in permutations(nums):        #每次输出一个全排列，这样会超时
    if list(element) == back:  flag=1     #循环到了题目给的起始排列
    if flag == 1:
        if k == m:
           a=' '.join(element)             #把这个全排列的所有元素拼起来，得到一个字符串
           print(a)                        #输出后面第 k 个排列
           break                           #退出 for 循环
        k += 1
```

下面给出一种高效的方法，实际上就是从当前排列开始，暴力地寻找下一个排列。对于当前排列，从后往前比较，寻找 nums[i−1] < nums[i]的位置，把 nums [i−1]与从 i 到末尾中比 nums [i−1]大的最小数交换，再将 i−1 之后的数进行翻转（从小到大排序），可以得到比当前排列大的最小排列。

```
n = int(input())
m = int(input())
nums = list(map(int, input().split()))
```

```python

def find_next(nums):
    for i in range(n-1, 0, -1):
        if nums[i] > nums[i-1]:
            for j in range(n-1,i-1,-1):
                if nums[j] > nums[i-1]:
                    nums[j], nums[i-1] = nums[i-1], nums[j]
                    return nums[:i] + nums[:i-1:-1]

for i in range(m): nums = find_next(nums)     #查找后面第 m 个排列
print("".join([str(i) for i in nums]))
```

例题 4-11. 带分数

lanqiaoOJ 题号 208

【题目描述】100 可以表示为带分数的形式：3 + 69258 / 714。还可以表示为：82 + 3546 / 197。注意特征：带分数中，数字 1～9 分别出现且只出现一次（不包含 0）。类似这样的带分数，100 有 11 种表示法。输入一个整数，输出它有多少种带分数表示法。

【输入描述】从标准输入读入一个正整数 N（$N < 1000000$）。

【输出描述】程序输出该数字用数字 1～9 不重复、不遗漏地组成带分数表示的全部种数。

这是典型的排列题。题目中说“数字 1～9 分别出现且只出现一次”，可用暴力排列求解：对所有 1～9 的排列，验证有几个符合要求。因为 9 个数只有 9! = 362880 种排列，所以不会超时。

（1）C++代码。

$n = a + b/c$ 移项得 $ac + b = nc$，在第 18 行判断是否符合此式。

```cpp
1  #include<bits/stdc++.h>
2  using namespace std;
3  int num[9]={1,2,3,4,5,6,7,8,9};
4  int check(int L,int R){         //计算数字
5      int res=0;
6      for(int i=L;i<=R;i++)    res=res*10+num[i];
7      return res;
8  }
9  int main(){
10     int n; cin>>n;
11     int cnt=0;
12     while(next_permutation(num,num+9)){
13         for(int i=0;i<7;i++){
14             for(int j=i+1;j<8;j++){
15                 int a = check(0,i);
16                 int b = check(i+1,j);
17                 int c = check(j+1,8);
18                 if(a*c+b == c*n)   cnt++;
19             }
20         }
21     }
22     cout<<cnt;
23     return 0;
24 }
```

（2）Python 代码。

除了上面的暴力排列求解法，此题还有更好的求解方法。下面的 Python 代码用了剪枝技术，比上面的 C++代码的效率更高。

例如生成了一个排列 145789263，把这个排列按顺序分成 a、b、c 这 3 部分，有很多种分

法，例如 $a = 145$、$b = 789$、$c = 263$ 等，然后检查这种分法是否满足 $n = a + b/c$。a、b、c 的分法是有规律的，并不是只能暴力划分。

先确定排列中的 a。a 的位数肯定不大于 n 的位数，例如 $n = 148$，那么 a 的位数范围是 1～3，即 a 只能等于 1、14 或 145。

通过 a 的值确定 b。如果能确定 b 的尾数 bLast，就能从排列中得到 b。例如，若确定了 b 的尾数 bLast 是 9，则 b 就是 789，b 的长度 bl 就是 3。

如何确定 b 的尾数 bLast？可以通过排列的最后一个数，也就是 c 的最后一个数来确定。因为 $n = a + b/c$，得 $b = (n-a) \times c$，所以 $b\%10$ 是 b 的尾数，就是 $((n-a) \times c)\%10$，只需要用 c 的尾数就行了。而 num[-1]是排列的最后一个数，即 c 的尾数。第 9 行代码求 b 的尾数，即 bLast = $(n-a)$ × int(num[-1]) % 10。

现在总结这个例子的计算过程。$n = 148$，当前检查到排列“145789263”。a 只能取 1、14 或 145。若 $a = 145$，则计算 bLast = 9，得 $b = 789$。剩下的就是 $c = 263$。最后检查是否满足 $n = a + b/c$。

```
1   from itertools import *
2   n = int(input())
3   bit = len(str(n))                                  # n 的位数
4   cnt = 0
5   for num in permutations("123456789"):
6       a, b, c = 0, 0, 0
7       for al in range(bit):                          # al 是 a 的位数，a 肯定比 n 短
8           a = int(" ".join(num[:al+1]))              #一个 a
9           bLast = (n - a) * int(num[-1]) % 10        #b 的尾数，(n-a)c%10
10          if bLast == 0: continue                    #b 的尾数不可能等于 0，因为只用得到 1～9
11          bl = num.index(str(bLast))                 #根据 b 的尾数确定 b 的长度
12          if bl <= al or bl >= 8: continue
13          b = int("".join(num[al+1:bl+1]))
14          c = int(" ".join(num[bl+1:]))
15          if b % c == 0 and n == a + b // c:    cnt += 1
16  print(cnt)
```

4.4　尺取法

4.4.1　尺取法的概念

尺取法又称为双指针、Two Pointers，是算法竞赛中一个常用的优化技巧，用来解决序列的区间问题，其操作简单、编程容易。

什么是尺取法？在区间操作时，用两个指针同时遍历区间，从而实现高效率操作。

为什么尺取法能用来进行优化？简单地说，使用尺取法可以把两重循环转化为一重循环，从而把复杂度从 $O(n^2)$变成 $O(n)$。这是如何做到的？下面看一个用 i 和 j 执行的两重循环。

```
for(int i = 0; i < n; i++)              //i 从头扫描到尾
    for(int j = n-1; j >= 0; j--)       //j 从尾扫描到头
    {   ...   }
```

其中 i 从 0 循环到 $n-1$，j 反过来从 $n-1$ 循环到 0。这两重循环的计算复杂度是 $O(n^2)$。

下面用尺取法来优化这两重循环。用尺取法把两重循环变成一重循环，在这个循环中一起处理 i 和 j，复杂度也就从 $O(n^2)$变成了 $O(n)$。将上面的两重循环代码改写为如下代码。

```
for (int i = 0, j = n - 1; i < j; i++, j--)
{ ... }
```

虽然尺取法很简单，但是它的应用有极大的限制：要求 $i<j$，也就是说，i 从头到尾扫描、j 从尾到头扫描，两者在中间位置相会。由于这种应用场合并不多，因此尺取法只能用于处理和区间有关的一些问题。

另外，除了用 for 循环，还可以用 while 循环来实现尺取法。

```
//用 while 循环实现尺取法
int i = 0, j = n - 1;
while (i < j) {         //i 和 j 在中间相遇，并且要防止 i、j 越界
      ...               //满足题意的操作
      i++;              //i 从头扫描到尾
      j--;              //j 从尾扫描到头
}
```

以上的例子使用的是“反向扫描”尺取法，另外，还有一种“同向扫描”尺取法，即 i、j 指针是同向前进或后退的。

下面总结尺取法的相关概念。

循环指针 i、j 称为“扫描指针”，在尺取法中，这两个“扫描指针”有以下两种扫描方法。

（1）“反向扫描”尺取法。指针 i、j 的扫描方向相反，i 从头扫描到尾，j 从尾扫描到头，两者在中间相会。反向扫描的 i、j 指针称为“左右指针”。

（2）“同向扫描”尺取法。指针 i、j 的扫描方向相同，都从头扫描到尾，但是速度不一样，例如可以让 j 跑在 i 前面。同向扫描的 i、j 指针称为“快慢指针”，此时由于 i 和 j 速度不同，i 和 j 之间将在序列上产生一个大小可变的“滑动窗口”，这是“同向扫描”尺取法的优势。

✧ 提示：用尺取法的最关键之处在于，两个指针 i、j 在总体上只能有一个循环，i 循环一遍，对应的 j 只能跟随 i 循环一遍。这样才能实现计算复杂度从 $O(n^2)$到 $O(n)$的优化。所以尺取法的应用有很大局限。

4.4.2 反向扫描

反向扫描的两个指针 i、j，指针 i 从左向右扫描，指针 j 从右向左扫描，在中间 $i < j$ 处相遇并停止扫描。反向扫描比同向扫描简单。下面介绍一个最直接的反向扫描的应用。

例题 4-12. 回文判定

lanqiaoOJ 题号 1371

【题目描述】给定一个长度为 n 的字符串 S。请你判断字符串 S 是否回文。

【输入描述】输入仅一行，包含一个字符串 S。$1\leqslant|S|\leqslant10^6$，保证 S 只包含大小写字母。

【输出描述】若字符串 S 回文，则输出“Y”，否则输出“N”。

为详细讲解尺取法，下面分别用 for 循环和 while 循环两种方法编写尺取法的代码，方便读者对比学习。

```
#include <bits/stdc++.h>
using namespace std;
int main(){
    string s;  cin >> s;    //读字符串
    int n = s.size();

    for(int i=0,j=n-1;i<j;i++,j--)//双指针
        if(s[i] != s[j]) {
            cout<<'N'; return 0;
        }
    cout<<'Y';
    return 0;
}
```

```
#include <bits/stdc++.h>
using namespace std;
int main(){
    string s;  cin >> s;         //读字符串
    int n = s.size();
    int i = 0, j = n-1;          //双指针
    while(i < j){
        if(s[i] != s[j]){cout<<'N'; return 0;}
        i++, j--;                //移动双指针
    }
    cout << 'Y' ;
    return 0;
}
```

标准的 Python 尺取法代码请读者自行编写。下面给出本题的一种简洁的 Python 编程实现，直接判断字符串 S 和它的反串是否相等。

```
s = input()
print('Y' if s == s[::-1] else 'N')       #s[::-1]是 s 的反串
```

4.4.3 同向扫描

同向扫描的题目和“滑动窗口”有关，指针 i 和 j 之间的区间，随着 i 和 j 向前扫描，形成了一个滑动窗口，借助这个滑动窗口能遍历和计算序列上的区间问题。

例题 4-13. 美丽的区间

lanqiaoOJ 题号 1372

【题目描述】给定一个长度为 n 的序列 $a_1, a_2, \cdots, a_n$ 和一个常数 S。对于一个连续区间，如果它的区间和大于或等于 S，则称它为美丽的区间。对于一个美丽的区间，其区间长度越短，它就越美丽。请你从序列中找出最美丽的区间。

【输入描述】第一行输入两个整数 n、S，其含义如题所述。接下来的一行输入 n 个整数，分别表示 a_1、a_2……a_n。$10 \leqslant N \leqslant 10^5$，$1 \leqslant a_i \leqslant 10^4$，$1 \leqslant S \leqslant 10^8$。

【输出描述】输出共一行，包含一个整数，表示最美丽的区间的长度。若不存在任何美丽的区间，则输出 0。

本题是很直接地“滑动窗口”，求窗口内的区间和大于 S 的最小区间长度。i 指针在前，j 指针在后，计算两个指针之间的区间和。当 i 指针到达末尾时，结束计算。计算复杂度为 $O(n)$。

（1）Python 代码。

```
n, S = map(int,input().split())
a = list(map(int,input().split()))
sum = 0
ans = 1e8
i, j = 0, 0
while i < len(a):                 #遍历整个列表
    if sum < S:                   #如果区间和小于 S，则一直相加
        sum += a[i]               #区间和加
        i += 1                    #i 指针向前扫描
    else:
        ans = min(i - j, ans)     #记录较短区间长度
        sum -= a[j]               #区间和减
        j += 1                    #j 指针向前扫描
```

```
if ans == 1e8: print('0')
else:          print(ans)
```

（2）C++代码。

```
#include <bits/stdc++.h>
using namespace std;
int a[100010];
int main(){
  int n, S;  cin>>n>>S;
  for (int i=0; i<n; ++i) cin>>a[i];
  int sum= 0, ans=1e8;
  for (int i=0, j=0; i<n;) {
    if(sum<S){ sum+=a[i]; i++;}
    else     { ans=min(i-j,ans); sum-=a[j]; j++; }
  }
  if (ans==1e8) cout<<0;
  else          cout<<ans;
  return 0;
}
```

例题 4-14. 日志统计

2018 年（第九届）省赛，lanqiaoOJ 题号 179

【题目描述】小明维护着一个程序员论坛。现在他收集了一份“点赞”日志，日志共有 N 行。其中每一行的格式是 ts id，表示在 ts 时刻编号 id 的帖子收到一个“赞”。现在小明想统计有哪些帖子曾经是“热帖”。

如果一个帖子曾在任意一个长度为 D 的时间段内收到不少于 K 个赞，小明就认为这个帖子曾是“热帖”。

具体来说，如果存在某个时刻 T 满足该帖在$[T, T+D)$这段时间内（注意是左闭右开区间）收到不少于 K 个赞，该帖就曾是“热帖”。给定日志，请你帮助小明统计出所有曾是“热帖”的帖子编号。

【输入格式】第一行输入 3 个整数 N、D、K。以下 N 行每行一条日志，包含两个整数 ts 和 id。其中 $1 \leqslant K \leqslant N \leqslant 10^5$，$0 \leqslant \text{ts} \leqslant 10^5$，$0 \leqslant \text{id} \leqslant 10^5$。

【输出格式】按从小到大的顺序输出热帖 id。每个 id 一行。

这道蓝桥杯大赛真题也是同向扫描的“滑动窗口”的应用。

这一题可以用多种方法求解，例如暴力法。如果用尺取法，则求解思路很巧妙，该题是尺取法的“滑动窗口”的典型应用例子。

下面给出两种解法，分别是暴力法和尺取法。两种方法的复杂度差不多。

1. 暴力法

用暴力法求解的思路：逐个检查每个帖子，判断它是否为热帖，也就是在整个时间段内，看它是否在某个$[T, T+D)$内点赞数达到了 K。

下面用 Python 编写代码，第 7 行读所有帖子的 id；第 9 行记录某个帖子 id 收到赞的时间；第 11 行用 for 循环逐一检查每个帖子；第 12～第 17 行检查帖子是否在某个$[T, T+D)$内收到了 K 个赞。

代码的时间复杂度：第 11 行和第 13 行共有两个 for 循环，复杂度看起来是 $O(n^2)$，不过，两个循环合起来只执行了 n 次，实际上复杂度差不多是 $O(n)$；第 10 行的排序的复杂度是

$O(n\log n)$；总复杂度为 $O(n\log n)$，可以看出暴力法的效率很高。

```python
from bisect import bisect_left
N = int(1e5+50)
n,d,k = map(int,input().split())          #读 n、d、k
m = [[] for i in range(N)]
post = set()
for i in range(n):
    ts,id = map(int,input().split())      #读 ts、id
    post.add(id)
    m[id].append(ts)                      #记录帖子 id 收到的“赞”的时间
post = sorted(post)                       #对帖子 id 排序
for id in post:                           #检查每个帖子
    m[id] = sorted(m[id])                 #把某个帖子的 ts 排序
    for i in range(len(m[id])):           #用暴力法统计这个帖子的点赞数，判断它是不是热帖
        td = m[id][i]+d
        if(bisect_left(m[id],td)-i >= k):
            print(id)
            break
```

2. 尺取法

$[T, T+D)$是一个“窗口”，且随着时间 T 的增长，“窗口”会不断往后滑动，与尺取法的同向扫描非常匹配。下面给出一种巧妙地用尺取法求解的思路：按时间从小到大处理每个帖子，当处理到 T 时刻的帖子时，“窗口”$[T-D, T)$之前的帖子相当于已经失效了，对当前“窗口”的统计无用。

如何处理这些失效的帖子？方法如下。

（1）定义 i 指针，它对应主循环，遍历随时间而失效的所有帖子。下面代码第 12 行是 i 的 for 循环。

（2）定义 j 指针，其作用是在时刻 $i = T$，把$[T-D, T]$之前的帖子都置为无效。具体的做法见第 15 行：用 j 遍历$[T-D, T]$之前的帖子，每遍历一个帖子，就把它的点赞数减一。这里的最关键之处：j 是跟随 i 循环的，而不是独立地循环。

此算法的复杂度和暴力法一样：第 11 行的排序的复杂度是 $O(n\log n)$，第 12 行的尺取法的复杂度是 $O(n)$，所以总复杂度也是 $O(n\log n)$。

```cpp
1   #include<bits/stdc++.h>
2   using namespace std;
3   const int N = 1e5+50;
4   int num[N];                                         //num[i]：记录 id=i 的帖子的“赞”的数量
5   int flag[N];                                        //flag[i]：id=i 的帖子曾是热帖
6   struct post{int id, ts;}p[N];                       //记录帖子
7   int cmp(post x,post y){ return x.ts < y.ts;  }      //按时间从小到大排序
8   int main(){
9       int n,d,k; cin>>n>>d>>k;
10      for(int i=0;i<n;i++) scanf("%d%d",&p[i].ts,&p[i].id);
11      sort(p,p+n,cmp);                                //按时间从小到大排序
12      for(int i=0,j=0;i<n;i++){
13          num[p[i].id]++;
14          while(p[i].ts - p[j].ts >= d){
15              num[p[j].id]--;                         //随着时间流逝，d 之前的每个帖子的点赞数都减 1
16              j++;
17          }
18          if(num[p[i].id] >= k)  flag[p[i].id]=1;     //在[i-d,i]上达到 k 个“赞”
19      }
20      for(int i=0;i<N;i++)
21          if(flag[i]==1) printf("%d\n",i);
```

```
    return 0;
}
```

【练习题】

“锻造兵器”，lanqiaoOJ 题号 1374。

4.5 二分法

在基本算法中，二分法的应用非常广泛，它是一种思路简单、编程容易、效率极高的算法。蓝桥杯软件类大赛中需要应用二分法的题目很常见。

二分法有整数二分和实数二分两种应用场景。实数二分的代码好写、不易出错；编写整数二分的代码需要考虑整除的问题，容易在细节处出错。

4.5.1 二分法的概念

二分法的概念很简单，每次把搜索范围缩小为上一次的 1/2，直到找到答案为止。以猜数字游戏为例，一个在[1, 100]内的数字，猜 7 次就能猜出来，步骤如下。

（1）大于等于 50 吗？是。（1～100 二分，中位数是 50。）

（2）大于等于 75 吗？否。（50～100 二分，中位数是 75。）

（3）大于等于 63 吗？否。（50～75 二分，中位数是 63。）

（4）大于等于 56 吗？否。

（5）大于等于 53 吗？是。

（6）大于等于 54 吗？是。

（7）等于 55 吗？否。

所以，这个数等于 54。

猜 100 个数字中的一个数字只需猜 7 次，这就是二分法。二分法的效率很高，只需计算 log(*n*)次。例如猜数字游戏，若 $n = 1 \times 10^7$ 个数，只需要计算 $\log_2 10^7 \approx 24$ 次就能找到。

下面介绍二分法的模板代码 bin_search()函数。bin_search()有 3 个参数：区间左端点 left、区间右端点 right、二分的中位数 mid。每次把区间缩小一半，把 left 或 right 移动到 mid；直到 left = right 为止，即找到答案所处的位置。

```
#include<bits/stdc++.h>
using namespace std;
int a[1000];
int bin_search(int *a, int n, int x){      //在数组 a 中查找数字 x，返回位置
    int left = 0, right = n;
    while (left < right) {
        int mid = left+(right-left)/2;
        if (a[mid] >= x) right = mid;
        else             left = mid+1;
        cout<<a[mid]<< " ";                //输出猜数的过程
    }
   return left;
}
int main(){
    int n = 100;
```

```
    for(int i=0;i<n;i++) a[i]=i+1;        //赋值，数字 1～100
    int test = 54;                        //猜 54 这个数
    int pos = bin_search(a,n,test);
    cout<<"\n"<<"test="<<a[pos];
}
```

运行上述代码输出如下。

```
51 76 64 58 55 53 54
test=54
```

二分法的作用：二分法可以把一个长度为 n 的有序序列上 $O(n)$的查找时间优化到 $O(\log n)$。

注意应用二分法的前提：序列是有序的，按从小到大或从大到小排序。

无序的序列无法二分，如果是无序的序列，则应该先排序再对其进行二分。然而，如果只需要在无序序列上查找一次，则用二分法的效率并不高。先排序再二分，排序的复杂度是 $O(n\log_2 n)$，二分的复杂度是 $O(\log_2 n)$。排序加二分的总复杂度是 $O(n\log_2 n)$。如果使用暴力法，直接在无序的 n 个数里面查找，最多查找 n 次，复杂度是 $O(n)$的，比先排序再二分快。

如果不是查找一个数，而是查找 m 个数，那么先排序再做 m 次二分的计算复杂度是 $O(n\log_2 n+m\log_2 n)$，而暴力法的复杂度是 $O(mn)$，此时二分法远好于暴力法。

4.5.2　整数二分

整数二分易理解但不易编程，容易出错。下面给出两个例子，请读者通过它们了解整数二分代码的实现调节。

1. 在单调递增序列中查找 x 或者 x 的后继

“在单调递增序列中查找 x 或者 x 的后继”，即在单调递增数列 a[]中查找某个数 x，如果数列中没有 x，则查找比它大的下一个数。前面介绍的 bin_search()函数就是“在单调递增序列中查找 x 或者 x 的**后继**”的模板代码。

```
#include<bits/stdc++.h>
using namespace std;
int a[1000];
int bin_search(int *a, int n, int x){        //a[0]～a[n-1]是单调递增的
    int left = 0, right = n;                 //注意：不是 n-1，因为此时是左闭右开的区间[0,n)
    while (left < right) {
        int mid = left + (right-left)/2;     //int mid = (left + right) >> 1;
        if (a[mid] >= x)  right = mid;
        else    left = mid + 1;
    }                                        //终止于 left = right
   return left;
}
int main(){
    int n = 100;
    for(int i=0;i<n;i++) a[i]=2*i+2;         //赋值，数字 2～200，偶数
    int test = 55;                           //查找 55 或 55 的后继
    int pos = bin_search(a,n,test);
    cout<<"test="<<a[pos];
}
```

上述代码运行后输出 56。

当 a[mid]$\geqslant x$ 时，x 在 mid 的左边，新的搜索区间是左半部分，left 不变，更新 right = mid。

当 a[mid] < x 时，x 在 mid 的右边，新的搜索区间是右半部分，right 不变，更新 left = mid + 1。

代码运行完毕后，left = right，两者相等，即找到了答案所处的位置。

注意第 7 行求 mid 的代码 mid = left + (right−left)/2，也可以写成 mid = (left + right)/2，或者 mid = (left + right) >> 1。这几种写法各有优缺点，都有可能出现溢出。left + right 的结果可能很大，导致溢出；而 left−right 在一正一负的情况下，也可能结果太大，导致溢出。做题时需要考虑采用哪种写法才能避免出错。

不过，Python 代码不用担心溢出，直接写成 mid = (left + right)//2 即可。

2. 在单调递增序列中查找 x 或者 x 的前驱

```
1   #include<bits/stdc++.h>
2   using namespace std;
3   int a[1000];
4   int bin_search2(int *a, int n, int x){     //a[0]～a[n-1]是单调递增的
5       int left = 0, right = n;
6       while (left < right) {
7           int mid = left + (right-left + 1)/2 ;
8           if (a[mid] <= x)  left = mid;
9           else  right = mid - 1;
10      }                                      //终止于 left = right
11     return left;
12  }
13  int main(){
14      int n = 100;
15      for(int i=0;i<n;i++) a[i]=2*i+2;      //赋值，数字 2～200,偶数
16      int test = 55;                         //查找 55 或 55 的前驱
17      int pos = bin_search2(a,n,test);
18      cout<<"test="<<a[pos];
19  }
```

上述代码运行后输出 54。

当 a[mid]≤x 时，x 在 mid 的右边，新的搜索区间是右半部分，所以 right 不变，更新 left = mid。

当 a[mid] > x 时，x 在 mid 的左边，新的搜索区间是左半部分，所以 left 不变，更新 right = mid−1。

同样可以分析出，当 a[mid] > x 时，不能写成 right = mid，因为会导致 while()出现死循环。

注意第 7 行求 mid 的代码是 mid = left + (right−left + 1)/2，和前面的代码不同。

4.5.3 整数二分例题

二分法的应用场景：存在一个有序的数列；能够把题目建模为在有序数列上查找一个合适的数值。

例题 4-15. 分巧克力

2017 年（第八届）省赛，lanqiaoOJ 题号 99

【题目描述】儿童节那天有 K 位小朋友到小明家做客。小明拿出了珍藏的巧克力招待小朋友们。小明一共有 N 块巧克力，其中第 i 块是 $H_i \times W_i$ 的方格组成的长方形。为了公平起见，小明需要从这 N 块巧克力中切出 K 块巧克力分给小朋友们。切出的巧克力需要满足：（1）形状是正方形，边长是整数；（2）大小相同，例如一块 6×5 的巧克力可以切出 6 块 2×2 的巧克力或者两块 3×3 的巧克力。小朋友们都希望得到的巧克力尽可能大，你能帮小明计算出最

大的边长是多少吗？

【输入描述】第一行包含两个整数 N、K（$1 \leqslant N, K \leqslant 10^5$）。以下 N 行每行包含两个整数 H_i、W_i（$1 \leqslant H_i, W_i \leqslant 10^5$）。输入保证每位小朋友至少能获得一块 1×1 的巧克力。

【输出描述】输出切出的正方形巧克力可能的最大边长。

先试试暴力法：从边长为 1 开始到最大边长 d，每个值都试一遍，一直试到刚好够分的最大边长为止。编程思路：边长初始值 $d=1$，然后 $d=2$、3、4……一个一个地试。下面是代码，请读者自己编写一遍作为练习。

```
1   #include<bits/stdc++.h>
2   using namespace std;
3   int h[100010],w[100010];
4   int n,k;
5   bool check(int d){                    //检查够不够分
6       int num=0;
7       for(int i=0;i<n;i++)  num += (h[i]/d)*(w[i]/d);
8       if(num>=k) return True;      //够分
9       else        return False;     //不够分
10  }
11  int main(){
12      cin >>n>>k;
13      for(int i=0;i<n;i++)  cin>>h[i]>>w[i];
14      int d=1;                          //正方形边长
15      while(1){
16          if(check(d))  d++;        //边长从 1 开始，一个一个地试
17          else          break;
18      }
19      cout << d-1;
20      return 0;
21  }
```

暴力法的复杂度：n 个长方形，长方形的最大边长 d，第 16 行 check()执行一次的复杂度是 $O(n)$，check()需要执行 d 次，总复杂度是 $O(nd)$，而 n 和 d 的最大值是 10^5，超时。

一个一个试边长 d 太慢了，现在使用二分法，按前面的“猜数游戏”的方法猜 d 的取值。用暴力法需要执行 d 次 check()，用二分法只需要执行 $O(\log d)$次 check()。具体操作如下。

第一次：开始时 d 的范围是 1～D，试试中间值 $D/2$，如果这个值大了，就把范围缩小为 0～$D/2$，如果这个值小了，就把范围缩小为 $D/2$～D。

第二次：取新的中间值 $D/4$ 或 $3D/4$，再试。

……

直到找到合适的值为止。

（1）C++代码。

整数二分的编程虽然简单，但是很容易出错。左、右边界 L、R 和中间值 mid 的迭代，由于整数的取整问题，极易出错，进而导致死循环。下面的代码给出了两种写法，有细微而关键的区别，请读者仔细领会并深入理解这两种写法。

```
#include<bits/stdc++.h>
using namespace std;
int n,k;
const int N=100010;
int h[N],w[N];
bool check(int d){
    int num=0;
```

```
    for(int i=0;i<n;i++)  num += (h[i]/d)*(w[i]/d);
    if(num>=k) return True;       //够分
    else       return False;      //不够分
}
int main(){
    cin >> n >> k;
    for(int i=0;i<n;i++)   cin>>h[i]>>w[i];
    int L=1, R=N;                 //R 的初值是 100010
//第一种写法:
    while(L<R) {
        int mid=(L+R+1)>>1;       //除以 2，向右取整
        if(check(mid))  L=mid;    //新的搜索区间是右半部分，R 不变，调整 L=mid
        else            R=mid-1;  //新的搜索区间是左半部分，L 不变，调整 R=mid - 1
    }
    cout << L;
//第二种写法:
/*  while(L<R) {
        int mid=(L+R)>>1;         //除以 2，向左取整
        if(check(mid)) L=mid+1;   //新的搜索区间是右半部分，R 不变，更新 L=mid+1
        else           R=mid;     //新的搜索区间是左半部分，L 不变，更新 R=mid
    }
    cout << L-1;    */
    return 0;
}
```

（2）Python 代码。

```
def check(d):
    global w,h
    num = 0
    for i in range(len(w)):
        num += (w[i]//d) * (h[i]//d)
    if num >= k:  return True
    return False
n,k = map(int,input().split())
w = []
h = []
for i in range(n):
    a,b = map(int,input().split())
    w.append(a)
    h.append(b)
L ,R = 1, 100010
while L < R:
    mid = (L+R)//2              #不用担心 L+R 溢出。不需要像 C++代码那样写成 L+(R-L)//2
    if check(mid):  L = mid +1
    else :          R = mid
print(L-1)
```

例题 4-16. 跳石头

lanqiaoOJ 题号 364

【题目描述】一年一度的“跳石头”竞赛又要开始了！这项竞赛将在一条笔直的河道中进行，河道中分布着一些巨大的岩石。组委会已经选择好了两块岩石作为竞赛起点和终点。在起点和终点之间有 n 块岩石（不含起点和终点的岩石）。在竞赛过程中，选手们将从起点出发，一步步地跳向相邻的岩石，直至到达终点。为了提高竞赛难度，组委会计划移走一些岩石，使得选手们在竞赛过程中的最短跳跃距离尽可能长。由于预算有制，组委会至多从起点和终点之间移走 m 块岩石（不能移走起点和终点的岩石）。

【输入描述】输入的第一行包含 3 个整数 l、n、m，分别表示起点到终点的距离、起点

和终点之间的岩石数，以及组委会至多移走的岩石数。接下来的 n 行每行输入一个整数，第 i 行的整数 D_i（$0<D_i<l$）表示第 i 块岩石与起点的距离。这些岩石按与起点距离从小到大的顺序给出，且不会有两个岩石出现在同一个位置的情况。其中，$0\leqslant m\leqslant n\leqslant 5\times10^4$，$1\leqslant l\leqslant 10^9$。

【输出描述】输出只包含一个整数，即最短跳跃距离的最大值。

这是一道二分法应用的套路题：“**最小值最大化**”。类似的套路题还有“**最大值最小化**”。

在 n 块岩石中移走 m 块岩石，有很多种移动方法。在第 i 种移动方法中，剩下的石头之间的距离，有一个最小距离 a_i。所有移动方法的最小距离 a_i 中，问最大的 a_i 是多少。

在所有可能的最小值中查找最大的那个值，就是“最小值最大化”。

如果用暴力法查找所有的组合，在 n 块岩石中选 m 块岩石，有 $\dfrac{n!}{m!(n-m)!}$ 种组合，组合太多，显然会超时。

可以转换一下解题思路，不去找搬走岩石的各种组合，而是给出一个距离 d，检查能不能搬走 m 块岩石而得到最短距离 d。把所有的 d 都试一遍，肯定能找到一个最短的 d。用二分法找这个 d 即可。

（1）C++代码。

下面的代码中，第 17～第 21 行用二分法查找一个最短距离 d，用 check 函数检查 d 是否合适。

请确保自己能完全写出整数二分的代码而不出错。

```
1  #include<cstdio>
2  int len,n,m;
3  int stone[50005];
4  bool check(int d){                                   //检查距离 d 是否合适
5      int num=0;                                       //num 记录搬走岩石的数量
6      int pos=0;                                       //当前站立的岩石
7      for(int i=1;i<=n;++i)
8          if(stone[i]-pos < d)  num++;                 //第 i 块岩石可以搬走
9          else                  pos = stone[i];        //第 i 块岩石不能搬走
10     if(num <= m) return True;                        //要移动的岩石比 m 少，满足条件
11     else return False;                               //要移动的岩石比 m 多，不满足条件
12 }
13 int main(){
14     scanf("%d%d%d",&len,&n,&m);
15     for(int i=1;i<=n;++i) scanf("%d",&stone[i]);
16     int L=0,R=len,mid;
17     while(L<R){
18        mid = (L+R+1)/2;
19         if(check(mid)) L = mid  ;                    //满足条件，说明 mid 小了，调大一点
20         else           R = mid-1;                    //不满足条件，说明 mid 大了，调小一点
21     }
22     printf("%d\n",L);
23     return 0;
24 }
```

（2）Python 代码。

```
len, n, m = map(int, input().split())
stone = []                                # 石头 i 和其到起点的距离
def check(d):
    num = 0
```

```
    pos = 0
    for i in range(0,n+1):       #0 到 n 作为岩石下标
        if (stone[i]-pos < d):   #第 i 块岩石可以搬走
            num += 1
        else:  pos = stone[i]
    if num <= m: return True
    else:        return False
for i in range(n):
    t = int(input());stone.append(t)
    stone.append(len)#终点也看成石头
L, R = 0, len
while (L<R):
   mid = (L+R+1)//2
    if check(mid): L = mid
    else:          R = mid-1
print(L)
```

例题 4-17. 青蛙过河

2022 年（第十三届）省赛，lanqiaoOJ 题号 2097

时间限制：1s　**内存限制**：256MB

【问题描述】小青蛙住在一条河边，它想到河对岸的学校去学习。小青蛙打算经过河里的石头跳到对岸。河里的石头排成了一条直线，小青蛙每次跳跃必须落在一块石头或者岸上。不过，每块石头都有一个高度，每次小青蛙从一块石头起跳，这块石头的高度就会下降 1，当石头的高度下降到 0 时，小青蛙就不能再跳到这块石头上（某次跳跃后使石头高度下降到 0 是允许的）。小青蛙一共需要去学校上 x 天课，所以它需要往返 $2x$ 次。当小青蛙具有一个跳跃能力 y 时，它能跳不超过 y 的距离。请问小青蛙的跳跃能力至少是多少才能用这些石头上完 x 次课?

【输入格式】输入的第一行包含两个整数 n、x，分别表示河的宽度和小青蛙需要去学校的天数。请注意 $2x$ 才是实际过河的次数。第二行包含 $n-1$ 个非负整数 H_1、H_2……H_{n-1}，其中 $H_i>0$ 表示在河中与小青蛙的家相距 i 的地方有一块高度为 H_i 的石头，$H_i=0$ 表示这个位置没有石头。

【输出格式】输出一行，包含一个整数，表示小青蛙需要的最低跳跃能力。

【输入样例】

5 1

1 0 1 0

【输出样例】

4

【样例解释】由于只有两块高度为 1 的石头，所以小青蛙往返只能各用一块。第 1 块石头与对岸的距离为 4，如果小青蛙的跳跃能力为 3 则无法满足要求。所以小青蛙最少需要 4 的跳跃能力。

【评测用例规模与约定】对于 30%的评测用例，$n\leq100$；对于 60%的评测用例，$n\leq1000$；对于所有评测用例，$1\leq n\leq10^5$，$1\leq x\leq10^9$，$1\leq H_i\leq10^4$。

往返累计 $2x$ 次相当于单向走 $2x$ 次。跳跃能力越大，越能保证可以通过 $2x$ 次。用二分法找到一个最小的满足条件的跳跃能力。设跳跃能力为 mid，每次能跳多远就跳多远，用二分法检查 mid 是否合法。

（1）C++代码。

```
#include<bits/stdc++.h>
using namespace std;
int h[1000005];
int n,x;
bool check(int mid){
    long long sum=0;
    for(int i=0;i<mid-1;i++)  sum+=h[i];  //mid-1 个
    for(int i=0, j=mid-1;j<n;i++,j++) {   //青蛙位置 i，目标位置 j
        sum += h[j];
        if(sum < 2*x)   return False;
        sum -= h[i];
    }
    return True;
}
int main(){
    cin>>n>>x;
    for(int i=1;i<n;i++)  cin>>h[i];
    int left=0, right=n;
    while(left<right){
        int mid=(left+right)/2;
        if(check(mid))  right = mid;
        else            left = mid+1;
    }
    cout<<right;
    return 0;
}
```

（2）Python 代码。

```
def check(mid):
    for i in range(mid, n):
        if sum[i] - sum[i-mid] < 2 * x: return False
    return True

n, x = map(int, input().split())
h = list(map(int, input().split()))
sum = [0, h[0]]
for i in range(1, len(h)):
    sum.append(h[i] + sum[i])
L = 0
R = 100000
while L <= R:
    mid = (L + R) // 2
    if check(mid):   R = mid - 1
    else:            L = mid + 1
print(L)
```

例题 4-18．技能升级

这是一道有难度的二分法题目。

2022 年（第十三届）省赛，lanqiaoOJ 题号 2129

【题目描述】小蓝最近正在玩一款 RPG 游戏。他的角色一共有 N 个可以加攻击力的技能。其中第 i 个技能首次升级可以提升 A_i 点攻击力，以后每次升级增加的点数都会减少 B_i。$\lceil A_i/B_i \rceil$次（向上取整）之后，再升级该技能的攻击力将不会改变。现在小蓝可以总计升级 M 次技能，他可以任意选择升级的技能和次数。请你计算小蓝最多可以提高多少点攻击力。

【输入格式】 输入第一行包含两个整数 N 和 M。以下 N 行每行包含两个整数 A_i 和 B_i。

【输出格式】 输出一行，包含一个整数，表示答案。

【评测用例规模与约定】 对于 40%的评测用例，$1 \leqslant N, M \leqslant 1000$；对于 60%的评测用例，$1 \leqslant N \leqslant 10^4$，$1 \leqslant M \leqslant 10^7$；对于所有评测用例，$1 \leqslant N \leqslant 10^5$，$1 \leqslant M \leqslant 2 \times 10^9$，$1 \leqslant A_i, B_i \leqslant 10^6$。

下面详细讲解多种方法，它们分别能通过 40%、60%、100%的测试数据。

（1）暴力法。

使用暴力法，直接模拟题意，将技能升级 M 次，每次升级时选用攻击力最强的技能，然后更新它的攻击力。

下面编写 Python 代码。总复杂度：第 12 行升级 M 次，复杂度是 $O(M)$；第 13 行选用攻击力最强的技能，使用了 Python 的 max()函数，复杂度是 $O(N)$，总复杂度 $O(MN)$，只能通过 40%的测试数据。

```
1   import math
2   n,m = map(int,input().split())
3   a = []                                  #存 ai
4   b = []                                  #存 bi
5   c = []                                  #ai/bi
6   for i in range(n):
7       a_,b_ = map(int,input().split())
8       a.append(a_)
9       b.append(b_)
10      c.append(math.ceil(a_/b_))          #向上取整
11  ans = 0
12  for i in range(m):                      #一共升级 m 次
13      max_num = max(a)                    #每次升级时，使用攻击力最强的技能
14      index = a.index(max_num )           #最强攻击对应的序号
15      a[index] -= b[index]                #更新攻击力
16      if c[index]>0: ans += max_num       #累加攻击力
17      c[index] -= 1
18  print(ans)
```

（2）暴力法+优先队列。

对上面的代码稍做改进。要在 N 个技能中选用攻击力最强的技能，可以使用优先队列，一次操作的复杂度为 $O(\log N)$，升级 M 次，总复杂度为 $O(M\log N)$，能通过 60%的测试数据。

下面用 C++的优先队列 priority_queue 来求解此题。priority_queue 默认是大根堆，可以用 top()读取队列中的最大值。

```
#include<bits/stdc++.h>
using namespace std;
const int N = 1e5 + 5;
typedef pair<int, int> PII;
priority_queue<PII> q;                  //默认是大根堆
PII p;
int main() {
    int n, m; cin >> n >> m;
    for (int i = 0; i < n; i++) {
        int a, b;  cin >> a >> b;
        q.push(make_pair(a, b));
    }
    long long ans = 0;
    while (m--) {                       //升级 m 次
        if (q.empty()) break;
        p = q.top(); q.pop();           //每次升级时，使用攻击力最强的技能。读队列中的最大值并删除
        ans += p.first;                 //累加攻击力
```

```
            p.first -= p.second;          //更新攻击力
            if (p.first > 0) q.push(p);   //重新放进队列
        }
        cout << ans;
        return 0;
    }
```

作为对比，下面也给出 Python 的“暴力法+优先队列”实现代码。优先队列用堆实现，heapq 默认是小根堆，第 7 行代码 a 取负，把最大值变成了最小值。

```
1   from heapq import *
2   n,m = map(int,input().split())
3   q = []
4   ans = 0
5   for i in range(n):
6       a,b = map(int,input().split())
7       heappush(q,(-a,b))
8   for i in range(m):
9       p = heappop(q)
10      a,b = -p[0],p[1]
11      ans += a
12      a = max(a - b, 0)
13      if a != 0: heappush(q,(-a,b))
14  print(ans)
```

（3）二分法。

本题的正解方法是二分法，使用二分法能通过 100%的测试数据。

本题 $M \leqslant 2 \times 10^9$ 太大，若逐一升级 M 次必定会超时。但是不能直接对 M 进行二分，因为需要知道每个技能升级多少次，而这与 M 无关。

思考升级技能的过程，每次都要找攻击力最强的技能。对于某个技能，最后一次升级提高的攻击力肯定比之前升级提高的攻击力小，也就是说，前面的升级提高的攻击力都更大。可以设最后一次升级提高的攻击力是 mid，对于每个技能，若它最后一次升级能提高 mid，那么它前面的升级提高的攻击力都更大。所有这样最后一次升级能提高 mid 的技能，它们前面的升级都应该使用过。用二分法找到 mid，另外，升级技能减少的攻击力是一个等差数列，用时间复杂度 $O(1)$次的计算即可知道每个技能升级了几次。知道了每个技能升级的次数，就可以计算一共提高了多少攻击力，这就是题目的答案。

下面给出 Python 代码。用函数 check()找 mid。第 6 行，若所有技能升级总次数大于等于 M 次，说明 mid 设小了，第 19 行让 L 增大，即增加 mid。第 7 行，若所有技能升级总次数小于 M，说明 mid 设大了，第 20 行让 R 减小，即减小 mid。

分析代码的复杂度。第 17～第 20 行，二分的复杂度为 $O(\log A)$，这里 A 表示 $1 \leqslant A_i \leqslant 10^6$，每次 check()的复杂度是 $O(n)$，二分的总复杂度是 $O(n\log A)$，第 23 行的复杂度是 $O(n)$，所以代码的总复杂度是 $O(n\log A) + O(n)$，可以通过 100%的测试数据。

```
1   def check(mid):                              #最后一次升级技能，提高的攻击力最多能不能到 mid
2       cnt = 0
3       for i in range(n):
4           if a[i] < mid:  continue             #第 i 个技能的初值还不够 mid，不用这个技能
5           cnt += (a[i] - mid) // b[i] + 1      #第 i 个技能用掉的次数
6           if cnt >= m:   return True           #所有技能升级总次数大于或等于 m，说明 mid 设小了
7       return False                             #所有技能升级总次数小于 m，说明 mid 设大了
8
9   n, m = map(int, input().split())
10  a = []                                       #存 ai
```

```
b = []                                          #存b_i
for i in range(n):
    a_,b_ = map(int,input().split())
    a.append(a_)
    b.append(b_)
L,R = 1,1000000                                 #二分枚举最后一次攻击力最大能提高多少
while(L <= R):
    mid = (L + R) // 2
    if check(mid): L = mid + 1                  #增加 mid
    else:          R = mid - 1                  #减小 mid
attack = 0
cnt = m
for i in range(n):
    if a[i] < R:  continue
    t = (a[i] - L) // b[i] + 1                  #第 i 个技能的升级次数
    if a[i] - b[i] * (t - 1) == R:  t -= 1      #这个技能每次升级刚好等于 R，其他技能更好
    attack += (a[i] * 2 - (t - 1) * b[i]) * t / 2
    cnt -= t
print(int(attack) + cnt * R)
```

4.5.4 实数二分

与整数二分相比，实数二分的编程就容易多了，不用考虑整数的取整问题。实数二分的模板代码如下。

```
1  const double eps = 1e-7;                    //精度。如果用 for 循环，可以不要 eps
2  while(right - left > eps){                  //for(int i = 0; i<100; i++){
3        double mid = left+(right-left)/2;
4        if (check(mid)) right = mid;          //判定，然后继续二分
5        else            left  = mid;
6  }
```

代码中给出了 while 循环和 for 循环两种写法。

（1）使用 while 循环的实数二分。第 1 行的极小数字 eps 用于判断[left, right]是不是足够小，如果 left 和 right 相差小于 eps，则认为 left 和 right 是相等的。eps 需要根据题目来设定。**eps 实际上决定了二分的次数**。例如区间长度为 1，要达到 eps = 0.001 的精度，做 10 次二分就能实现（$1/2^{10} = 0.001$）。第 2 行用 while 循环判断 eps，过小的 eps 会导致超时，过大的 eps 会导致出错。

（2）使用 for 循环的实数二分。其实不用 eps 也行，直接进行足够多的二分就好了。第 2 行用 for 循环实现，二分 100 次，最后的[left, right]长度是初始区间长度的 $1/2^{100}$，得到的精度比任何 eps 都小，right 与 left 的差值已经小得不能再小了。一般循环 100 次，不过有时候因为题目的逻辑比较复杂，一次 for 循环内部的计算量很大，所以较大的 for 循环次数会导致超时，此时应把 100 次减少到 50 次甚至更少。

下面的例题 4-19 “一元三次方程求解” 演示了实数二分的应用。二分法求解方程的根，是常用的计算方法。

一次、二次、三次、四次方程有求根公式，可以用公式求解，但是五次以上的方程没有相应的求根公式。此时可以用计算机的强大计算能力一个一个地试，来找出答案。某些方程符合二分法的应用条件，可以用二分法来减少试的次数。

例题 4-19. 一元三次方程求解

lanqiaoOJ 题号 764

【题目描述】有形如 $ax^3+bx^2+cx+d=0$ 的一个一元三次方程。给出该方程中各项的系数（a、b、c、d 均为实数），并约定该方程存在 3 个不同实根（根的范围为−100 至 100），且根与根之差的绝对值大于或等于 1。要求由小到大依次在同一行输出这 3 个实根（根与根之间留有空格），并精确到小数点后两位。

【输入描述】输入一行，包含 4 个实数 a、b、c、d。

【输出描述】输出一行，包含 3 个实根，从小到大输出，并精确到小数点后两位。

下面分别用暴力法和二分法求解。

（1）暴力法。本题数据范围小，可以用暴力法求解。

一元三次方程有 3 个解，若要用计算机找这 3 个解，可以用暴力法在根的范围[−100,100]内一个个地试。答案只要求 3 个精度为两位小数的实数，那么只需要试 $200\times100=20000$ 次就行了。

注意，判断一个数是否为解的方法：如果函数值是连续变化的，且函数值在解的两边分别是大于 0 和小于 0 的，那么解就在它们中间。例如函数值 $f(i)$和 $f(j)$分别大于和小于 0，那么解就在$[i,j]$内。下面代码中，第 10 行做了这个判断。

```
1  #include<bits/stdc++.h>
2  using namespace std;
3  double a,b,c,d;
4  double y(double x){ return a*x*x*x+b*x*x+c*x+d;}
5  int main(){
6      scanf("%lf%lf%lf%lf",&a,&b,&c,&d);
7      for(double i=-100;i<=100;i+=0.01){
8          double j = i+0.01;
9          double y1=y(i), y2=y(j);
10         if(y1 * y2 <=0) printf("%.2lf ",(i+j)/2);
11  //上面 3 行可以这样写:
12  //     if(abs(y(i)) <0.000001)  printf("%.2lf ",i);
13     }
14  }
```

（2）二分法。如果题目要求“精确到小数点后 6 位”，使用上面的暴力法求解就需要计算 200×10^6 次，超时了，此时需要用二分法。题目给了一个很好的条件：根与根之差的绝对值大于或等于 1。那么在每个$[i, i+1]$的小区间内做二分查找就行了。

① C++代码。第 12 行，用 for 循环二分 100 次，不需要用 eps。

代码的计算复杂度如何？共有 200 个小区间，每个区间二分 100 次，共计算 20000 次。不会超时，而且能达到 $1/2^{100}$ 的精度，基本能满足精度要求。

```
1  #include <bits/stdc++.h>
2  using namespace std;
3  double a,b,c,d;
4  double y(double x){ return a*x*x*x+b*x*x+c*x+d;}
5  int main(){
6      scanf("%lf%lf%lf%lf",&a,&b,&c,&d);  //输入
7      for (int i=-100;i<100;i++){      //题目说“根与根之差的绝对值大于或等于 1”，分为 200 个小区间
8          double left = i, right =i+1;
9          double y1 = y(left), y2 = y(right);
10         if(y1 == 0) printf("%.2lf ",left); //判断左端点。一个小坑点，容易被忽略
11         if(y1*y2 < 0){                     //小区间内有根
```

```
            for(int j = 0; j<100; j++){      //在小区间内二分
                double mid=(left+right)/2;
                if(y(mid)*y(right) <= 0)
                    left = mid;
                else
                    right = mid;
            }
            printf("%.2lf ",right);
        }
    }
    return 0;
}
```

② Python 代码。用 while 循环实现二分，使 eps = 0.001，定义在第 12 行。

下面分析复杂度，在长度为 1 的区间内，要达到 eps = 0.001 的精度，需实现 10 次二分，有 200 个小区间，共计算 2000 次。虽然计算次数比上面的 C++代码的 20000 次要少，但是其精度远远不如 C++代码，不过本题够用了。

```
1  n = input().split()
2  a,b,c,d = eval(n[0]),eval(n[1]),eval(n[2]),eval(n[3])
3  def y(x):
4      return a*x*x*x+b*x*x+c*x+d
5  for i in range(-100,100):
6      left=i
7      right=i+1
8      y1=y(left)
9      y2=y(right)
10     if y1==0:  print("{:.2f}".format(left),end=" ")
11     if y1*y2<0 :
12         while (right-left) >= 0.001:                  #eps=0.001
13             mid = (left+right)/2
14             if y(mid)*y(right) <=0: left = mid
15             else:                   right = mid
16         print("{:.2f}".format(right),end=" ")
```

【练习题】

“扫地机器人”lanqiaoOJ 题号 199；“区间移位”lanqiaoOJ 题号 111；“求立方根”lanqiaoOJ 题号 1217；“高精度开根”lanqiaoOJ 题号 909；“123”lanqiaoOJ 题号 1591；“二分法查找数组元素”lanqiaoOJ 题号 1389；“A Careful Approach”lanqiaoOJ 题号 1390；“求阶乘”lanqiaoOJ 题号 2145；“最少刷题数”lanqiaoOJ 题号 2143；“最大子矩阵”lanqiaoOJ 题号 2147。

4.6 倍增法和 ST 算法

倍增法和二分法是“相反”的算法。二分法每次缩小为上一次的 1/2，倍增法每次扩大一倍，两者都以 2 的指数减少或增加，效率极高。

二分法与倍增法的应用场景一般和区间操作有关。二分法是缩小区间，最后定位到一个极小的区间，小到这个区间的左右端点重合，解就是最后这个极小区间的值。所以二分法适用于在一个有序的序列，或者一个有序的曲线上通过二分缩小查找区间，其目的是找到一个特定的数值。

倍增法是扩大区间，例如在大区间上求解和区间查询有关的问题，求区间最大值或最小值。例如本节的区间最值问题（Range Minimum/Maximum Query，RMQ）就是用基于倍增法的 ST 算法解决的。

除了在区间上的应用，倍增法也能用于数值的精确计算。如果空间内的元素满足倍增关系，或者能利用倍增关系来计算，那么也能用倍增法求解这些元素的精确值。这种应用有快速幂、最近公共祖先（Least Common Ancestors，LCA）等。

如何编程实现倍增算法？大多数基于倍增法的题目是基于二进制划分（一个数以二进制展开）的。一个整数 N，它的二进制展开式：

$$N = a_0 2^0 + a_1 2^1 + a_2 2^2 + a_3 2^3 + a_4 2^4 + \ldots$$

例如 37，它的二进制是 100101，第 5、2、0 位是 1，即 $a_5 = a_2 = a_0 = 1$，把这几位的权值相加，$2^5 + 2^2 + 2^0 = 32 + 4 + 1 = 37$。

一个整数 n 的二进制划分只有 $\log_2 n$ 位。如果要从 0 增长到 n，则可以用 1、2、4……2^k 为跳板，快速跳到 n，这些跳板只有 $k = \log_2 n$ 个。跳板数量越少，跳跃速度越快。

✧ 提示：倍增法也有局限性，就是需要提前计算出第 1、2、4……2^k 个跳板，这要求数据是静态不变的，而不是动态变化的。如果数据发生了变化，那么所有跳板都得重新计算。如果要反复重新计算跳板，倍增法就失去了意义。

下面用经典的 ST 算法介绍倍增法的原理和应用，ST 算法用于区间计算。

4.6.1　用暴力法解决区间问题

静态空间的 RMQ：给定长度为 n 的静态数列，做 m 次询问，每次给定 $L, R \leqslant n$，查询 $[L, R]$ 内的最值。

以区间最小值问题为例，如果用暴力法搜索区间最小值，逐一比较区间内的每个数，则复杂度是 $O(n)$，需要 m 次查询，总复杂度是 $O(mn)$。暴力法的效率很低。在题目规模不太大的情况下，用不着高效率的 ST 算法，可以直接用系统函数，也就是用暴力法搜索。下面给出例子。

（1）C++代码。求区间最大值、区间最小值、区间和。

```cpp
#include <bits/stdc++.h>
using namespace std;
int main(){
    int a[7] = {5,7,1,2,3,6,9};
    int id = min_element(a+2, a+5) - a;     //注意，区间[a+2, a+5)左闭右开，不包括 a+5
    cout<<a[id]<< "\n";                     //输出最小值 1
    id = max_element(a+2, a+5) - a;
    cout<<a[id]<< "\n";                     //输出最大值 3
    int s = accumulate(a+2, a+5,0);         //最后的 0 表示从 0 开始累加
    cout<<s<<"\n";                          //输出区间和 6
    return 0;
}
```

（2）Python 代码。下面的代码的输出和上面 C++代码的输出一样。

```python
a = [5,7,1,2,3,6,9]
print(min(a[2:5]))   #1
print(max(a[2:5]))   #3
print(sum(a[2:5]))   #6
```

用系统函数求解下面的区间问题。

例题 4-20. 区间最大值

lanqiaoOJ 题号 1205

【题目描述】给定一个长度为 N 的数组 a[]，数组元素分别为 a_1、a_2……a_N。现有 Q 个询问，每个询问包含一个区间，请回答该区间的最大值为多少。

【输入描述】输入第 1 行包含两个正整数 N、Q，分别表示数组 a 的长度和询问的个数。

第 2 行包含 N 个非负整数 a_1、a_2……a_N，表示数组 a 中元素的值。

第 3～第 Q+2 行每行表示一个询问，每个询问包含两个整数 L、R，表示区间的左右端点。$1 \leqslant N, Q \leqslant 5 \times 10^5$，$1 \leqslant L \leqslant R \leqslant N$，$-10^9 \leqslant a_i \leqslant 10^9$。

【输出描述】输出共 Q 行，每行包含一个整数，表示相应询问的答案。

下面的代码效率不高，只能通过部分测试数据。

（1）C++代码。

```
#include <bits/stdc++.h>
using namespace std;
int a[500005];
int main(){
    int n,m; cin >> n >> m;
    for(int i=1;i<=n;i++)     scanf("%d",&a[i]);
    for(int i=1;i<=m;i++){
        int L,R; scanf("%d%d",&L,&R);
        int id = max_element(a+L, a+R+1) - a;
        printf("%d\n",a[id]);
    }
    return 0;
}
```

（2）Python 代码。

```
n,m =  map(int, input().split())
a = list(map(int,input().split()))
for i in range(m):
    L,R = map(int, input().split())
    print(max(a[L-1:R]))
```

本题的测试数据太大，需要用 ST 算法求解。ST 算法适用于查询次数极大的情况，因为该算法查询一次的复杂度是 $O(1)$，效率极高。

4.6.2 ST 算法

ST 算法是求解 RMQ 的高效算法，适用于静态空间的 RMQ 查询。ST 算法做一次区间查询的复杂度是 $O(1)$，m 次查询的总复杂度只有 $O(m)$。

ST 算法基于一个简单原理：一个大区间若能被两个小区间覆盖，则大区间的最值可以用两个小区间的最值计算出来。例如图 4.1 中的数列{7, 6, 22, 45, 81, ...}被 4 个阴影表示的小区间覆盖。[1, 4]的最小值是 6，[4, 9]的最小值是 14，那么[1, 9]的最小值是 min(6,14) = 6。这里故意让[1, 4]和[4, 9]有部分重叠，以说明重叠不影响结果。

根据以上原理，可以设计以下高效算法。

（1）把整个数列分为很多小区间，并提前计算出每个小区间的最值。

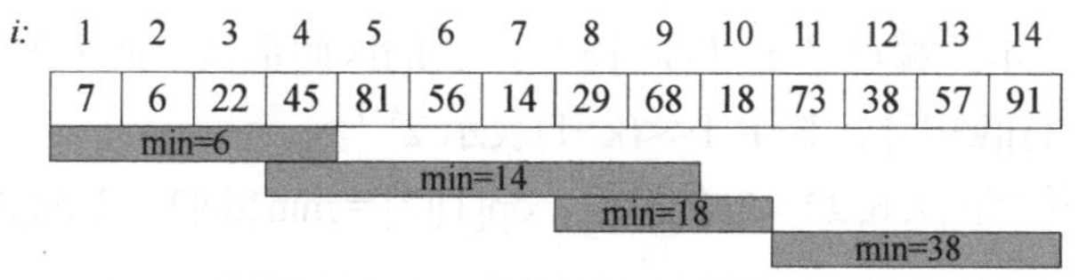

图 4.1　大区间被两个小区间覆盖

（2）对任意一个区间进行最值查询，找到覆盖它的两个小区间，用两个小区间的最值算出答案。

其中，最重要的是（1），对于分出来的小区间，不仅需要能快速计算出小区间的最值，而且这种分区方法要能方便（2）的计算。根据这个要求，图 4.1 中的 4 个小区间不是一种好的分区方法，例如要计算区间[3, 6]的最值，就无法通过 4 个小区间的最值计算出来。

如何设计出高效的分区方法？使用基于倍增法的 ST 算法，效率非常高。（1）的复杂度是 $O(n\log n)$，（2）的复杂度是 $O(1)$。

✧ 提示：阅读 4.6.2 小节介绍的 ST 算法时，请注意它的核心思想——通过这种分区方法，能利用小区间的最值计算出任意区间的最值，且只需计算 $O(1)$次。

---

1. 把数列按倍增法分成小区间

对于数列的每个元素，把从它开始的数列分成长度为 1、2、4、8……的小区间。

图 4.2 给出了一个分区的例子，它按小区间的长度将数列分成了很多组。

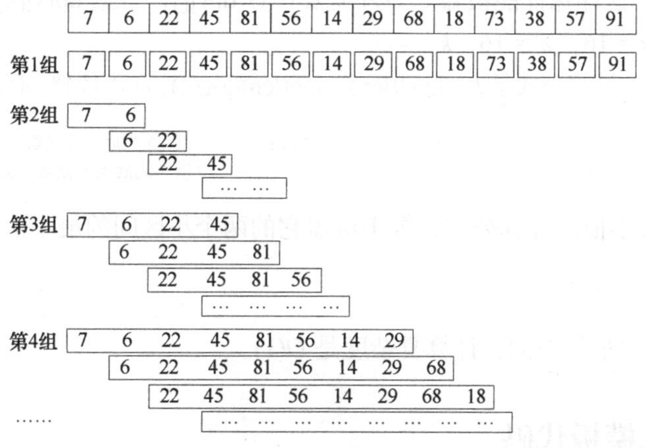

图 4.2　按倍增分为小区间

第 1 组是长度为 1 的小区间，有 n 个小区间，每个小区间有 1 个元素。

第 2 组是长度为 2 的小区间，有 n–1 个小区间，每个小区间有 2 个元素。

第 3 组是长度为 4 的小区间，有 n–3 个小区间，每个小区间有 4 个元素。

……

共有 $O(\log n)$组，每组有 $O(n)$个小区间，共 $O(n\log n)$个区间。

如何高效地计算出每组小区间的最值？每组的小区间的最值可以从前一组递推而来。例如，第 3 组{7, 6, 22, 45}的最值可以从第 2 组{7, 6}、{22, 45}的最值递推得到。这是根据二进制的特征观察得到的。

定义 dp[s][k]，它表示左端点是 s，区间长度为 2^k 的区间最值。递推关系是 dp[s][k] = min{dp[s][k−1], dp[s + 1<<(k−1)][k−1]}，其中 1<<(k−1)表示 2^{k-1}。

例如，dp[1][2]是第 3 组{7, 6, 22, 45}的最值，dp[1][2] = min{dp[1][1], dp[3][1]} = min{6, 22} = 6。

✧ 提示：之所以用 dp[][]命名，是因为递推关系是一个 DP 过程。

计算所有小区间的最值，即计算出所有的 dp[][]，计算复杂度是多少。图 4.2 中的每一组小区间都需要计算小于等于 *n* 次，共 log*n* 组，总计算复杂度小于等于 *O*(*n*log*n*)。

2. 查询任意区间的最值

上述分区和分组方法能高效地实现最值查询：任何区间的最值，都能在 *O*(1)次内通过这些分区计算出来。

查询一个任意[*L*, *R*]的最小值，要先找到以 *L* 为起点的区间（区间终点小于 *R*）和以 *R* 为终点的区间（起点大于 *L*）的并集，就是[*L*, *R*]。

根据上面的分区方法，有以下结论：以任意元素为起点，有长度为 1、2、4……的小区间；以任意元素为终点，它前面也有长度为 1、2、4……的小区间。

根据这个结论，可以把需要查询的[*L*, *R*]分为两个小区间，且这两个小区间属于同一个组，即以 *L* 为起点的小区间和以 *R* 为终点的小区间，让这两个小区间首尾相接覆盖[*L*, *R*]，区间最值从两个小区间的最值求得。一次查询的计算复杂度是 *O*(1)。

[*L*, *R*]的长度是 len = *R*−*L*+1。两个小区间的长度都是 *x*，令 *x* 是比 len 小的 2 的最大倍数，有 *x*≤len 且 2*x*≥len，这样保证能覆盖。另外需要计算 dp[][]，根据 dp[s][k]的定义，有 2^k=*x*。例如 len = 19，则有 *x* = 16，2^k = 16，*k* = 4。

已知 len 如何求 *k*？计算公式是 *k* = log2(len) = log(len)/log(2)，向下取整。有两种方法，如下所示。

```
(1) int k = (int)(log(double(R-L+1)) / log(2.0));      //以 10 为底的库函数 log()
(2) int k = log2(R-L+1);                               //以 2 为底的库函数 log2()
```

最后给出[*L*, *R*]最小值的计算公式，等于覆盖它的两个小区间的最小值：

```
min(dp[L][k],dp[R- (1<<k)+1][k])
```

用这个公式做一次最值查询，计算复杂度是 *O*(1)。

4.6.3 ST 算法的模板代码

下面给出例题 4-20“区间最大值”用 ST 算法求解的模板代码。

ST 算法实际上是一个简单算法，下面的模板代码很短，是前面理论介绍的直接实现。

（1）C++代码。

```
#include <bits/stdc++.h>
using namespace std;
const int N = 500001;
int n,m;
int a[N],dp[N][40];
void st_init(){
    for(int i=1;i<=n;i++)  dp[i][0] = a[i];          //初始化区间长度为 1 时的值
    int p = (int)(log(double(n)) / log(2.0));       //int p=log2(n);  //此处有两种写法
```

```
    for(int k=1;k<=p;k++)                                    //用 dp[]递推计算区间
        for(int s=1;s+(1<<k)<=n+1;s++)
            dp[s][k]=max(dp[s][k-1], dp[s+(1<<(k-1))][k-1]);  //最大值
}
int st_query(int L,int R){
    int k = (int)(log(double(R-L+1)) / log(2.0));  // int k = log2(R-L+1); //两种方法求 k
    return max(dp[L][k],dp[R-(1<<k)+1][k]);         //最大值
}
int main(){
    scanf("%d%d",&n,&m);
    for(int i=1;i<=n;i++)  scanf("%d",&a[i]);
    st_init();
    for(int i=1;i<=m;i++){
        int L,R; scanf("%d%d",&L,&R);
        printf("%d\n",st_query(L,R));
    }
    return 0;
}
```

（2）Python 代码。

```
from math import *
N = 100001
dp = [[0 for col in range(40)] for row in range(N)] #定义一个二维数组
def st_init():
    global dp
    for i in range(1,n+1): dp[i][0] = a[i]
    p = int(log2(n))
    for k in range(1, p+1):
        for s in range(1, n+2-(1<<k)):
            dp[s][k]=max(dp[s][k-1], dp[s+(1<<(k-1))][k-1])

def st_query(L,R):
    k = int(log2(R-L+1))
    return max(dp[L][k],dp[R-(1<<k)+1][k])

n,m =  map(int, input().split())
a = [0]+list(map(int,input().split()))    #从 a[1]开始，不用 a[0]
st_init()
for i in range(1,m+1):
    L,R = map(int, input().split())
    print(st_query(L,R))
```

【练习题】

下面的练习题是区间最小值问题，请套用 ST 算法模板解决。

“m 计划” lanqiaoOJ 题号 1375。

4.7　前缀和

4.1.3 小节“选择解题方法”用例题 4-1“求和”介绍了前缀和的概念和简单应用，本节继续讲解前缀和。

一个长度为 n 的数组 a[0]～a[n-1]，它的前缀和 sum[i]等于 a[0] ～a[i]的和。例如：

```
sum[0] = a[0]
sum[1] = a[0] + a[1]
sum[2] = a[0] + a[1] + a[2]
…
```

利用递推，只需 n 次就能计算出所有的前缀和：sum[i] = sum[i−1] + a[i]。

也能用 sum[]反推计算出 a[]：a[i] = sum[i]−sum[i−1]。

快速计算出数组中任意一个区间 a[i]～a[j]的和：a[i] + a[i+1] + ... + a[j−1] + a[j] = sum[j]−sum[i−1]。

这个式子的左边用暴力法计算，计算复杂度是 $O(n)$，右边用前缀和计算，计算复杂度是 $O(1)$。这就是前缀和的优势。

虽然前缀和的概念和操作很简单，但是其相关的题目不一定简单。下面用几道例题说明前缀和的应用。

例题 4-21．统计子矩阵

2022 年（第十三届）省赛，lanqiaoOJ 题号 2109

【题目描述】给定一个 $N\times M$ 的矩阵 A，请你统计有多少个子矩阵（最小 1×1，最大 $N\times M$）满足子矩阵中所有数的和不超过给定的整数 K?

【输入格式】第一行包含 3 个整数 N、M 和 K，之后的 N 行每行包含 M 个整数，代表矩阵 A。

【输出格式】输出一个整数代表答案。

【输入样例】

3 4 10
1 2 3 4
5 6 7 8
9 10 11 12

【输出样例】

19

【评测用例规模与约定】对于 30%的数据，$N, M\leqslant 20$；对于 70%的数据，$N, M\leqslant 100$；对于 100%的数据，$1\leqslant N, M\leqslant 500$，$0\leqslant A_{ij}\leqslant 1000$，$1\leqslant K\leqslant 250000000$。

为快速得到任意子矩阵的和，可以用二维前缀和定义二维数组 s[][]，s[i][j]表示子矩阵[1, 1]～[i, j]的和。预计算出 s[][]后，可以快速计算出二维子区间和，如图 4.3 所示，阴影子矩阵[i_1, j_1]～[i_2, j_2]的区间和等于 s[i_2][j_2]-s[i_2][j_1−1]-s[i_1−1][j_2] + s[i_1−1][j_1−1]，其中 s[i_1−1][j_1−1]被减了两次，需要加回来一次。

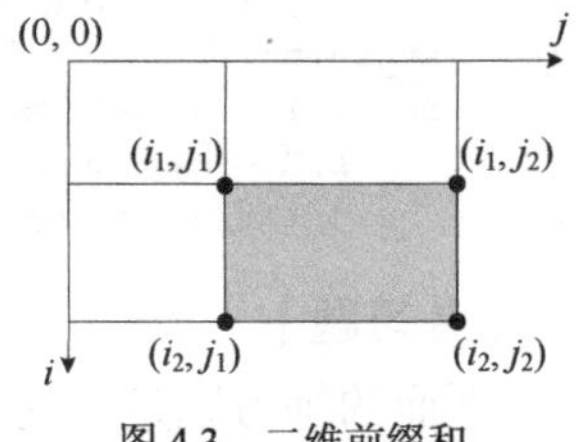

图 4.3　二维前缀和

（1）C++代码。

如果简单地用“二维前缀和+暴力法”查询任意的二维子矩阵，则是 4 重 for 循环，复杂度是 $O(n^4)$，只能通过 70%的测试数据。

```
#include<bits/stdc++.h>
using namespace std;
int s[550][550];
int main(){
    int n,m,k;  cin>>n>>m>>k;
    for(int i=1;i<=n;i++)
        for(int j=1;j<=m;j++){
            int v; scanf("%d",&v);
            s[i][j] = s[i-1][j]+s[i][j-1]-s[i-1][j-1]+v;    //预计算二维前缀和
        }
    long long ans = 0;
    for(int i1=1;i1<=n;i1++)                                 //暴力查询二维子矩阵
        for(int i2=i1;i2<=n;i2++)
            for(int j1=1; j1<=m; j1++)
```

```
                for(int j2=j1; j2<=m; j2++) {
                    int z = s[i2][j2]-s[i2][j1-1]-s[i1-1][j2]+s[i1-1][j1-1];
                    if(z<=k) ans++;
                }
    cout<<ans;
}
```

下面做一个小优化。本题统计二维子矩阵和≤K 的数量，而不用具体指出是哪些子矩阵，因此可以用尺取法优化，下面介绍原理。

以一维区间和为例，查询有多少子[j_1, j_2]的区间和 s[j2]−s[j1]≤K，如图 4.4 所示。暴力法是用两重 for 循环遍历 j_1 和 j_2，复杂度是 $O(n^2)$。

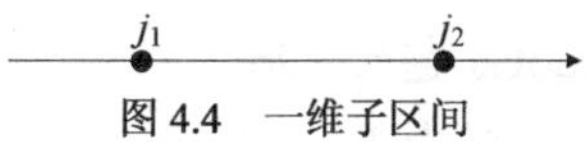

图 4.4　一维子区间

✧ 提示：若有 s[j2]−s[j1]≤K，那么在子[j_1, j_2]上，有 j_2−j_1+1 个子区间满足区间和≤K。此时可以用同向扫描的尺取法，用滑动窗口[j_1, j_2]进行遍历，复杂度降为 $O(n)$。

编程时，矩阵的行子区间和仍用两重暴力遍历，只把列区间和用尺取法优化。下面的代码中，第 9 行求第 j 列上第 0 行到第 i 行上数字的前缀和，第 12、13 行用两重暴力遍历行。经过这个优化，把 $O(n^4)$的复杂度降为 $O(n^3)$，刚好能通过题目的 100%测试数据。

```
1  #include<bits/stdc++.h>
2  using namespace std;
3  int s[550][550];
4  int main(){
5      int n,m,k; cin>>n>>m>>k;
6      for(int i=1;i<=n;i++)
7          for(int j=1;j<=m;j++) {
8              int a;   scanf("%d",&a);
9              s[i][j] = s[i-1][j] + a;            // s[i][j]：第 j 列上，第 0～i 行数字的前缀和
10         }
11     long long ans=0;
12     for(int i1=1;i1<=n;i1++)
13         for(int i2=i1;i2<=n;i2++)
14             for(int j1=1,j2=1,z=0;j2<=m;j2++){  //尺取法，滑动窗口为[j1,j2]。移动指针 j2
15                 z += s[i2][j2]-s[i1-1][j2];      //第 j2 列上，i1、i2 的区间和。累加得到二维区间和
16                 while(z>k){                       //若区间和 > k，则移动指针 j1
17                     z -= s[i2][j1]-s[i1-1][j1];
18                     j1 += 1;
19                 }
20                 ans += j2-j1+1;          //若 j1、j2 的区间和 < k，则这里面有 j2-j1+1 个满足条件
21             }
22     cout << ans;
23     return 0;
24 }
```

（2）Python 代码。

```
n, m, k = map(int, input().split())
a = [[0] for i in range(n)]
a.insert(0,[0]*(m+1))
for i in range(1,n+1):                                  #从 a[1][1]开始，读矩阵
    a[i].extend(map(int, input().split()))
s = [[0]*(m+1) for i in range(n+1)]
for i in range(1,n+1):
    for j in range(1,m+1):
```

```
        s[i][j] = s[i-1][j] + a[i][j]
ans = 0
for i1 in range(1,n+1):
    for i2 in range(i1,n+1):
        j1=1; z=0
        for j2 in range(1,m+1):
            z += s[i2][j2]-s[i1-1][j2]
            while z>k:
                z -= s[i2][j1]-s[i1-1][j1]
                j1 += 1
            ans += j2-j1+1
print(ans)
```

例题 4-22. 灵能传输

2019 年（第十届）省赛，lanqiaoOJ 题号 196

【题目描述】你控制着 n 名武士，标为 1、2……n。每名武士需要一定的灵能来战斗，每名武士有一个灵能值 a_i，表示其拥有的灵能，a_i 非负表示这名武士比在最佳状态下多了 a_i 点灵能，a_i 为负则表示这名武士还需要 $-a_i$ 点灵能才能达到最佳战斗状态。现在系统赋予了你的武士一种能力——传递灵能，每次你可以选择一名武士 i（$2 \leqslant i \leqslant n-1$），若 $a_i \geqslant 0$，则其两旁的武士，也就是 $i-1$、$i+1$ 这两名武士会从 i 这名武士这里各抽取 a_i 点灵能；若 $a_i < 0$ 则其两旁的武士，也就是 $i-1$、$i+1$ 这两名武士会给 i 这名武士 $-a_i$ 点灵能。形式化来讲就是 $a_{i-1} += a_i$，$a_{i+1} += a_i$，$a_i -= 2a_i$。灵能是非常高效的作战工具，同时也非常危险且不稳定，一名武士拥有的灵能过多或者过少都不好，定义一组武士的不稳定度为 $\max = |a_i|$，请你通过不限次数的传递灵能操作使你控制的这一组武士的不稳定度最小。

【输入描述】本题包含多组询问。输入的第一行包含一个正整数 T 表示询问组数。接下来依次输入每一组询问。每组询问的第一行包含一个正整数 n，表示武士的数量。接下来一行包含 n 个数 a_1、a_2……a_n。其中 $T \leqslant 3$，$3 \leqslant n \leqslant 300000$，$|a_i| \leqslant 10^9$。

【输出描述】输出 T 行，每行一个整数，依次表示每组询问的答案。

【输入样例】

1
3
5 −2 3

【输出样例】

3

本题的意思是，给定一个数组 a[]，一次操作是对连续的 3 个数做加减运算，经过多次操作后得到的数组，其中有一个数的绝对值最大；问这个最大的绝对值能达到多小。

例如 a[] = {5, −2, 3}，让下标从 1 开始，即 a[1] = 5，a[2] = −2，a[3] = 3。经过以下变换：

a[1] += a[2]，即 a[1] = a[1]+a[2] = 5−2 = 3；

a[3] += a[2]，即 a[3] = a[3]+a[2] = 3−2 = 1；

a[2]−= 2a[2]，即 a[2] = a[2]−2a[2] = −2+4 = 2；

得 a[] = {3, 2, 1}，答案为 3。

如果用暴力法，就需要把所有可能的情况都试一遍，但是情况太多，暴力法就不适用。

本题和前缀和有关，分析如下。

（1）所有加减操作都在数组内部进行，也就是说对整个数组的和不会有影响。

（2）一次操作对连续的 3 个数 a[i−1]、a[i]、a[i+1]进行，根据 a[i−1] += a[i]，a[i+1] += a[i]，a[i]−=2a[i]，得前缀和 s[i+1]的值不变，因为这些数的加减运算都是在 a[i−1]、a[i]、a[i+1]内部

进行的。另外 3 个数的和不变。

分析一次操作后的前缀和，步骤如下。

（1）a[i−1]更新为 a[i] + a[i−1]，s[i−1]的新值等于原来的 s[i]。

（2）a[i]更新为−2a[i]，s[i]的新值等于原来的 s[i−1]。

（3）a[i+1]更新为 a[i] + a[i+1]，s[i+1]的值保持不变。

经过一次操作后，s[i]和 s[i−1]互相交换，s[i+1]不变。而 s[i−1]、s[i]、s[i+1]这 3 个数值还在，没有出现新的数值。设 a[0] = 0，观察前缀和数组 s[0]、s[1]、s[2]……s[n−1]、s[n]，除了 s[0]、s[n]外，s[1]、s[2]……s[n−1]经过多次操作后，每个 s[i]能到达任意位置。

也就是说，题目中对 a[]多次操作后的一个结果对应了前缀和 s[]的一种排列。

因为 a[i] = s[i]−s[i−1]，所以对 a[]多次操作后的结果：

a[1] = s[1]−s[0]，a[2] = s[2]−s[1]，...，a[n] = s[n]−s[n−1]

经过以上转换，题目的原意“对连续 3 个数做加减操作后，求最大的 a[]能达到多小”，变成了比较简单的问题“有数组 s[]，求 max{|s[1]−s[0]|, |s[2]−s[1]|, ..., |s[n]−s[n−1]|}”。

根据题目的要求可知，s[0]和 s[n]保持不动，其他的元素可以随意变换位置。

先看一个特殊情况，若 s[0]是最小的，s[n]是最大的，如图 4.5 所示，则把 s[]排序后，max{|s[i]−s[i−1]|}就是解。

图 4.5　特殊情况

若 s[0]不是最小的，s[n]不是最大的，求解就比较麻烦。需要先把 s[]排序，s[0]和 s[n]在中间某两个位置，如图 4.6 所示。

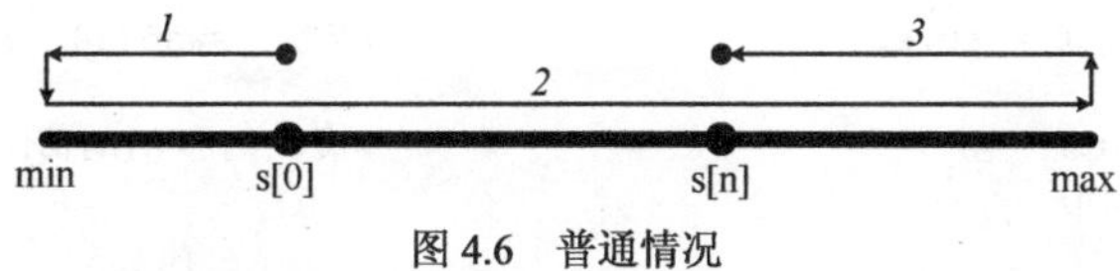

图 4.6　普通情况

此时应该从 s[0]出发到最小值 min，然后到最大值 max，最后到达 s[n]，如图 4.6 所示路线 1→2→3，这样产生的|s[i]−s[i−1]|会比较小。

图 4.6 中存在重叠区，[min, s0]和[sn, max]有重叠。例如在[min, s0]来回走了两遍，但是这个区间的每个数只能用一次，解决办法是间隔取数。

还有一个问题，如何处理重叠区？用 vis[i] = 1 记录第一次走过的时候第 *i* 个数被取过，第二次走过时，就不再取 vis[] = 1 的数了。

本题难在解题思路，代码很好写。

（1）C++代码。

下面的 C++代码用 lower_bound()来找 s[0]和 s[n]的位置，后面的 Python 代码用 index()查找它们的位置。

代码的复杂度：主要是排序花时间，复杂度是 $O(n\log n)$。

```
#include<bits/stdc++.h>
using namespace std;
const int N = 3e5;
long long a[N],s[N];
```

```
bool vis[N];
int main(){
    int T;    scanf("%d",&T);
    while(T--){
        memset(vis,0,sizeof(vis));
        int n;   scanf("%d",&n);
        s[0]=0;
        for(int i=1;i<=n;++i){scanf("%lld",&s[i]);  s[i] += s[i-1]; } //计算前缀和
        long long s0=0,sn=s[n];
        if(s0 > sn) swap(s0,sn);
        sort(s,s+n+1);
        int L=0,R=n;
        for(int i = lower_bound(s,s+n+1,s0) - s;i>=0;i-=2)
            a[L++] = s[i], vis[i] = 1;      //图 4.6 中的路线 1: 从 s[0] 到 min。间隔取数
        for(int i = lower_bound(s,s+n+1,sn)-s;i<=n;i+=2)
            a[R--] = s[i], vis[i] = 1;      //图 4.6 中的路线 3: 从 max 到 s[n]。间隔取数
        for(int i=0;i<=n;++i)               //图 4.6 中的路线 2: 从 min 到 max
            if(!vis[i])  a[L++]=s[i];
        long long res=0;
        for(int i=1;i<=n;++i)  res = max(res,abs(a[i]-a[i-1]));
        printf("%lld\n",res);
    }
    return 0;
}
```

（2）Python 代码。

```
t=int(input())
for _ in range(t):
    n=int(input())
    a=[0]+list(map(int,input().split()))
    s=[0]*(n+1)
    for i in range(1,n+1):  s[i] = s[i-1]+a[i]    #前缀和
    s0 = 0
    sn = s[n]
    if s0>sn:  sn,s0 = s0,sn                       #交换: swap(s0, sn)
    s.sort()
    s0 = s.index(s0)                               #找 s[0]和 s[n]的位置
    sn = s.index(sn)
    L, R = 0,n
    b = [0]*(n+1)
    b[n] = s[n]
    vis = [True] *(n+1)
    for i in range(s0,-1,-2): b[L]=s[i]; L+=1; vis[i]=False
    for i in range(sn,n+1,2): b[R]=s[i]; R-=1; vis[i]=False
    for i in range(n+1):
        if vis[i]: b[L]=s[i]; L+=1
    ans = 0
    for i in range(n): ans=max(ans,abs(b[i+1]-b[i]))
    print(ans)
```

【练习题】

“和与乘积”lanqiaoOJ 题号 1595。

4.8 贪心算法

贪心（Greedy）算法的原理很容易理解：把整个问题分解成多个步骤，在每个步骤都选取当前步骤的最优方案，直到所有步骤结束；每个步骤都不考虑对后续步骤的影响，在后续步骤

中也不再回头改变前面的选择。

贪心算法虽然简单，但它有广泛的应用。例如图论中的最小生成树（Minimal Spanning Tree，MST）算法、单源最短路径算法（Dijkstra）都是贪心算法的典型应用。

贪心算法由于每一步都在局部计算，且只选取当前最优的步骤做计算，不管其他可能的计算方案，所以计算量很小，可以说是计算复杂度最低的算法了。与此相对，暴力法一般是计算复杂度最高的，因为暴力法计算了所有可能的方案。

贪心算法的主要问题是不一定能得到最优解，因为局部最优并不总是能导致全局最优，而竞赛题基本都是求全局最优解的。

一个问题是否能用贪心算法求解，有时很容易判断，有时不那么容易判断。例如常见的最少硬币支付问题，能否用贪心算法求解取决于硬币的面值。

最少硬币支付问题：假设有 3 种面值的硬币，分别是 1 元、2 元、5 元，数量不限；需要支付 M 元，问怎么支付，才能使硬币数量最少？

用贪心算法求解，第一步先用面值最大的 5 元硬币，第二步用面值第二大的 2 元硬币，最后用面值最小的 1 元硬币。在这个解决方案中，硬币数量总数是最少的，使用贪心算法得到的结果是全局最优的。

但是如果是其他面值的硬币，则使用贪心算法就不一定能得到全局最优解。例如，假设硬币面值有 5 种，分别是 1 元、2 元、4 元、5 元、6 元。要支付 $M=9$ 元，如果用贪心算法，则答案是 $6+2+1$，需要 3 个硬币，而全局最优解是 $5+4$，只需要两个硬币。

✧ 提示：当一道题目的解题过程是从局部推算到全局时，若使用贪心算法不能求得最优解，则一般能用 DP 求得最优解。任意面值的最少硬币支付问题，其正解是 DP。

虽然使用贪心算法不一定能得到最优解，但是它思路简单、编程容易、计算量小。如果一个问题确定用贪心算法能得到最优解，那么应该使用它。

如何判断一道题目能否用贪心算法求解？要用贪心算法求解的问题，需要满足以下特征。

（1）最优子结构性质。当一个问题的最优解包含其子问题的最优解时，称此问题具有最优子结构性质，也称此问题满足最优性原理。也就是说，从局部最优能扩展到全局最优。

（2）贪心选择性质。问题的整体最优解可以通过一系列局部最优的选择来得到。

贪心算法没有固定的算法框架，关键是如何选择贪心策略。贪心策略必须具备无后效性，即某个状态以后的过程不会影响以前的状态，只与当前状态有关。

贪心题是蓝桥杯大赛的常见题型。有的贪心题考验参赛人员的思维能力，有的贪心题结合了其他算法，贪心题可能很难。下面通过一些例题介绍一下贪心算法的应用。

例题 4-23. 翻硬币

lanqiaoOJ 题号 209

【题目描述】小明正在玩一个“翻硬币”的游戏。桌上放着排成一排的若干硬币。我们用*表示正面，用 o（是小写字母，不是零）表示反面。例如，可能的情形是**oo***oooo，如果同时翻转左边的两个硬币，则变为 oooo***oooo。小明的问题是，如果已知了初始状态和要达到的目标状态，每次只能同时翻转相邻的两个硬币，那么对特定的局面，最少要翻动多少次硬币呢？我们约定：把翻动相邻的两个硬币叫作一步操作。

【输入格式】两行等长的字符串，分别表示初始状态和要达到的目标状态。每行的长度<1000。

【输出格式】一个整数，表示最小操作步数。

本题求从初始状态到目标状态的最短路径，非常符合 BFS 的特征。如果学过 BFS，则很自然地会考虑用 BFS 来解题。但是本题的状态太多，用 BFS 肯定会超时。

如果让没有学过算法的小学生做这个游戏，他会简单地模拟翻动硬币的过程：从左边开始，每遇到和目标状态不同的硬币就翻动相邻的两个硬币，直到最后一个硬币。

以上是贪心算法求解思路，但是本题用贪心算法求解对吗？下面进行分析和证明。

先分析翻动的具体操作。

（1）只有一个硬币不同。例如位置 a 的硬币不同，那么翻动它时，会改变与它相邻的硬币 b，现在变成了硬币 b 不同，回到了“只有一个硬币不同”的情况。也就是说，如果只有一个硬币不同，无法求解。

（2）有两个硬币不同。这两个硬币位于任意两个位置，从左边的不同硬币开始翻动，一直翻动到右边的不同硬币，结束。

（3）有 3 个硬币不同。左边两个不同硬币，可以用操作（2）完成翻动；但是最后一个硬币需要使用操作（1），无法完成。

总结这些操作，得到以下结论。

（1）有解的条件。初始字符串 s 和目标字符串 t 必定有偶数个字符不同。

（2）贪心操作。从头开始遍历字符串，遇到不同的字符就翻动，直到最后一个字符。

下面证明这个贪心操作是局部最优也是全局最优。

从左边开始找第一个不同的字符（记为 Z），Z 左边的字符都相同，不用再翻动。从 Z 开始，右边肯定有偶数个不同的字符。***Z* 必定要翻动，不能不翻，它翻了之后，就不用再翻动**。所以从左到右的翻动过程，每次翻动都是必需的，也就是说这个翻动 Z 的局部最优操作，也是全局最优操作。此题使用贪心算法求解是正确的。

（1）C++代码。

第 8 行和第 9 行翻动连续两个字符。其实第 8 行是多余的，因为当遇到一个不同的字符 s[i] 时，翻它的下一个字符 s[i+1]就行了，不用再管 s[i]。

```
1   #include<bits/stdc++.h>
2   using namespace std;
3   int main() {
4       string s,t;   cin >> s >> t;
5       int ans=0;
6       for(int i=0;i<s.length();i++)
7           if(s[i] != t[i]) {
8           // s[i]   = (s[i]  =='*'? 'o': '*');       //多余
9               s[i+1] = (s[i+1]== '*'? 'o': '*');       //翻下一个就行了
10              ans++;
11          }
12      cout << ans;
13  }
```

（2）Python 代码。

```
s = list(input())
t = list(input())
ans = 0
```

```
for i in range(len(s) - 1):
    if s[i] != t[i]:
        s[i+1] = '*' if s[i+1] == 'o' else 'o'        #Python 的三目运算
        ans += 1
print(ans)
```

例题 4-24．防御力

2018 年（第九届）全国赛，lanqiaoOJ 题号 226

【题目描述】小明最近在玩一款游戏，对游戏中的防御力很感兴趣。直接影响防御的参数为“防御性能”，记作 d，而面板上有两个防御值 A 和 B，与 d 成对数关系，$A=2^d$，$B=3^d$（注意任何时候上式都成立）。在游戏过程中，有一些道具可能把防御值 A 增加一个值，有另外一些道具可以把防御值 B 增加一个值。现在小明身上有 n_1 个道具用于增加 A 的值和 n_2 个道具用于增加 B 的值，增加量已知。现在已知第 i 次使用的道具是增加 A 还是增加 B 的值，但具体使用的是哪个道具是不确定的，请找到一个字典序最小的使用道具的方式，使得最终的防御性能最大。初始时防御性能为 0，即 d=0，所以 A=B=1。

【输入格式】输入的第一行包含两个数 n_1、n_2，用空格分隔。第二行包含 n_1 个数，表示增加 A 值的那些道具的增加量。第三行包含 n_2 个数，表示增加 B 值的那些道具的增加量。第四行包含一个长度为 n_1+n_2 的字符串，由 0 和 1 组成，表示道具的使用顺序。0 表示使用增加 A 值的道具，1 表示使用增加 B 值的道具。输入数据保证恰好有 n_1 个 0、n_2 个 1。

【输出格式】对于每组数据，输出 n_1+n_2+1 行，前 n_1+n_2 行按顺序输出道具的使用情况，若使用增加 A 值的道具，则输出“Ax”，x 为此道具在该类道具中的编号（从 1 开始）。若使用增加 B 值的道具，则输出“Bx”。最后一行输出一个大写字母 E。

【评测用例规模与约定】对于 20%的数据，字符串长度≤10000；对于 70%的数据，字符串长度≤200000；对于 100%的数据，字符串长度≤2000000，输入的每个增加值不超过 2^{30}。

【输入样例】	【输出样例】
1 2	B2
4	A1
2 8	B1
101	E

本题的描述有些令人费解，需要借助样例数据理解这道题的意思。样例操作了 3 次，即 B2、A1、B1，操作过程如表 4.5 所示。

表 4.5　样例操作过程

操作			
初始	A=1、B=1、d=0		
B2	B=1+8 = 9	根据 $B=3^d$，算出 d=2	根据 d=2 和 $A=2^d$，算出 A=4
A1	A=4+4=8	根据 $A=2^d$，算出 d=3	根据 d=3 和 $B=3^d$，算出 B=27
B1	B=27+2=29	根据 $B=3^d$，算出 $d=\log_3 29$	根据 $d=\log_3 29$ 和 $A=2^d$，算出 $A=2^{\log_3 29}$

最后得到的 $d = \log_3 29$ 是最大的。

d 和 A、B 的关系是 $d = \log_2 A = \log_3 B$。如何增加 A 和 B，才能得到最大的 d? 做以下分析。

（1）当连续增加 A 或 B 的时候，例如连续增加 A，得 $d=\log_2(1+A1+A2+...)$，与 A 的道具的

顺序没有关系。

（2）当交替增加 A 和 B 的时候，如何决定 A 和 B 的道具的顺序？从样例看出，B 的道具从大到小似乎有利于 d 的增加。A 的道具是不是也应该从大到小呢？可以通过数学分析来确认，不过有点麻烦。也可以举例试算，最后发现 A 的道具应该从小到大。这一步分析是重点！

用贪心算法编程，思路如下。

对 A*i* 进行结构体排序，先对 A*i* 按增加量从小到大排序，再按变量 *i*（字典序）排序。

对 B*i* 进行结构体排序，先对 B*i* 按增加量从大到小排序，再按变量 *i*（字典序）排序。

然后按题目要求的顺序，输出 A*i* 和 B*i*。

虽然分析过程复杂，但是代码很简单。

代码的复杂度很低，主要是排序花时间，其复杂度是 $O(n\log n)$。

这一题是蓝桥杯大赛全国赛题，分析过程有一点复杂，不过难度不大，参加全国赛的大部分人都能做出来。

（1）C++代码。

```
#include <bits/stdc++.h>
using namespace std;
struct nodea{int id,w;} a[100005];        // A 的道具，id 是道具，w 是这个道具的增加量
struct nodeb{int id,w;} b[100005];        // B 的道具
bool cmp1(nodea a,nodea b){
    if(a.w != b.w) return a.w < b.w;      //先对 A 的增加量排序，从小到大
    else return a.id < b.id;              //再按字典序 id 排序
}
bool cmp2(nodeb a,nodeb b){
    if(a.w != b.w) return a.w > b.w;     //先对 B 的增加量排序，从大到小
    else return a.id < b.id;             //再按字典序 id 排序
}
int main(){
    int n1,n2;   cin >> n1 >> n2;
    for(int i = 1; i <= n1; i++)   cin >> a[i].w,  a[i].id = i;
    for(int i = 1; i <= n2; i++)   cin >> b[i].w,  b[i].id = i;
    sort(a+1,a+n1+1,cmp1);
    sort(b+1,b+n2+1,cmp2);
    string s;    cin >> s;
    int idx1 = 1, idx2 = 1;
    for(int i=0;i<s.length();i++){
        if(s[i]== '1'){cout << "B"; cout << b[idx1++].id << "\n";}
        else         {cout << "A"; cout << a[idx2++].id << "\n";}
    }
    cout << "E" << "\n";
    return 0;
}
```

（2）Python 代码。

```
def cmp(x): return x[1]

n1,n2 = map(int,input().split())
a = list(map(int,input().split()))
b = list(map(int,input().split()))
for i in range(n1): a[i]=(i+1,a[i])
for i in range(n2): b[i]=(i+1,b[i])
a.sort(key=cmp)
b.sort(key=cmp,reverse=True)
s = input()
idx1, idx2 = 0, 0
for i in range (n1+n2):
```

```
        if s[i]== '1': print("B%d"%b[idx1][0]); idx1 += 1
        else:          print("A%d"%a[idx2][0]); idx2 += 1
    print("E")
```

例题 4-25. 荷马史诗

lanqiaoOJ 题号 1167

【题目描述】Allison 最近迷上了《荷马史诗》。但是《荷马史诗》实在是太长了，Allison 想通过一种编码方式使得它变得短一些。一部《荷马史诗》中有 n 种不同的单词，从 1 到 n 进行编号，其中第 i 种单词出现的总次数为 w_i。Allison 想要用 k 进制串 s_i 来替换第 i 种单词，使得其满足如下要求：对于任意的 $1\leqslant i,j\leqslant n$，$i\neq j$，都有 s_i 不是 s_j 的前缀。现在 Allison 想要知道如何选择 s_i 才能使替换以后得到的新的《荷马史诗》长度最小。在确保总长度最小的情况下，Allison 还想知道最长的 s_i 的最短长度是多少。一个字符串被称为 k 进制字符串，当且仅当它的每个字符是 0 到 k−1 之间（包括 0 和 k−1）的整数。字符串 str1 被称为字符串 str2 的前缀，当且仅当存在 $1\leqslant t\leqslant m$，使得 str1 = str2[1..t]。其中，m 是字符串 str2 的长度，str2[1..t] 表示 str2 的前 t 个字符组成的字符串。

【输入描述】输入的第一行包含两个正整数 n、k，中间用单个空格隔开，表示共有 n 种单词，需要使用 k 进制字符串进行替换。接下来的 n 行，第 i+1 行包含一个非负整数 w_i，表示第 i 种单词的出现次数。其中，$n\leqslant 10^5$，$k\leqslant 9$，$0<w_i\leqslant 10^{11}$。

【输出描述】输出包括两行。第一行输出一个整数，为《荷马史诗》经过重新编码以后的最短长度。第二行输出一个整数，为在保证最短总长度的情况下，最长字符串 s_i 的最短长度。

【输入样例】

4 2
1
1
2
2

【输出样例】

12
2

本题是贪心算法的经典应用“哈夫曼编码”，哈夫曼编码是一种前缀最优编码方法。

把一段字符串存储在计算机中，其中包含很多单词，每个单词出现的频次不一样，有的频次高，有的频次低。因为数据在计算机中都是用二进制码来表示的，所以需要把每个单词编码成一个二进制数。最简单的编码方法是把每个单词都用相同长度的二进制数来表示，如表 4.6 所示。

表 4.6　单词及其编码

单词	A	B	C	D	E
频次	3	9	6	15	19
编码	000	001	010	011	100

每个单词用 3 位二进制数表示，存储的总长度是：3×(3+9+6+15+19) = 156。

这种编码方法简单，但是不节省空间。为了节省空间，可以用**变长编码**：出现次数多的单词用短码表示，出现次数少的单词用长码表示，如表 4.7 所示。

表 4.7　单词及其变长编码

单词	A	B	C	D	E
频次	3	9	6	15	19
编码	1100	111	1101	10	0

存储的总长度：3×4 + 9×3 + 6×4 + 15×2 + 19×1 = 112。这种方法对等长编码方法进行了压缩，压缩比：156/112=1.39。

编码算法的基本要求：编码后得到的二进制串，能唯一地进行解码还原。上面两种方法都是正确的。如果胡乱设定编码方案，则很可能出错，如表 4.8 所示。

表 4.8　错误的编码方案

单词	A	B	C	D	E
频次	3	9	6	15	19
编码	100	10	11	1	0

在表 4.8 中，看起来似乎每个字符都有不同的编码，编码后的总长度也更短，但是编码无法进行解码还原。例如编码为“100”，对应的单词是“A”“BE”还是“DEE”？

错误的原因是，某个编码是另一个编码的**前缀**（prefix），即这两个编码有包含关系，导致了混淆。

有没有比第二种编码方案更好的方案？这就要引出一个字符串存储的常见问题：给定一个字符串，如何编码才能使得编码后的总长度最小。即如何得到一个最优解。

哈夫曼编码是前缀编码算法中的最优算法，它用到了贪心算法的原理，下面介绍这种编码的构造方法。上面第二种编码方案，其二叉树如图 4.7 所示。

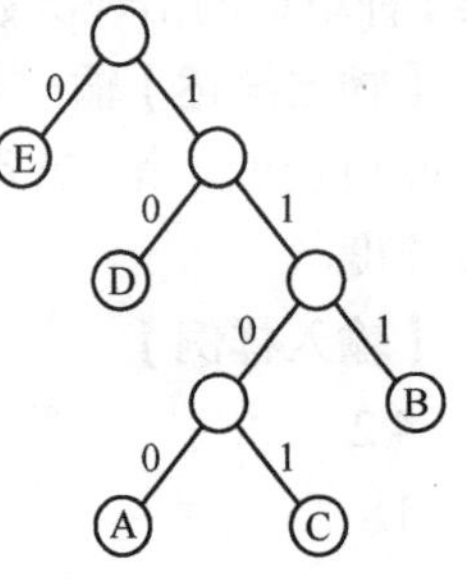

图 4.7　用二叉树实现前缀编码

每个二叉树的分支，左边是 0，右边是 1。二叉树末端的叶子结点是编码。把编码放在叶子结点上，可以保证符合前缀不包含的要求。出现频次最高的单词 E，在最靠近根的位置，编码最短；出现频次最低的单词 A，在二叉树最深处，编码最长。

哈夫曼编码利用贪心算法的原理构造二叉编码树。先对所有单词按出现频次排序，然后从出现频次最少的单词开始，用贪心算法的原理将其安排在二叉树上。其步骤如图 4.8 所示。

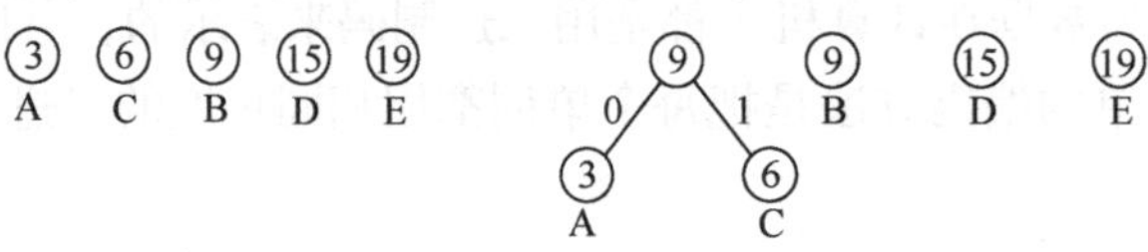

（1）字符排序　　（2）把 A、C 放到二叉树上

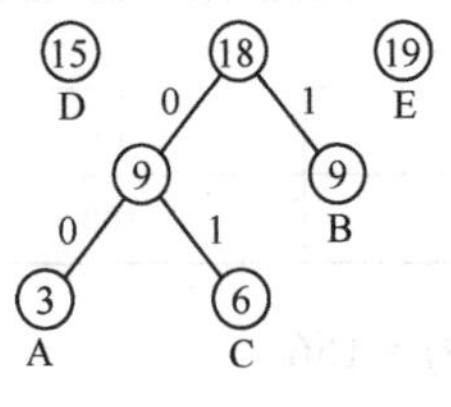

（3）把 B 放到二叉树上，调整 D

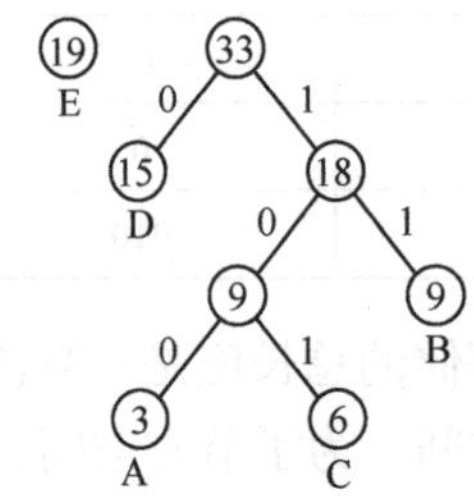

（4）把 D 放到二叉树上，调整 E

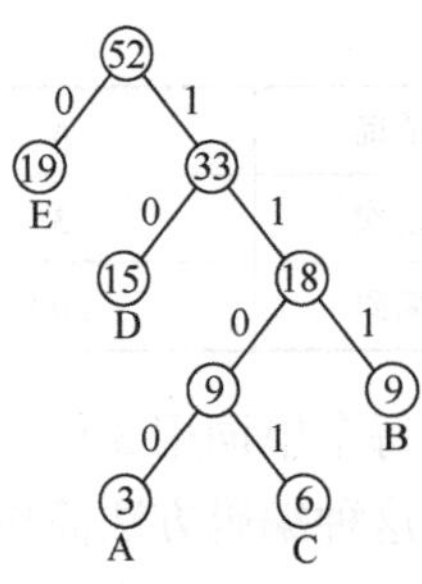

（5）结果

图 4.8　哈夫曼编码算法步骤

每个结点圆圈内的数字是这个子树下单词出现的频次之和。

贪心的过程：按单词出现频次，从底层往顶层生成二叉树。注意每一步都要按频次重新排序，例如图 4.8 的（3）和（4）中调整了 D 和 E 的顺序。这个过程可以保证出现频次少的单词被放在二叉树的底层，其编码更长；出现频次多的单词放在二叉树上层，其编码更短。

可以证明，哈夫曼算法符合贪心算法的“最优子结构性质”和“贪心选择性质”，并且其编码的结果是最优的。

例题 4-25“荷马史诗”对基本的哈夫曼编码算法做了一点扩展，从二进制扩展到 *k* 进制。此时的哈夫曼树不是二叉树，而是 *k* 叉树。

（1）C++代码。

代码用优先队列处理建树过程。第 15 行第一次执行时，从优先队列中读出频次最少的 *k* 个单词，将其合并为一个新结点后（*k* 个单词的父结点），在第 21 行将其放进队列。优先队列中放数对<int, int>，第 1 个数是这个单词（或合并后的结点）的出现频次，第 2 个数是这个单词（或合并后的结点）的编码长度，也是它在哈夫曼树上的深度。

题目要求计算编码后《荷马史诗》的最短长度，也就是将每个单词的出现频次乘以它的编码长度，然后求和。借助 *s* 计算，*s* 是 *k* 叉树每一层的频次和，请读者思考为什么对所有层次的 *s* 求和就可得到《荷马史诗》的最短长度。

题目还要求最长单词的编码长度，也就是出现频次最少的单词的长度，等于这棵 *k* 叉哈夫曼树的深度。用 *x* 记录这个最大深度并在最后输出。

```
1  #include<bits/stdc++.h>
2  using namespace std;
3  #define int long long
4  priority_queue<pair<int, int>, vector<pair<int, int> >, greater<pair<int, int> > > pq;
5  int w[100005];
6  signed main(){
7      int n,k; cin >> n >> k;                       //读 n 个单词，用 k 进制构造哈夫曼树
8      for(int i = 1; i <= n; i++)     cin >> w[i];//读每个单词的出现频次
9      while((n - 1) % (k - 1) != 0) n++;            //补齐虚拟结点，方便第 15 行取 k 个数
10     for(int i = 1; i <= n; i++)
11         pq.push(make_pair(w[i], 0));              //队首是最小值
12     int ans = 0,x=0;
13     while(pq.size() != 1){                        //模拟构造 k 叉树。pq=1，表示队列中只剩下根结点
14         int s = 0 ;
15         for(int i = 1; i <= k; i++){              //k 叉树，取出队列的 k 个最小数
16             s += pq.top().first;                  //对这棵子树的频次求和
17             x = max(x, pq.top().second);          //x 是树的最大深度，也是最长的那个单词的编码长度
18             pq.pop();
19         }
20         ans += s;                                 //累加这一层的总频次
21         pq.push(make_pair(s, x + 1));             //合并到一个父结点，重新放进队列
22     }
23     cout << ans << '\n' << x + 1;                 //x+1 是从根到最深结点的深度，也是最长编码长度
24 }
```

（2）Python 代码。

用堆来实现优先队列，第 7 行把列表 pq 变成堆。

```
1  from heapq import *
2  n,k = map(int,input().split())
3  w = []
4  for i in range(n):    w.append(int(input()))
5  pq = [(i,0) for i in w]
```

```
while (n-1)%(k-1)!=0: pq += [(0,0)]; n += 1
heapify(pq)                          #让列表成为堆
ans,x = 0,0
while len(pq)>1:
    s = 0
    for i in range(k):
        tmp = heappop(pq)       #堆首是最小值，取出 k 个最小的数
        s += tmp[0]
        x = max(x,tmp[1])
    ans += s
    heappush(pq,(s,x+1))
print(ans)
print(x+1)
```

【练习题】

贪心题是蓝桥杯大赛的常见题，能很好地考核参赛人员的算法思维。请到 lanqiaoOJ 题库中搜索“贪心”标签的题目并大量练习，例如：“轨道炮” lanqiaoOJ 题号 236；“观光公交” lanqiaoOJ 题号 405 等。

小　结

本章介绍了算法复杂度，做竞赛题时最先需要考虑的就是算法复杂度，以决定采用什么算法来解题。后面详细介绍了排序、排列、组合、尺取法、二分法、倍增法、前缀和、贪心等基本算法。它们是很基本的编程技术，没有复杂的逻辑，实现代码也简短，但是应用它们可以很好地提高效率。

还有一些基本算法本章没有提到，但也非常重要，例如三分法、差分、离散化、分治等。后文中会有相关应用。

第5章 搜索

CHAPTER 5

搜索包括两种基本方法：BFS、DFS。它们也是蓝桥杯软件类大赛常见的知识点，其中DFS是出题最多的知识点。

搜索是“暴力法”算法思想的具体实现，暴力法编程的主要手段就是搜索。暴力（Brute Force）法：把所有可能的情况都罗列出来，然后逐一检查，从中找到答案。暴力法简单、直接，利用了计算机强大的计算能力。

虽然所有问题都能用暴力法来求解，但暴力法往往是“低效”的代名词。暴力法的优点是简单，相对其他“高效”算法，暴力法的代码一般都更短、更好写。当拿到一道题目后，如果没有更好的思路，就可以先考虑用暴力法解决。如果暴力法的代码能满足题目的时间和空间限制条件，暴力法可取。若题目比较难，来不及用高效算法编程，那么可以用编程比较简单的暴力法得到部分分数，这是蓝桥杯大赛的赛制允许的。

搜索时，具体的问题会有相应的数据结构，例如队列、栈、图、树等，读者需要熟练掌握在这些数据结构上进行搜索的操作。

下面以老鼠走迷宫为例说明DFS和BFS的原理。迷宫的路错综复杂，老鼠从入口进去后，如何才能找到出口？由于老鼠对迷宫一无所知（与迷宫有关的算法题，OJ系统给出的测试数据是随机的，也就是说迷宫的结构是随机的），它只能暴力地搜索所有可能的道路，直到找到一个出口。有时题目还有额外的要求：不仅要找到出口，还要求找到从入口到出口的最短路径。

下面给出两种走迷宫的方案：DFS和BFS。

（1）一只老鼠走迷宫（DFS）。老鼠在每个路口都选择先走右边（选择先走左边也可以），能走多远就走多远；直到碰壁无法继续往前走，然后往回退一步，这一次走左边，以此类推，继续往下走。用这个办法，只要没遇到出口，老鼠就会走遍**所有**的路，而且**不会重复**（这里规定回退不算重复走）。

（2）一群老鼠走迷宫（BFS）。假设老鼠无限多，这群老鼠进入迷宫后，在每个路口都派出部分老鼠探索所有没走过的路。走某条路的老鼠，如果碰壁无法前行，就停下；如果到达的路口已经有别的老鼠探索过了，也停下。很显然，在遇到出口前会走遍**所有**的路，而且**不会重复**。

DFS和BFS的相同点：都能找到出口，且都需要暴力搜索所有的路口和道路，也就是说它们的计算量是一样的。DFS和BFS的区别：使用BFS能方便地找到最短路径，而使用DFS比较困难；使用DFS能搜索到从入口到出口的所有路径，而使用BFS不行；DFS编程比BFS编程简单一些。

本章后面还会说明 BFS 和 DFS 独有的优势，它们都有丰富的应用场景。

在具体编程时，一般用队列这种数据结构来实现 BFS，“BFS = 队列”；DFS 一般用递归实现，“DFS = 递归”。

本章将讲解 DFS 和 BFS 的相关知识，包括理论、模板、真题等。

5.1 DFS 基础

DFS 的编程一般用递归实现。递归是初学者学编程时遇到的第一个“拦路虎”，很多人理解起来有困难。写递归代码时，一般需要用记忆化搜索进行优化。

5.1.1 递归和记忆化搜索

从形式上看，递归函数是“自己调用自己”，是一个不断“重复”的过程。

递归的算法思想：把大问题逐步缩小，直到变成最小的同类问题，而最后的小问题的解是已知的，一般是给定的初始条件。当到达最小问题后，再回溯，把小问题的解逐个带给更大的问题，最终最大的问题也就得到了解决。所以递归有两个过程：递归前进、递归返回（回溯）。

在递归的过程中，由于大问题和小问题的解决方法完全一样，因此大问题的代码和小问题的代码可以一样。一个递归函数直接调用自己，实现了程序的复用。

以斐波那契数列的计算为例，它的递推式是 $f(n)=f(n-1)+f(n-2)$，输出第 20 个数，代码如下所示。

```
#include<bits/stdc++.h>
using namespace std;
int fib[25];
int main(){
    fib[1]=fib[2]=1;
    for(int i=3;i<=20;i++)  fib[i]= fib[i-1]+fib[i-2];
    cout <<fib[20];
}
```

下面改用递归代码输出斐波那契数列的第 20 个数。

```
#include<bits/stdc++.h>
using namespace std;
int cnt=0;                             //统计执行了多少次递归
int fib (int n){                       //递归函数
    cnt ++;
    if (n==1 || n==2) return 1;        //到达终止条件，即最小问题
    return fib (n-1) + fib (n-2);      //递归调用自己两次，复杂度为 O(2^n)
}
int main(){
    cout << fib(20);                   //计算第 20 个斐波那契数
    cout <<" cnt="<<cnt;               //递归了 cnt=13529 次
}
```

代码用函数 fib()计算第 20 个斐波那契数。递归过程描述如下。

递归前进：fib(20) = fib(19) + fib(18)。

递归前进：fib(19) = fib(18) + fib(17)。

递归前进：fib(18) = fib(17) + fib(16)。

……

递归前进：fib(3) = fib(2) + fib(1)。

到达终止条件：fib(2) = 1，fib(1) = 1。

递归返回（回溯）：fib(3) = fib(2) + fib(1) =1+1=2。

递归返回（回溯）：fib(4) = fib(3) + fib(2) =2+1=3。

……

递归返回（回溯）：fib(20) = fib(19) + fib(18) = 4181 + 2584 = 6765。

结束。

敏锐的读者会发现，上面的递推和递归两种代码，虽然结果一样，但是计算量差别巨大。递推代码里有一个 for 循环，只需计算 20 次。而递归代码，在函数中用 cnt 统计递归次数，计算第 20 个斐波那契数共计算了 13529 次。

为什么斐波那契的递归代码如此低效？以计算第 5 个斐波那契数为例，递归过程如图 5.1 所示。

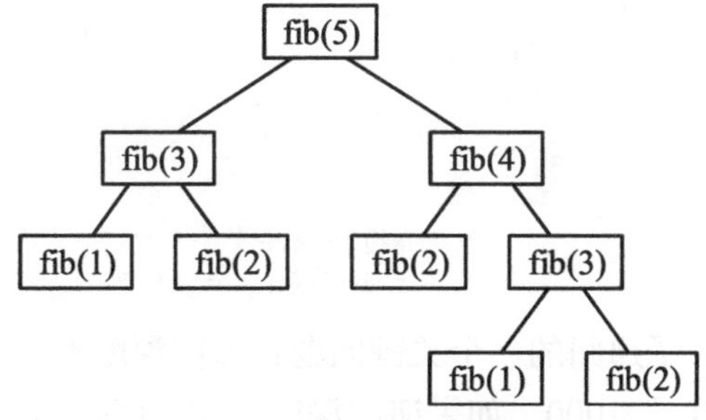

图 5.1　计算第 5 个斐波那契数

斐波那契的递归代码低效的核心原因：第 7 行代码 return fib (n−1) + fib (n−2)，它递归调用了自己两次，也就使计算量倍增。在计算 fib(n)时，共执行了 $O(2^n)$次递归，计算量十分惊人。不过，很多递归函数只调用自己一次，不会额外增加计算量。

如果递归如此低效，它就没有使用的必要了。观察图 5.1 所示的计算过程，发现递归的过程中做了很多重复工作，例如 fib(3)计算了两次，其实只算一次就够了。为避免递归时重复计算，可以在子问题得到解决时保存结果，再次需要这个结果时，直接返回保存的结果就行了，不必继续递归。

这种存储已经解决的子问题结果的技术称为记忆化（Memoization）。记忆化是递归的常用优化技术。DP 常常用到递归，所以记忆化也是 DP 的关键技术。

用“记忆化+递归”重写斐波那契数列的计算代码。

```
#include<bits/stdc++.h>
using namespace std;
int cnt=0;            //统计执行了多少次递归
int data[25];         //存储斐波那契数
int fib (int n){
    cnt++;
    if (n == 1 || n == 2) { data[n]=1; return data[n]; }
    if(data[n]!=0) return data[n];        //记忆化判断：已经算过，不用再算，直接返回结果
    data[n] = fib (n-1) + fib (n-2);      //继续递归
    return data[n];
```

```
11 }
12 int main(){
13     cout << fib(20);        //计算第 20 个斐波那契数
14     cout <<"cnt="<<cnt;     //递归了 cnt=37 次
15 }
```

用 cnt 统计递归次数，这次只有 cnt = 37 次。只加了第 8 行的“记忆化”判断代码，计算量就获得了巨大的优化，将复杂度从 $O(2^n)$优化到了 $O(n)$。

✧ 提示：上面的代码能用来求第 100 个斐波那契数吗？答案是不行的！因为第 100 个斐波那契数已经远远超过了 int 类型的表示范围。

下面的 Python 代码计算了第 3000 个斐波那契数，它是一个极大的数字，但 Python 可以直接表示大数，不用担心数字太大。

```
import sys
sys.setrecursionlimit(30000)                  #设置递归深度
def fib(n):
    global cnt
    cnt += 1
    if n==1 or n==2:   data[n]=1; return data[n]
    if data[n] != 0:   return data[n]
    data[n] = fib(n-1)+fib(n-2)
    return data[n]
data=[0]*3005
cnt = 0
print(fib(3000))                              #约为 4×10^626
print(cnt)                                    #递归次数，cnt=5997
```

上述 Python 代码也反映了递归的一个关键问题：递归深度不能太大。

Python 的默认递归深度是 1000，如果递归深度太大，将提示“maximum recursion depth exceeded in comparison”。此时应该用 sys.setrecursionlimit()设置递归深度。由于常常有深度大于 1000 的递归题目，所以用 Python 实现 DFS 时需要特别注意。

C++代码的递归深度相比 Python 的要大一些，前面的 C++代码允许的递归深度约为几万。

关于递归深度的真题，见 5.3.1 小节“DFS 连通性判断”。

5.1.2 DFS 的代码框架

DFS 的代码看起来比较简单，但是逻辑上往往难以理解。下面给出 DFS 的代码框架，请读者在完成了大量编程的基础上，再回头体会这个框架的作用。

```
ans;                                    //答案，用全局变量表示
void dfs(层数，其他参数){
    if (出局判断){                      //到达最底层，或者满足条件退出
        更新答案;                       //答案一般用全局变量表示
        return;                         //返回到上一层
    }
    (剪枝)                              //在进一步 DFS 之前剪枝
    for (枚举下一层可能的情况)          //对每一种情况继续 DFS
        if (used[i] == 0) {             //如果状态 i 没有用过，就可以进入下一层
            used[i] = 1;                //标记状态 i，表示已经用过，在更底层不能再使用
            dfs(层数+1，其他参数);      //下一层
            used[i] = 0;                //恢复状态，回溯时，不影响上一层对这个状态的使用
        }
```

```
14         return;                            //返回到上一层
15     }
```

在 DFS 代码框架中，最让初学者费解的是第 10 行和第 12 行代码。

第 10 行的 used[i] = 1，称为“保存现场”或“占有现场”。

第 12 行的 used[i] = 0，称为“恢复现场”或“释放现场”。

“保存现场”和“恢复现场”的作用将在 5.1.3 小节“DFS 的所有路径”中解释。

5.1.3　DFS 的所有路径

DFS 是一种暴力技术，它能搜到所有可能的情况。本章在开始部分用老鼠走迷宫解释了 DFS 的执行过程，下面用一道迷宫例题说明如何搜索从起点到终点的所有路径。

例题 5-1．输出所有路径

这一题是本章构造的例题，无提交地址

【题目描述】给出一张图，输出从起点到终点的所有路径。

【输入描述】输入的第一行是整数 n、m，分别是行数和列数。后面的 n 行，每行有 m 个符号。“@”表示起点，“*”表示终点，“•”表示能走，“#”表示是墙壁不能走。每一步都按左→上→右→下的顺序搜索。在样例中，左上角坐标为(0, 0)，起点坐标为(1, 1)，终点坐标为(0, 2)。$1<n, m<7$。

【输出描述】输出所有的路径。坐标(i, j)用 ij 表示，例如坐标(0, 2)表示为 02。从左到右是 i，从上到下是 j。

【输入样例】	**【输出样例】**
5 3	from 11 to 02
.#.	1: 11->21->22->12->02
#@.	2: 11->21->22->12->13->03->02
*..	3: 11->21->22->23->13->03->02
...	4: 11->21->22->23->13->12->02
#.#	5: 11->12->02
	6: 11->12->22->23->13->03->02
	7: 11->12->13->03->02

搜索所有路径用 DFS 写代码最方便。下面看用 DFS 如何找到所有的路径，如图 5.2 所示。

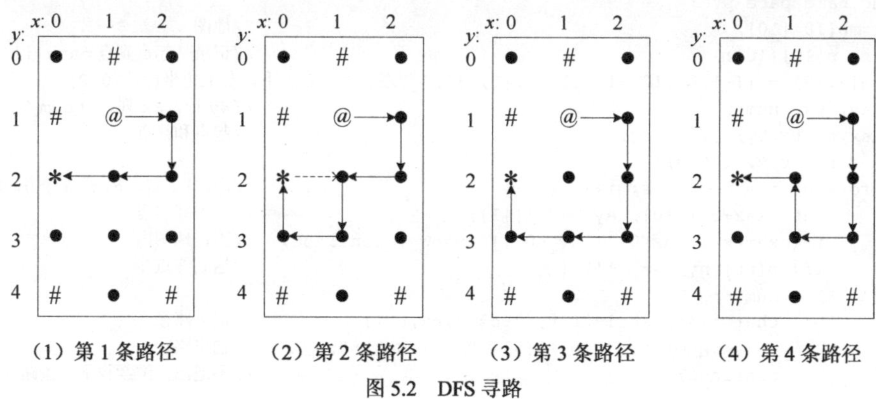

（1）第 1 条路径　（2）第 2 条路径　（3）第 3 条路径　（4）第 4 条路径

图 5.2　DFS 寻路

在图 5.2 中，（1）是搜到的第 1 条路径。从起点(1, 1)出发，查询它的“左、上、右、下”哪个方向能走，发现“左、上”不能走，可以走“右”。第一步走到右边的(2,1)，然后可以向上走到(2, 0)，但是后面就走不通了，退回来改走下面的(2, 2)。按这个方法，逐步深入走到终点，最后得到一条从起点(1, 1)到终点(0, 2)的路径“11->21->22->12->02”。后面 C++代码中第 19 行的 mp[nx][ny] = '#'的作用是“保存现场”。在这次 DFS 深入过程中，这条路径上曾经路过的点被“保存现场”，不允许再次经过。到达终点后，从终点退回，回溯寻找下一条路径。第 22 行的 mp[nx][ny] = '.'的作用是退回后“恢复现场”。

在图 5.2 中，（2）是搜到的第 2 条路径。在（1）搜到一条路径后，从终点(0, 2)退回到(1, 2)，继续走到(1, 3)、(0, 3)、(0, 2)。

在图 5.2 中，（3）是搜到的第 3 条路径。从终点(0, 2)一路退回到(2, 2)后，才找到新路径。在退回的过程中，原来被“保存现场”的(1, 3)、(0, 3)、(0, 2)，重新被“恢复现场”，允许经过。例如(1, 3)在第 2 条路径中曾用过，这次再搜索新路径时，在第 3 条路径中重新经过了它。如果不“恢复现场”，这个点就不能在新路径中使用了。

“保存现场”和“恢复现场”的作用总结如下。

（1）“保存现场”的作用是禁止重复使用。当搜索一条从起点到终点的路径时，这条路径上经过的点，不能重复经过，否则就兜圈子了，所以需要对路径上的点“保存现场”，禁止再经过它。没有经过的点，或者碰壁后退回的点，都不能“保存现场”，这些点可能后面会进入当前路径。

（2）“恢复现场”的作用是允许重复使用。当重新搜新的路径时，方法是从终点（或碰壁的点）沿着旧路径逐步退回，每退回一个点，就对这个点“恢复现场”，允许新路径重新经过这个点。例如图 5.2 中的（2）和（3）的点（1, 3）。

下面给出本题的求解代码。

（1）C++代码。

路径有很多条，需要记录每条路径然后输出，这段代码使用了输出最短路径的“简单方法”：每到一个点，就在这个点上记录从起点到这个点的路径。第 4 行的 p[][]用于记录路径，p[i][j]用字符串记录从起点到点(i, j)的完整路径。第 20 行把新的点(nx, ny)加入这条路径。这种“简单方法”浪费空间，适用于小图。

DFS 输出路径的“标准方法”是用栈来记录路径，见 5.6 节“剪枝”的例题 5-12“路径之谜”。BFS 的输出路径也有两种方法，“简单方法”和“标准方法”，见 5.2.2 小节“BFS 与最短路径”。

```
1   #include<bits/stdc++.h>
2   using namespace std;
3   char mp[10][10];                                       //地图
4   string p[10][10];                                      //记录从起点到点 path[i][j]的路径
5   int d[4][2] = {{-1,0},{0,-1},{1,0},{0,1}}; //左、上、右、下。左上角坐标是(0,0)
6   int Wy, Hx, num=0;                                     //Wy 行，Hx 列。用 num 统计路径数量
7   int sx,sy,tx,ty;                                       //起点和终点
8   void dfs(int x, int y){
9       for(int i = 0; i < 4; i++) {                       //左、上、右、下，沿 4 个方向顺时针 DFS
10          int nx=x+d[i][0], ny=y+d[i][1];                //一个邻居点
11          if(nx>=Hx || nx<0 || ny <0 || ny>=Wy) continue; //不在地图内
12          if(mp[nx][ny] == '*') {                        //遇到终点
13              num++;
14              char t[4]; sprintf(t, "%d%d",nx,ny);       //记录路径
15              cout<<num<<": "<<p[x][y]+ "->"+t<<"\n";    //输出路径
16              continue;                                  //不退出，继续找下一条路径
```

```
        }
        if( mp[nx][ny] == '. '){
            mp[nx][ny] = '#';                        //保存现场。这个点在这次更深的 DFS 中不能再用
            char t[4];sprintf(t, "%d%d",nx,ny);p[nx][ny]=p[x][y]+ "->"+t;    //记录路径
            dfs(nx, ny);
            mp[nx][ny] = '. ';                       //恢复现场。回溯之后，这个点可以再用
        }
    }
}
int main(){
    cin >> Wy >> Hx;                                 //Wy 行，Hx 列
    for (int y = 0; y < Wy; y++) {                   //有 Hx 列
        for (int x = 0; x < Hx; x++) {               //一次读入一行
            cin >> mp[x][y];
            if(mp[x][y]== '@') {sx=x; sy=y;}         //读起点
            if(mp[x][y]== '*') {tx=x; ty=y;}         //读终点
        }
    }
    cout<<"from "<<sx<<sy<<" to "<<tx<<ty<<"\n";
    char t[4]; sprintf(t, "%d%d", sx,sy);  p[sx][sy] = t;     //开始记录路径
    dfs(sx, sy);                                     //搜索并输出所有路径
  //cout<<num;                                       //输出路径总数
    return 0;
}
```

（2）Python 代码。

```
def dfs(x, y):
    global num
    for i in range(0, 4):
        dir = [(-1, 0), (0, -1),(1, 0),  (0, 1)]              #左、上、右、下
        nx,ny = x + dir[i][0]  ,y + dir[i][1]                 #新坐标
        if nx<0 or nx>=hx or ny<0 or ny>wy:  continue         #不在地图内
        if mp[nx][ny]== '*':
            num+=1
            print("%d: %s->%d%d"%(num,p[x][y],nx,ny))         #输出路径
            continue                                          #不退出，继续找下一条路径
        if mp[nx][ny]== '. ':
            mp[nx][ny]= '#'                                  #保存现场。这个点在这次更深的 DFS 中不能再用
            p[nx][ny]=p[x][y]+ '->'+str(nx)+str(ny)           #记录路径
            dfs(nx,ny)
            mp[nx][ny]= '. '                                  #恢复现场。回溯之后，这个点可以再次用
num = 0
wy,hx = map(int, input().split())                             #Wy 行，Hx 列。用 num 统计路径数量
a =[' ']*10
for i in range(wy):  a[i]=list(input())                       #读迷宫
mp = [[' '] * (10) for i in range(10)]                        #二维矩阵 mp[][]表示迷宫
for x in range(hx):
    for y in range(wy):
        mp[x][y] = a[y][x]
        if mp[x][y]== '@': sx=x; sy=y                         #起点
        if mp[x][y]== '*': tx=x; ty=y                         #终点
print("from %d%d to %d%d"%(sx,sy,tx,ty))
p = [[' '] * (10) for i in range(10)]                         #记录从起点到点 path[i][j]的路径
p[sx][sy] = str(sx)+str(sy)
dfs(sx,sy)                                                    #搜索并输出所有的路径
```

✧ 提示：如果搜索所有的路径，应该用 DFS；如果只搜索最短的路径，则应该用 BFS。在一张图上，从起点到终点的所有路径数量可能是一个天文数字，读者可以用上面的代码试试一个 8×8 的图，看看路径总数是多少。但是搜索最短的路径就比较简单，不需要把

所有路径搜出来之后再比较得到最短的路径，用 BFS 可以极快地搜索到最短的路径。DFS 适合用来处理用暴力法搜索所有情况的题目，5.6 节“剪枝”的例题 5-13“分考场”也是一道用暴力法搜索所有情况的题目。

5.1.4 DFS 与排列组合

本小节用 DFS 实现一个关键应用：生成排列。给出一些数，生成它们的排列，这是常见的需求，在蓝桥杯大赛的题目中常常出现。

本书在 4.3 节“排列和组合”中介绍了求排列的系统函数，例如 C++ STL 的 next_permutation()、Python 的 permutations()。然而在某些场景下，系统排列函数并不适用，需要自行编写代码实现排列。例如 5.1.6 小节“DFS 真题”的例题 5-5“寒假作业”和 5.6 节“剪枝”的例题 5-14“四阶幻方”，如果用 next_permutation()函数，则会超时，必须自行编写排列算法的代码。

4.3.4 小节“手写排列和组合代码”中给出了几种手写代码，下面给出两种自行编写的 DFS 代码。设数字是{1, 2, 3, 4, 5,..., *n*}，用递归输出排列。

1. 自写排列算法 1

（1）让第一个数不同，得到 *n* 个数列。其办法是把第 1 个数和后面每个数交换。

1 2 3 4 5……*n*

2 1 3 4 5……*n*

……

n 2 3 4 5……1

以上 *n* 个数列，只要第一个数不同，不管后面 *n*−1 个数是怎么排列的，这 *n* 个数列都不同。

这是递归的第一层。

（2）在上面的每个数列中，去掉第一个数，对后面的 *n*−1 个数进行类似的排列。例如从上面第 2 行的“2 1 3 4 5……*n*”进入第二层（去掉第一个数 2）。

1 3 4 5……*n*

3 1 4 5……*n*

……

n 3 4 5……1

以上 *n*−1 个数列，只要第一个数不同，不管后面 *n*−2 个数是怎么排列的，这 *n*−1 个数列都不同。

这是递归的第二层。

（3）重复以上步骤，直到用完所有数字。

下面是该算法的 C++代码。

```
#include<bits/stdc++.h>
using namespace std;
int a[20]={1,2,3,4,5,6,7,8,9,10,11,12,13};
void dfs(int s, int t){      //从第 s 个数开始到第 t 个数结束的全排列
    if(s==t) {               //递归结束，产生一个全排列
        for(int i=0; i<=t; ++i) cout <<a[i]<< " ";       //输出一个排列
         cout<<";   ";
```

```
8           return;
9       }
10      for(int i=s; i<=t; i++) {
11          swap(a[s], a[i]);    //把当前第 1 个数与后面所有数交换位置
12          dfs(s+1, t);
13          swap(a[s], a[i]);    //恢复，用于下一次交换
14      }
15  }
16  int main(){
17      int n = 3;
18      dfs(0, n-1); //前 n 个数的全排列
19  }
```

上述代码运行后输出："1 2 3; 1 3 2; 2 1 3; 2 3 1; 3 2 1; 3 1 2;"。

如果需要打印 n 个数中任意 m 个数的排列，例如在 4 个数中取任意 3 个数的排列，则可以将上面代码中的第 17 行改为 $n=4$，然后在 dfs()中只修改第 5、6 行。下面给出完整代码。

```
1   #include<bits/stdc++.h>
2   using namespace std;
3   int a[20]={1,2,3,4,5,6,7,8,9,10,11,12,13};
4   void dfs(int s, int t){
5       if(s==3) {                                          //改为 s==3
6           for(int i=0; i<3; ++i) cout <<a[i]<< " ";    //改为 i<3
7           cout<<";    ";
8           return;
9       }
10      for(int i=s; i<=t; i++) {
11          swap(a[s], a[i]);
12          dfs(s+1, t);
13          swap(a[s], a[i]);
14      }
15  }
16  int main(){
17      int n = 4;
18      dfs(0, n-1);          //前 n 个数的全排列
19  }
```

上述代码运行后输出："1 2 3; 1 2 4; 1 3 2; 1 3 4; 1 4 3; 1 4 2; 2 1 3; 2 1 4; 2 3 1; 2 3 4; 2 4 3; 2 4 1; 3 2 1; 3 2 4; 3 1 2; 3 1 4; 3 4 1; 3 4 2; 4 2 3; 4 2 1; 4 3 2; 4 3 1; 4 1 3; 4 1 2;"。

Python 代码见 5.3.3 小节"连通性例题"的代码。

上面的代码很短很简单，但是**不能**按从小到大的顺序输出排列。而我们遇到的题目常常需要按顺序输出排列，因此这种方法的应用有一定局限性。下面给出另一种实现方法。

2. 自写排列算法 2

下面的代码能按**从小到大的顺序输出排列**。前提是 a[20]中的数字是从小到大排列的，如果不是，就需要先排序。

下面的代码中，用 b[]记录一个新的全排列，第一次进入 dfs()时，b[0]在 n 个数中选一个数，第二次进入 dfs()时，b[1]在剩下的 $n-1$ 个数中选一个数，等等。用 vis[]记录某个数是否已经被选过，被选过的数不能在后面继续被选。

```
#include<bits/stdc++.h>
using namespace std;
int a[20]={1,2,3,4,5,6,7,8,9,10,11,12,13};
bool vis[20];       //记录第 i 个数是否用过
int b[20];          //生成的一个全排列
void dfs(int s,int t){
```

```
7       if(s==t) {                                          //递归结束，产生一个全排列
8          for(int i=0; i<t; ++i)  cout<<b[i]<< " ";        //输出一个排列
9          cout<<";  ";
10         return;
11      }
12      for(int i=0;i<t;i++)
13          if(!vis[i]){
14              vis[i]=True;
15              b[s]=a[i];
16              dfs(s+1,t);
17              vis[i]=False;
18          }
19  }
20  int main(){
21      int n=3;
22      dfs(0,n);      //前 n 个数的全排列
23      return 0;
24  }
```

上述代码运行后输出："1 2 3; 1 3 2; 2 1 3; 2 3 1; 3 1 2; 3 2 1;"。

如果需要输出 *n* 个数中任意 *m* 个数的排列，例如在 4 个数中取任意 3 个数的排列，则可以将上面代码中的第 21 行改为 $n = 4$，然后在 dfs()中修改第 7、8 行。下面给出完整代码。

```
1   #include<bits/stdc++.h>
2   using namespace std;
3   int a[20]={1,2,3,4,5,6,7,8,9,10,11,12,13};
4   bool vis[20];
5   int b[20];
6   void dfs(int s,int t){
7       if(s==3) {                                          //改为 s==3
8          for(int i=0; i<3; ++i)  cout<<b[i]<< " ";        //改为 i<3
9          cout<<";  ";
10         return;
11      }
12      for(int i=0;i<t;i++)
13          if(!vis[i]){
14              vis[i]=True;
15              b[s]=a[i];
16              dfs(s+1,t);
17              vis[i]=False;
18          }
19  }
20  int main(){
21      int n=4;
22      dfs(0,n); //前 n 个数的全排列
23      return 0;
24  }
```

上述代码运行后输出："1 2 3; 1 2 4; 1 3 2; 1 3 4; 1 4 2; 1 4 3; 2 1 3; 2 1 4; 2 3 1; 2 3 4; 2 4 1; 2 4 3; 3 1 2; 3 1 4; 3 2 1; 3 2 4; 3 4 1; 3 4 2; 4 1 2; 4 1 3; 4 2 1; 4 2 3; 4 3 1; 4 3 2;"。

第 2 种代码虽然复杂一点，但是相比第 1 种代码，其应用更广泛。

✧ 提示：这种自写全排列的 Python 和 Java 代码将在 5.1.6 小节"DFS 真题"的例题 5-5"寒假作业"和 5.6 节"剪枝"的例题 5-14"四阶幻方"中给出。

---

3. 自写组合算法

用 DFS 可以很巧妙地输出组合。进行 DFS 时，选或不选第 *k* 个数，就可以实现各种组合。

（1）输出二进制。以输出 000～111 为例，其 Python 代码如下。

```
1  vis = [0]*10
2  def dfs(k):  #DFS 到第 k 个数
3      global cnt
4      if k == 3:
5          for i in range (3):  print(vis[i],end=' ')
6          print('-',end=' ')
7      else:
8          vis[k] = 0              #不选第 k 个数
9          dfs(k + 1)              #继续搜下一个数
10         vis[k] = 1              #选第 k 个数
11         dfs(k + 1)              #继续搜下一个数
12 dfs(0)
```

输出结果："000-001-010-011-100-101-110-111-"。

交换第 8 和第 10 行，反过来输出结果："111-110-101-100-011-010-001-000-"。

（2）输出组合。以 3 个数{1, 2, 3}为例，把上面的代码与需要输出的数列结合，其 C++代码如下。

```
#include<bits/stdc++.h>
using namespace std;
int a[]={1,2,3,4,5,6,7,8,9,10};
int vis[10];
void dfs(int k) {
    if (k == 3) {
        for(int i=0;i<3;i++)
            if(vis[i])  cout<<a[i];
        cout<<"-";
    }
    else {
        vis[k] = 0;            //不选中第 k 个数
        dfs(k + 1);            //继续搜下一个数
        vis[k] = 1;            //选这个数
        dfs(k + 1);            //继续搜下一个数
    }
}
int main() {
    dfs(0); //从第一个数开始
    return 0;
}
```

输出结果："-3-2-23-1-13-12-123-"。

✧ 提示：这种输出组合的方法在 6.1.4 小节"例题"的例题 6-5"七段码"中有应用。

5.1.5 DFS 应用详解

下面通过一道蓝桥杯大赛的真题详解 DFS 的应用，包括基本 DFS 代码、复杂度分析、路径标记、对拍测试等内容。

例题 5-2. 迷宫

2017 年（第八届）省赛，lanqiaoOJ 题号 641

【题目描述】给出一个迷宫，问迷宫内的人有多少能走出来。迷宫的每个位置上有一个人，共 100 人，每个位置有指示牌，L 表示向左走，R 表示向右走，U 表示向上走，D 表示向下走。迷宫地图如下：

UDDLUULRUL
UURLLLRRRU
RRUURLDLRD
RUDDDDUUUU
URUDLLRRUU
DURLRLDLRL
ULLURLLRDU
RDLULLRDDD
UUDDUDUDLL
ULRDLUURRR

这一题是填空题，而且数据规模很小，只有100个点。因为是一道填空题，所以即使不编程，直接动手数，也能得到答案。此题在2.1节“手算题攻略”中提到过。如果数据规模大，就不能手数，只能通过编程求解。

如何编程？观察某个点上的人，他沿着指示牌一直走，或者最后能走出去，或者没走出去。这种“一路到底”的走法是典型的DFS。

1. 基本DFS代码

（1）C++代码。

函数dfs(i, j)的功能：判断从坐标点(i, j)出发能否走出去。若能走出去，则返回True，否则返回False。

```
#include<bits/stdc++.h>
using namespace std;
const int n=10;
char mp[n+2][n+2];             //用矩阵mp[][]存迷宫图。把静态数组定义在全局
bool vis[n+2][n+2];            //判断点是否曾走过，是“记忆化”功能
int ans = 0;
int cnt = 0;
bool dfs(int i, int j){
    if (i<0 || i>n-1 || j<0 || j>n-1)    return True; //走出了迷宫，停止
    if (vis[i][j])  return False;                     //如果已经搜过，就说明兜圈子了，走不出去
    cnt++;                                            //统计DFS了多少次
    vis[i][j] = True;                                 //标记已搜索
    if (mp[i][j] == 'L')  return dfs(i, j - 1);       //往左，继续DFS
    if (mp[i][j] == 'R')  return dfs(i, j + 1);       //往右
    if (mp[i][j] == 'U')  return dfs(i - 1, j);       //往上
    if (mp[i][j] == 'D')  return dfs(i + 1, j);       //往下
}
int main(){
    //本题是填空题，可直接输出答案
    // cout << 31;    return 0;
    //如果不是填空题，就添加下面的代码
    for (int i = 0; i < n; i++)
        for (int j = 0; j < n; j++)
            cin >> mp[i][j];                          //读取迷宫图
    for (int i = 0; i < n; i++)                       //对每个点，判断能否走出去
        for (int j = 0; j < n; j++){
            memset(vis, 0, sizeof(vis));              //搜索每个点前，都清空vis[]
            if(dfs(i, j))    ans++;                   //点mp[i][j]能走出去，统计答案
        }
```

```
30        cout <<"ans="<< ans <<", cnt="<<cnt<< endl;          //输出答案，cnt=350
31        return 0;
32    }
```

dfs()是个递归函数，在每个点，它根据指示牌向上、下、左、右 4 个方向走。dfs()什么时候结束？有以下两种情况。

① 走出了迷宫，返回 True，对应代码第 9 行。

② 走不出迷宫，返回 False，对应代码第 10 行。什么情况下走不出迷宫？必然是兜圈子，回到了曾经走过的点。用 vis[i][j]记录点(i, j)是否曾经走过，如果走过，就是兜圈子了。这一行的功能实际上是“记忆化”。

代码用 cnt 统计 DFS 了多少次，cnt=350。

（2）Python 代码。把上面的 C++代码改写为下面的 Python 代码。

```
def dfs(x,y):
    if x<0 or y<0 or x>=10 or y>=10:  return 1
    if vis[x][y] == 1:    return 0
    vis[x][y] = 1
    if mp[x][y] == "L":    return dfs(x,y-1)
    if mp[x][y] == "R":    return dfs(x,y+1)
    if mp[x][y] == "U":    return dfs(x-1,y)
    if mp[x][y] == "D":    return dfs(x+1,y)

mp =[[' '*10] for i in range(10)]             #二维矩阵存迷宫
for i in range(10):  mp[i]=list(input())    #读迷宫
ans = 0
for i in range(10):
    for j in range(10):
        vis = [[0]*10 for _ in range(10)]  #初始化 vis[][]
        if dfs(i,j)==1:    ans += 1
print(ans)
```

2. DFS 的复杂度分析

做每道竞赛题时，都应该分析复杂度，看代码是否能在限定的时间和空间内完成运行。设迷宫有 n 行 n 列，执行一次 dfs()，最多需要走遍所有的点，即 $O(n^2)$次；C++代码的第 25～第 29 行对 n^2 个点，每个点都执行了一次 dfs()，所以总复杂度是 $O(n^4)$。本题 n=10，$O(n^4)$也很小，这个复杂度可以通过测试。若 n=1000，则代码就会严重超时。

前面提到 DFS 是暴力搜索技术，也就是说它会搜索所有可能的情况。在 n 行 n 列的迷宫中共有 n^2 个点，所以 DFS 的复杂度至少是 $O(n^2)$。那么本题有复杂度为 $O(n^2)$的 DFS 实现吗？

3. DFS 的路径标记

前面代码的复杂度是 $O(n^4)$，很低效，可以优化。

其实用不着对每个点都执行一次 dfs()。例如从一个点出发，走过一条路径，最后走出了迷宫，那么以这条路径上所有的点为起点，都能走出迷宫；若走这条路径兜圈子了，则走过这条路径上所有的点都不能走出迷宫。如果有办法对路径进行记录，就能大大减少计算量。

下面是优化后的代码，其关键是如何**标记整个路径**，代码中用 solve[][]完成这一任务。当 solve[i][j]=1 时，表示点(i, j)能走出去；当 solve[i][j]=2 时，表示走不出去。以第 17～第 20 行代码为例，当 dfs$(i, j-1)$的返回值是 True 时，说明点$(i, j-1)$能走出去，它的上一个点(i, j)自然也能走出去，此时记录 solve[i][j]=1。若 dfs$(i, j-1)$的返回值是 False，则说明点$(i, j-1)$走不出去，它的上一个点(i, j)也走不出去，记录 solve[i][j]=2。在 dfs()逐步退回到起点的过程中，整个路径上的点的 solve[][]都得到了结果。

```
#include<bits/stdc++.h>
using namespace std;
const int n=10;
char mp[n+2][n+2];
bool vis[n+2][n+2];
int solve[n+2][n+2];   //solve[i][j]=1 表示这个点能走出去；solve[i][j]=2 表示这个点走不出去
int ans = 0;
int cnt = 0;
bool dfs(int i, int j){
    if (i<0 || i>n-1 || j<0 || j>n-1) return True;
    if(solve[i][j]==1)    return True;    //点(i,j)已经算过了，能走出去
    if(solve[i][j]==2)    return False;   //点(i,j)已经算过了，走不出去
    if (vis[i][j])        return False;
    cnt++;                                //统计 DFS 了多少次
    vis[i][j] = True;
    if (mp[i][j] == 'L'){
        if(dfs(i, j - 1)){ solve[i][j] = 1;  return True;}
                                          //回退，记录整条路径都能走出去
        else             { solve[i][j] = 2;  return False;}
                                          //回退，记录整条路径都走不出去
    }
    if (mp[i][j] == 'R') {
        if(dfs(i, j + 1)){ solve[i][j] = 1;return True;}
        else             { solve[i][j] = 2;return False;}
    }
    if (mp[i][j] == 'U') {
        if(dfs(i - 1, j)){ solve[i][j] = 1;return True;}
        else             { solve[i][j] = 2;return False;}
    }
    if (mp[i][j] == 'D') {
        if(dfs(i + 1, j)){ solve[i][j] = 1;return True;}
        else             { solve[i][j] = 2;return False;}
    }
}
int main(){
    for (int i = 0; i < n; i++)
        for (int j = 0; j < n; j++)
            cin >> mp[i][j];
    memset(solve, 0, sizeof(solve));
    for (int i = 0; i < n; i++)
        for (int j = 0; j < n; j++){
            memset(vis, 0, sizeof(vis));
            if(dfs(i, j))   ans++;
        }
    cout <<"ans="<< ans <<",cnt="<<cnt<< endl;     //cnt=100
    return 0;
}
```

复杂度分析：由于只需要对迷宫内每个点的 solve[][]赋值一次就可以得到答案，所以总复杂度是$O(n^2)$。由于迷宫问题共有 n^2 个点，每个点都需要被搜到，所以$O(n^2)$已经是能达到的最小的复杂度了。

代码用 cnt 统计 DFS 了多少次，cnt = 100，刚好每个点搜一次。

这段代码能解决 $n = 5000$，即有 $n^2 = 25000000$ 个点的迷宫问题。

4. 对拍测试

平时做练习题时，一道题可以多用几种代码来实现，并测试它们的区别有多大。这样的训

练可以提高编程能力和计算思维能力。

用上面的两段代码做对拍测试。测试时应该使用**最差**的数据，这样才能检验出算法的复杂度有多大差别。

设计以下 n=10 的迷宫，在这个迷宫中，从左上角起点出发，要遍历所有的点才能走出迷宫，这是最差的迷宫。

```
RRRRRRRRRD
DLLLLLLLLL
RRRRRRRRRD
DLLLLLLLLL
RRRRRRRRRD
DLLLLLLLLL
RRRRRRRRRD
DLLLLLLLLL
RRRRRRRRRD
DLLLLLLLLL
```

两段代码都用 cnt 统计 DFS 了多少次。运行两段代码，进行比较。

运行第 1 段代码（优化前）输出：“ans=100, cnt=5050”。

运行第 2 段代码（优化后）输出：“ans=100, cnt=100”。

测试证明，优化前的复杂度是 $O(n^4)$，优化后的复杂度是 $O(n^2)$。优化前的代码只能处理 $n = 100$ 的迷宫，优化后的代码能处理 $n = 5000$ 的迷宫。

读者可以自己设计一个更大的迷宫来测试。

5.1.6　DFS 真题

用下面的蓝桥杯大赛的真题介绍基本的 DFS 编码方法。

例题 5-3. 方格分割

2017 年（第八届）省赛，填空题，lanqiaoOJ 题号 644

【题目描述】6×6 的方格，沿着格子的边线将其剪开成两部分。要求这两部分的形状完全相同，下图就是可行的分割方法。试计算：包括这两种分割方法在内，一共有多少种不同的分割方法。注意：旋转对称属于同一种分割方法。

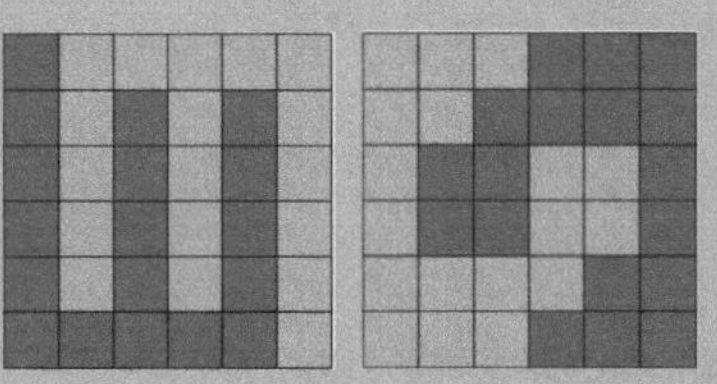

分割线一定会经过图的中心点，只要确定半条到达边界的分割线，就能根据这半条分割线对称画出另外半条分割线。另外，题目要求旋转对称属于同一种分割方法，因为结果是中心对称的，所以将搜索出来的个数除以 4 即可。

在搜索过程中需要注意，搜索出的半条分割线不能同时经过中心对称的两个点，所以在标记时，需要将对称的点也标记。

这是一道简单的 DFS 题。具体操作：中心点是(3, 3)，从(3, 3)出发，然后轮流向右、左、上、下 4 个方向进行 DFS。

（1）C++代码。方向用第 3、4 行的两个一维数组表示。

```
1  #include<bits/stdc++.h>
2  using namespace std;
3  int dx[] = {0, -1, 1,  0, 0};                 //上、下、左、右 4 个方向
4  int dy[] = {0,  0, 0, -1, 1};
5  bool vis[10][10];                             //标记点是否被访问过
6  int cnt = 0;
7  void dfs(int x, int y){
8      if(x==0 || y==0 || x==6 || y==6){cnt++; return;}
9      for(int i=1; i<=4; i++){                  // 搜上、下、左、右 4 个方向
10         x += dx[i]; y += dy[i];               // 走一步
11         if(!vis[x][y]){                       // 若该点未访问，则继续 DFS
12             vis[x][y] = True;                 // 当前的点标记为已访问
13             vis[6-x][6-y] = True;
14             dfs(x, y);                        // 继续 DFS
15             vis[6-x][6-y] = False;
16             vis[x][y] = False;
17         }
18         x -= dx[i]; y -= dy[i];
19     }
20 }
21 int main(){
22 vis[3][3] = True;
23 dfs(3, 3);
24 cout << cnt / 4 << endl;
25 return 0;
26 }
```

（2）Python 代码。方向用二维数组 dir[][]表示，这种方法更为常见。

```
dir = [(-1, 0), (1, 0), (0, -1), (0, 1)]   #上、下、左、右 4 个方向
vis = [[1] * 7 for i in range(7)]
cnt = 0
def dfs(x, y):
    global cnt
    if x==0 or y==0 or x==6 or y==6: cnt+=1; return
    # 当前点和对称点都标记为已访问
    vis[x][y], vis[6-x][6-y] = 0, 0
    for i in range(0, 4):
        newx = x + dir[i][0]          # 新坐标
        newy = y + dir[i][1]
        if newx<0 or newx>6 or newy<0 or newy>6:  continue
        if vis[newx][newy]:  dfs(newx, newy)
    vis[x][y], vis[6 - x][6 - y] = 1, 1
dfs(3, 3)
print(cnt//4)
```

例题 5-4．正则问题

2017 年（第八届）省赛，lanqiaoOJ 题号 106

【题目描述】考虑一种简单的正则表达式：只由“x”“()”“|”组成的正则表达式。小明想求出这个正则表达式能接受的最长字符串的长度。例如 ((xx|xxx)x|(x|xx))xx 能接受的最长字符串是 xxxxxx，长度是 6。

【输入描述】输入一个由“x”“()”“|”组成的正则表达式。输入长度不超过 100，保证合法。

【输出描述】输出这个正则表达式能接受的最长字符串的长度。

正则表达式又称为规则表达式，通常被用来检索、替换符合某个模式（规则）的文本。

例如题目中由“x”“()”“|”组成的正则表达式，括号“()”的优先级最高，或操作“|”次之。括号里面是一个整体，操作的两边保留更长的那个。

题目描述中的((xx|xxx)x|(x|xx))xx 是怎么执行的？为什么它能接受的最长字符串长度是 6？

先执行括号，再执行或操作，步骤如下。

（1）先看第一个括号，发现里面还嵌套了括号，找到最内部的括号，括号内是一个或操作。(**(xx|xxx)**x|(x|xx))xx，得：(**xxxx**|(x|xx))xx。

（2）执行最内部的括号。(xxxx|**(x|xx)**)xx，得：(xxxx|**xx**)xx。

（3）执行最后的括号。**(xxxx|xx)**xx，得：**xxxxxx**。结束，得到长度为 6 的字符串。

本题是练习 DFS（递归）和栈的好题目。

题目的主体是括号匹配，这是经典的递归、栈的应用。

（1）一个左括号必然与一个右括号匹配。读者可以尝试生成各种各样的嵌套括号，方法是：从第 1 对括号“()”开始；把第 2 对括号的左括号和右括号**分别随机**插入第 1 对括号中的任意位置，例如“(())”；再把第 3 对括号随机插入，例如“(()())”，等等。只要括号是成对插入的，得到的括号串就都是合法的。

（2）用栈检查括号的合法性。每遇到一个左括号“(”，就入栈，每遇到一个右括号“)”，就完成一次匹配，出栈。读者可以用一个嵌套括号来练习一下。

（3）编程。可以直接用栈编程，也可以用 DFS（递归）编程，后者更简单。

本题的字符串除了括号，还有“|”和“x”。“|”和“x”的处理与括号的递归处理有关，这使得代码的逻辑有点复杂。

（1）C++代码。

```
#include<bits/stdc++.h>
using namespace std;
string s;
int pos = 0;          //当前的位置
int dfs(){
    int tmp = 0, ans = 0;
    int len = s.size();
    while(pos < len){
        if     (s[pos] == '('){ pos++; tmp += dfs();} //左括号，继续递归。相当于入栈
        else if(s[pos] == ')'){ pos++; break;}        //右括号，递归返回。相当于出栈
        else if(s[pos] == '|'){  pos++; ans = max(ans, tmp);tmp = 0;}  //检查或操作
        else if(s[pos] == 'x'){ pos++; tmp++;}         //检查“x”，并统计“x”的个数
    }
    ans = max(ans, tmp);
    return ans;
}
int main(){
    cin >> s;   cout << dfs();   return 0;
}
```

（2）Python 代码。

```
s=input().strip()                    # strip()用于移除字符串头尾的空格或换行符
pos,length = 0,len(s)
def dfs():
    global pos,length
    ans,temp = 0,0
    while pos<length:
        if   s[pos]== '(':   pos+=1; temp=temp+dfs()
        elif s[pos]== 'x':   pos+=1; temp+=1
```

```
        elif s[pos]== '|':   pos+=1; ans=max(ans,temp); temp=0
        elif s[pos]== ')':   pos+=1; return max(ans,temp)
    return max(ans,temp)
print(dfs())
```

例题 5-5. 寒假作业

2016 年（第七届）省赛，lanqiaoOJ 题号 1388

【题目描述】有加、减、乘、除 4 种运算：□+□=□、□−□=□、□×□=□、□÷□=□。每个方块代表 1～13 的某一个数字，但不能重复。一共有多少种方案？

（1）C++代码。

题目是一个 13!的全排列问题，能直接用函数 next_permutation()求解吗？如果用这个函数，就很容易写出下面的代码。

```
#include <bits/stdc++.h>
using namespace std;
int a[20] = {1, 2, 3, 4, 5, 6, 7, 8, 9, 10, 11, 12, 13};
int main() {
  int ans=0;
  do{
     if( a[0]+a[1]==a[2] && a[3]-a[4]==a[5] && a[6]*a[7]==a[8] && a[11]*a[10]==a[9])
        ans++;
  }while(next_permutation(a,a+13));
  cout<<ans<<endl;
}
```

可惜，上述代码严重超时，因为 13! = 6227020800。

分析题目可知，实际上并不用生成一个完整的排列。例如，如果一个排列的前 3 个数不满足“□ + □ = □”，那么后面的 9 个数不管怎么排列都不对。这种提前终止搜索的技术叫作“**剪枝**”，剪枝是搜索中常见的优化技术。

由于 next_permutation()每次都必须生成一个完整的排列，而不能在中间停止，所以这种场合“剪枝”并不适用。

前面 5.1.4 小节“DFS 与排列组合”给出了两种 DFS 代码，下面分别套用这两种代码。

① 代码 1。

```
#include<bits/stdc++.h>
using namespace std;
int a[20]={1,2,3,4,5,6,7,8,9,10,11,12,13};
int ans=0;
void dfs(int s, int t){
    if(s==12) {
        if(a[11]*a[10] == a[9]) ans++;
        return;
    }
    if(s==3 && a[0]+a[1]!=a[2]) return;    //剪枝
    if(s==6 && a[3]-a[4]!=a[5]) return;    //剪枝
    if(s==9 && a[6]*a[7]!=a[8]) return;    //剪枝
    for(int i = s; i <= t; i++) {
          swap(a[s], a[i]);
          dfs(s+1, t);
          swap(a[s], a[i]);
    }
}
int main(){
    int n=13;
    dfs(0, n-1);
```

```
    cout<<ans;
    return 0;
}
```

② 代码 2。

```
#include<bits/stdc++.h>
using namespace std;
int a[20]={1,2,3,4,5,6,7,8,9,10,11,12,13};
bool vis[20];
int b[20];
int ans=0;
void dfs(int s,int t){
    if(s==12) {
        if(b[9]*b[10] == b[11]) ans++;
        return;
    }
    if(s==3 && b[0]+b[1]!=b[2]) return; //剪枝
    if(s==6 && b[3]-b[4]!=b[5]) return; //剪枝
    if(s==9 && b[6]*b[7]!=b[8]) return; //剪枝
    for(int i=0;i<t;i++)
        if(!vis[i]){
            vis[i]=True;
            b[s]=a[i];
            dfs(s+1,t);
            vis[i]=False;
        }
}
int main(){
    int n=13;
    dfs(0,n); //前 n 个数的全排列
    cout<<ans;
    return 0;
}
```

（2）Python 代码。对应第二种排列代码。

```
ans=0
b = [0 for _ in range(15)]
vis=[0 for _ in range(15)]
def check3():  return b[1]+b[2] == b[3]
def check6():  return b[4]-b[5] == b[6]
def check9():  return b[7]*b[8] == b[9]
def check12(): return b[10]     == b[11]*b[12]
def dfs(num):
    global ans
    if num==13:
        if check12(): ans+=1
        return
    if num==4  and not check3():return
    if num==7  and not check6():return
    if num==10 and not check9():return
    for i in range(1,14):
        if not vis[i]:
            b[num]=i
            vis[i]=1
            dfs(num+1)
            vis[i]=0
dfs(1)
print(ans)
```

5.2 BFS 基础

BFS 的原理是"逐层扩散"，从起点出发按层次先后搜索。编程时，BFS 用队列实现。由于 BFS 的特点是逐层搜索，先搜到的层离起点更近，所以 BFS 一般用于求解最短路径问题。

5.2.1 BFS 的原理

前面用"一只老鼠走迷宫"介绍了 DFS 的原理："一路走到底，直到碰壁；碰壁了回到上一步，换个路口继续一路走到底，直到碰壁……"

显然，DFS 的重点在于路径的连通性，而不管路径的长短，搜到的路径很可能绕了远路。例如图 5.3 所示，"@"表示起点，"*"表示终点，"#"表示墙壁不能走，"·"表示能走，只能向上、下、左、右 4 个方向走。

现在用 DFS 找从起点到终点的路径，假设每一步都按先左再右的方法走，结果如图 5.4 所示。

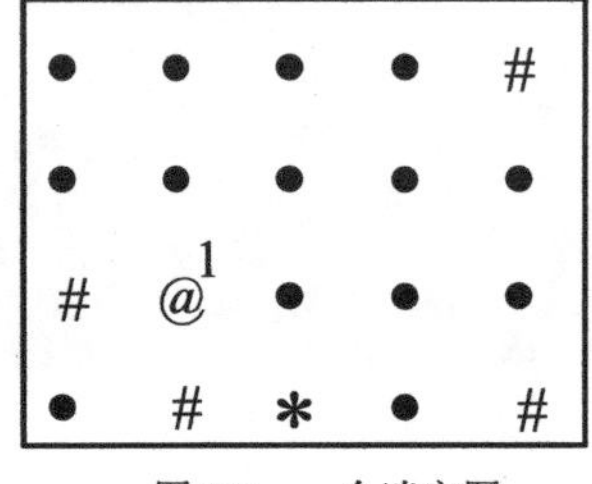

图 5.3　一个迷宫图

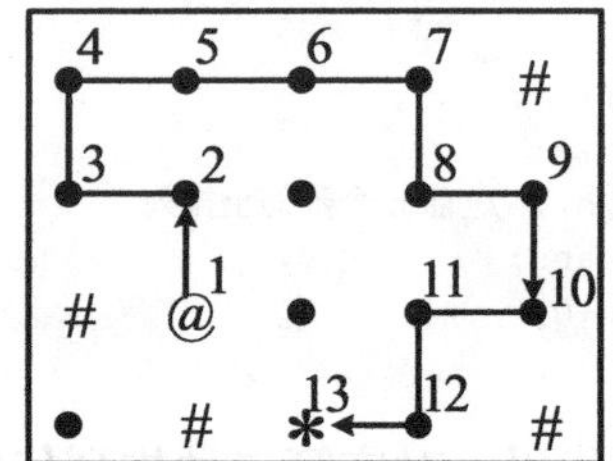

图 5.4　用 DFS 找一条从"@"到"*"的路径

从起点"@"到终点"*"的最短路径只有两步，但 DFS 第一次搜到的路径却走了 13 步。要用 DFS 找最短路径，需要遍历所有的可能路径，然后比较得到最短的那一条。

在 5.1.3 小节"DFS 的所有路径"中已经解析了 DFS 的做法，由于路径总数量太大，因此用 DFS 搜索所有路径然后找最短的路径是不可接受的。

下面根据 BFS 的原理寻找最短路径。设起点有一群老鼠，它们在每个位置都"眼观八方"，把下一步可以走的路都派给部分老鼠去走。仍然用图 5.3 所示的迷宫，用 BFS 寻路的过程如图 5.5 所示。

这群老鼠寻找路径的步骤如下。

（1）从起点 1 出发。

（2）1 有两个邻居 2、3，派出两群老鼠分别走。这时距离起点 1 一步远的两个点（2、3）都走到了。

（3）向 2、3 的邻居走。为了方便操作，按顺序先走 2 的所有邻居 4、5、6。

（4）向 3 的邻居 7、8 走。这时距离起点 1 两步远的点（4、5、6、7、8）都走到了。而且遇到了终点 8，只需两步，这就是最短路径，代码已经可以结束了。

不过，这群老鼠决定继续把所有的点都走到。

（5）向 4 的邻居 9 走、向 5 的邻居 10 走、向 6 的邻居 11 走、向 7 的邻居 12、13 走。这时距离起点 13 步远的点（9、10、11、12、13）都走到了。

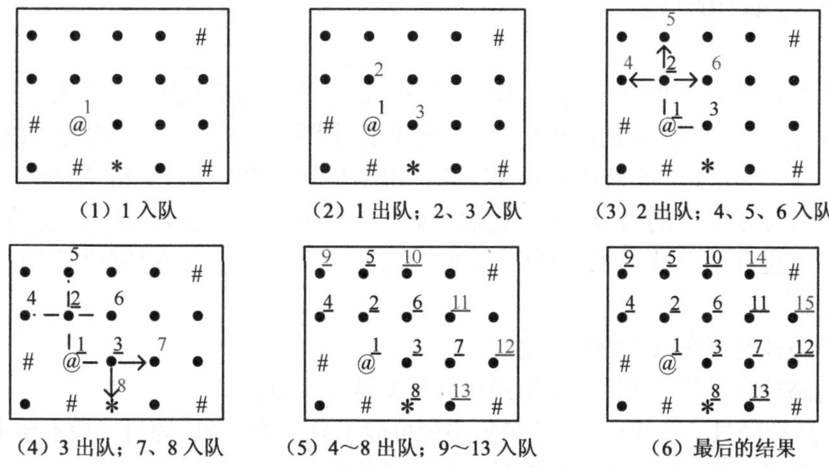

图 5.5　用 BFS 找从“@”到“*”的路径

（6）向 10 的邻居 14 走，向 11 的邻居 15 走。距离起点 1 有 4 步远的点（14、15）都走到了。

上面的步骤用队列来操作是最简单、方便的。表 5.1 详细说明了如何用队列实现 BFS 的步骤。

表 5.1　用队列实现 BFS 的步骤

步骤	出队	入队	当前队列内的点
(1)		1	1
(2)	1	2、3	2、3
(3)	2	4、5、6	3、4、5、6
(4)	3	7、8	4、5、6、7、8
(5)	4	9	5、6、7、8、9
	5	10	6、7、8、9、10
	6	11	7、8、9、10、11
	7	12、13	8、9、10、11、12、13
	8		9、10、11、12、13
(6)	9		10、11、12、13
	10	14	11、12、13、14
	11	15	12、13、14、15
	12		13、14、15
	13		14、15
	14		15
	15		空

✧ 提示：队列是 BFS 的绝配。读者可以思考，如果不用队列，那么还能编写 BFS 的代码吗？要如何实现？

5.2.2 BFS 与最短路径

计算最短路径是 BFS 的基本应用。BFS 是一种很好的查找最短路径的算法，不过它只适合一种情况：任意相邻两点之间的距离相等，一般把这个距离看成 1，有时称为 1 跳。在这种情况下，要查找一个起点到一个终点的最短距离，BFS 是最优的查找最短路径的算法，计算复杂度是 $O(n+m)$，n 是图上点的数量，m 是边数。如果 1 跳的距离不是 1，那么一条有更多“跳”的路径反而可能比有更少“跳”的路径更短，此时就不能用 BFS 了，而是需要用 Dijkstra、SPFA、Floyd 等通用算法。

计算最短路径时存在以下两个问题。

（1）最短路径有多长。要注意最短路径的长度是唯一的。

（2）最短路径经过了哪些点。由于最短路径可能不只一条，所以题目一般不要求输出路径。如果要求输出路径，则一般输出字典序最小的那条路径。

用下面的例题说明最短路径的计算和最短路径的两种输出方法。

例题 5-6. 迷宫

2019 年（第十届）省赛，填空题，lanqiaoOJ 题号 602

【题目描述】下面给出了一个迷宫的平面图，其中标记为 1 的为障碍，标记为 0 的为可以通行的地方。

010000

000100

001001

110000

迷宫的入口为左上角，出口为右下角，在迷宫中，只能从一个位置向它的上、下、左、右 4 个方向之一走。对于上面的迷宫，从入口开始，可以按 DRRURRDDDR 的顺序走出迷宫，一共 10 步。其中 D、U、L、R 分别表示向下、向上、向左、向右走。对于下面这个更复杂的迷宫（30 行 50 列），请找出一种走出迷宫的方式，其使用的步数最少，在步数最少的前提下，请找出字典序最小的一种走出迷宫的方式作为答案。请注意在字典序中，D<L<R<U。

对于是用 BFS 还是 DFS 查找路径，如何输出路径，有以下分析。

（1）要搜所有的路径吗？不管是用 BFS 还是用 DFS，其复杂度都是指数级的。

（2）题目只要求搜最短路径，这就简单多了，肯定用 BFS。

（3）最短路径可能不止一条，不过用 BFS 很容易计算。BFS 的特点：它是逐层扩散的（往 BFS 的队列中加入邻居点时，是按距离起点远近的顺序加入的，即先加入距离起点为 1 的邻居点，加完之后，再加入距离为 2 的邻居点，等等），搜完一层，才会继续搜下一层。一条路径是从起点开始，沿着每一层逐步往外走的，每多一层，路径长度就增加 1。那么，所有长度相同的最短路径都是从相同的层次扩散出去的。当搜到第一个到达终点的最短路径后，如果继续搜索，就会返回其他可能不是最短的路径。

（4）题目要求返回字典序最小的最短路径，那么只要在每次扩散下一层（往 BFS 的队列中加入下一层的结点）时，都按字典序“D<L<R<U”的顺序来加下一层的结点，那么第一个搜到的最短路径就是字典序最小的那条路径。

本题是一个基本的用 BFS 查找最短路径的应用。每个点只搜一次，即入队和出队一次。复杂度只有 $O(n)$，n 是迷宫内结点的总数，本题只有 30×50 = 1500 个点，非常少。在竞赛中，BFS 能用于解决 1×10^7 个点的最短路径问题。

本题的关键是输出路径，下面给出两种输出方法：简单方法和标准方法。

后面的代码中，k[4]表示 4 个方向，按字典序排列。做 BFS 时，按字典序处理每个点的邻居点。对于迷宫地图，其左上角坐标是(0, 0)，上下是 x 轴，左右是 y 轴。

1. 输出最短路径的简单方法

每扩展到一个点 v，都在点 v 上存储从起点 s 到点 v 的完整路径 path。到达终点 t 时，就得到了从起点 s 到点 t 的完整路径。这样做的缺点是会占用大量空间，因为每个点上都存储了完整的路径。这种方法适合小图。这种路径记录方法称为“简单方法”。

（1）C++代码。

在每个点上用 string path 记录从起点到这个点的路径。本题的起点是(0, 0)，终点是(29, 49)，第 21 行到达终点后，用“cout<<now.path”输出完整路径。

```
1   //本题是填空题。下面代码需要运行得到答案后，再把答案提交到 OJ 系统。
2   #include<bits/stdc++.h>
3   using namespace std;
4   struct node{
5       int x,y;                                        //坐标
6       string path;                                    //path，记录从起点(0,0)到这个点(x,y)的完整路径
7   };
8   char mp[31][51];                                    //存地图
9   char k[4]={ 'D', 'L', 'R', 'U'};                    //4 个方向，按字典序
10  int dir[4][2]={{1,0},{0,-1},{0,1},{-1,0}};
11  int vis[30][50];                                    //标记。vis=1：已经搜过，不用再搜
12  void bfs(){
13      node start;
14      start.x=0;  start.y=0;  start.path=" ";         //定义起点
15      vis[0][0]=1;                                    //标记起点被搜过
16      queue<node>q;
17      q.push(start);                                  //把第一个点放进队列，开始 BFS
18      while(!q.empty()){
19          node now = q.front();   q.pop();            //取出队首，弹走队首
20          if(now.x==29 && now.y==49){                 //第一次遇到终点，就是字典序最小的最短路径
21              cout << now.path;                       //输出完整路径
22              return;
23          }
24          for(int i=0;i<4;i++){                       //扩散 4 个方向的邻居点
25              node next;
26              next.x = now.x + dir[i][0];
27              next.y = now.y + dir[i][1];
28              if(next.x<0||next.x>=30||next.y<0||next.y>=50) continue;      //越界了
29              if(vis[next.x][next.y]==1 || mp[next.x][next.y]== '1') //vis=1：已经搜过； mp=1：是障碍
30                  continue;
31              vis[next.x][next.y]=1;              //标记已被搜过
32              next.path = now.path + k[i];        //记录完整路径：复制上一个点的路径，加上这一步的路径
33              q.push(next);
34          }
35      }
36  }
37  int main(){
38      for(int i=0;i<30;i++)   cin >> mp[i];           //读题目给的迷宫地图数据
39      bfs();
40  }
```

（2）Python 代码。

下面给出输出最短路径的简单方法的 Python 代码。代码中用到了一个小技巧，第 4、5 行给迷宫四周加上围墙，这样在第 19 行找一个点的邻居点时，如果邻居点是围墙就不用走了。四周都是围墙，也不用再做越界判断。加围墙前，起点是(0, 0)，终点是(29, 49)。加围墙后，起点是(1, 1)，终点是(30, 50)。第 21 行记录完整路径。第 15 行遇到终点，输出完整路径，退出。

```
1   from queue import Queue
2   mp = []
3   for i in range(0, 30):   mp.append(input())                 #读迷宫
4   for i in range(len(mp)):  mp[i] = '1' + mp[i] + '1'         #为迷宫加左边和右边的围墙
5   mp = [52 * '1'] + mp + [52 * '1']                           #为迷宫加上面和下面的围墙
6   vis = [list(map(int, list(i))) for i in mp]                 #记录迷宫的状态
7   k = ('D', 'L', 'R', 'U')                                    #方向，定义为元组，不可改
8   dir = ((1,0),(0,-1),(0,1),(-1,0))
9   #下面是bfs:
10  vis[1][1] = 1                    #起点是(1,1)，终点是(30,50)
11  q = Queue()
12  q.put((1, 1, " "))
13  while q.qsize() != 0:        #以 (1,1) 为起点开始移动
14    now = q.get()
15    if now[0]==30 and now[1]==50:  print(now[2]); exit       #输出完整路径，退出
16    for i in range(4):
17        x = now[0] + dir[i][0]
18        y = now[1] + dir[i][1]
19        if vis[x][y] != 1:
20            vis[x][y] = 1                                     #把访问过的点变成墙，后面不再访问
21            path = now[2]+k[i]                                #记录从起点到这个点的完整路径
22            q.put((x, y, path))
```

2. 输出最短路径的标准方法

其实可以不用在每个点上存储完整路径，在每个点上记录它的前驱点就够了，这样从终点能一步步回溯到起点，得到一条完整路径。这种路径记录方法称为"标准方法"。

（1）C++代码。

注意输出路径的函数 print_path()，它是递归函数，功能是递归、回溯，再输出。从终点开始，回溯到起点后，再按从起点到终点的顺序，正序输出完整路径。

第 8 行定义的 char pre[][]用于查找前驱点。例如 pre[x][y] = 'D'，表示上一个点往下走一步到了(x, y)，那么上一个点是$(x-1, y)$。

```
1   #include<bits/stdc++.h>
2   using namespace std;
3   struct node{ int x, y; };
4   char mp[31][51];
5   char k[4]={ 'D', 'L', 'R', 'U'};
6   int dir[4][2]={{1,0},{0,-1},{0,1},{-1,0}};
7   int vis[30][50];
8   char pre[31][51];                               //用于查找前驱点
9   void print_path(int x,int y){                   //输出路径：从(0,0)到(29,49)
10      if(x==0 && y==0) return;                    //回溯到了起点，递归结束，返回
11      if(pre[x][y]== 'D')  print_path(x-1,y);     //回溯，往上 (U)
12      if(pre[x][y]== 'L')  print_path(x,  y+1);   //回溯，往右 (R)
13      if(pre[x][y]== 'R')  print_path(x,  y-1);
14      if(pre[x][y]== 'U')  print_path(x+1,y);
15      printf("%c",pre[x][y]);                     //最后输出的是终点
16  }
17  void bfs(){
```

```
    node start;
    start.x=0;  start.y=0;
    vis[0][0]=1;
    queue<node>q;
    q.push(start);                    //把第一个点放进队列，开始 BFS
    while(!q.empty()){
        node now=q.front();  q.pop();
        if(now.x==29 && now.y==49){
            print_path(29,49);        //输出完整路径，从终点回溯到起点，输出的是从起点到终点的正序
            return;
        }
        for(int i=0;i<4;i++){
            node next;
            next.x = now.x+dir[i][0];    next.y = now.y+dir[i][1];
            if(next.x<0||next.x>=30||next.y<0||next.y>=50) continue;
            if(vis[next.x][next.y]==1 || mp[next.x][next.y]== '1') continue;
            vis[next.x][next.y]=1;
            pre[next.x][next.y] = k[i];    //记录点(x,y)的前驱点
            q.push(next);
        }
    }
}
int main(){
    for(int i=0;i<30;i++)  cin >> mp[i];
    bfs();
}
```

（2）Python 代码。

下面给出输出最短路径的标准方法的 Python 代码。路径输出函数 print_path()和 C++代码的完全一样。

此处用到了与前面输出简单方法的 Python 代码相同的技巧，第 12、13 行给迷宫四周加上围墙。

第 30 行记录路径上一个点的前驱点。第 24 行遇到终点，输出完整路径，退出。

```
1  from queue import Queue
2  def print_path(x,y):
3      if x==1 and y==1:   return                          #回溯到了起点，递归结束，返回
4      if pre[x][y]== 'D':  print_path(x-1,y);             #回溯，往上（U）
5      if pre[x][y]== 'L':  print_path(x,  y+1);           #回溯，往右（R）
6      if pre[x][y]== 'R':  print_path(x,  y-1);
7      if pre[x][y]== 'U':  print_path(x+1,y);
8      print(pre[x][y],end=" ")                            #最后输出的是终点
9
10 mp = []
11 for i in range(0, 30):   mp.append(input())             #读迷宫
12 for i in range(len(mp)):  mp[i] = '1' + mp[i] + '1'     #为迷宫加左边和右边的围墙
13 mp = [52 * '1'] + mp + [52 * '1']                       #为迷宫加上面和下面的围墙
14 vis = [list(map(int, list(i))) for i in mp]             #记录迷宫的状态
15 k = ('D', 'L', 'R', 'U')                                #方向，定义为元组，不可改
16 dir = ((1,0),(0,-1),(0,1),(-1,0))
17 pre = [[(-1, -1)] * (52) for i in range( 32)]           #用于保存前一个点
18 #下面是 BFS
19 vis[1][1] = 1                                           #起点是(1,1)，终点是(30,50)
20 q = Queue()
21 q.put((1, 1))
22 while q.qsize() != 0:  #以(1,1)为起点开始移动
23   now = q.get()
24   if now[0]==30 and now[1]==50:  print_path(30,50); exit  #输出路径，退出
25   for i in range(4):
26       x = now[0] + dir[i][0]
```

```
        y = now[1] + dir[i][1]
        if vis[x][y] != 1:                               #把访问过的点变成墙，后面不再访问
            vis[x][y] = 1
            pre[x][y] = k[i]
            q.put((x, y))
```

5.3 连通性判断

连通性判断是图论中的一个简单问题，给定一张图，图由点和连接点的边组成，要求找到图中互相连通的部分。这是基础的搜索，用 DFS 或 BFS 都行。

用下面的真题说明连通性问题。

例题 5-7. 全球变暖

2018 年（第九届）省赛，lanqiaoOJ 题号 178

【题目描述】你有一张某海域 的 $N \times N$ 像素的照片，“.”表示海洋、“#”表示陆地，如下所示。

```
.......
.##....
.##....
....##.
..####.
...###.
.......
```

其中上、下、左、右 4 个方向上连在一起的一片陆地组成一座岛屿。例如上述海域就有两座岛屿。全球变暖导致了海平面上升，科学家预测未来几十年，岛屿边缘一个像素的范围会被海水淹没。具体来说，如果一片陆地像素与海洋相邻（上、下、左、右 4 个相邻像素中有海洋），它就会被淹没。例如上图中的海域未来会变成如下样子。

```
.......
.......
.......
.......
....#..
.......
.......
```

请你计算：依照科学家的预测，照片中有多少岛屿会被完全淹没。保证照片中第 1 行、第 1 列、第 N 行、第 N 列的像素都是海洋。

【输入描述】输入第一行包含一个整数 N（$1 \leqslant N \leqslant 1000$）。以下 N 行 N 列代表一张海域照片。保证照片中第 1 行、第 1 列、第 N 行、第 N 列的像素都是海洋。

【输出描述】输出一个整数表示答案。

这是连通性问题，计算步骤：遍历一个连通块（找到这个连通块中所有的“#”，并标记已经搜过，不用再搜）；再遍历下一个连通块；以此类推，遍历完所有连通块，统计有多少个连

通块。

连通性问题用暴力搜索解决：挨个搜索连通块上的所有点，不遗漏一个；另外，最好每个点只搜索一次。这种简单的暴力搜索，用 BFS 和 DFS 都行，不仅很容易搜索到所有点，而且每个点只需要搜索一次。

不过，如果 N 较大，则用 DFS 可能会因递归深度太大而出错，此时应该用 BFS。5.3.1 小节"DFS 连通性判断"将说明 DFS 的递归深度太大导致的问题。

回到这个题目，什么岛屿不会被完全淹没？若岛屿中有块陆地（称为高地），它周围都是陆地，那么这座岛屿不会被完全淹没。用 DFS 或 BFS 搜出有多少座岛屿（连通块），检查这座岛屿有没有高地，统计那些没有高地的岛屿（连通块）的数量，就是答案。

计算复杂度：因为每个像素点只搜索一次且必须至少搜索一次，一共有 N^2 个点，所以用 BFS 和 DFS 的复杂度都是 $O(N^2)$。

5.3.1　DFS 连通性判断

DFS 判断连通性的步骤如下。

（1）从图上任意一个点 u 开始遍历，标记点 u 已经被搜索过。

（2）递归点 u 的所有符合连通条件的邻居点。

（3）递归结束，找到了与点 u 连通的所有点，这是一个连通块。

（4）不与点 u 连通的、其他没有访问到的点，继续用上述步骤处理，直到找到所有的连通块。

用上面的例题 5-7"全球变暖"说明 DFS 的步骤。DFS 所有的点，若遇到"#"，则继续 DFS 这个"#"周围的"#"。把搜索过的"#"标记为已经被搜索过，不用再搜索。标记的那些没有高地的岛屿的数量，就是答案。

搜索时应该判断是不是出了边界。不过题目已经说了"保证照片中第 1 行、第 1 列、第 N 行、第 N 列的像素都是海洋"，那就不用判断边界了，到了边界，发现是海洋就停止搜索。

下面给出代码，请特别注意关于递归深度的部分。

（1）C++代码。

```
#include<bits/stdc++.h>
using namespace std;
const int N = 1010;
char mp[N][N];                                    //地图
int vis[N][N]={0};                                //标记是否搜索过
int d[4][2] = {{0,1}, {0,-1}, {1,0}, {-1,0}}; //4 个方向
int flag;                                         //用于标记这座岛屿是否被完全淹没
void dfs(int x, int y){
    vis[x][y] = 1;                                //标记这个"#"被搜索过。请思考为什么在这里标记
    if( mp[x][y+1]== '#' && mp[x][y-1]== '#' &&
        mp[x+1][y]== '#' && mp[x-1][y]== '#'   )
        flag = 1;                                 //上、下、左、右都是陆地，所以这是一个高地，不会被淹没
    for(int i = 0; i < 4; i++){                   //继续 DFS 周围的陆地
        int nx = x + d[i][0], ny = y + d[i][1];
        if(vis[nx][ny]==0 && mp[nx][ny]== '#')     //注意为什么要判断 vis[][]
            dfs(nx,ny);                           //继续 DFS 未搜索过的陆地，目的是标记它们
    }
}
int main(){
```

```
20      int n;   cin >> n;
21      for (int i = 0; i < n; i++)    cin >> mp[i];
22      int ans = 0 ;
23      for(int i = 0; i < n; i++)             //DFS 所有像素点
24          for(int j = 0; j < n; j++)
25              if(mp[i][j]== '#' && vis[i][j]==0){
26                  flag = 0;                  //假设这座岛屿被淹没
27                  dfs(i,j);                  //查找这座岛屿中有没有高地，如果有，则置 flag=1
28                  if(flag == 0) ans++;       //这座岛屿确实被淹没了，统计被淹没岛屿的数量
29              }
30      cout<<ans<<endl;
31      return 0;
32  }
```

上述代码中的第 15 行，if(vis[nx][ny]==0 && mp[nx][ny]=='#')，其中判断了 vis[nx][ny]是否等于 0，请思考它的作用。

✧ 提示：将上面的代码提交到 OJ 系统，能通过测试。但是如果测试数据够好，这段代码就不能通过测试，原因是这一题的 DFS 的递归深度太大。例如有这样一组测试数据：n = 1000，共 $n^2 = 1\times10^6$ 个点，除了四周是“.”，中间都是“#”。这段代码运行后的递归深度超过 5 万，代码将发生异常，退出。

（2）Python 代码。

```
1   import sys
2   sys.setrecursionlimit(60000)                  #设置递归深度
3   def dfs(x,y):
4       d = [(0,1),(0,-1),(1,0),(-1,0)]
5       global flag
6       global vis
7       global mp
8       vis[x][y] = 1
9       if mp[x][y+1]== '#' and mp[x][y-1]== '#' and mp[x+1][y]== '#' and mp[x-1][y]== '#':
10          flag = 1
11      for i in range(4):
12          nx = x+d[i][0]
13          ny = y+d[i][1]
14          if vis[nx][ny]==0 and mp[nx][ny]== '#': dfs(nx,ny)
15  n = int(input())
16  mp =[]
17  for i in range(n):  mp.append(list(input()))
18  vis = []
19  for i in range(n):  vis.append([0]*n)
20  ans = 0
21  for i in range(n):
22      for j in range(n):
23          if vis[i][j]==0 and mp[i][j]== '#':
24              flag = 0
25              dfs(i,j)
26              if flag == 0:  ans+=1
27  print(ans)
```

✧ 提示：上述 Python 代码中的 DFS 代码，需要在第 2 行用 setrecursionlimit()设置递归深度，否则不能通过 100%的测试数据。

如果题目给的 N 较大，用 DFS 编码需注意递归深度的问题。例如例题 5-7“全球变暖”这

道题，用 DFS 编程求解很不保险，应该使用 BFS。

5.3.2　BFS 连通性判断

BFS 判断连通性的步骤如下。

（1）从图上任意一个点 u 开始遍历，把它放进队列中。

（2）弹出队首 u，标记点 u 已经被搜索过，然后搜索点 u 的邻居点，即与点 u 连通的点，将其放到队列中。

（3）弹出队首，标记为已被搜索过，然后搜索与它连通的邻居点，放进队列。

继续以上步骤，直到队列为空，此时已经找到一个连通块。其他没有访问到的点，属于另外的连通块，按以上步骤再次处理这些点。最后所有点都被搜索过，所有连通块也都找到了。

下面用 BFS 解决例题 5-7 “全球变暖”。

（1）C++代码。

BFS 编程的思路比较简单。下面代码第 34 行，看到一个 “#” 后，就用 BFS 扩展它周围的 “#”，所有和它相连的 “#” 属于一座岛屿。然后使用前面 DFS 提到的方法：找高地，判断是否被淹没。

BFS 的代码比 DFS 的要复杂一点，因为用到了队列。这里直接用 STL 的 queue，放进队列的是坐标点 pair<int, int>。

```
1  #include<bits/stdc++.h>
2  using namespace std;
3  const int N = 1010;
4  char mp[N][N];
5  int vis[N][N];
6  int d[4][2] = {{0,1}, {0,-1}, {1,0}, {-1,0}}; //4 个方向
7  int flag;
8  void bfs(int x, int y) {
9      queue<pair<int, int>> q;
10     q.push({x, y});
11     vis[x][y] = 1;       //标记这个“#”被搜索过
12     while (q.size()) {
13         pair<int, int> t = q.front();
14         q.pop();
15         int tx = t.first, ty = t.second;
16         if( mp[tx][ty+1]== '#' && mp[tx][ty-1]== '#' &&
17             mp[tx+1][ty]== '#' && mp[tx-1][ty]== '#'    )
18             flag = 1; //上、下、左、右都是陆地，不会被淹没
19         for (int i = 0; i < 4; i++) {     //扩展(tx,ty)的 4 个邻居点
20             int nx = tx + d[i][0], ny = ty + d[i][1];
21             if(vis[nx][ny]==0 && mp[nx][ny]== '#'){   //把陆地放进队列
22                 vis[nx][ny] = 1;  //注意：这一句必不可少
23                 q.push({nx, ny});
24             }
25         }
26     }
27 }
28 int main() {
29     int n;  cin >> n;
30     for (int i = 0; i < n; i++)   cin >> mp[i];
31     int ans = 0;
32     for (int i = 0; i < n; i++)
33         for (int j = 0; j < n; j++)
34             if (mp[i][j] == '#' && vis[i][j]==0) {
35                 flag = 0;
```

```
                bfs(i, j);
                if(flag == 0)  //这座岛屿全部被淹没
                    ans++;     //统计岛屿的数量
            }
    cout << ans << endl;
    return 0;
}
```

（2）Python 代码。

Python 有 3 种队列实现方式：①Queue()；②list；③deque()。其中 deque()的速度最快。下面分别给出对应 3 种方式的代码。

① Queue()。

```
from queue import *
def bfs(x,y):
    d = [(0,1),(0,-1),(1,0),(-1,0)]
    q = Queue()
    q.put((x,y))
    vis[x][y]=1
    global flag
    while not q.empty():
        t = q.get()
        tx,ty = t[0],t[1]
        if mp[tx][ty+1]== '#' and mp[tx][ty-1]== '#' and \
           mp[tx+1][ty]== '#' and mp[tx-1][ty]== '#':
           flag = 1
        for i in range(4):
            nx = tx+d[i][0]
            ny = ty+d[i][1]
            if vis[nx][ny]==0 and mp[nx][ny]== "#":
               q.put((nx,ny))
               vis[nx][ny]=1

n = int(input())
mp =[]
for i in range(n):  mp.append(list(input()))
vis = []
for i in range(n):  vis.append([0]*n)
ans = 0
for i in range(n):
    for j in range(n):
        if vis[i][j]==0 and mp[i][j]== "#":
            flag = 0
            bfs(i,j)
            if flag == 0:  ans+=1
print(ans)
```

② list。

```
def bfs(x,y):
    d = [(0,1),(0,-1),(1,0),(-1,0)]
    q = [(x,y)]     #用 list 实现队列
    vis[x][y]=1
    global flag
    while q:
        t=q.pop(0)
        tx,ty = t[0],t[1]
        if mp[tx][ty+1]== '#' and mp[tx][ty-1]== '#' and \
           mp[tx+1][ty]== '#' and mp[tx-1][ty]== '#':
           flag = 1
        for i in range(4):
```

```
            nx = tx+d[i][0]
            ny = ty+d[i][1]
            if vis[nx][ny]==0 and mp[nx][ny]== "#":
                q.append((nx,ny))
                vis[nx][ny]=1

n = int(input())
mp =[]
for i in range(n): mp.append(list(input()))
vis = []
for i in range(n): vis.append([0]*n)
ans = 0
for i in range(n):
    for j in range(n):
        if vis[i][j]==0 and mp[i][j]== "#":
            flag = 0
            bfs(i,j)
            if flag == 0:  ans+=1
print(ans)
```

③ deque()。

```
from collections import *
def bfs(x,y):
    d = [(0,1),(0,-1),(1,0),(-1,0)]
    q = deque();
    q.append((x,y))
    vis[x][y]=1
    global flag
    while q:
        t = q.popleft()
        tx,ty = t[0],t[1]
        if mp[tx][ty+1]== '#' and mp[tx][ty-1]== '#' and \
           mp[tx+1][ty]== '#' and mp[tx-1][ty]== '#':
           flag = 1
        for i in range(4):
            nx = tx+d[i][0]
            ny = ty+d[i][1]
            if vis[nx][ny]==0 and mp[nx][ny]== "#":
                q.append((nx,ny))
                vis[nx][ny]=1

n = int(input())
mp =[]
for i in range(n):  mp.append(list(input()))
vis = []
for i in range(n):  vis.append([0]*n)
ans = 0
for i in range(n):
    for j in range(n):
        if vis[i][j]==0 and mp[i][j]== "#":
            flag = 0
            bfs(i,j)
            if flag == 0:  ans+=1
print(ans)
```

5.3.3　连通性例题

例题 5-8. 剪邮票

2016 年（第七届）省赛，填空题，lanqiaoOJ 题号 1505

【题目描述】有 12 张连在一起的 12 生肖的邮票。现在要从中剪下 5 张邮票，要求剪下的邮票必须是连着的。仅仅连接一个角的不算。例如下图中，玫红色所示部分是合格的裁剪。请你计算一共有多少种不同的裁剪方法。

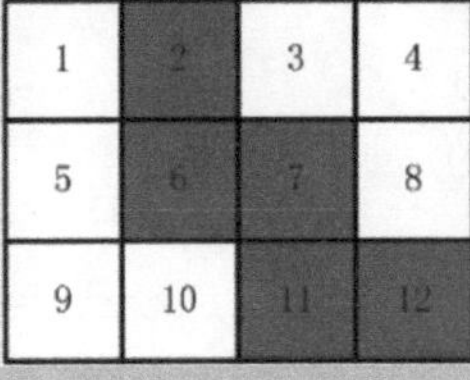

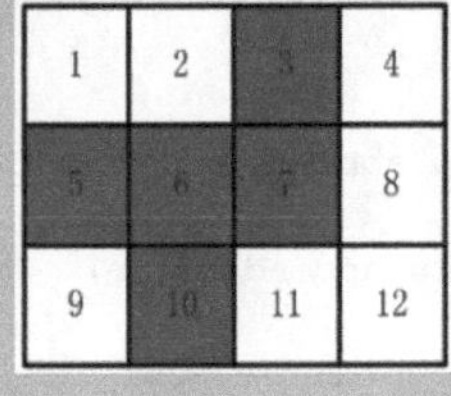

本题的解题方法：暴力求排列 + 检查连通性。

（1）用递归暴力地列出所有可能的排列：从 12 个数中选 5 个数。由于这 5 个数不需要有序，所以只需求组合数，排列数除以 5!（即 120）就是组合数。排列数量有 12×11×10×9×8 = 95040 种，计算量不大，可行。

（2）检查这 5 个数是否连通。

求排列的 C++代码在 5.1.4 小节“DFS 与排列组合”中介绍过。这里用 Python 编写求从 12 个数中选 5 个数的排列代码。

```
a = [1,2,3,4,6,7,8,9,11,12,13,14]             #不包括 5、10，原因将在下面说明
num = 0                                        #统计排列数
def perm(begin,end):
    global num
    if begin == 5:  num += 1                   #得到一个 5 个数的排列，统计排列数
    else:
        for i in range(begin,end+1):
           a[begin],a[i] = a[i],a[begin]       #交换
           perm(begin+1,end)
           a[i],a[begin] = a[begin],a[i]
perm(0,11)                                     #求从第 0 个数到第 11 个数的全排列
print(num//120)                                #除以 120 得组合数，等于 792
```

下面检查连通性：一个排列有 5 个数，检查每个数是否与其他数相连。

先考虑两个数的连通。这里用到一个小技巧：在原图中向上为−4，向下为+4，向左为−1，向右为+1，对于大部分数字，差为 1 的两个数在同一行，差为 4 的两个数在同一列。但是 4 和 5、8 和 9 这种数字，虽然差为 1 但不在同一行。重构一下原图，如图 5.6 变换后的数字所示，向上为−5，向下为+5，向左为−1，向右为+1。经过这个转换，差为 1 的两个数一定在同一行，差为 5 的两个数一定在同一列。

然后再检查 5 个数是否连通。

下面分别用 BFS 和 DFS 检查连通性。

1. 用 BFS 检查连通性

例如得到了一个排列{2, 3, 4, 8, 9}，其位置如图 5.7 所示，检查它们是否连通。

1	2	3	4
6	7	8	9
11	12	13	14

图 5.6　变换后的数字

1	2	3	4
6	7	8	9
11	12	13	14

图 5.7　一个排列的例子

BFS 的步骤如下。

（1）2 入队，当前队列是(2)。

（2）2 的邻居 3 入队，当前队列是(2, 3)。

（3）弹出 2，当前队列是(3)。

（4）3 的邻居入队，当前队列是(3, 4, 8)。

（5）弹出 3，当前队列是(4, 8)。

（6）4 的邻居入队，当前队列是(4, 8, 9)。

（7）弹出 4，当前队列是(8, 9)。

（8）8 没有没处理过的邻居。

（9）弹出 8，当前队列是(9)。

（10）弹出 9，队列为空。

如果 5 个数都进过队列，那么它们就是连通的。

（1）C++代码。

任意两个数是否相邻可以用下面的代码判断。

```
int dir[]={-1,1,-5,+5};                     //上、下、左、右 4 个方向
for(int i=0;i<=4;i++)                       //第 i 个数和第 j 个数是否相邻
      for(int j=0;j<=4;j++)
        for(int k=0;k<=3;k++)               //k 是上、下、左、右 4 个方向
             if(a[i]+dir[k]==a[j])          //i 和 j 在 k 方向上连通
                  ...
```

下面是完整代码。第 15、24 行用 p 统计进入队列的数的数量，如果 p=5，那么说明 5 个数都是连通的。

```
1   #include<bits/stdc++.h>
2   using namespace std;
3   int a[]={1,2,3,4,6,7,8,9,11,12,13,14};
4   int num=0;                       //统计排列的个数
5   int dir[]={-1,1,-5,5};           //上、下、左、右 4 个方向
6   bool bfs(void){                  //s[0]～s[4]这前 5 个数是递归出来的 5 个数。用 BFS 检查它们是否连通
7       bool status[5]={False};      //这 5 个数的状态，判断其中某个数是否已经用队列处理过
8       int p=0;                     //入队的个数。如果 5 个数都进过队列，说明这 5 个数连通
9       queue<int>q;
10      q.push(0);                   //第一个入队的数
11      status[0]=True;              //表示 0 用队列处理过了
12      while(!q.empty()) {
13        int i=q.front();           //得到队列的第一个数
14        q.pop();                   //弹出队列
15        p++;
16        for(int j=0;j<=4;j++)
17          if(status[j]==False)   //j 没有用队列处理过
18             for(int k=0;k<=3;k++)            //k 是上、下、左、右 4 个方向
19                 if(a[i]+dir[k]==a[j]) {      //与 j 在 k 方向连接
20                    q.push(j);
21                    status[j]=True;           //入队了
22                 }
23      }
24      if(p==5)        return True;
25      else            return False;
26  }
27  void perm(int begin,int end){
28      if(begin == 5)   {
29          if(bfs()==True) num++;              //用 bfs()检查 5 个数是否连通
```

```
    }
    else
       for(int i = begin;i <= end;i++){
            swap(a[begin],a[i]);
             perm(begin+1,end);
             swap(a[begin],a[i]);
        }
}
int main(){
   perm(0,11);      //求排列
   cout << num/120;
   return 0;
}
```

（2）Python 代码。

```
from queue import *
a = [1,2,3,4,6,7,8,9,11,12,13,14]     #不包括 5、10
num = 0                                 #统计排列数
dir=[-1,1,-5,5]                         #上、下、左、右 4 个方向
def bfs():                              #a[0]～a[4]这前 5 个数是递归出来的 5 个数。用 BFS 检查它们是否连通
    status=[0]*5                        #这 5 个数的状态，判断其中某个数是否已经用队列处理过
    p=0                                 #入队的个数。如果 5 个数都进过队列，说明这 5 个数连通
    q = Queue()
    q.put(0)                            #第一个入队的数
    status[0] = 1                       #表示 0 用队列处理过了
    while not q.empty():
      i=q.get()                         #得到队列的第一个数
      p += 1
      for j in range(5):                #0～4
        if status[j]==0:                #j 没有用队列处理过
           for k in range(4):           #0～3。k 是上、下、左、右 4 个方向
             if a[i]+dir[k]==a[j]:      #与 j 在 k 方向连接
                q.put(j)
                status[j]=1             #入队了
    if p==5: return True
    else:    return False
def perm(begin,end):
    global num
    if begin == 5:
        if bfs()==True:  num += 1      #得到一个 5 个数的排列，用 bfs()检查 5 个数是否连通
    else:
        for i in range(begin,end+1):
            a[begin],a[i] = a[i],a[begin]       #交换
            perm(begin+1,end)
            a[i],a[begin] = a[begin],a[i]
perm(0,11)                              #求从第 0 个数到第 11 个数的全排列
print(num//120)                         #除以 120 得组合数
```

2. 用 DFS 检查连通性

（1）C++代码。

4.3.4 小节“手写排列和组合代码”中曾经介绍了一种简单的求排列的方法，这里用这种方法求排列。第 20～第 25 行求得 12 个数中 5 个数的排列（且这 5 个数是从小到大排列的），也就是这 5 个数的组合，这样就不用再除以 120 了。

第 30 行用 p 统计有几个数连通，如果 p=5，那么说明 5 个数都是连通的。

用 dfs()检查 5 个数的连通性。

```
1  #include<bits/stdc++.h>
2  using namespace std;
```

```
int status[5];
int aa[5];
int s[] = {1,2,3,4,6,7,8,9,11,12,13,14};
int dir[4] = {-1,1,-5,5};
int num = 0;
void dfs(int u){       //检查aa[0]~aa[4]这 5 个数的连通性
    for(int i=0;i<4;i++ ) {
        int t = aa[u] + dir[i];
        if(t<1 || t>14 || t==5 || t==10) continue;
        for(int j=0;j<5;j++ )
            if(!status[j] && aa[j] == t){
                status[j] = 1;      //这个数是连通的
                dfs(j);
            }
    }
}
int main(){
    for(int a = 0;a < 12;a ++ )
        for(int b = a + 1;b < 12;b ++ )                      //b比a大
            for(int c = b + 1;c < 12;c ++ )                  //c比b大
                for(int d = c + 1;d < 12;d ++ )              //d比c大
                    for(int e = d + 1;e < 12;e ++ ){         //e比d大
                        aa[0]=s[a],aa[1]=s[b],aa[2]=s[c],aa[3]=s[d],aa[4]=s[e];//5个数，从小到大
                        for(int i=0;i<5;i++) status[i]=0;
                        status[0] = 1;     //从 5 个数中的第一个数开始 DFS，看 5 个数是否连通
                        dfs(0);
                        int p;
                        for(p=0;p<5;p++ )
                            if(!status[p]) break;
                        if(p == 5) num ++;
                    }
    cout << num ;
    return 0;
}
```

（2）Python 代码。

```
s = [1,2,3,4,6,7,8,9,11,12,13,14]          #不包括 5、10
aa = [0]*5
status = [0]*5
num = 0                                    #统计排列数
def dfs(u):
    dir = [-1,1,-5,+5]                     #上、下、左、右 4 个方向
    for i in range(4):
        t = aa[u]+dir[i]
        if t<1 or t>14 or t==5 or t==10: continue
        for j in range(5):
            if status[j]==0 and aa[j]==t:
                status[j]=1
                dfs(j)
for a in range(12):
    for b in range(a+1,12):
        for c in range(b+1,12):
            for d in range(c+1,12):
                for e in range(d+1,12):
                    aa[0],aa[1],aa[2],aa[3],aa[4] =s[a],s[b],s[c],s[d],s[e]  #5个数，从小到大排列
                    for i in range(5): status[i]=0
                    status[0] = 1        #从第一个数开始 DFS，看其他数是否连通
                    dfs(0)
                    p=0
                    for i in range(5):
                      if status[i]==1: p+=1
                    if p==5: num+=1
print(num)
```

5.4 BFS 与判重

BFS 的题目很多与判重有关。BFS 的原理是逐步扩展下一层，把扩展出的下一层点放进队列中处理。在任意时刻，队列中只包含相邻两层的点。

大家自然会想到这样一系列问题：这两层的点会不会太多了，队列放不放得下，即使队列放得下，太多的点会不会影响计算量。

（1）如果这些点互不相同，那么没有办法，只能把所有点放进队列。

（2）如果这些点有相同的，那么只搜索一次就够了，其他相同的点不用再搜索。此时需要判重。

下面的例题 5-9“跳蚱蜢”是一道最短路径问题，它需要用到判重。

例题 5-9. 跳蚱蜢

2017 年（第八届）省赛，lanqiaoOJ 题号 642

【题目描述】有 9 个盘子，排成一个圆圈。其中 8 个盘子内装着 8 只蚱蜢，有一个盘子是空的。我们把这些蚱蜢按顺时针编号为 1～8。每只蚱蜢都可以跳到相邻的空盘中，也可以再用点力，越过一个相邻的蚱蜢跳到空盘中。请你计算一下，如果要使得蚱蜢的队形改为按照逆时针方向排列，并且保持空盘的位置不变（也就是 1 与 8 换位，2 与 7 换位，以此类推），则至少要经过多少次跳跃？

这是一道典型的 BFS 题目，求最少跳跃次数，也是求最短路径。

1. 建模

直接让蚱蜢跳到空盘有点麻烦，因为有很多蚱蜢在跳，容易混淆。如果反过来看，让空盘跳，跳到蚱蜢的位置，就简单多了，因为只有一个空盘在跳。

题目中盘子排成一个圆圈，不好处理，用一个建模技巧“化圆为线”把圆形转换为线形。如果把空盘看成 0，那么有 9 个数字{0,1,2,3,4,5,6,7,8}，即将一个圆圈上的 9 个数字拉直成了一条线上的 9 个数字，这条线的首尾两个数字处理成相连的。

这一题是八数码问题，八数码是经典的 BFS 问题。八数码问题有 9 个数字{0, 1, 2, 3, 4, 5, 6, 7, 8}，共有 9! = 362880 种排列，不算多。

本题的初始状态是“012345678”，目标状态是“087654321”。从初始状态“012345678”跳一次，可能有 4 种情况：“102345678”“210345678”“812345670”“712345608”。然后从这 4 种状态继续跳到下一种状态，一直跳到目标状态为止。用 BFS 扩展每一层。每一层就是蚱蜢跳了一次，扩展到某一层时，若发现目标状态“087654321”，这一层的深度就是蚱蜢跳跃的最少次数。

2. 判重

这一题如果只编写基本的 BFS 代码，不做判重，那么能得出结果吗?

如果不判重，第 1 步到第 2 步有 4 种跳法；第 2 步到第 3 步有 4×4 种跳法；以此类推，第 20 步到第 21 步有 4^{20} 种跳法。BFS 的队列显然放不下。因此必须判重，判断有没有重复跳，如果跳到一种曾经出现过的情况，就不用往下跳了。这样就只有 9! = 362880 种情况，队列只需设置为这么大。

代码的复杂度是多少？在每一层，能扩展出最少 4 种、最多 362880 种情况。最后算出的答案是在第 20 层时到达了目标状态，那么最多算 20×362880=7257600 次。在下面的 C++代码中统计实际的计算次数，是 1451452 次。如果看队列，则最多只有 362880 种情况进入队列。

3. C++判重代码

如何判重？竞赛的时候时间紧张，用 STL 的速度快，用 map、set 判重的效率也都比较高。另外，有一种数学方法可以判重，叫作康托判重，但需要自己写代码，比较麻烦，一般不用。

（1）map 判重。下面是 map 判重代码。用 cnt 统计计算次数，是 1451452 次。

```
#include<bits/stdc++.h>
using namespace std;
struct node{
    node(){}
    node(string ss, int tt){s = ss, t = tt;}
    string s;
    int t;
};
int cnt = 0;       //统计计算了多少次
map<string, bool> mp;
queue<node> q;
void solve(){
    while(!q.empty()){
        node now = q.front();
        q.pop();
        string s = now.s;
        int step = now.t;
        if(s == "087654321"){                          //到目标状态了
            cout << step << endl;                      //输出跳跃次数
            cout << cnt << endl;                       //计算了 1451452 次
            break;
        }
        int i;
        for(i = 0 ; i < 10 ; i++)                      //找到盘子的位置
            if(s[i] == '0')  break;
        for(int j = i - 2 ; j <= i + 2 ; j++){         //4 种跳法
            int k = (j + 9) % 9;
            if(k == i)    continue;                    //这是当前状态，不用检查
            string news = s;
            char tmp = news[i];
            news[i] = news[k];
            news[k] = tmp;                             //跳到一种情况
            cnt ++;
            if(!mp[news]){                             //判重：这种情况没有出现过
                mp[news] = True;
                q.push(node(news, step + 1));
            }
        }
    }
}
int main(){
     string s = "012345678";
     q.push(node(s, 0));
     mp[s] = True;
     solve();
     return 0;
}
```

（2）set 判重。set 判重代码和上面的 map 判重代码基本一样，只是把 map 改成了 set。

```
#include<bits/stdc++.h>
using namespace std;
struct node{
    node(){}
    node(string ss, int tt){s = ss, t = tt;}
    string s;
    int t;
};
set<string> visited;                                   //已经搜索过的状态
queue<node> q;
void solve(){
    while(!q.empty()){
         node now = q.front();
         q.pop();
         string s = now.s;
         int step = now.t;
         if(s == "087654321"){                         //到目标状态了
             cout << step << endl;                     //输出跳跃次数
             break;
         }
         int i;
         for(i = 0 ; i < 10 ; i++)                     //找到盘子的位置
             if(s[i] == '0')     break;
         for(int j = i - 2 ; j <= i + 2 ; j++){        //4 种跳法
             int k = (j + 9) % 9;
             if(k == i)    continue;                   //这是当前状态，不用跳
             string news = s;
             char tmp = news[i];
             news[i] = news[k];
             news[k] = tmp;  //跳到一种情况
             if(visited.count(news)==0){               //判重：这种情况没有出现过
                  visited.insert(news);
                  q.push(node(news, step + 1));
             }
         }
    }
}
int main(){
    string s = "012345678";
    q.push(node(s, 0));
    solve();
    return 0;
}
```

4. Python 判重代码

下面给出队列的 3 种实现方法——list、Queue()、deque()及两种判重方法——set()和字典的代码。

第一种代码用 list 作为队列，很慢，要运行 2992ms。

下面的代码中第 10 行、14 行的 vis 用 set()判重。也可以用字典判重，参见第 10 行和第 14 行的注释。字典用起来更灵活，它的功能和 C++的 map 类似，另一个例子见 5.5 节“双向广搜”中的字典判重。

```
1 def insertQueue(q: list, dir: int, news: tuple, vis):
2     pos = news[1]                          # 0 的位置
3     status = news[0]
4     insertPos = (pos + dir + 9) % 9
5     # 将字符串转为列表比较好处理
6     t = list(status)
7     t[pos], t[insertPos] = t[insertPos], t[pos]
```

```
        addStatus = " ".join(t)
        if addStatus not in vis:
            vis.add(addStatus)              #用字典判重，改为vis[addStatus]=1。向字典添加
            q.append((addStatus, insertPos, news[2] + 1))
# main
q = [("012345678", 0, 0)]
vis = set(); vis.add("012345678")    #用字典判重，改为vis = {"012345678":1}
while q:
    news = q.pop(0)
    if news[0] == "087654321":         #到达了目标状态，输出最少跳跃次数
        print(news[2])
        break
    insertQueue(q, -2, news, vis)    #扩展下一层的 4 种情况
    insertQueue(q, -1, news, vis)
    insertQueue(q,  1, news, vis)
    insertQueue(q,  2, news, vis)
```

第二种代码用 Queue()实现队列，很慢，要运行 2960ms。大部分代码和上面的一样。

```
from queue import *
def insertQueue(q: Queue, dir: int, news: tuple, vis: set):
    pos = news[1];  status = news[0]; insertPos = (pos + dir + 9) % 9
    t = list(status)
    t[pos], t[insertPos] = t[insertPos], t[pos]
    addStatus = " ".join(t)
    if addStatus not in vis:
        vis.add(addStatus)
        q.put((addStatus, insertPos, news[2] + 1))
q = Queue();
q.put(("012345678", 0, 0))
vis = set();   vis.add("012345678")
while not q.empty():
    news = q.get()
    if news[0] == "087654321":  print(news[2]); break
    insertQueue(q, -2, news, vis);  insertQueue(q, -1, news, vis)
    insertQueue(q,  1, news, vis);  insertQueue(q,  2, news, vis)
```

第三种代码用 deque()实现队列，快一些，要运行 1400ms。

```
from collections import *
def insertQueue(q: deque, dir: int, news: tuple, vis: set):
    pos = news[1];  status = news[0];  insertPos = (pos + dir + 9) % 9
    t = list(status)
    t[pos], t[insertPos] = t[insertPos], t[pos]
    addStatus = " ".join(t)
    if addStatus not in vis:
        vis.add(addStatus)
        q.append((addStatus, insertPos, news[2] + 1))
q = deque()
q.append(("012345678", 0, 0))
vis = set();  vis.add("012345678")
while q:
    news = q.popleft()
    if news[0] == "087654321":       print(news[2]); break
    insertQueue(q, -2, news, vis);  insertQueue(q, -1, news, vis)
    insertQueue(q,  1, news, vis);  insertQueue(q,  2, news, vis)
```

5.5 双向广搜

BFS 的效率很高，而且在某些情况下还能通过优化得到新的算法，例如双向广搜、优先队

列等。这里介绍比较简单的双向广搜。

设想有这样一个搜索场景：有确定的起点 *s* 和终点 *t*，并且能把从起点到终点的单向搜索变换为分别从起点出发和从终点出发的“相遇”问题。

此时可以进行以下优化操作：从起点 *s*（正向搜索）和终点 *t*（逆向搜索）同时开始搜索，当两个搜索产生相同的一个子状态 *v* 时就结束搜索。*v* 是相遇点，得到的 *s-v-t* 是一条最佳路径，当然，最佳路径可能不止这一条。

注意，和普通 BFS 一样，双向广搜在搜索时并没有“方向感”，所谓“正向搜索”和“逆向搜索”其实是盲目的，它们表示分别从 *s* 和 *t* 逐层扩散出去，直到相遇为止。

5.4 节的例题 5-9“跳蚱蜢”就是适合双向广搜的应用场景。它有一个起点“012345678”和一个终点“087654321”。虽然这一题因为状态比较少，用不着双向广搜，但是如果使用了双向广搜，计算量能减少很多。

如何编程实现双向广搜？一般用两个队列分别实现正向 BFS 和逆向 BFS。

下面是例题 5-9“跳蚱蜢”的双向广搜代码。队列 q1 用于正向搜索，队列 q2 用于逆向搜索。由于起点和终点的字符串不同，因此正向 BFS 和逆向 BFS 扩展的下一层数量也不同，也就是进入两个队列的字符串的数量不同，先处理较小的队列，可以加快搜索速度。

用 cnt 统计计算了多少次（共计算 54568 次）。对比前面用普通 BFS 计算的 1451452 次，双向广搜的计算量不到普通 BFS 的 4%。

为什么能优化这么多？在普通 BFS 中，如果不进行判重，那么到第 20 层就扩展了 4^{20} 种状态。而在双向广搜中，假设在第 10 层相遇，正向搜索和逆向搜索在第 10 层扩展的状态数量都是 4^{10}。从 4^{20} 到 4^{10}，显然得到了极大优化。

（1）C++代码。用 map 判重。

```
#include<bits/stdc++.h>
using namespace std;
bool meet = False;                       //meet=True，表示相遇
int cnt = 0;                             //统计算了多少次
void extend(queue<string> &q,map<string,int> &m1,map<string,int> &m2){
    string s = q.front();
    q.pop();
    int i;
    for(i=0;i<(int)s.size();i++)    //找到“0”的位置
        if(s[i]== '0')     break;
    for(int j=0;j<4;j++){                //下一跳有 4 种情况
        cnt++;
        string news = s;
        if(j==0) swap(news[(i-2+9)%9],news[i]);
        if(j==1) swap(news[(i-1+9)%9],news[i]);
        if(j==2) swap(news[(i+1+9)%9],news[i]);
        if(j==3) swap(news[(i+2+9)%9],news[i]);
        if(m2[news]){                    //正向搜索和逆向搜索相遇了：这个状态在 m2 中出现过
            cout << m1[s] + 1 + m2[news] << endl;     //输出跳跃次数，然后退出
            cout << cnt << endl;     //计算了 54568 次
            meet = True;
            return;
        }
        if(!m1[news]){                   //判重：这个状态没有出现过，放进队列
            q.push(news);
            m1[news] = m1[s]+1;      //记录跳跃次数
        }
    }
    meet = False;                        //没有相遇
```

```
}
void bfs(){
    string st = "012345678";                              //起点状态
    string ed = "087654321";                              //终点状态
    queue<string> q1, q2;                                 //正向搜索队列、逆向搜索队列
    q1.push(st);    q2.push(ed);
    map<string,int> mp1, mp2;                             //用 map 判重
    mp1[st]=0;   mp2[ed]=0;
    while(q1.size() && q2.size()){
        if(q1.size()<=q2.size()) extend(q1,mp1,mp2);  //如果正向 BFS 队列小，就先扩展它
        else                     extend(q2,mp2,mp1);  //否则扩展逆向 BFS 队列
        if(meet) break;                                   //判断是否相遇
    }
}
int main(void){
    bfs();
    return 0;
}
```

（2）Python 代码。

把上面的 C++代码改写为下面的 Python 代码。第 30 行的 mp1 和 mp2 定义为字典，用于判重。Python 的字典和 C++的 map 的功能差不多。

```
1  from queue import *
2  cnt = 0
3  meet = False
4  def extend(q, m1, m2):
5      global cnt
6      global meet
7      s = q.get()
8      for i in range(len(s)):
9         if s[i]== '0': break
10     for j in range(4):
11         cnt +=1
12         news = list(s)                              #用 list 比较方便
13         if j==0: news[(i-2+9)%9],news[i] = news[i], news[(i-2+9)%9]
14         if j==1: news[(i-1+9)%9],news[i] = news[i], news[(i-1+9)%9]
15         if j==2: news[(i+1+9)%9],news[i] = news[i], news[(i+1+9)%9]
16         if j==3: news[(i+2+9)%9],news[i] = news[i], news[(i+2+9)%9]
17         a = " ".join(news)                          #重新转换成字符串
18         if a in m2:
19            print(m1[s] + 1 + m2[a])
20            print(cnt)
21            meet = True
22            return
23         if a not in m1:
24            q.put(a)
25            m1[a] = m1[s]+1                          #向字典中添加步数
26     meet = False
27
28 q1 = Queue();          q2 = Queue()
29 q1.put("012345678"); q2.put("087654321")
30 mp1={'012345678':0}; mp2={'087654321':0}       #定义字典，用于判重
31 while not q1.empty() and not q2.empty():
32     if q1.qsize() <= q2.qsize(): extend(q1,mp1,mp2)
33     else:                        extend(q2,mp2,mp1)
34     if meet==True: break
```

5.6 剪枝

BFS、DFS 是暴力法的直接实现，能把所有可能的状态都搜索出来，然后从中找到解。

不过，暴力法往往比较低效，很多时间浪费在了不必要的计算上。例如 5.5 节用 BFS 求解的“跳蚱蜢”问题，从一个状态跳到下一个状态有 4 种跳法，但是其中一些状态是不用跳的，因为是重复的。该怎么优化呢？上一节用判重技术删去了这些不必要的跳法。判重极大地减少了计算量，它是剪枝技术的一种。

剪枝是一个比喻：把不会产生答案的，或不必要的枝条“剪掉”。剪枝的关键在于剪枝的判断：剪什么枝、在哪里减。剪枝是搜索常用的优化手段，常常能把指数级的复杂度优化到近似多项式的复杂度。

BFS 的主要剪枝技术是判重，如果搜索到某一层时出现重复的状态，就剪枝。

DFS 的剪枝技术较多，有可行性剪枝、搜索顺序剪枝、最优性剪枝、排除等效冗余、记忆化搜索等，下面分别进行简单介绍。

（1）可行性剪枝：对当前状态进行检查，如果当前条件不合法就不再继续，直接返回。

（2）搜索顺序剪枝：搜索树有多个层次和分支，不同的搜索顺序会产生不同的搜索树形态，复杂度也相差很大。

（3）最优性剪枝：在最优化问题的搜索过程中，如果当前花费的代价已超过前面搜索到的最优解，那么本次搜索就没有继续进行下去的意义了，此时停止对当前分支的搜索，进行回溯。

（4）排除等效冗余：搜索的不同分支，最后的结果是一样的，那么只搜一个分支就够了。

（5）记忆化搜索：在递归的过程中，有许多分支被反复计算，会大大降低算法的执行效率。用记忆化搜索将已经计算出来的结果保存起来，以后需要用到的时候直接取出结果，避免重复运算，从而提高算法的效率。记忆化搜索将在 DP 相关内容中讲解。

不过，虽然总结出了这么多有关剪枝技术的名词，但是用不着记或者在题目中分辨到底用哪种剪枝技术。剪枝的总体思路就是“减少搜索状态”。可总结为一句话：“搜索必剪枝、无剪枝不搜索。”

回顾前面的 BFS、DFS 的例题，可以发现每一题都或多或少用到了剪枝。

（1）“迷宫” lanqiaoOJ 题号 641。

题目大意：迷宫内每个点都有一个人，问有多少人能走出来。

剪枝：可使用记忆化搜索，如果一个点已被搜索过，就不用再搜索。

（2）“方格分割” lanqiaoOJ 题号 644。

题目大意：把 6×6 的方格分割成完全相同的两部分，问有多少种分割方法。

剪枝：从中心点开始分割，分割的时候注意不能同时分割关于中心点的两个点，用到了可行性剪枝；也用到了记忆化搜索，即标记点是否被访问过。

（3）“寒假作业” lanqiaoOJ 题号 1388。

题目大意：把数字不重复地填写到 4 个式子中，实现加、减、乘、除运算。

剪枝：如果第一个式子中填写的数字不满足等式，后面就不用填写了，这用到了可行性剪枝。

（4）“全球变暖” lanqiaoOJ 题号 178。

题目大意：问有多少座岛屿被淹没。

剪枝：可使用记忆化搜索，被检查过的点不用再检查。

（5）“跳蚱蜢”lanqiaoOJ 题号 642。

题目大意：从一种状态跳到另一种状态，问至少要跳多少次。

剪枝：可使用判重。

（6）“迷宫”lanqiaoOJ 题号 602。

题目大意：找到最短路径。

剪枝：可使用最优性剪枝，找字典序最短的路径。

下面给出一些剪枝的题目，帮助读者深入理解。

例题 5-10. 四平方和

2016 年（第七届）省赛，lanqiaoOJ 题号 122

【题目描述】四平方和定理，又称为拉格朗日定理：每个正整数都可以表示为至多 4 个正整数的平方和。如果把 0 包括进去，就正好可以表示为 4 个数的平方和。对于一个给定的正整数，可能存在多种平方和的表示法。现要求你对 4 个数排序：$0 \leqslant a \leqslant b \leqslant c \leqslant d$。并对所有的可能表示法按 a、b、c、d 为联合主键升序排列，最后输出第一个表示法。

【输入描述】输入一个正整数 N（$N<5\times10^6$）。

【输出描述】输出 4 个非负整数，按从小到大的顺序排列，中间用空格分开。

（1）C++代码。

这一题可以不用 BFS 或 DFS，只用简单的判断就能得到答案，判断也是剪枝。

```cpp
#include<bits/stdc++.h>
using namespace std;
int main(){
    int n; cin>>n;
    for(int a=0;a<=sqrt(n);a++)                    //限制 a 的范围
        for(int b=a;a*a+b*b<=n;b++)                //限制 b 的范围
            for(int c=b;a*a+b*b+c*c<=n;c++){       //限制 c 的范围
                int t = n-a*a-b*b-c*c;
                int d = sqrt(t);                   //计算出 d
                if(d*d==t && d>=c){
                   cout<<a<<" "<<b<<" "<<c<<" "<<d<<"\n";
                   return 0;
                }
            }
    return 0;
}
```

（2）Python 代码。

```python
from math import *
try:
    n = int(input())
    n_1 = int(sqrt(n))
    for a in range(n_1+1):
        n_2 = int(sqrt(n-a*a))
        for b in range(a,n_2+1):
            n_3 = int(sqrt(n-a*a-b*b))
            for c in range(b,n_3+1):
                t = n-a*a-b*b-c*c
                d = int(sqrt(t))
                if d<c:  break
```

```
                if d*d==t: print(a,b,c,d); exit(0)
except Exception as e: pass         #如果 sqrt(i)的 i 是负数，忽略
```

例题 5-11. 剪格子

lanqiaoOJ 题号 211

【题目描述】如下图所示，3×3 的格子中填写了一些整数。

10	1	52
20	30	1
1	2	3

沿着图中的红色线剪开，得到两个部分，每个部分的数字和都是 60。请你编程判定：对给定的 $m×n$ 的格子中的整数，是否可以将其分割为两个部分，使得这两个部分的数字和相等。如果存在多种解答，请输出包含左上角格子的那个部分包含的格子的最小数目。

本题的解题思路不复杂：先求所有格子的和 sum，然后用 DFS 找一个连通区域，看这个区域的和是否为 sum/2。

剪枝：如果 DFS 到的区域和大于 sum/2，就不用继续 DFS 了。

这种格子搜索题很常见，也是蓝桥杯大赛的常见考题。

（1）C++代码。

```
#include<bits/stdc++.h>
using namespace std;
const int N=15;
int n, m;
int a[N][N], vis[N][N];                              //格子是否被访问过
int sum, ans=100000;
int d[4][2] = { {1,0},{0,-1},{0,1},{-1,0} };       //4 个方向
void dfs(int x, int y, int c, int s) {
    if (2*s>sum)  return;                            //剪枝
    if (2*s==sum) {
        if (c<ans && vis[0][0]) ans = c;             //左上角格子最少数量
        return;
    }
    vis[x][y]=1;
    for (int k=0; k<4; k++) {
        int tx=x+d[k][0], ty=y+d[k][1];
        if (tx>=0 && tx<n && ty>=0 && ty<m && !vis[tx][ty])
            dfs(tx,ty,c+1,s+a[x][y]);
    }
    vis[x][y]=0;
}
int main() {
    cin>>m>>n;
    for (int i=0; i<n; i++)
        for (int j=0; j<m; j++)
            cin>>a[i][j], sum+=a[i][j];              //求所有格子的和
    dfs(0,0,0,0);
    cout<<(ans==100000 ? 0 : ans);
    return 0;
}
```

（2）Python 代码。

```
def dfs(x, y, c,s):
    global sum_num, ans
```

```
    if 2*s > sum_num: return
    if 2*s == sum_num:
        if ans>c and vis[0][0] == 1: ans = c
        return
    vis[x][y] = 1
    dir = [(1, 0), (-1, 0), (0, -1), (0, 1)]
    for u,v in dir:
        tx, ty = x+u, y+v
        if tx >= 0 and tx <= n-1 and ty >= 0 and ty <= m-1:
            if vis[tx][ty] == 0:
                dfs(tx, ty, c+1, s+a[x][y])
    vis[x][y] = 0

m, n = map(int, input().split())
a = [list(map(int, input().split())) for _ in range(n)]
vis = [[0]*m for _ in range(n)]
sum_num = 0
for i in a:  sum_num += sum(i)
if sum_num / 2 != sum_num // 2: print(0); exit() #无解
ans = 100000
dfs(0, 0, 0, 0)
print(ans)
```

例题 5-12. 路径之谜

2016 年（第七届）全国赛，lanqiaoOJ 题号 89

【题目描述】小明冒充 X 星球的骑士，进入了一个奇怪的城堡。城堡里边什么都没有，只有方形石头铺成的地面。假设城堡地面是 $N×N$ 个方格。按习俗，骑士要从西北角走到东南角。骑士可以横向或纵向移动，但不能斜着走，也不能跳跃。每走到一个新方格，就要向正北方和正西方各射一箭（城堡的西墙和北墙内各有 n 个靶子）。同一个方格只允许经过一次，但骑士不必走完所有的方格。如果只给出靶子上箭的数量，你能推断出骑士的行走路线吗？本题的要求就是已知靶子上箭的数目，求骑士的行走路径（测试数据保证路径唯一）。

【输入格式】第一行输入一个整数 N（$0<N<20$），表示地面有 $N×N$ 个方格；第二行输入 N 个整数，用空格分隔，表示北边的靶子上箭的数量（自西向东）；第三行输入 N 个整数，用空格分隔，表示西边的靶子上箭的数量（自北向南）。

【输出格式】输出一行，包含若干个整数，表示骑士行径的路径。为了方便表示，我们约定每个小格子用一个数字代表，从西北角（左上角）开始编号：0、1、2、3 等。

这是一道格子搜索题。题目要求输出一条路径，用 DFS 来求解是很合适的，DFS 过程中会自然生成一条路径。

骑士每走到一个格子，对应的靶子上的箭多一支，靶子上箭的数量等于给定的数字后，就不用再 DFS 下去了。这是一个简单的剪枝。

注意 DFS 时记录路径的技巧。根据题目的要求，用栈来跟踪 DFS 的过程，记录经过的路径，是最方便的。DFS 到某个格子时，就把相应格子放到栈里，表示路径上增加了这个格子。当 DFS 回溯的时候，退出了某个格子，表示路径上不再包括这个格子，需要从栈中弹出相应格子。

（1）C++代码。

虽然可以自己编写栈，但是下面的代码用 vector 来模拟栈，可使编程更简单。

```
#include<bits/stdc++.h>
using namespace std;
int n;
int a[25],b[25],vis[25][25];
```

```
vector<int> path;                                    //记录路径
int d[4][2]={1,0,-1,0,0,1,0,-1};                     //上、下、左、右 4 个方向
void dfs(int x,int y){
    if(a[x]<0 || b[y]<0) return;                     //剪枝
    if(x==n-1 && y==n-1){                            //走到出口
        int ok=1;
        for(int i = 0;i < n;i++)
            if(a[i]!=0 || b[i]!=0){ ok=0; break;}
        if(ok)
            for(int i = 0;i < path.size();i++)    cout << path[i] <<" ";
    }
    for(int i = 0;i < 4;i++){
        int tx = x + d[i][0],ty = y + d[i][1];
        if(vis[tx][ty]==0 && tx>=0 && tx<n && ty>=0 && ty<n){
            vis[tx][ty]=1;
            path.push_back(tx*n + ty); //进栈，记录路径
            a[tx]--;     b[ty]--;
            dfs(tx,ty);
            path.pop_back();                         //出栈，DFS 回溯
            a[tx]++;     b[ty]++;
            vis[tx][ty]=0;
        }
    }
}
int main(){
    cin >> n;
    for(int i=0;i<n;i++) cin >> b[i];
    for(int i=0;i<n;i++) cin >> a[i];
    path.push_back(0);
    vis[0][0]=1;
    a[0]--;  b[0]--;
    dfs(0,0);
    return 0;
}
```

（2）Python 代码。

用列表 path 实现栈的功能。

```
def dfs(x,y):
    if a[x]<0 or b[y]<0: return
    if x==n-1 and y==n-1:
        ok=1
        for i in range(n):
            if a[i]!=0 or b[i]!=0: ok=0; break
        if ok==1:
            for i in range(len(path)): print(path[i],end=' ')
    for d in [(1,0),(-1,0),(0,1),(0,-1)]:
        tx = x+d[0]; ty = y+d[1]
        if 0 <= tx < n and 0 <= ty < n and vis[tx][ty] == 0:
                vis[tx][ty] = 1
                path.append(tx*n + ty)           #进栈，记录路径
                a[tx] -= 1; b[ty] -= 1
                dfs(tx, ty)
                path.pop();                      #出栈，DFS 回溯
                a[tx] += 1;  b[ty] += 1
                vis[tx][ty] = 0

n = int(input())
vis = [[0]*n for i in range(n)]
path = []                       #用栈记录路径
path.append(0)
b = list(map(int,input().split()))
```

```
a = list(map(int,input().split()))
vis[0][0]=1
a[0] -= 1;  b[0] -= 1
dfs(0,0)
```

例题 5-13. 分考场

2017 年（第八届）全国赛，lanqiaoOJ 题号 109

【题目描述】 n 个人参加考试。为了公平，要求任何两个认识的人不能分在同一个考场。求最少需要分几个考场才能满足条件。

【输入格式】 第一行输入一个整数 n（$1<n<100$），表示参加考试的人数。第二行输入一个整数 m，表示接下来有 m 行数据。以下输入的 m 行每行包含两个整数 a、b，用空格分隔（$1 \leq a, b \leq n$），表示第 a 个人与第 b 个人认识（编号从 1 开始）。

【输出格式】 输出一行，包含一个整数，表示最少分几个考场。

模拟把 n 个人安排进考场的计算过程。从第 1 个考场开始，逐个加入考生。每新加进来一个人 x，都与已经开设的考场里面的人进行对比，如果认识，就将 x 换个考场。直到找到一个考场，考场里面所有的人都不认识 x。如果 x 在所有已经开设的考场都有熟人，就新开一个考场给 x。

这种模拟将得到一种可行的考场安排，但这种安排的考场数量不一定是最少的。

由于题目是求最少考场数量，所以需要把所有可能的考场安排都暴力地试一遍，找到那个最少考场的安排。

用 DFS 求出所有可能的情况，得到最少考场。这是一道比较难的 DFS 题。

暴力搜索所有的考场安排，计算量很大，可以用剪枝来减少搜索量。在搜索一种新的可能的考场安排时，如果需要的考场数量已经超过了原来某个可行的考场安排，就停止搜索。

（1）C++代码。第 9 行对应剪枝。

```
1  #include<bits/stdc++.h>
2  using namespace std;
3  const int N = 110;
4  int a[N][N];                        //关系表，a[u][v]=1：第 a 个人和第 v 个人认识
5  int p[N][N];                        //考场状态，p[j][k]=y：第 j 个考场的第 k 个座位，坐第 y 个人
6  int num = N;                        //最优考场数量
7  int n,m;
8  void dfs(int x, int room) {                   //试试把第 x 个人安排到第 1～第 room 考场
9      if (room >= num)   return;                //剪枝，当前需要的考场数量已经大于最优解
10     if (x > n) {                              //已经安排了 n 个人，结束
11         num = min(num, room);                 //更新最优解
12         return;
13     }
14     int j, k;
15     for (j = 1; j <= room; j++) {             //枚举考场，把第 x 个人放进第 j 个考场
16         k = 1;                                //第 k 个座位
17         while (p[j][k] && !a[x][p[j][k]])     //j 考场的 k 座位有人坐，且这个人不认识第 x 个人
18             k++;                              //下一个座位
19         if (p[j][k] == 0){                    //k 座位没人坐
20             p[j][k] = x;                      //第 j 个考场的第 k 个座位，安排第 x 个人坐
21             dfs(x + 1, room);                 //第 x 个人安排好了，继续安排下一个人
22             p[j][k] = 0;                      //回溯，释放这个座位
23         }
24     }
25     p[room+1][1] = x;           //第 1～第 room 个考场都不能坐，x 只能坐第 room+1 个考场的第 1 个座位
26     dfs(x + 1, room + 1);       //继续安排第 x+1 个人，尝试第 1～第 room+1 个考场
27     p[room+1][1] = 0;           //回溯
```

```
}
int main() {
    cin>>n>>m;
    for (int i = 1; i <= m; i++) {
        int u,v;   cin>>u>>v;   a[u][v] = a[v][u] = 1;    //用矩阵表示两人的关系
    }
    dfs(1, 1);                                             //第 1 个人坐第 1 个考场
    cout << num;
    return 0;
}

```

（2）Python 代码。把上面的 C++代码改写为下面的 Python 代码，注释相同。

```
def dfs(x,room) :
    global num,p
    if room > num : return
    if x > n :
        if room < num : num = room
        return
    for j in range(1,room+1) :
        k = 0
        while p[j][k] and a[x][p[j][k]] == 0:  k += 1
        if p[j][k] == 0:
            p[j][k] = x
            dfs(x+1,room)
            p[j][k] = 0
    p[room+1][0] = x
    dfs(x+1,room+1)
    p[room+1][0] = 0

n = int(input())
m = int(input())
num = 110
p = [[0 for i in range(n+1)]for j in range(n+1)]
a = [[0 for i in range(n+1)]for j in range(n+1)]
for i in range(m) :
    u,v = map(int,input().split())
    a[u][v] = a[v][u] = 1
dfs(1,0)
print(num)
```

例题 5-14．四阶幻方

2015 年（第六届）全国赛，lanqiaoOJ 题号 689

【题目描述】把 1～16 填入 4×4 的方格中，使得行、列以及两个对角线的和都相等，满足这样的特征的 4×4 方格称为四阶幻方。四阶幻方可能有很多实现方案。如果固定左上角为 1，请计算一共有多少种实现四阶幻方的方案。

本题和 5.1.6 小节“DFS 真题”的例题 5-5“寒假作业”差不多。除了 1，数字 2～16 有 15! 约 1.3×10^{12} 种排列，所以肯定不能把所有排列都试一遍。

本题必须用到剪枝，对于每种排列，只要前面一些数字不合适，就不用再计算下去了。因此必须自行编写代码实现排列。

（1）C++代码。

因为本题是一道填空题，对时间要求不高，所以下面的代码只是在第 20 行简单地进行了剪枝，实际上还有很多情况没有剪掉。运行时间约为 10s。

代码直接用二维矩阵 m[][]的值表示数字 1～16。

```
#include <bits/stdc++.h>
using namespace std;
int vis[17];
int m[5][5];
int cnt = 0;
bool judge() {
    for (int i = 0; i < 4; i ++ ) {         //4 行 4 列的和
        if (m[i][0] + m[i][1] + m[i][2] + m[i][3] != 34) return 0;
        if (m[0][i] + m[1][i] + m[2][i] + m[3][i] != 34) return 0;
    }
    if (m[0][0] + m[1][1] + m[2][2] + m[3][3] != 34) return 0;//对角线
    if (m[0][3] + m[1][2] + m[2][1] + m[3][0] != 34) return 0;
    return 1;
}
void dfs(int n) {
    if (n == 16) {
        if (judge())  cnt ++;
        return;
    }
    if (n%4 == 0)                           //简单剪枝：检查第一行的和是不是 34
        if (m[n/4-1][0]+m[n/4-1][1]+m[n/4-1][2]+m[n/4-1][3] != 34)  return;
    for (int i = 2; i <= 16; i ++ ) {       //2～16 的全排列
        if (vis[i] == 0) {
            m[n/4][n%4] = i;
            vis[i] = 1;
            dfs(n + 1);
            vis[i] = 0;
        }
    }
}
int main() {
     m[0][0] = 1;
     dfs(1);
     cout << cnt;
    return 0;
}
```

（2）Python 代码。第 3～第 12 行把各种情况的剪枝都列了出来。另外，代码中用一维数组 m[]来模拟题目的二维方格。

```
1  def dfs(n):
2      global cnt
3      if n >= 4  and  m[0] + m[1]  + m[2]  + m[3]  != 34: return
4      if n >= 7  and  m[0] + m[4]  + m[5]  + m[6]  != 34: return
5      if n >= 10 and  m[1] + m[7]  + m[8]  + m[9]  != 34: return
6      if n >= 11 and  m[3] + m[6]  + m[8]  + m[10] != 34: return
7      if n >= 12 and  m[4] + m[7]  + m[10] + m[11] != 34: return
8      if n >= 14 and  m[5] + m[8]  + m[12] + m[13] != 34: return
9      if n >= 15 and  m[2] + m[10] + m[12] + m[14] != 34: return
10     if n >= 16 and (m[6] + m[9]  + m[14] + m[15] != 34   \
11                 or m[3] + m[11] + m[13] + m[15] != 34   \
12                 or m[0] + m[7]  + m[12] + m[15] != 34):return
13     if n == 16: cnt += 1
14     for i in range(2, 17):                #2～16 的全排列
15         if vis[i] == 0:
16             m[n]=i
17             vis[i] = 1
18             dfs(n + 1)
19             vis[i] = 0
20
21 cnt = 0
22 m=[0]* 17
```

```
m[0]=1                  #1 被固定
vis = [0] * 17
vis[1] = 1
dfs(1)
print(cnt)
```

【练习题】

搜索是蓝桥杯大赛的常见题型。下面列出一些真题，请读者自己思考是用 BFS 还是用 DFS 求解。这些题目有难有易，有的结合了其他知识，如果不会，就请在学会相关知识之后再回头做这些题目。

“大胖子走迷宫” lanqiaoOJ 题号 234；“青蛙跳杯子” lanqiaoOJ 题号 102；“发现环” lanqiaoOJ 题号 108；“合根植物” lanqiaoOJ 题号 110；“填字母游戏” lanqiaoOJ 题号 113；“机器人塔” lanqiaoOJ 题号 118；“四平方和” lanqiaoOJ 题号 122；“取球博弈” lanqiaoOJ 题号 123；“卡片换位” lanqiaoOJ 题号 125；“生命之树” lanqiaoOJ 题号 131；“穿越雷区” lanqiaoOJ 题号 141；“长草” lanqiaoOJ 题号 149；“小朋友崇拜圈” lanqiaoOJ 题号 182；“剪格子” lanqiaoOJ 题号 211；“版本分支” lanqiaoOJ 题号 223；“迷宫与陷阱” lanqiaoOJ 题号 229；“调手表” lanqiaoOJ 题号 230；“分考场” lanqiaoOJ 题号 237；“最长子序列” lanqiaoOJ 题号 244；“九宫重排” lanqiaoOJ 题号 261；“网络寻路” lanqiaoOJ 题号 263；“危险系数” lanqiaoOJ 题号 264；“约数倍数选卡片” lanqiaoOJ 题号 265；“字母阵列” lanqiaoOJ 题号 621；“魔方状态” lanqiaoOJ 题号 643；“算式” lanqiaoOJ 题号 649；“凑平方数” lanqiaoOJ 题号 653；“方格填数” lanqiaoOJ 题号 664；“完美正方形” lanqiaoOJ 题号 685；“五星填数” lanqiaoOJ 题号 687；“生成回文数” lanqiaoOJ 题号 691；“走迷宫” lanqiaoOJ 题号 1216；“N 皇后问题” lanqiaoOJ 题号 1508；“最少操作数” lanqiaoOJ 题号 1509。

小　结

在算法知识点中，BFS 和 DFS 可以说是“祖师爷”，它们是很多高级算法的基础，因为使用它们能遍历出所有的状态，从而方便地进行更高级的处理。

本章详解了 BFS、DFS 的原理和基本的扩展应用。还有一些本章没有讲到的应用，例如 BFS 与优先队列、BFS 与双端队列、A*算法、IDDFS 和 IDA*等，读者可以参考相关资料自学。

BFS 的代码容易理解，DFS 的代码对初学者而言有些难度，要实现对这两种算法的编程都需要大量练习，以达到能不假思索地写出来的熟练程度。在后文中，BFS 和 DFS 还会经常出现。

第 6 章

CHAPTER 6

高级数据结构

高级数据结构是算法竞赛中较难的考点，其涉及的知识点也非常多。高级数据结构包含并查集、树状数组、线段树、可持久化线段树、分块、莫队算法、块状链表、LCA、树上分治、树链剖分、二叉搜索树、替罪羊树、Treap 树、FHQ、笛卡尔树、Splay 树、K-D 树、LCT 等。大部分高级数据结构是基于二叉树的。

本章将介绍 3 个入门级的高级数据结构：并查集、树状数组、线段树。虽然是入门级的，但是它们也不容易掌握。本章将介绍它们的基本应用，另外，它们也有很多复杂的扩展应用，读者可查阅相关资料学习。

6.1 并查集

并查集的英文为 Disjoint Set，直译为“不相交集合”。并查集包含了 3 项内容：并、查、集。并查集是不相交集合上的合并、查询。

并查集是一种非常精巧而实用的数据结构，在算法竞赛中很常见，原因有 3 个：一是它简单且高效，二是其应用很直观，三是它容易与其他数据结构和算法结合。并查集的经典应用包括：检查连通性、最小生成树 Kruskal 算法、LCA 算法等。

通常用“社团”的例子来说明并查集的应用背景。一个城市中有 n 个人，他们被分成不同的社团；给出一些人的关系，例如 1 号和 2 号是朋友，1 号和 3 号也是朋友，那么他们都属于同一个社团；在分析完所有的朋友关系之后，问有多少社团、每个人属于哪个社团。给出的 n 可能是 10^6 级的。如果用并查集实现，不仅代码很简单，而且复杂度比 $O(\log n)$还小，是效率极高的方法。

第 5 章讲解 BFS 和 DFS 时，提到它们的一个应用是检查连通性。检查连通性有 3 种方法：BFS、DFS、并查集。本章将先用连通性问题引出并查集的概念和基本代码，然后讲解并查集的路径压缩优化和一些例题。

6.1.1 用并查集检查连通性

5.3.3 小节“连通性例题”用 BFS 和 DFS 求解了例题 5-8“剪邮票”，下面用并查集来检查连通性。

先直接给出用并查集检查连通性的 C++代码，请读者与 5.3.3 小节“连通性例题”的 BFS 代码进行对比。

```
1  #include<bits/stdc++.h>
2  using namespace std;
3  int a[]={1,2,3,4,6,7,8,9,11,12,13,14};
4  int num=0;
5  int dir[]={-1,1,-5,5};
6  bool check(void){                          //检查 a[0]~a[4]这 5 个数是否连通
7      int set[5]={0,1,2,3,4};                //用并查集检查 5 个数是否连通。初始值有 5 个集，编号为 0~4
8      for(int i=0;i<=4;i++)                  //第 i 个数和第 j 个数是否相邻
9        for(int j=0;j<=4;j++)
10         for(int k=0;k<=3;k++) {            //k 是上、下、左、右 4 个方向
11             if(a[i]+dir[k]==a[j]){         //数字 a[i]和 a[j]连通
12                int temp = set[j];
13                set[j] = set[i];            //把第 i 和第 j 个数放到一个集中，这个集就是 set[i]
14                for(int v=0; v<=4;v++)      //合并集
15                    if(set[v]==temp)   set[v]=set[i];
16             }
17         }
18     for(int i=0;i<=3;i++)                  //检查 5 个数的集 set[0]~set[4]是否相等，若相等则表示连通
19         if(set[i] != set[i+1]) return False;   //不相等
20     return True;
21 }
22 void Perm(int begin,int end){
23     if(begin == 5){
24        if(check()==True)   num++;          //检查 a[0]~a[4]这 5 个数是否连通
25     }
26     else
27        for(int i = begin;i <= end;i++) {
28            swap(a[begin],a[i]);
29            Perm(begin+1,end);
30            swap(a[begin],a[i]);
31        }
32 }
33 int main(){
34    Perm(0,11);  cout<<num/120; return 0;
35 }
```

check()函数用并查集 set[]检查 a[0]~a[4]这 5 个数是否连通。代码很短，比使用 BFS、DFS 进行检查的代码简单。下面详细解释并查集的 3 个操作：初始化、合并、查询。

（1）初始化。只有一行代码，第 7 行的 int set[5] = {0, 1, 2, 3, 4}初始化并查集：a[0]的并查集 set[0] = 0，a[1]的并查集 set[1] = 1，等等。把 5 个数初始化为 5 个集，这 5 个集分别用数字表示，每个集 set[i]的初始值就等于 i。集等于不同的数字，意味着这 5 个数字初始时不连通。

```
int set[5]={0,1,2,3,4};   //初始化
```

（2）合并。如果两个数字连通，就合并这两个数字所属的集。如果两个数字在一个集合中，就表示它们连通了。

```
if(a[i]+dir[k]==a[j]){          //第 i 个数和第 j 个数在 k 方向上连通
     int temp = set[j];
     set[j] = set[i];           //把第 i 个数和第 j 个数放到一个集中，这个集就是 set[i]
     for(int v=0; v<=4;v++)     //归并集
         if(set[v]==temp)   set[v]=set[i];
}
```

具体操作如下。

第 3 行让 set[j] = set[i]，即把数字 a[j]的集合修改为数字 a[i]的集合，那么这两个数字都属于集合 set[i]。

第 4、第 5 行，把原来属于集合 set[j]的数字都跟着改到新的集合 set[i]中。这样，数字 a[i]、数字 a[j]及其他原来属于集合 set[j]的数字，都在同一个集合 set[i]中了，也就是把它们都标记为连通了。这一步就是后面将提到的“路径压缩”。

（3）查询。查询 5 个数是不是连通就简单了，只需要看它们是不是属于一个集。如果 5 个数的集 set[0]～set[4]都相等，那它们就属于同一个集。下面代码判断 5 个数的集是不是都相等：对比第 1 个和第 2 个元素的值，对比第 2 个和第 3 个元素的值，等等。

```
for(int i=0;i<=3;i++)                     //检查5个数的集set[0]～set[4]是否相等,若相等则表示连通
     if(set[i] != set[i+1]) return False; //不相等
```

最后给出这一题的 Python 代码。

```
1   a = [1,2,3,4,6,7,8,9,11,12,13,14]                #不包括 5、10
2   num = 0                                          #统计排列数
3   dir=[-1,1,-5,5]                                  #上、下、左、右 4 个方向
4   def check():                                     #检查 s[0]～s[4]这 5 个数是否连通
5        set=[0,1,2,3,4]                             #初始化并查集
6        for i in range(5):                          #0～4
7               for j in range(5):                   #0～4
8                      for k in range(4):            #0～3。k 是上、下、左、右 4 个方向
9                            if a[i]+dir[k]==a[j]:   #第 i 个数与第 j 个数在 k 方向连接
10                           tmp= set[j]
11                           set[j]=set[i]
12                           for v in range(5):
13                                 if set[v]==tmp:   set[v]=set[i]
14       if set[1:]==set[:-1]: return True           #set[0]～set[4]全等，属于一个集
15       return False
16  def perm(begin,end):
17       global num
18       if begin == 5:
19            if check()==True:  num += 1            #得到一个 5 个数的排列，判断 5 个数是否连通
20       else:
21            for i in range(begin,end+1):
22                  a[begin],a[i] = a[i],a[begin]    #交换
23                  perm(begin+1,end)
24                  a[i],a[begin] = a[begin],a[i]
25  perm(0,11)                                       #求从第 0 个数到第 11 个数的全排列
26  print(num//120)                                  #除以 120 得组合数
```

第 14 行判断 set[0] ～set[4]是否全等，用了 Python 的一个小技巧。set[1:]的输出结果为第 2 个元素到最后一个元素，set[:−1]的输出结果为第 1 个元素到倒数第 2 个元素。set[1:]==set[:−1]是交错对比第 1 个元素和第 2 个元素是否相等，对比第 2 个元素和第 3 个元素是否相等，等等，其功能和 C++代码中第 18～第 19 行的差不多。

6.1.2　并查集的基本操作

并查集：将编号分别为 1～n 的 n 个对象划分为不相交集合，在每个集合中选择其中某个元素代表该集合。并查集适合处理不同集合的关系，它有 3 个基本操作：初始化、合并、查找。下面用本章开头的“社团”为例说明这 3 个基本操作。

（1）初始化。定义一维数组 int s[]，s[i]是结点 *i* 的并查集，因为开始的时候还没有处理点与点之间的朋友关系，所以每个点属于独立的集，直接初始化 s[i] = i，如结点 1 的集 s[1] = 1。

在图 6.1 中，左边给出了结点与集的值，右边给出了它们的逻辑关系。为了便于讲解，左边区分了结点和集，集的编号加了下划线，而结点没有；右边用圆圈表示集，方块表示结点。

初始时，每个结点的集是独立的，5 个结点有 5 个集。

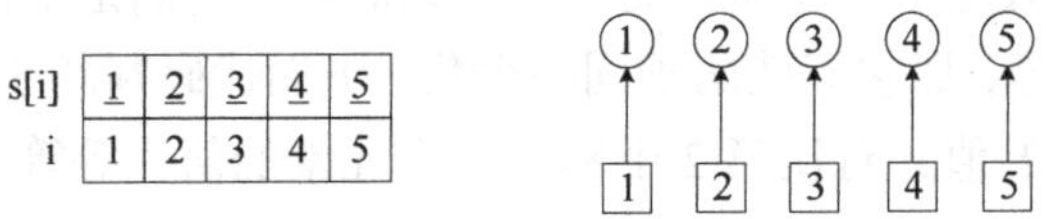

图 6.1　并查集的初始化

（2）合并，加入第 1 个朋友关系(1, 2)。在并查集 s 中，把结点 1 合并到结点 2，也就是把结点 1 的集 1 改成结点 2 的集 2，set[1] = set[2] = 2。此时 5 人的关系用 4 个集表示，其中 set[2] 包括两个结点，如图 6.2 所示。

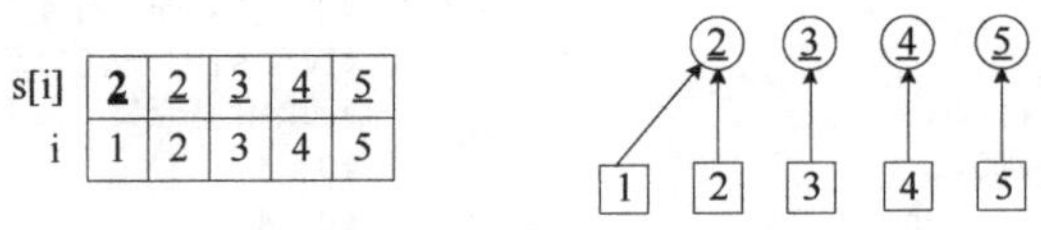

图 6.2　合并(1, 2)

（3）合并，加入第 2 个朋友关系(1, 3)。

先查找结点 1 的集，set[1] = 2，再查找结点 2 的集，set[2] = 2，此时结点 2 的集是自己，查找结束。再查找结点 3 的集，set[3] = 3，由于 set[2]不等于 set[3]，因此把结点 2 的集 2 合并到结点 3 的集 3。具体操作是修改 set[2] = 3，此时，结点 1、2、3 都属于同一个集：set[1] = 2、set[2] = 3、set[3] = 3。还有两个独立的集 set[4] = 4、set[5] = 5，如图 6.3 所示。

图 6.3 的右图中，为简化图示，把结点 2 和集 2 画在了一起。

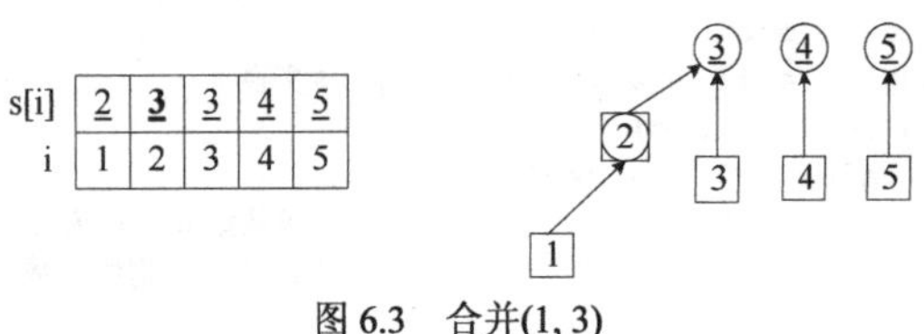

图 6.3　合并(1, 3)

（4）合并，加入第 3 个朋友关系(2, 4)。结果如图 6.4 所示，此处请读者自己分析。合并的结果是 set[1] = 2、set[2] = 3、set[3] = 4、set[4] = 4。还有一个独立的集 set[5] = 5。

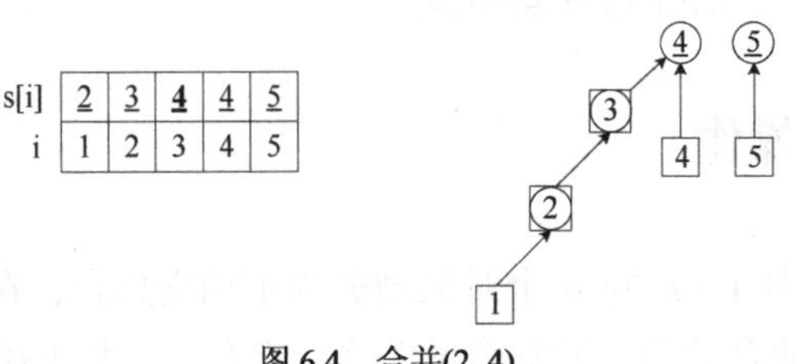

图 6.4　合并(2, 4)

（5）查找。查找某个结点属于哪个集，这是一个递归的过程。例如查找结点 1 的集，递归步骤是 set[1] = 2、set[2] = 3、set[3] = 4、set[4] = 4。最后结点的值和它的集相等，就找到了根结点的集。

（6）统计。统计共有几个集，有多少结点的集等于其自身，就有几个集。例如 s[i] = i，这是一个根结点，是它所在的集的代表；统计根结点的数量，也就是集的数量。图 6.4 中，只有 set[4] = 4、set[5] = 5，故有两个集。

从图 6.4 中可以看到，并查集是“树的森林”，一个集是一棵树，有多少棵树就有多少个集。有些树可能会非常细长，复杂度是 $O(n)$，变成了一个链表，出现了树的“退化”现象，使得递归查询十分耗时。后面将用“路径压缩”来解决这一问题。

下面用例题给出 3 个基本操作的编码。

例题 6-1. 蓝桥幼儿园

lanqiaoOJ 题号 1135

【题目描述】蓝桥幼儿园的学生天真无邪，朋友的朋友就是自己的朋友。小明是蓝桥幼儿园的老师，这天他决定为学生们举办一个交友活动，活动规则如下：小明用红绳连接两个学生，被连中的两个学生将成为朋友。小明想让所有学生都互相成为朋友，但是蓝桥幼儿园的学生实在太多了，他无法用肉眼判断某两个学生是否为朋友。请你帮忙写程序判断某两个学生是否为朋友。

【输入描述】第一行包含两个正整数 N、M，其中 N 表示蓝桥幼儿园的学生数量，学生的编号分别为 1～N。之后的第 2～第 M+1 行每行输入 3 个整数 op、x、y。如果 op = 1，则表示小明用红绳连接了学生 x 和学生 y。如果 op=2，请你回答小明学生 x 和学生 y 是否为朋友。$1 \leqslant N, M \leqslant 2 \times 10^5$，$1 \leqslant x, y \leqslant N$。

【输出描述】对于每个 op=2 的输入，如果 x 和 y 是朋友，则输出一行“YES”，否则输出一行“NO”。

下面是并查集的 C++代码。

（1）初始化用 init_set()。

（2）查找用 find_set()。find_set()是递归函数，若 x == s[x]，表示这是一个集的根结点，查找结束。若 x != s[x]，则继续递归查找根结点。

（3）合并用 merge_set(x, y)。合并 x 和 y 的集，先递归找到 x 的集，再递归找到 y 的集，然后把 x 合并到 y 的集上。x 递归到根结点 b，y 递归到根结点 d，最后合并为 set[b] = d，如图 6.5 所示。合并后，这棵树更高了，查询效率更低了。

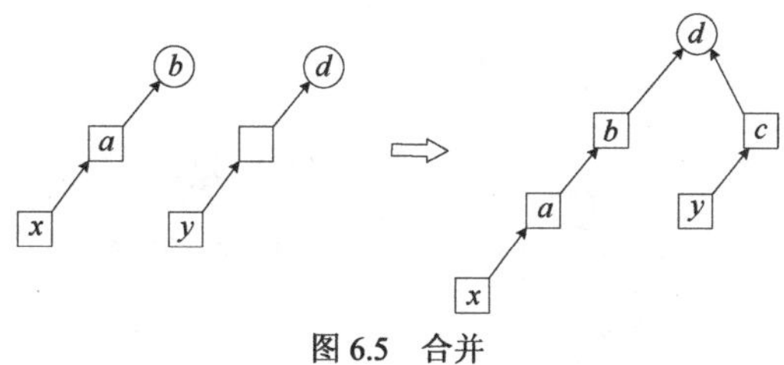

图 6.5　合并

```
#include <bits/stdc++.h>
using namespace std;
const int N = 8e5+5;
```

```
int s[N];
void init_set(){                      //初始化
   for(int i=1; i<=N; i++)  s[i] = i;
}
int find_set(int x){                  //查找
  //if (x==s[x]) return x;
  //else return find_set(s[x]);       //这两行合并为下面的一行
    return x==s[x]? x:find_set(s[x]);
}
void merge_set(int x, int y){         //合并
    x = find_set(x);
    y = find_set(y);
    if(x != y) s[x] = s[y];           //y 成为 x 的父结点，x 的集是 y
}
int main (){
    init_set();
    int n,m; cin>>n>>m;
    while(m--){
         int op,x,y; cin>>op>>x>>y;
         if(op == 1)   merge_set(x, y);
         if(op == 2){
               if(find_set(x)==find_set(y)) cout << "YES"<<endl;
               else                                 cout << "NO"<<endl;
         }
    }
    return 0;
}
```

上述代码运行会超时。合并的时候，树变成了一个链表形状，出现了“退化”现象。下面用路径压缩来解决退化问题。

6.1.3 路径压缩

并查集之所以高效，根本原因是有一种优化技术：路径压缩。这是一种简单而有效的优化技术。

在 6.1.2 小节代码的 find_set()中，查询元素 i 所属的集，需要搜索路径找到根结点，返回的结果是根结点。这条搜索路径可能很长，从而导致代码运行超时。

如何优化路径？如果在返回的时候，顺便把 i 所属的集改成根结点，那么下次再查的时候，就能在 $O(1)$的时间内得到结果。find_set()是一个递归函数，在返回的时候，整个递归路径上的结点，它们的集都改成了根结点。查询结点 1 的集时，把路径上的结点 2、结点 3 所属的集一起都改成了 4，最后所有结点的集都是 4，如图 6.6 所示，下次再查询某个结点所属的集，就只需查询一次。

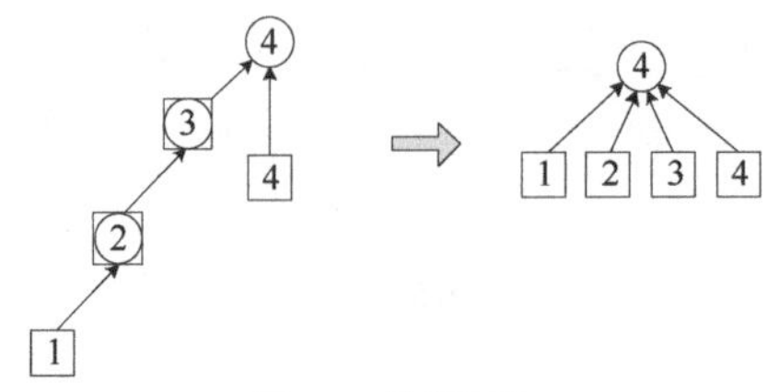

图 6.6　路径压缩

路径压缩的代码非常简单。把上面超时代码中的 find_set()改成以下路径压缩的代码。请读者思考为什么使用下面代码可以得到图 6.6 所示的结果。

```
int find_set(int x){
      if(x != s[x])    s[x] = find_set(s[x]);    //路径压缩
      return s[x];
}
```

✧ 提示：路径压缩对合并也有用，因为合并需要先查询，查询会用到路径压缩。

路径压缩之前，查询和合并的复杂度都是 $O(n)$。经过路径压缩之后，查询和合并平均的复杂度都是 $O(1)$。因此并查集显示出了巨大的优势。

下面用 Python 代码再求解一遍例题 6-1“蓝桥幼儿园”。其中，初始化并查集 S 可以用第 5 行的写法。

```
1  N = 800_005
2  s = []                              #并查集
3  def init_set():                     #初始化
4        for i in range(N): s.append(i)
5  #s = list(range(N))                #第 2～第 4 行可以改为这一行，定义和初始化并查集 s，后面第 14 行删除
6  def find_set(x):                    #有路径压缩优化的查询
7        if(x != s[x]):  s[x] = find_set(s[x])
8        return s[x]
9  def merge_set(x, y):                #合并
10       x = find_set(x)
11       y = find_set(y)
12       if(x != y):  s[x] = s[y]
13 n,m = map(int,input().split())
14 init_set()
15 for i in range(m):
16       op,x,y = map(int,input().split())
17       if op==1:   merge_set(x, y);
18       if op==2:
19           if(find_set(x) == find_set(y)): print("YES")
20           else:                                    print("NO")
```

✧ 提示：路径压缩是并查集的“灵魂”。要用并查集，而且要进行路径压缩。

6.1.4　例题

例题 6-2．合根植物

2017 年（第八届）全国赛，lanqiaoOJ 题号 110

【题目描述】 w 星球的一个种植园，被分成 $m\times n$ 个小格子（东西方向 m 行，南北方向 n 列）。每个格子里种了一株合根植物。这种植物有个特点，它的根可能会沿着南北或东西方向伸展，从而与另一个格子的植物合为一体。如果我们告诉你哪些格子间出现了合根现象，那么你能说出这个种植园中一共有多少株合根植物吗？

【输入格式】 第一行包含两个整数 m、n，用空格分隔，分别表示格子的行数、列数（$1<m,n<1000$）。第二行包含一个整数 k，表示下面还有 k 行数据（$0<k<100000$）。接下来的 k 行，每行包含两个整数 a、b，表示编号为 a 的小格子和编号为 b 的小格子合根了。一行一行

的格子从上到下、从左到右编号。

【输出格式】输出一个整数表示答案。

本题是并查集的简单应用。用并查集对所有植物做合并操作，最后统计有多少个集。

（1）C++代码。

```
#include<bits/stdc++.h>
using namespace std;
const int N = 1e6+10;
int s[N];
int find_set(int x){
        if(x!=s[x])  s[x]=find_set(s[x]);
        return s[x];
}
int main(){
        int n,m,k;   scanf("%d%d%d",&n,&m,&k);
        for(int i=1;i<=N;i++)  s[i]=i;   //初始化并查集
        while(k--){
             int a,b;   scanf("%d%d",&a,&b);
             int pa = find_set(a),pb=find_set(b);
             if(pa!=pb)  s[pa] = pb;      //合并并查集
        }
        int ans=0;
        for(int i=1;i<=n*m;i++)
             if(s[i]==i)  ans++;
        printf("%d",ans);
        return 0;
}
```

（2）Python 代码。

下面代码和上面 C++代码的逻辑稍有不同。初始化时，假设所有植物都不合根，答案 ans = $m \times n$，然后用并查集处理合根，合根一次，ans 减一。

```
def find_set(x):                           #有路径压缩优化的查询
        if(x != s[x]):  s[x] = find_set(s[x])
        return s[x]
def merge_set(x, y):
        x = find_set(x); y = find_set(y)
        if x == y:   return False          #原来就是同根的，不用合根
        s[y] = x
        return True                        #合根一次
m, n = map(int, input().split())
k = int(input())
s = list(range(m*n))                       #定义、初始化并查集 s=[0,1,2,3,...]
ans = m * n
for i in range(k):
        x, y = map(int, input().split())
        if merge_set(x, y):   ans -= 1     #合根一次，ans 减一
print(ans)
```

例题 6-3. 修改数组

2019 年（第十届）省赛，lanqiaoOJ 题号 185

【题目描述】给定一个长度为 N 的数组 $A = [A_1, A_2,\ldots,A_N]$，数组中有可能有重复出现的整数。现在小明要按以下方法将其修改为没有重复整数的数组。小明会依次修改 A_2、A_3……A_N。当修改 A_i 时，小明会检查 A_i 是否在 A_1～A_{i-1} 出现过。如果出现过，则小明会给 A_i 加上 1；如果新的 A_i 仍在之前出现过，小明会持续给 A_i 加 1，直到 A_i 没有在 A_1～A_{i-1} 出现过。当

A_N也经过上述修改之后，显然 A 数组中就没有重复的整数了。现在给定初始的 A 数组，请你计算出最终的 A 数组。

【输入描述】第一行包含一个整数 N（$1 \leqslant N \leqslant 100000$），第二行包含 N 个整数 A_1、A_2……A_N ($1 \leqslant A_i \leqslant 1000000$)。

【输出描述】输出 N 个整数，依次是最终的 A_1、A_2……A_N。

这是一道好题，但很难想到可以用并查集来做。

先尝试暴力法：每读入一个新的数，就检查前面是否出现过这个数，每一次都需要检查前面所有的数。共有 N 个数，每个数检查 $O(N)$次，所以总复杂度是 $O(N^2)$，超时。

容易想到的一个改进方法：用 Hash 算法。定义 vis[]数组，vis[i]用于表示数字 i 是否已经出现过。这样就不用检查前面所有的数了，基本上可以在 $O(1)$的时间内定位到。

然而本题有个特殊的要求：如果新的 A_i 仍在之前出现过，小明会持续给 A_i 加 1，直到 A_i 没有在 A_1～A_{i-1} 出现过。这导致在某些情况下，仍然需要做大量检查。以 5 个 6 为例：A[] = {6, 6, 6, 6, 6}。

第一次读 A[1]=6，设置 vis[6]=1。

第二次读 A[2]=6，先查到 vis[6]=1，则把 A[2]加 1，变为 A[2]=7；再查到 vis[7]=0，设置 vis[7]=1。检查了两次。

第三次读 A[3]=6，先查到 vis[6]=1，则把 A[3]加 1，变为 A[3]=7；再查到 vis[7]=1，再把 A[3]加 1 得 A[3]=8，设置 vis[8]=1；最后查到 vis[8]=0，设置 vis[8]=1。检查了 3 次。

……

每次读一个数，仍需检查 $O(N)$次，总复杂度仍然是 $O(N^2)$。

下面给出 Hash 代码，提交返回超时。

```
#include<bits/stdc++.h>
using namespace std;
#define N 1000002                       //A 的 Hash，1≤Ai≤1000000
int vis[N]={0};                         //Hash:  vis[i]=1 表示数字 i 已经存在
int main(){
     int n;    scanf("%d",&n);
     for(int i=0;i<n;i++){
          int a; scanf("%d",&a);   //读一个数字
          while(vis[a]==1) a++;    //若 a 已经出现过，则加 1。若加 1 后再出现，则继续加 1
          vis[a]=1;                //标记该数字
          printf("%d ",a);         //输出
     }
}
```

这题用并查集是非常巧妙的。

上文提到，本题用 Hash 算法求解，在特殊情况下仍然需要做大量检查。问题出在“持续给 A_i 加 1，直到 A_i 没有在 A_1～A_{i-1} 出现过”。也就是说，问题出在那些相同的数字上。当处理一个新的 A[i]时，需要检查所有与它相同的数字。

如果把这些相同的数字看成一个集，就能用并查集进行处理。

用并查集 s[i]表示访问到 i 这个数时应该将它换成的数字，如图 6.7 所示。以 A[] = {6, 6, 6, 6, 6}为例。初始化时 set[i] = i。

在图 6.7 中，（1）读第一个数 A[0] = 6。6 的集 set[6] = 6，紧接着更新 set[6] = set[7] = 7，其作用是后面再读到某个 A[i] = 6 时，可以直接赋值 A[i] = set[6] = 7。

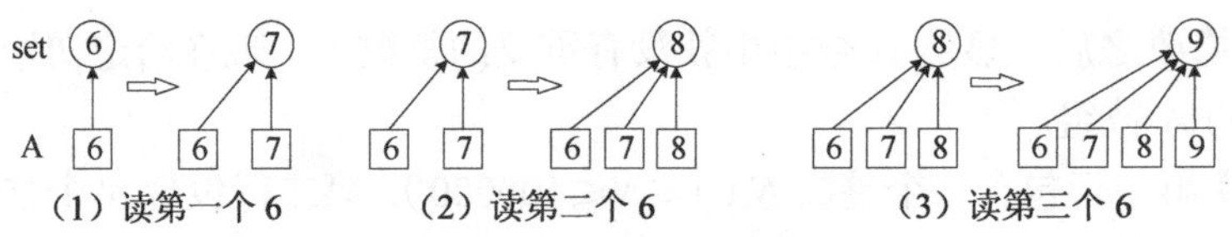

图 6.7　用并查集处理数组 A

在图 6.7 中，（2）读第二个数 A[1] = 6。6 的集 set[6] = 7，更新 A[1] = 7。紧接着更新 set[7] = set[8] = 8。如果后面再读到 A[i] = 6 或 7 时，可以直接赋值 A[i] = set[6] = 8 或者 A[i] = set[7] = 8。

在图 6.7 中，（3）读第三个数 A[2] = 6。请读者自行分析。

（1）C++代码。

只用到并查集的查询，没用到合并。必须用路径压缩进行优化，才能加快查询速度。没有路径压缩的并查集代码仍然会超时。

```
#include<bits/stdc++.h>
using namespace std;
const int N=1000002;
int A[N];
int s[N];                                       //并查集
int find_set(int x){                            //用路径压缩优化的查询
      if(x != s[x])  s[x] = find_set(s[x]);     //路径压缩
      return s[x];
}
int main(){
      for(int i=1;i<N;i++)  s[i]=i;             //并查集初始化
      int n;  scanf("%d",&n);
      for(int i=1;i<=n;i++){
            scanf("%d",&A[i]);
            int root = find_set(A[i]);          //查询到并查集的根
            A[i] = root;
            s[root] = find_set(root+1);         //加 1
      }
      for(int i=1;i<=n;i++)  printf("%d",A[i]);
      return 0;
}
```

（2）Python 代码。

```
def find_set(x):                                #有路径压缩优化的查询
     if(x != s[x]):  s[x] = find_set(s[x])      #集的根是最新的一个数
     return s[x]
N=1000002
s = list(range(N))                              #并查集，定义、初始化 s=[0,1,2,3, …]
n = int(input())
A = [int(i) for i in input().split()]
for i in range(n):
     root = find_set(A[i])
     A[i] = root
     s[root] = find_set(root+1)      #加 1
for i in A:  print(i,end = ' ')
```

例题 6-4．发现环

2017 年（第八届）全国赛，lanqiaoOJ 题号 108

【题目描述】小明的实验室有 N 台计算机，编号为 1～N。原本这 N 台计算机之间有 N−1 条数据链接相连，恰好构成一个树形网络。在树形网络上，任意两台计算机之间有唯一的路径相连。不过在最近一次维护网络时，管理员误操作使得某两台计算机之间增加了一条数据链接，于是网络中出现了环路。环路上的计算机由于两两之间不再只有一条路径，因此数据传输出现了 Bug。为了恢复正常传输。小明需要找到所有在环路上的计算机，你能帮助他吗？

【输入格式】第一行包含一个整数 N。以下 N 行每行包含两个整数 a 和 b，表示 a 和 b 之间有一条数据链接相连。对于 30%的数据，$1 \leqslant N \leqslant 1000$；对于 100%的数据，$1 \leqslant N \leqslant 100000$，$1 \leqslant a, b \leqslant N$。输入要保证合法。

【输出格式】按从小到大的顺序输出在环路上的计算机的编号，中间用空格分隔。

本题是“寻找环”问题，标准解法要用到拓扑排序，在图上做一次 DFS 即可，复杂度为 $O(n)$，编程简单，复杂度小。

✧ 提示：请阅读本书 10.3 节“拓扑排序”中用拓扑排序求解本题的解析。

如果用暴力法，就直接用 DFS 遍历所有点，直到找到一条环路。由于 DFS 在找到环之前可能已遍历大量路径，因此如果本题数据严格，直接用 DFS 就会超时。

下面为了练习并查集，在 DFS 之前“强行”加上并查集。

用并查集找环的步骤如图 6.8 所示。图中以 3 个点 1、2、3 为例，初始化 set[1]=1，set[2]=2，set[3]=3。

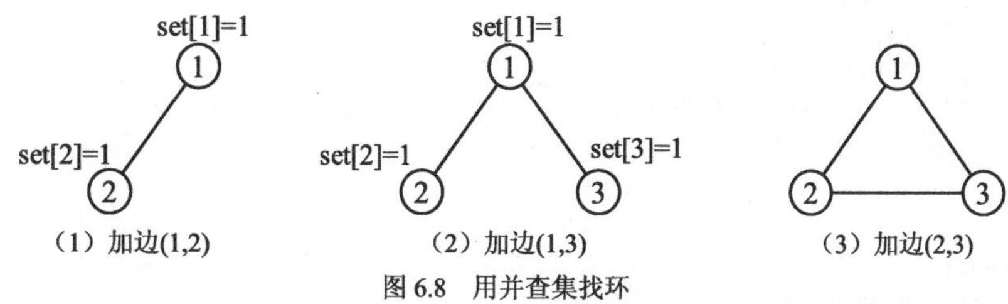

图 6.8　用并查集找环

（1）加边(1, 2)。set[1] = 1，而 set[2] = 2，两者的集不同，说明它们之间原来不在一个集中。现在将它们合并到一个集中，把点 2 改为点 1 的集，set[2] = set[1] = 1。

（2）加边(1, 3)。同理，把点 3 改为点 1 的集，set[3] = set[1]= 1。

（3）加边(2, 3)。发现 set[2] = set[3] = 1，说明它们已经在同一个集中，现在加边形成环。找到了环，即 set[1]中包含 3 个点：1、2、3。

求解本题分为两步。

（1）读所有的边，用并查集找到环路上的一个点 start。

（2）从 start 出发，搜索所有路径，若其中一条路径绕了一圈回到起点 start，则这条路径就是环路。在 DFS 回溯过程中，记录环路上的点并将其输出，结束。

对比拓扑排序、“并查集+暴力 DFS”这两种方法，可以发现拓扑排序要简单且高效得多。请读者学了拓扑排序后再做一下这道题。

下面是用“并查集+暴力 DFS”方法求解本题的代码。

（1）C++代码。

```
#include <bits/stdc++.h>
using namespace std;
const int N=1e5+100;
vector<int> edge[N]; //邻接表
int s[N],vis[N],ring[N];
```

```
int start,flag;
int tot;        //环上点的数量
void init_set(){
     for(int i=1;i<=N;i++)    s[i]=i;
}
int find_set(int x){
     if(x!=s[x])  s[x]=find_set(s[x]);
     return s[x];
}
void merge_set(int x,int y){
     int tmp = x;
     x = find_set(x);
     y = find_set(y);
     if(x!=y) s[y]=s[x];            //此x和y处于环中，记录一个点
     else      start = tmp;
}
void dfs(int x,int step){           //从起点start出发找一条回到start的环路
     if(flag)    return;
     if(x==start)                   //绕了一圈回来了，环路结束
          if(vis[x]==1){
                tot = step-1;
                flag = 1;
                return ;
          }
     ring[step] = x;
     for(int i=0;i<edge[x].size();i++){
          int y=edge[x][i];
          if(!vis[y]){
                vis[y]=1;
                dfs(y,step+1);
                vis[y]=0;
          }
     }
}
int main(){
    int n;   scanf("%d",&n);
     init_set();
     for(int i=1;i<=n;i++) {
          int u,v;  scanf("%d %d",&u,&v);
          edge[u].push_back(v);   edge[v].push_back(u);
          merge_set(u,v);         //找到环上一个点start，merge_set()执行后，全局变量start被赋值
     }
     flag = 0;
     dfs(start,1);                //以start为起点再次搜索回来，这就是环
     sort(ring+1,ring+1+tot);
     for(int i=1;i<=tot;i++)  printf("%d ",ring[i]);
     return 0;
}
```

（2）Python 代码。

```
def find_set(x):                          #有路径压缩优化的查询
     if(x != s[x]):  s[x] = find_set(s[x])
     return s[x]
def merge_set(x, y):
     global start
     tmp = x
     x = find_set(x); y = find_set(y)
     if x != y:  s[y]=s[x]         #合并
     else: start=tmp
def dfs(x,step):                          #从起点start出发找一条回到start的环路
     global flag,start,vis,tot,ring
     if flag==1: return
```

```
    if x==start:
        if vis[x]==1:
            tot=step-1
            flag=1
            return
    ring[step]=x
    for y in edge[x]:
        if vis[y]==0:
            vis[y]=1
            dfs(y,step+1)
            vis[y]=0
N = 100010
start=0; tot=0; vis=[0]*N; ring=[0]*N
s = list(range(N))                #定义、初始化并查集 s=[0,1,2,3,...]
n = int(input())
edge = [[] for i in range(n+1)]   #邻接表
for i in range(n):
    u, v = map(int, input().split())
    edge[u].append(v); edge[v].append(u)
    merge_set(u,v)
flag = 0
dfs(start,1)
ans = ring[1:1+tot]    #复制出来
ans.sort()             #排序
for i in range(tot): print(ans[i], end=' ')
```

例题 6-5. 七段码

2020 年（第十一届）省赛，lanqiaoOJ 题号 595

【题目描述】七段数码管一共有 7 段可以发光的二极管，分别标记为 a、b、c、d、e、f、g，问它们能表示多少种不同的字符，要求发光的二极管是相连的。

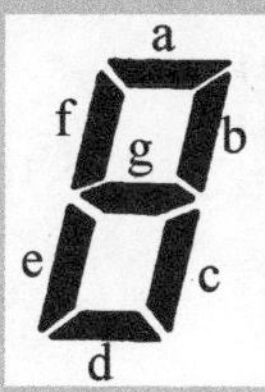

这一题在第 2 章曾经手算过，现在通过编程求解。这一题的标准求解思路是“灯（二极管）的组合+连通性检查”，编程时可以用到 DFS 和并查集。

（1）C++代码。

灯的所有组合用 DFS 得到，用 5.1.4 小节“DFS 与排列组合”介绍的“自写排列算法”。第 30～第 33 行通过选或不选第 k 个灯实现了各种组合。

检查连通性用并查集。check()函数用于判断一种组合的连通性。第 21 行判断灯 i、j 是否都在组合中且相连，若是，则将其合并到一个并查集。第 25 行 flag==1，表示这个组合中的所有灯都合并到了同一个并查集，说明它们是连通的。

```
1  #include<bits/stdc++.h>
2  using namespace std;
3  int e[10][10] = {0};
4  int s[8] = {0}, vis[8] = {0};
5  int ans = 0;
6  void init() {
7      for (int i = 1; i <= 7; i++)   s[i] = i;
8  }
9  int find_set(int x){                         //用路径压缩优化的查询
```

```
    if(x != s[x])  s[x] = find_set(s[x]);     //路径压缩
    return s[x];
}
void merge_set(int x, int y){                  //合并
    x = find_set(x);  y = find_set(y);
    if(x != y) s[x] = s[y];                    //y 成为 x 的父结点，x 的集是 y
}
void check(){
    init();
    for (int i = 1; i <= 7; i++)
        for(int j = 1;j <= 7;j++)
            if (e[i][j] && vis[i] && vis[j])  merge_set(i, j);
    int flag = 0;
    for (int j = 1; j <= 7; j++)
        if (vis[j] && s[j] == j)   flag++;
    if (flag == 1) ans++;
}
void dfs(int k) {                             //DFS 到第 k 个灯
    if (k == 8)  check();                     //检查连通性
    else {
        vis[k] = 1;                           //点亮这个灯
        dfs(k + 1);                           //继续搜索下一个灯
        vis[k] = 0;                           //关闭这个灯
        dfs(k + 1);                           //继续搜索下一个灯
    }
}
int main() {
//a b c d e f g      将字符用数字表示
//1 2 3 4 5 6 7
    e[1][2] = e[1][6] = 1;
    e[2][1] = e[2][3] = e[2][7] = 1;
    e[3][2] = e[3][4] = e[3][7] = 1;
    e[4][3] = e[4][5] = 1;
    e[5][4] = e[5][6] = e[5][7] = 1;
    e[6][1] = e[6][5] = e[6][7] = 1;
    e[7][2] = e[7][3] = e[7][5] = e[7][6] = 1;
    dfs(1); //从第一个灯开始 DFS
    cout << ans ;
    return 0;
}
```

（2）Python 代码。

```
N = 10
e=[[0]*N for i in range(N)]
s=[0]*N
vis=[0]*N
ans = 0
def init():
    for i in range(N):  s[i]=i
def find_set(x):                          #有路径压缩优化的查询
    if(x != s[x]):  s[x] = find_set(s[x])
    return s[x]
def merge_set(x, y):                      #合并
    x = find_set(x);   y = find_set(y)
    if x != y:  s[x] = s[y]
def check():
    global ans
    init()
    for i in range(1,8):
        for j in range(1,8):
            if e[i][j]==1 and vis[i]==1 and vis[j]==1:merge_set(i, j)
    flag = 0
```

```
        for j in range(1,8):
            if vis[j]==1 and s[j]==j: flag +=1
        if flag==1: ans += 1

def dfs(k):                              #DFS 到第 k 个灯
        if k == 8:   check()             #检查连通性
        else:
            vis[k] = 1                   #点亮这个灯
            dfs(k + 1)                   #继续搜索下一个灯
            vis[k] = 0                   #关闭这个灯
            dfs(k + 1)                   #继续搜索下一个灯

e[1][2] = e[1][6] = 1
e[2][1] = e[2][3] = e[2][7] = 1
e[3][2] = e[3][4] = e[3][7] = 1
e[4][3] = e[4][5] = 1
e[5][4] = e[5][6] = e[5][7] = 1;
e[6][1] = e[6][5] = e[6][7] = 1
e[7][2] = e[7][3] = e[7][5] = e[7][6] = 1
dfs(1)                                   #从第一个灯开始 DFS
print(ans)
```

【练习题】

“小猪存钱罐”lanqiaoOJ 题号 1085；“火星旅行”lanqiaoOJ 题号 1084；“方格染色”lanqiaoOJ 题号 1012；“星球大战” lanqiaoOJ 题号 828；“推导部分和” lanqiaoOJ 题号 2094。

6.2　树状数组

树状数组是一种真正的“高级”数据结构，它用到了二分思想、二叉树、位运算、前缀和等多种知识，是颇为复杂的数据结构。不过树状数组的编程却不麻烦，其代码简短，效率也高。

6.2.1　区间和问题

树状数组是一种“高级”数据结构，使用它能高效率地解决一些动态区间问题。

从一个常见问题开始讲解：**查询前缀和（或区间和）**，即给定一个长度为 n 的数列 $A = \{a_1, a_2, ..., a_n\}$，$n$ 次查询区间和，$[i, j]$的和 $= a_i + ... + a_j$。

下面讨论静态和动态两种情况下的求解方法。

1. 静态数组的区间和问题

先假设数列 A 内的数字保持不变，有两种做法。

（1）暴力法。

用暴力法查询 n 次区间和，每次查询时计算这个区间内的和的计算量是 $O(n)$，查询 n 次则为 $O(n^2)$。效率太低。

（2）前缀和。

利用前缀和来帮助计算将特别高效。

前缀和在第 4 章已经介绍过了，这里复习一下。前缀和公式：$\text{sum}(x) = a_1 + ... + a_x$。前缀和与区间和的关系是$[i, j]$的和 $a_i + ... + a_j = \text{sum}(j)-\text{sum}(i-1)$。

C++代码如下。

```
#include <bits/stdc++.h>
using namespace std;
int a[11]={0,4,5,6,7,8,9,10,11,12,13};   //a[0]不用
int sum[11]={0};
int main (){
//预处理，计算前缀和
     sum[1]=a[1];
     for(int i =2;i<=10;i++) sum[i] = a[i]+ sum[i-1];
//输出前缀和
     cout << "sum[]=";
     for(int i =1;i<=10;i++) cout<<sum[i]<< " ";     cout <<"\n";
//用前缀和反推计算数组a[]
     cout << "  a[]=" << a[1]<< " ";
     for(int i =2;i<=10;i++) cout << sum[i] - sum[i-1]<< " ";
//求区间和，例如计算[5,8]的区间和
     cout << "\n"<< " [5,8]= "<<sum[8]-sum[4];
     return 0;
}
```

输出结果如下。

```
sum[]= 4 9 15 22 30 39 49 60 72 85
  a[]= 4 5 6 7 8 9 10 11 12 13
[5,8]= 38
```

计算复杂度如下。

（1）预计算出所有的前缀和，只需计算 n 次；

（2）每次查询区间和，复杂度都是 $O(1)$。

所以，在静态数组 A 上查询 n 次区间和，总复杂度是 $O(n)$，非常好。

2. 动态数组的区间和问题

如果序列是**动态变化**的，修改数组 a[]的元素与查询区间和轮流进行，计算量就会大大增加。

如果改变其中一个元素 a_k 的值，那么它后面的前缀和就都会改变，需要重新计算 a_k 之后的所有前缀和，计算复杂度为 $O(n)$。如果每次查询前元素都有变化，那么一次查询的复杂度就变成了 $O(n)$。改变 n 次元素值，需要查询 n 次区间和，总复杂度是 $O(n^2)$，和暴力法的复杂度一样。

有没有好办法？有。使用树状数组这种数据结构能把“改变 n 次元素值，查询 n 次区间和”的总复杂度降为 $O(n\log n)$。

先给出用树状数组求解的代码。

```
#include <bits/stdc++.h>
using namespace std;
const int N = 1000;
#define lowbit(x)  ((x) & - (x))
int tree[N]={0};
void update(int x, int d) {    //修改元素a[x],a[x] = a[x] + d
     while(x <= N) {
          tree[x] += d;
          x += lowbit(x);
     }
}
int sum(int x) {               //返回前缀和sum = a[1] + a[2] +...+ a[x]
```

```
    int ans = 0;
    while(x > 0){
        ans += tree[x];
        x -= lowbit(x);
    }
    return ans;
}
//以上是树状数组的代码
int a[11]={0,4,5,6,7,8,9,10,11,12,13};   //注意：a[0]不用
int main (){
//计算 tree[]数组
    for(int i=1;i<=10;i++)   update(i,a[i]);
//查询区间和，例如查询[5,8]
    cout << "old: [5,8] = "<<sum(8)-sum(4)<< "\n";
//模拟一次修改：a[5] = a[5]+100
    update(5,100);
//重新查询[5,8]区间和
    cout << "new: [5,8] = "<<sum(8)-sum(4);
    return 0;
}
```

输出结果如下。

```
old: [5,8] = 38
new: [5,8] = 138
```

代码非常短且高效。代码中的 tree[]为树状数组。

代码的执行过程如下。

（1）初始化。把数组 a[]存到 tree[]中。主程序先清空数组 tree[]，然后读取 a_1、a_2……a_n，用 update()逐一处理这 n 个数，得到数组 tree[]。update()的计算复杂度是 $O(\log n)$，计算 n 次的复杂度是 $O(n\log n)$。

（2）求前缀和。用 sum()函数计算前缀和 $a_1 + a_2 +...+ a_x$。求和函数 sum()是基于数组 tree[]的。sum()的计算复杂度是 $O(\log n)$。

（3）修改元素。执行 update(int x, int d)，修改元素 a[x]，即 a[x] = a[x]+d。代码中实际上是在修改数组 tree[]。update()的计算复杂度是 $O(\log n)$。

（4）查询区间和。例如，区间[5,8]的和= sum(8)−sum(4)。

计算复杂度：初始化计算 tree[]数组的复杂度是 $O(n\log n)$；修改一次元素的复杂度是 $O(\log n)$；查询一次区间和的复杂度是 $O(\log n)$。修改 n 次元素，查询 n 次区间和，总复杂度为 $O(n\log n)$，远远好于暴力法的复杂度 $O(n^2)$。

再仔细看看代码，只有寥寥数行，lowbit()、update()、sum()这几个函数极为简短却又高效。

6.2.2　树状数组的原理

树状数组（Binary Indexed Tree，BIT），英文直译为“二进制索引树”，顾名思义，它是利用数的二进制特征进行检索的一种树状的结构。

前面分析过树状数组的查询和修改的复杂度是 $O(\log n)$，显然这和二分法有关。树状数组利用了二分思想，并用二叉树来具体实现。

如何利用二分的思想高效地求前缀和？以 A = {a_1, a_2, ..., a_8}这 8 个元素为例，图 6.9 左图

所示的是二叉树的结构、右图所示是树状结构。这张图是树状数组的**核心**，只要理解了这张图，所有的操作就都清晰明了了。

✧ 提示：本小节所有的数组都不使用 a_0，而是从 a_1 开始，请读者学习后回头思考为什么。

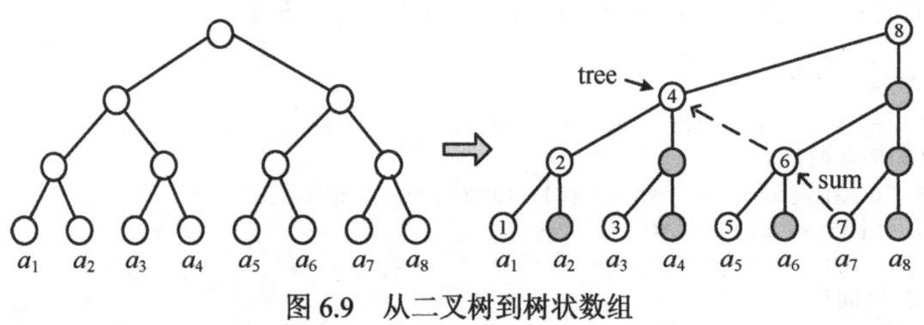

图 6.9　从二叉树到树状数组

图 6.9 的右图圆圈中标记了数字结点存储的是称为树状数组的 tree[]。一个结点上的 tree[]的值，就是它**直连的**子结点的和。例如：

```
tree[1] = a1
tree[2] = tree[1] + a2
tree[3] = a3
tree[4] = tree[2]+ tree[3] + a4
tree[5] = a5
tree[6] = tree[5] + a6
tree[7] = a7
tree[8] = tree[4] + tree[6] + tree[7] + a8
```

计算一次 tree[]的复杂度有多大？以计算量最大的 tree[8]为例，需要二叉树每一层的一个 tree[]，而二叉树有 $O(\log n)$层，所以计算一次 tree[] 的复杂度是 $O(\log n)$。

tree[i]等于 i 这棵子树上子结点的和，它与前缀和 sum 有联系。

利用 tree[]可以高效地完成下面两个操作。

（1）查询，也就是计算前缀和 sum，如以下查询。

sum(8) = tree[8]。因为 tree[8]这棵子树包含了所有子结点，所以前缀和就是所有子结点的和。

sum(7) = tree[7] + tree[6] + tree[4]。因为 tree[7]只包含了 a_7，tree[6]包含了 a_5、a_6，tree[4]包含了 a_1～a_4，所以前缀和是 sum(7)。

计算一次 sum 的复杂度有多大？图 6.9 右图中的虚线箭头是计算 sum(7)的过程。虚线箭头每次上升一层，二叉树有 $O(\log n)$层，所以计算的复杂度是 $O(\log n)$。这样就达到了快速计算前缀和的目的。

（2）维护。tree[]本身的维护也是高效的。当元素 a 发生改变时，能以 $O(\log n)$的高效率修改 tree[]的值。例如更新了 a_3，只需要修改 tree[3]、tree[4]、tree[8]，即修改它和它上面的那些结点：父结点以及父结点的父结点。二叉树只有 $O(\log n)$层，这些父结点的个数是 $O(\log n)$。所以维护一次的计算复杂度是 $O(\log n)$。

从以上分析可知，树状数组每次操作的复杂度都是 $O(\log n)$，其效率极高。这种高效率是通过二叉树数据结构实现的，由于二叉树只有 $O(\log n)$层，而每次修改只在每一层操作一次，一共只需要操作 $O(\log n)$次，因此实现了高效率。

有了方案，如何快速计算出 tree[]？例如，tree[8] = tree[4] + tree[6] + tree[7] + a_8，这里的 4、6、7、8 是如何来的？通过下面的解释，读者可以知道：要得到某个 tree[i]，并不是直接计算

tree[i]，而是在更新 A[i]时，逐个更新相关的 tree[]，其中包括了 tree[i]。

观察查询和维护两个操作，可以发现以下规律。

（1）查询的过程是每次**去掉二进制数的最后的 1**，如求 sum(7) = tree[7] + tree[6] + tree[4]，步骤如下。

① 7 的二进制数是 111，去掉最后的 1，得 110，即 tree[6]。

② 去掉 6 的二进制数 110 的最后的 1，得 100，即 tree[4]。

③ 4 的二进制数是 100，去掉 1 之后就没有了。

（2）维护的过程是每次**在二进制数的最后的 1 上加 1**，如更新了 a_3，需要修改 tree[3]、tree[4]、tree[8]等，步骤如下。

① 3 的二进制数是 11，在最后的 1 上加 1，得 100，即 4，修改 tree[4]。

② 4 的二进制数是 100，在最后的 1 上加 1，得 1000，即 8，修改 tree[8]。

③ 修改 tree[16]、tree[32]等。

上面说的**“去掉二进制数的最后的 1”“在二进制数的最后的 1 上加 1”**是如何得到的？如果读者仔细观察了图 6.9，就能体会它的含义。例如更新了 a_3，需要修改 tree[3]、tree[4]、tree[8]等实际上是沿着二叉树往上跳到 2 的倍数的那些 tree[]，而 2 的倍数在二进制数中，就对应了二进制数的每一位的权值。所以，从二进制数的最后的 1 开始，逐个处理，就是跳到新的 tree[]。

最后将树状数组归结到一个关键问题：如何找到一个数的二进制数的最后一个 1。解决办法是使用函数 lowbit()。

6.2.3　lowbit()

lowbit(x) = x &−x，其功能是找到 x 的二进制数的最后一个 1，原理是利用了负数的补码表示，补码是原码取反加一。例如：

$x = 6 = 00000110_2$

$-x = x_{补} = 11111010_2$

lowbit(x) = x &−x = $10_2 = 2$

1～9 的 lowbit()过程如表 6.1 所示。

表 6.1　1～9 的 lowbit()过程

x	1	2	3	4	5	6	7	8	9
x 的二进制数	1	10	11	100	101	110	111	1000	1001
lowbit(x)	1	2	1	4	1	2	1	8	1
tree[x]	tree[1]=a_1	tree[2]=a_1+a_2	tree[3]=a_3	tree[4]=$a_1+a_2+a_3+a_4$	tree[5]=a_5	tree[6]=a_5+a_6	tree[7]=a_7	tree[8]=$a_1+\ldots+a_8$	tree[9]=a_9

有了 lowbit()，就可以计算 tree[]了。

令 m = lowbit(x)，tree[x]的值是把 a_x 和它前面共 m 个数相加的结果，如 lowbit(6) = 2，则 tree[6] = $a_5 + a_6$。

tree[]是通过 lowbit()计算出的树状数组，它能够以二分的复杂度存储一个数列的数据。具体地，tree[x]中存储的是[x−lowbit(x)+1, x]中每个数的和。

把上面的表格画成图，如图 6.10 所示。黑色矩形表示 tree[x]，它等于矩形上所有元素的和。

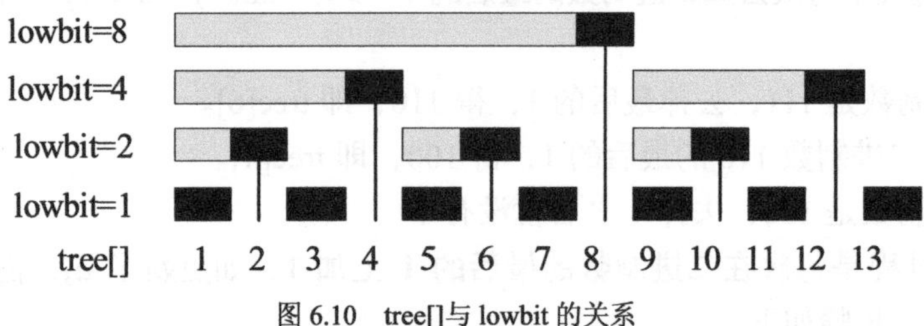

图 6.10　tree[]与 lowbit 的关系

但是，计算 tree[]时，并不是直接按表 6.1 进行计算的，例如 tree[8]=a_1 +...+a_8，不是直接累加 a_1～a_8，而是用间接计算的方法，即利用了上面维护的过程中提到的步骤。例如读 a_1，然后更新与 a_1 相关的 tree[1]、tree[2]、tree[4]、tree[8]等，用 lowbit()可以很快确定需要修改的是 tree[1]、tree[2]、tree[4]、tree[8]等。

6.2.4　树状数组的代码

树状数组的代码简洁，其核心是通过 lowbit()计算得到树状数组 tree[]，用于实现查询前缀和与维护 tree[]。下面是树状数组的核心代码。

```
#define lowbit(x)  ((x) & - (x))
int tree[N];
void update(int x, int d) {    //修改元素 a[x]，a[x]= a[x] + d
    while(x <= N) {
        tree[x] += d;
        x += lowbit(x);
    }
}
int sum(int x) {               //返前缀和 ans = a[1] + a[2] +... + a[x]
    int ans = 0;
    while(x > 0){
        ans += tree[x];
        x -= lowbit(x);
    }
    return ans;
}
```

注意 update()有以下两个作用。

（1）初始化计算 tree[]数组。定义 tree[N]={0}，然后逐个读入 a[1]～a[8]，用 update()更新每个 tree[]，代码如下。

```
for(int i=1;i<=10;i++)  update(i, a[i]);
```

示例说明如下。

读 a[1]，update(1, a[1])，更新 tree[1]、tree[2]、tree[4]、tree[8]、tree[16]……

读 a[2]，update(2, a[2])，更新 tree[2]、tree[4]、tree[8]、tree[16]……

读 a[3]，update(3, a[3])，更新 tree[3]、tree[4]、tree[8]、tree[16]……

读 a[4]，update(4, a[4])，更新 tree[4]、tree[8]、tree[16]……

读 a[5]，update(5, a[5])，更新 tree[5]、tree[6]、tree[8]、tree[16]……

……

以上计算过程请参照图 6.11。每次计算，在几步之后就会跳到 2 的倍数的 tree[]：tree[2]、tree[4]、tree[8]、tree[16]等。这也证明了计算量是 $O(\log n)$。

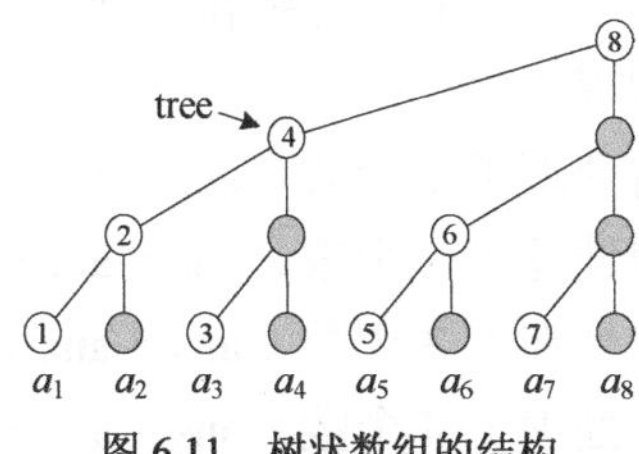

图 6.11　树状数组的结构

（2）修改 a[x]，更新 tree[]数组。执行 update(x, a[x])，更新 tree[x]，并沿着二叉树往上更新相关的 tree[]。

6.2.5　逆序对问题

逆序对问题是树状数组应用的典型例子。

逆序对问题：给定数列 $A = \{a_1, a_2, ..., a_n\}$，求满足 $i < j$ 且 $a_i > a_j$ 的二元组(i, j)的数量。

例题 6-6.　逆序对

lanqiaoOJ 题号 1506

【题目描述】给定一个序列 $A_1, A_2, ..., An$。若 $i<j$ 且 $A_i>A_j$，则$<i, j>$就是一个逆序对。请你写一个程序，在尽量短的时间内统计出逆序对的数量。

【输入格式】输入的第一行是整数 n（$1 \leqslant n \leqslant 500000$），接下来的 n 行，每行输入一个长整数型的整数。

【输出格式】输出一个整数，为逆序对的数目。

用树状数组解逆序对问题要用到一个技巧：**把数字看作树状数组的下标**。例如序列{5, 4, 2, 6, 3, 1}，对应 a[5]、a[4]、a[2]、a[6]、a[3]、a[1]。

每处理序列中的一个数字，树状数组的下标所对应的元素数值就加 1，统计前缀和，即可得到逆序对的数量。

处理的方法有以下两种。

（1）倒序。

用树状数组倒序处理序列，当前数字的前一个数的前缀和就是以该数为较大数的逆序对的数量。例如{5, 4, 2, 6, 3, 1}，倒序处理数字的步骤如下。

① 数字 1。把 a[1]加一。计算 a[1]前面的前缀和 sum(0) ＝ 0，也就是前面比 a[1]小的序列个数为 0。统计逆序对总数量 ans = ans + sum(0) = 0。

② 数字 3。把 a[3]加一。计算 a[3]前面的前缀和 sum(2) ＝ 1，此时前面比 a[3]小的序列个数有 a[1] = 1。统计逆序对总数量 ans = ans + sum(2) = 0 + 1 = 1。

③ 数字 6。把 a[6]加一。计算 a[6]前面的前缀和 sum(5) ＝ 2，此时前面比 a[5]小的序列个数有 a[1] = 1 和 a[3] = 1。逆序对数量 ans = ans + sum(5) = 1 + 2 = 3。

……

处理完所有序列元素，就得到了答案。由于借助了树状数组，因此每次更新 a[]和求和 sum[]的复杂度都是 $O(\log n)$，处理 n 个数字的总复杂度是 $O(n\log n)$。

（2）正序。

当前已经处理的数字个数减掉当前数字的前缀和就是以该数为较小数的逆序对个数。例如{5, 4, 2, 6, 3, 1}，正序处理数字的步骤如下。

① 数字 5。把 a[5]加一，当前处理了 1 个数，ans = ans + (1−sum(5)) = 0。

② 数字 4。把 a[4]加一，当前处理了 2 个数，ans = ans + (2−sum(4)) = 0+1 = 1。

③ 数字 2。把 a[2]加一，当前处理了 3 个数，ans = ans + (3−sum(2)) = 1+2 = 3。

④ 数字 6。把 a[6]加一，当前处理了 4 个数，ans = ans + (4−sum(6)) = 3+0 = 3。

不过，还有一个关键问题没有解决。“把数字看作树状数组的下标”这一技巧真的可行吗？题目中的数字是长整数型的，最大值是 2^{63}，那么树状数组的空间也要设为 2^{63}，这个数字远远超过了题目限制的空间。

此时需要用离散化这个小技巧，把树状数组的空间复杂度减少到 $O(n)$。

所谓**离散化**，就是把原来的数字用它们的相对大小来替换，而它们的顺序仍然不变，不影响逆序对的计算。例如{1, 20543, 19, 376, 546007640}，它们的相对大小是{1, 4, 2, 3, 5}，这两个序列的逆序对数量是一样的。前者需要极大的空间，后者需要的空间很小。在用树状数组求解逆序对的题目中，离散化几乎是必需的。

✧ 提示：概括地说，离散化就是数字有多少，离散化后的数字就有多大。

题目需要处理 500000 个数字，那么离散化之后树状数组的大小就只需要 500000 了。

逆序对的另一种解法是归并排序，归并排序解法的复杂度与树状数组解法的复杂度差不多，但是更简单清晰。

（1）C++代码。

代码中的第 31～第 33 行是离散化，离散化后的数字被存在 Rank[]中。请认真学习离散化的方法，离散化在很多场景中有应用。

✧ 提示：6.3.3 小节“区间查询例题”的例题 6-10“最长不下降子序列”中给出了另一种离散化方法。

```
1   #include <bits/stdc++.h>
2   using namespace std;
3   const int N = 500010;
4   int tree[N],Rank[N],n;          //注意：rank 是 C++的保留字，这里用 Rank
5   #define lowbit(x)   ((x) & - (x))
6   void update(int x, int d) {
7       while(x <= N) {
8            tree[x] += d;
9            x += lowbit(x);
10      }
11  }
12  int sum(int x) {
13      int ans = 0;
14      while(x > 0){
15           ans += tree[x];
```

```
            x -= lowbit(x);
        }
        return ans;
}
struct point{ int num,val;} a[N];
bool cmp(point x,point y){
        if(x.val == y.val)    return x.num < y.num;
        return x.val < y.val;
}
int main(){
        scanf("%d",&n);
        for(int i=1;i<=n;i++) {
                scanf("%d",&a[i].val);
                a[i].num = i;           //记录顺序，用于离散化
        }
        sort(a+1,a+1+n,cmp);            //排序，得到每个数的位置
        for(int i=1;i<=n;i++)           //离散化，得到新的数字序列 Rank[]
                Rank[a[i].num]=i;
        long long ans = 0;              //下面对 Rank[]求逆序对
        for(int i=n;i>0;--i){           //用树状数组求逆序对
                update(Rank[i],1);
                ans += sum(Rank[i]-1);
        }
        printf("%lld",ans);
        return 0;
}
```

（2）Python 代码。离散化见第 4 行，这种离散化很简单，但效率较低。

✧ 提示：6.3.3 小节“区间查询例题”的例题 6-10“最长不下降子序列”给出了另一种离散化方法的 Python 代码，用二分法实现离散化，效率很高。

```
1  n = int(input())
2  a = [0]+list(map(int,input().split())) #从 a[1]开始
3  b = sorted(a)
4  for i in range(n):  a[a.index(b[i])] = i+1
5  tree = [0] * (n+1)
6  def lowbit(x):
7      return x & -x
8  def update(x, d):
9      while(x < n):
10         tree[x] += d
11         x += lowbit(x)
12 def sum(x):
13     ans = 0
14     while(x > 0):
15         ans += tree[x]
16         x -= lowbit(x)
17     return ans
18 res = 0
19 for i in range(len(a)-1, 0, -1):
20     update(a[i], 1)
21     res += sum(a[i]-1)
22 print(res)
```

下面再做一道逆序对题目。

例题 6-7. 小朋友排队

lanqiaoOJ 题号 222

【题目描述】 n 个小朋友站成一排。现在要把他们按身高从低到高的顺序排列，但是每次只能交换位置相邻的两个小朋友。每个小朋友都有一个不高兴的程度。开始的时候，所有小朋友的不高兴程度都是 0。如果某个小朋友第一次被要求交换，则他的不高兴程度增加 1，如果他第二次被要求交换，则他的不高兴程度增加 2（即不高兴程度为 3），依次类推。当要求某个小朋友第 k 次交换时，他的不高兴程度增加 k。要让所有小朋友按身高从低到高排队，他们的不高兴程度之和最小是多少？如果有两个小朋友的身高一样，则他们谁站在谁的前面是没有关系的。

【输入格式】 输入的第一行包含一个整数 n，表示小朋友的个数。第二行包含 n 个整数 H_1、H_2……H_n，分别表示每个小朋友的身高。$1 \leq n \leq 100000$，$0 \leq H_i \leq 1000000$。

【输出格式】 输出一行，包含一个整数，表示小朋友的不高兴程度和的最小值。

每个小朋友要交换多少次？每一个小朋友最少的交换次数等于他左边比他高的人数加上他右边比他矮的人数。

这显然是逆序对问题，包括两个逆序对：他左边比他高的小朋友；他右边比他矮的小朋友。这里就用树状数组做两次逆序对，一次是正序处理的，另一次是倒序处理的。

本题的身高 h 因为数字不大，所以不用做离散化。

（1）C++代码。

```
#include <bits/stdc++.h>
using namespace std;
const int N = 1000010;
typedef long long LL;
int h[N], tree[N], k[N];                    //h 是身高，k 是交换次数（逆序对数量）
int lowbit(int x) {  return x & -x; }
void update(int x, int d) {
     while(x <= N) {
          tree[x] += d;
          x += lowbit(x);
     }
}
int sum(int x) {
     int ans = 0;
     while(x > 0){
          ans += tree[x];
          x -= lowbit(x);
     }
     return ans;
}
int main() {
     int n; cin >> n;
     for (int i = 1; i <= n; i ++ ){
          cin >> h[i];
          h[i]++;                            //h 从 1 开始，不是从 0 开始
     }
     for (int i = 1; i <= n; i ++ ) {    //正序处理。逆序对，右边矮
          k[i] = sum(N - 1) - sum(h[i]);
          update(h[i], 1);
     }
     memset(tree, 0, sizeof tree);
     for (int i = n; i; i-- ){           //倒序处理。逆序对，左边高
          k[i] += sum(h[i] - 1);
```

```
            update(h[i], 1);
        }
        LL res = 0;
        for (int i = 1; i <= n; i ++ )      //把所有人的不高兴程度加起来
            res += (LL)k[i] * (k[i] + 1 ) / 2;
        cout << res;
        return 0;
}
```

（2）Python 代码。

把前面的 C++代码改写成下面的 Python 代码。

```
N = 1000010
def discretization(h):                  #数组离散化
    temp=list(set(h))
    temp.sort()
    for i in range(len(h)):
        h[i]=temp.index(h[i])+1
def lowbit(x):
    return x & -x
def update(x,d):
    while x <= N:
        tree[x] += d
        x += lowbit(x)
def sum_(x):
    s = 0
    while(x>0):
        s+=tree[x]
        x-=lowbit(x)
    return s
n=int(input())
Hold=list(map(int,input().split()))
H=[0 for _ in range(N)]                 #H 是身高
for i in range(0,n):
    H[i+1] = Hold[i]+1
k=[0 for _ in range(N)]                 #每个小朋友的最少交换次数. 也是逆序对数量
#discretization(H)                      #不需要离散化
tree =[0 for _ in range(N)]
for i in range(1,n+1):                  #正序处理。逆序对，右边矮
    k[i] = sum_(N-1)- sum_(H[i])
    update(H[i],1)
tree =[0 for _ in range(N)]
for i in range(n,0,-1):                 #倒序处理。逆序对，左边高
    k[i]+=sum_(H[i]-1)
    update(H[i],1)
res=0
for i in range(1,n+1,1):
    res += int((1+k[i])*k[i]/2)
print(res)
```

6.3　线段树

线段树和树状数组这两种数据结构都能处理区间修改、区间查询问题。与树状数组相比，线段树有以下特点。

（1）线段树的原理。线段树的原理比树状数组直观，在理论上它比树状数组更好懂，但是线段树的细节很多，应用起来比较烦琐。

（2）线段树的代码。线段树要处理大量细节，代码冗长。一个与线段树有关的题目，基本的线段树那一部分的代码约 40 行，而树状数组的核心代码不到 10 行。

但是线段树比树状数组更通用。很多问题用线段树解决非常直观，线段树比树状数组的应用场合多。做题的时候，如果一道题同时能用线段树和树状数组求解，**大多数人会选择用代码多的线段树**，而不是代码少的树状数组。因为树状数组的建模、逻辑比线段树的复杂。

✧ 提示：在算法竞赛中，线段树是从初级水平到中级水平的一个门槛。还有很多更复杂的数据结构和算法，相比之下，线段树其实是一种相对简单的高级数据结构。掌握线段树之后才算是真正进入了算法竞赛的大门。

最近几年的蓝桥杯软件类大赛省赛、全国赛都出现了线段树的题目，这是对参赛人员建模和编程能力的考验。

6.3.1 线段树的概念

下面介绍用线段树能解决的几个基本问题。

（1）区间最值问题。

有长度为 n 的数列，需要做以下操作。

① 求最值：给定 $i,j \leqslant n$，求$[i,j]$内的最值。

② 修改元素：给定 k 和 x，把第 k 个元素 a[k]改成 x。

如果用普通数组存储数列，上面两个操作中，求最值的复杂度是 $O(n)$，修改元素的复杂度是 $O(1)$。如果有 m 次"修改元素+查询最值"的操作，那么总复杂度是 $O(mn)$。如果 m 和 n 比较大，如都为 10^5，那么整个程序的复杂度是 10^{10} 数量级，这个复杂度在算法竞赛中是不可接受的。

（2）区间和问题。

给出一个数列，先修改某些数的值，然后给定 $i, j \leqslant n$，求$[i, j]$的区间和。如果用数组存数据，那么一次求和的复杂度是 $O(n)$；如果修改和查找的操作总次数是 m，那么整个程序的复杂度为 $O(mn)$。这样的复杂度也是不行的。

对于这两类问题，使用线段树都能在 $O(m\log n)$的时间内解决。在上面两个基本应用场景的基础上，线段树还发展出了各种丰富的应用。

线段树最大的优点是对动态数据的处理。当对数组中的数据进行动态修改时，不管是单个修改，还是区间修改，都能在 $O(\log n)$时间内实现。这使线段树成了强大的数据结构。

从形态上看，线段树是一棵用分治法建立的二叉树。

线段树是一棵二叉树，树上的每个结点表示一个"线段"。图 6.12 所示是包含 10 个元素的线段树，观察这棵树，它的基本特征如下。

（1）用分治法自顶向下建立，每次分治左、右子树各一半。

（2）每个结点表示的不是单个元素，而是一个"线段"区间。如果结点不是叶子结点，那么它包含多个元素；如果结点是叶子结点，那么它只有一个元素。

（3）这棵二叉树除了最后一层，其他层的结点都是满的，是一棵完全二叉树。第 1 层有一个结点，第 2 层有两个结点……第 k 层有 2^{k-1} 个结点。这种结构的二叉树的层数是最少的。

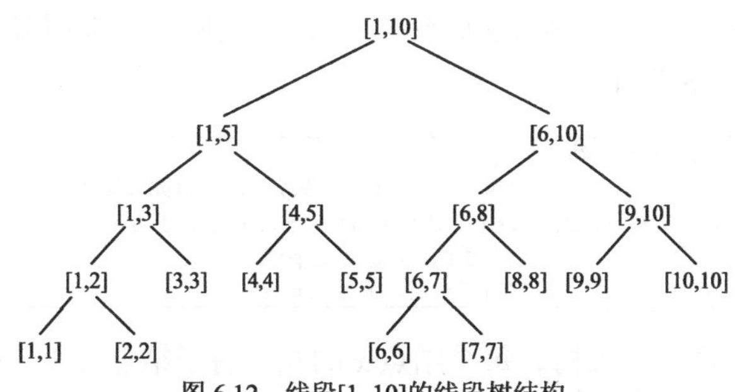

图 6.12　线段[1, 10]的线段树结构

把线段树构造成完全二叉树，是线段树高效的原因之一。$O(n)$个结点只有 $O(\log n)$层，从顶层到最底层，只需要走 $O(\log n)$次，需要查找一个结点或者区间的时候，顺着二叉树往下找，最多找 $O(\log n)$次就能找到。

把结点表示成一个区间有一个很大的好处：**大区间的解可以从小区间的解合并而来**。结点所表示的"线段"的值，可以是区间和、最值或者其他根据题目灵活定义的值。

✧ 提示：线段树功能强大的原因有两个，分别是二叉树结构、懒惰标记（Lazy-Tag）技术。

6.3.2　区间查询

区间查询问题（最值、区间和）是线段树的一个基本应用场景。

以数列{1, 4, 5, 8, 6, 2, 3, 9, 10, 7}为例。先建立一棵用完全二叉树实现的线段树，用于查询任意子区间的最小值。在图 6.13 中，每个结点上圆圈内的数字是这棵子树的最小值，圆圈旁边的数字，如根结点的"1:[1,10]"，其中 1 表示结点的编号，[1,10]是这个结点代表的元素范围，即第 1 个到第 10 个元素。

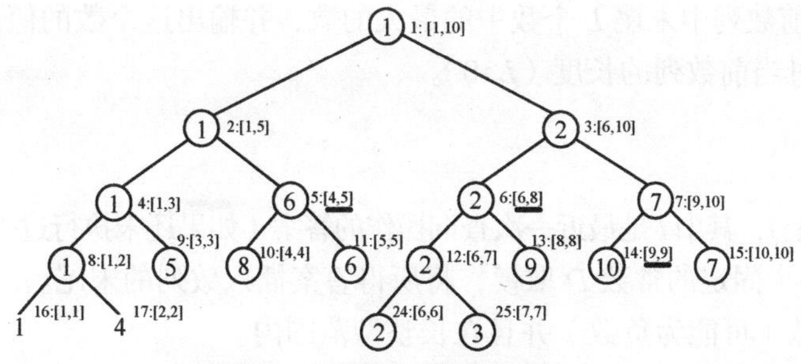

图 6.13　查询最小值的线段树

查询任意$[i, j]$的最小值，如查询[4, 9]的最小值，递归查询到[4, 5]、[6, 8]、[9, 9]，即图 6.13 中带下划线的线段，得最小值 min{6, 2, 10} = 2。此查询在 $O(\log n)$时间内完成。

线段树高效的原因：每个结点的值代表了以它为根的子树上所有结点的值（以最小值为例），那么查询这棵子树的最小值时，就不必遍历整棵树，而是直接读取子树的根就行了。

m 次“单点修改+区间查询”的总复杂度是 $O(m\log n)$。对规模为 1×10^6 的问题，也能轻松解决。

编程时，可以定义标准的二叉树数据结构。下面的代码中，都用静态分配的 tree[]，父结点和子结点之间的访问非常简单。

```
//定义根结点是 tree[1]，即编号为 1 的结点是根
int tree[N*4];                    //用 tree[i]记录线段 i 的最值或区间和
//满足下面的父子关系。结点 p 是父结点，结点 ls(p)是左子结点，rs(p)是右子结点
int ls(int p){ return p<<1;  }    //左子结点，编号是 p*2
int rs(int p){ return p<<1|1;}    //右子结点，编号是 p*2+1
```

用数组 tree[]实现一棵满二叉树，每个结点 *x* 的左、右子结点如下。

左子结点：*p*<<1，即 *p**2。例如，根结点 tree[1]的左子结点是 tree[2]，结点 tree[12]的左子结点是 tree[24]。

右子结点：*p*<<1|1，即 *p**2+1。例如，根结点 tree[1]的右子结点是 tree[3]，结点 tree[12]的右子结点是 tree[25]。

读者可能注意到，当有 *N* 个数时，需要把二叉树的空间设为 4*N*，即元素数量的 4 倍。为什么要这样做?

假设有一棵处理 *N* 个元素（存储元素的结点有 *N* 个）的线段树，且只有一个元素 *t* 存储在最后一层，其他层都是满的。如果用满二叉树存储，则情况是除最后一层之外的前面所有层的结点总数是 *N*−1；最后一层约有 *N* 个结点，却只有一个结点存储元素，其他 *N*−1 个都没用到。但是这样还不够，还需要在后面再加一层，这一层是为计算 *t* 的子结点准备的，这一层约有 2*N* 个结点。所有层加起来共 $N+N+2N=4N$ 个结点。空间的浪费是二叉树的本质，即它的每一层都是按两倍递增决定的。

下面是一道求区间最大值的例题，其代码与求区间和的代码几乎一样。

例题 6-8. 最大数

lanqiaoOJ 题号 826

【题目描述】现在请你维护一个数列，要求提供以下两种操作。

1. 查询操作

语法：Q L。

功能：查询当前数列中末尾 *L* 个数中的最大的数，并输出这个数的值。

限制：*L* 不超过当前数列的长度（*L*>0）。

2. 插入操作

语法：A n。

功能：将 *n* 加上 *t*，其中 *t* 是最近一次查询操作的答案（如果还未执行过查询操作，则 $t=0$），并将所得结果对一个固定的常数 *D* 取模，将所得答案插入数列的末尾。

限制：*n* 是整数（可能为负数）并且在长整型范围内。

注意：初始时数列是空的，一个数都没有。

【输入描述】第一行输入两个整数，*M* 和 *D*，其中 *M* 表示操作的个数，*D* 如上文中所述。接下来的 *M* 行，每行输入一个字符串，描述一个具体的操作。语法如上文所述。其中，$1\le M\le2\times10^5$，$1\le D\le2\times10^9$。

【输出描述】对于每一个查询操作，按照顺序依次输出结果，每个结果占一行。

下面详细介绍线段树的解法。

（1）建一棵空树。

函数 build(int p,int pl,int pr)，其中 p 是 tree[p]，即建立以 tree[p]为根的一棵树，它代表[pl, pr]。

build()函数是一个递归函数，递归到最底层的叶子结点，赋初始值 tree[p] = −INF，即一个极小的值。本题求最大值，把每个结点赋值为极小。

建树用二分法，从根结点开始逐层二分到叶子结点。二分的原理见第 4 章，下面的二分代码和整数二分的代码差不多。

代码中还包括一个 push_up()，这个函数体现了**线段树的精髓**，它的作用是把底层的值递归返回，赋值给上层结点。前面提到过，线段树的每个结点代表了以这个结点为根的子树的最大值（本题是求最大值，有的题目是求区间和），push_up()利用递归函数的特点，轻松地完成了这一任务。

```
void push_up(int p){                                  //从下往上传递区间值
    //tree[p] = tree[ls(p)] + tree[rs(p)];            //区间和
    tree[p] = max(tree[ls(p)], tree[rs(p)]);          //区间最大值
}
void build(int p,int pl,int pr){                      //结点编号 p 指向[pl, pr]
    if(pl==pr){                                       //到达最底层的叶子结点，存叶子结点的值
        tree[p] = -INF;
        return;
    }
    int mid = (pl+pr) >> 1;                           //分治：折半
    build(ls(p),pl,mid);                              //递归左子结点
    build(rs(p),mid+1,pr);                            //递归右子结点
    push_up(p);                                       //从下往上传递区间值
}
```

其实初始建树的 build()函数并不是必需的，不写也行。线段树代码中一定会有一个 update()函数，其作用是更新一个区间，它可以替代 build()的功能。

（2）更新线段树。用 update()函数更新线段树。

本题要实现的更新功能是新增一个结点，有以下两个步骤。

① 把这个结点放在二叉树的叶子结点上，这个功能的实现见下面的代码。

update(int p, int pl, int pr, int L, int R, int d)是一个通用的模板，其他线段树的题目也可以套用这个模板。参数 p 表示结点 tree[p]，参数 pl 是左子树，参数 pr 是右子树。[L, R]是需要更新的区间。

在本题中，这样使用：

```
update(1, 1, N, cnt, cnt, (x+t)%D);
```

它的作用是把[cnt, cnt]的值赋为(x+t)%D。因为[cnt, cnt]这个区间只包含 tree[cnt]一个结点，所以它实际上是对新增的叶子结点 tree[cnt]赋值。

```
void update(int p,int pl,int pr,int L,int R,int d){  //区间修改，更新[L, R]内的最大值
    if(L<=pl && pr<=R){                               //完全覆盖，直接返回这个结点，不用再深入它的子树
        tree[p] = d;
        return;
    }
    int mid=(pl+pr)>>1;
    if(L<=mid) update(ls(p),pl,mid,L,R,d);            //递归左子树
    if(R>mid)  update(rs(p),mid+1,pr,L,R,d);          //递归右子树
    push_up(p);                                       //更新
    return;
}
```

② 因为新增这个结点导致它上一层结点发生变化，所以需要把变化上传到上一层的结点。通过 push_up()函数把变化递归到上一层。

（3）查询。查询[L, R]的最大值。

函数 query(int p, int pl, int pr, int L, int R)查询以 p 为根的子树中[L, R]的最大值。

① 如果这棵子树完全被[L, R]覆盖，也就是说这棵子树在要查询的区间之内，那么直接返回 tree[p]的值，见下面代码的第 3 行。这一步体现了线段树的高效率。

如果不能覆盖，那么需要把这棵子树二分，再继续下面两步的查询。

② 如果 L 与左部分有重叠，则处理方法见下面代码的第 5 行。

③ 如果 R 与右部分有重叠，则处理方法见下面代码的第 6 行。

query()也是一个递归函数。

```
1  int query(int p,int pl,int pr,int L,int R){                        //查询[L, R]的最大值
2      int res = -INF;
3      if (L<=pl && pr<=R) return tree[p];                            //完全覆盖
4      int mid=(pl+pr)>>1;
5      if (L<=mid) res = max(res, query(ls(p),pl,mid,L,R));           //L与左部分有重叠
6      if (R>mid)  res = max(res, query(rs(p),mid+1,pr,L,R));         //R与右部分有重叠
7      return res;
8  }
```

（1）C++代码。

```
#include<bits/stdc++.h>
using namespace std;
const int N = 200001;
const int INF = 0X7FFFFFFF;
int ls(int p){ return p<<1;  }                   //左子结点，编号是p*2
int rs(int p){ return p<<1|1;}                   //右子结点，编号是p*2+1
int tree[N<<2];                                  //4倍空间
void push_up(int p){                             //从下往上传递区间值
    //tree[p] = tree[ls(p)] + tree[rs(p)];       //区间和
    tree[p] = max(tree[ls(p)], tree[rs(p)]);     //区间最大值
}
void build(int p,int pl,int pr){                 //结点编号p指向[pl, pr]
    if(pl==pr){                                  //到达最底层的叶子结点，存叶子结点的值
        tree[p] = -INF;
        return;
    }
    int mid = (pl+pr) >> 1;                      //分治：折半
    build(ls(p),pl,mid);                         //递归左子结点
    build(rs(p),mid+1,pr);                       //递归右子结点
    push_up(p);                                  //从下往上传递区间值
}
void update(int p,int pl,int pr,int L,int R,int d){ //区间修改，更新[L, R]内的最大值
    if(L<=pl && pr<=R){              //完全覆盖，直接返回这个结点，不用再深入它的子树
        tree[p] = d;
        return;
    }
    int mid=(pl+pr)>>1;
    if(L<=mid) update(ls(p),pl,mid,L,R,d);       //递归左子树
    if(R>mid)  update(rs(p),mid+1,pr,L,R,d);     //递归右子树
    push_up(p);                                  //更新
    return;
}
int query(int p,int pl,int pr,int L,int R){      //查询[L, R]的最大值
    int res = -INF;
    if (L<=pl && pr<=R)    return tree[p];       //完全覆盖
```

```
    int mid=(pl+pr)>>1;
    if (L<=mid) res = max(res, query(ls(p),pl,mid,L,R));      //L 与左子结点有重叠
    if (R>mid)  res = max(res, query(rs(p),mid+1,pr,L,R));   //R 与右子结点有重叠
    return res;
}
int main (){
    int t=0,cnt=0,m,D;
    scanf ("%d%d",&m,&D);
    build(1,1,N);                         //不用 build()，这样写也行：update(1,1,N,1,N,-INF);
    for (int b=1;b<=m;++b){
        char c[2];  int x;   scanf ("%s %d",c,&x);
        if (c[0]=='A'){
            cnt++;
            update(1,1,N,cnt,cnt,(x+t)%D);
        }
        else {
            t = query(1,1,N,cnt-x+1,cnt);
            printf ("%d\n",t);
        }
    }
    return 0;
}
```

（2）Python 代码。

```
N = 100001
INF = 0X7FFFFFFF
tree = [0]*(N<<2)                   #4 倍空间
def build(p,pl,pr):
    if pl==pr:
        tree[p] = -INF
        return
    mid=(pl+pr)>>1
    build(p<<1,pl,mid)              #p<<1 是左子结点
    build(p<<1|1,mid+1,pr)          #p<<1|1 是右子结点
    tree[p] = max(tree[p<<1],tree[p<<1|1])   #push_up
def update(p,pl,pr,L,R,d):
    if L<=pl and pr<=R:
        tree[p]=d
        return
    mid=(pr+pl)>>1
    if L<=mid:
        update(p<<1,pl,mid,L,R,d)
    if R>mid:
        update(p<<1|1,mid+1,pr,L,R,d)
    tree[p]=max(tree[p<<1],tree[p<<1|1])
    return
def query(p,pl,pr,L,R):
    res = -INF
    if L<=pl and pr<=R:
        return tree[p]
    mid=(pl+pr)>>1
    if L<=mid:
        res=max(res,query(p<<1,pl,mid,L,R))
    if R>mid:
        res=max(res,query(p<<1|1,mid+1,pr,L,R))
    return res
m,D = map(int,input().split())
build(1,1,N)   #不用 build()，这样写也行：update(1,1,N,1,N,-INF);
cnt=0
t=0
for i in range(m):
    op = list(input().split())
```

```
        if op[0]=='A':
            cnt+=1
            update(1,1,N,cnt,cnt,(int(op[1])+t)%D)
        if op[0]=='Q':
            t=query(1,1,N,cnt-int(op[1])+1,cnt)
            print(t)
```

从上面的实现过程来看，线段树的结构容易想象，逻辑清楚，代码也好写，不像树状数组那么抽象。

上面的例子是查询区间最值，查询区间和的代码和上面的代码差不多，下面说明原理。

图 6.14 所示是一棵表示区间和的线段树，它用于查询{1, 4, 5, 8, 6, 2, 3, 9, 10, 7}的区间和，每个结点上圆圈内的数字是这棵子树的和。

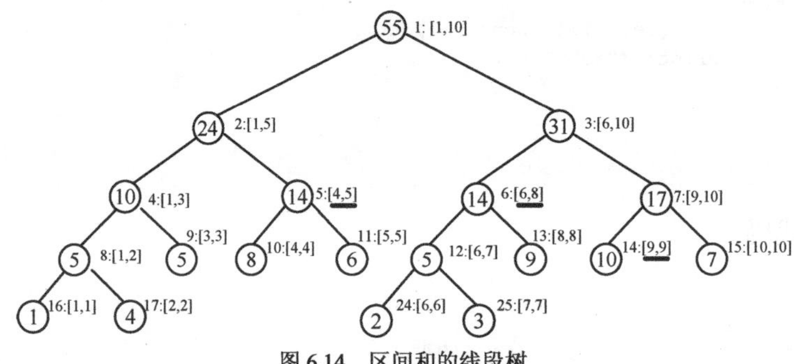

图 6.14　区间和的线段树

例如查询[4, 9]的和，递归查询到[4, 5]、[6, 8]、[9, 9]，即图 6.14 中带下划线的线段，得区间和 sum{14, 14, 10} = 38。此查询在 $O(\log n)$的时间内完成。

下面以查询[L, R]的和为例，代码和上面 query()的完全一样。查询递归到某个结点 p（p 表示的区间是[pl, pr]）时，有以下两种情况。

（1）[L, R]完全覆盖了[pl, pr]，即 L≤pl≤pr≤R，直接返回 p 的值即可。

（2）[L, R]与[pl, pr]部分重叠，分别搜左、右子结点。L < pr，继续递归左子结点，如[4, 9]与第 2 个结点[1, 5]有重叠，因为 4 < 5。R > pl，继续递归右子结点，如区间[4, 9]与第 3 个子结点[6, 10]有重叠，因为 9 > 6。

6.3.3　区间查询例题

下面用两道例题详细解析线段树的应用。

例题 6-9．选数异或

2022 年（第十三届）省赛，lanqiaoOJ 题号 2081

时间限制：1s　**内存限制：**256MB

【题目描述】给定一个长度为 n 的数列$\{A_1, A_2, \dots, A_n\}$和一个非负整数 x，给定 m 次查询，每次询问能否从[l, r]中选择两个数使得它们的异或等于 x。

【输入格式】输入的第一行包含 3 个整数 n、m、x。第二行包含 n 个整数 A_1、A_2……A_n。接下来的 m 行，每行包含两个整数 l_i、r_i，表示询问[l_i, r_i]。

【输出格式】对于每个询问，如果该区间内存在两个数的异或为 x，则输出“yes”，否则输出“no”。

【输入样例】

4 4 1
1 2 3 4
1 4
1 2
2 3
3 3

【输出样例】

yes
no
yes
no

【样例说明】显然整个数列中只有 2、3 的异或为 1，所以“14”和“23”两个测试结果是 yes。

【评测用例规模与约定】对于 20%的评测用例，$1 \leqslant n, m \leqslant 100$；对于 40%的评测用例，$1 \leqslant n, m \leqslant 1000$；对于所有评测用例，$1 \leqslant n, m \leqslant 100000$，$0 \leqslant x < 2^{20}$，$1 \leqslant l_i \leqslant r_i \leqslant n$，$0 \leqslant A_i < 2^{20}$。

如果用暴力法查询每个区间，验算区间内的任意两个数，复杂度为 $O(n^2)$，共 m 个查询，总复杂度为 $O(mn^2)$，只能通过 20%的测试数据。

本题有多种解题方法，这里给出其中两种：一种是 C++ STL map 或 Python 字典；另一种是线段树。

1. C++ STL map 或 Python 字典

（1）C++ STL map。

定义 map<int, int> mp，mp 的键是 a[i]，对应的值是 i。第 12 行把 a[i]映射到 i，第 14、15 行找到距离 a[i]的符合题目要求的数的最近位置。第 19 行判断查询的区间内有没有符合要求的两个数。

一次 map 的复杂度是 $O(\log n)$，第 11～第 16 行做了 n 次 map，第 17～第 21 行做了 m 次 map，总复杂度为 $O(n\log n + m\log n)$，能通过 100%的测试数据。

```
1  #include<bits/stdc++.h>
2  using namespace std;
3  const int N=1e5+10;
4  int a[N];
5  int pos[N];
6  map<int,int>mp;                                         //mp 的键是 a[i]，值是 i
7  int main(){
8      int n,m,x;  scanf("%d%d%d",&n,&m,&x);
9      for(int i=1;i<=n;i++) scanf("%d",&a[i]);
10     pos[n+1] = 1<<30;
11     for(int i=n;i>=1;i--){
12         mp[a[i]] = i;
13         int y = (x^a[i]);
14         pos[i] = pos[i+1];                              //从下一个位置开始找符合条件的数
15         if(mp[y])   pos[i] = min(pos[i],mp[y]);         //最近位置
16     }
17     for(int i=1;i<=m;i++){
18         int L,R;  scanf("%d%d",&L,&R);
19         if(pos[L]<=R)  printf("yes\n");                 //最近位置在区间内
20         else           printf("no\n");
21     }
22     return 0;
23 }
```

（2）Python 字典。

Python 字典的功能和 C++ map 的类似。

```
n, m,  x = map(int,input().split())
a =[0] + list(input().split())                    #加个a[0]。从a[1]开始
pos = [0]*(n+10)
pos[n+1] = 1<<30
mp = {}                                            #定义字典
for i in range(n,0,-1):
      a[i] = int(a[i])
      mp[a[i]] = i
      y = x^a[i]
      pos[i]=pos[i+1]
      if mp.get(y): pos[i] = min(pos[i],mp[y])   #注意字典的使用方法
for i in range(m):
      L, R = map(int,input().split())
      if pos[L]<=R:   print('yes')
      else:           print('no')
```

2. 线段树

区间问题一般用线段树求解，但是本题的区间查询是任意两个数的异或，如果仍然用暴力法查找任意两个数，就无法体现线段树的作用。如果能建模为区间最值或区间和，线段树就有效了。下面是建模过程。

题目是找区间内的 $a_i \oplus a_j = x$，其中 x 是给定的常数。变形为对区间内的每个 a_i，在区间内查找一个 $a_j = a_i \oplus x$。对 a_i 来说，可能有多个 a_j 满足条件，显然那个距离它最近的 a_j 最好，因为这样在做任意区间查询的时候，最小的区间查询也能被满足。

定义一个数组 Left[]，Left[i]表示 a[i]左边最近的等于 $a_i \oplus x$ 的数 a_j 的位置。本题转换为在[L, R]内查询一个大于 L 的 Left[i]，a[i]的 i 显然小于 R，此时满足题目要求的一对数是 a[i]和 a[Left[i]]。由于最大的 Left[i]肯定满足要求，因此就转换成了查询区间最值问题。

定义 Left[]时只考虑了 a[i]左边的数，没有考虑 a[i]右边的数。但这并不会存在遗漏，因为 a[i]和它左边的 a[j]是成对的，对于 a[j]来说，a[i]就是其右边的数。

如何快速计算 Left[]？这里利用一个哈希技巧，定义数组 pos[]，从左到右遍历 a[]时，用 pos[k]记录数字 k 上一次出现的位置，那么 Left[i] = pos[$a_i \oplus x$]。

建模为查询区间最值问题后，用线段树编程。每次查询的复杂度为 $O(\log n)$，m 次查询的总复杂度为 $O(m\log n)$，能通过 100%的测试数据。

（1）C++代码。

```
#include<bits/stdc++.h>
using namespace std;
const int N = 100010 ;
int Left[N], pos[(1 << 20) + 10];
int a[N] ;
int tree[4*N];
int ls(int p){ return p<<1;  }       //左子结点
int rs(int p){ return p<<1|1;}       //右子结点
void push_up(int p){                 //从下往上传递区间值
     tree[p] = max(tree[ls(p)], tree[rs(p)]);     //区间最大值
}
void build(int p, int pl, int pr) {
     if(pl == pr){
          tree[p] = Left[pl];
          return;
     }
     int mid = (pl + pr) >> 1;
     build(ls(p), pl, mid);
     build(rs(p), mid + 1, pr);
```

```
        push_up(p);
}
int query(int p, int pl, int pr, int L, int R){
    if(L <= pl && pr <= R)return tree[p];
    int mid = (pl + pr) >> 1;
    int res = 0;
    if(L <= mid)  res = max(res, query(ls(p), pl, mid, L, R));
    if(R > mid)   res = max(res, query(rs(p), mid + 1, pr, L, R));
    return res;
}
int main(){
    int n, m, x;  cin >> n >> m >> x;
    for(int i = 1; i <= n; i++) {                         //预处理 Left[]数组
        scanf("%d",a+i);                                  //不要用 cin，太慢了
        Left[i] = pos[a[i] ^ x];
        pos[a[i]] = i;
    }
    build(1, 1, n);
    while(m--){
        int L,R; scanf("%d%d",&L,&R);
        if(query(1, 1, n, L, R) >= L)  printf("yes\n"); //不要用 cout，太慢了
        else                           printf("no\n");
    }
    return 0;
}
```

（2）Python 代码。

```
N = 100010
Left=[0]*N
pos=[0]*((1 << 20) + 10)
tree = [0]*(N<<2)                                   #4 倍空间
def build(p,pl,pr):
    if pl==pr:
        tree[p] = Left[pl]
        return
    mid=(pl+pr)>>1
    build(p<<1,pl,mid)                              #p<<1 是左子结点
    build(p<<1|1,mid+1,pr)                          #p<<1|1 是右子结点
    tree[p] = max(tree[p<<1],tree[p<<1|1])          #push_up
def query(p,pl,pr,L,R):
    if L<=pl and pr<=R:  return tree[p]
    mid=(pl+pr)>>1
    res = 0
    if L<=mid:  res=max(res,query(p<<1,pl,mid,L,R))
    if R>mid:   res=max(res,query(p<<1|1,mid+1,pr,L,R))
    return res
n, m, x = map(int,input().split())
a = [0]+ list(input().split())                      #加个 a[0]。从 a[1]开始
for i in range(1,n+1):
    a[i] = int(a[i])
    Left[i] = pos[a[i] ^ x]
    pos[a[i]] = i
build(1,1,n)
for i in range(m):
    L, R = map(int,input().split())
    if query(1,1,n,L,R)>=L: print('yes')
    else:                        print('no')
```

例题 6-10. 最长不下降子序列

2022 年（第十三届）省赛，lanqiaoOJ 题号 2088

时间限制：1s　内存限制：256MB

【题目描述】给定一个长度为 N 的整数序列 $\{A_1, A_2, \dots, A_N\}$。现在你有一次机会，将其中连续的 K 个数修改成任意一个相同值。请你计算如何修改可以使修改后的数列的最长不下降子序列最长，请输出这个最长的长度。最长不下降子序列是指序列中的一个子序列，子序列中的每个数不小于在它之前的数。

【输入格式】输入的第一行包含两个整数 N 和 K，第二行包含 N 个整数 A_1、A_2……A_N。

【输出格式】输出一行，包含一个整数，表示答案。

【输入样例】

5 1

1 4 2 8 5

【输出样例】

4

【评测用例规模与约定】对于 20%的评测用例，$1 \leqslant K \leqslant N \leqslant 100$；对于 30%的评测用例，$1 \leqslant K \leqslant N \leqslant 1000$；对于 50%的评测用例，$1 \leqslant K \leqslant N \leqslant 10000$；对于所有评测用例，$1 \leqslant K \leqslant N \leqslant 10^5$，$1 \leqslant A_i \leqslant 10^6$。

最长不下降子序列是经典的 DP 问题。在不修改序列的情况下，用 DP 求最长不下降子序列的复杂度是 $O(n^2)$，也只能通过本题 50%的测试数据，而且本题还要求改任意的连续 K 个数。如果不会更好的算法，则可以用“暴力修改+DP”来求解本题。

第 10～第 18 行有三重 for 循环，复杂度为 $O(n^3)$，能通过 20%的测试数据。

第 10～第 12 行是从 a[2]开始，逐次暴力修改 K 个数，如果让这 K 个数与前一个数相等，那么可以获得更长的不下降子序列。

第 13～第 16 行是基本的求最长不下降子序列的代码。定义 dp[i]为以 a[i]为结尾的最长不下降子序列长度。对应的状态转移方程如下。

dp[i] = max(dp[i], dp[j]+1)，$1 \leqslant j \leqslant i-1$

上式的意思是，如果 a[i]大于或等于 a[j]，那么 dp[i]=dp[j]+1。遍历所有比 i 小的 j，计算出最大的 dp[i]。

✧ *注意*：dp[i]的计算以 a[i]结尾，必须包含 a[i]。例如 a[] = {2, 4, 6, 1, 3}，计算得 dp[] = {1, 2, 3, 1, 2}，而不是 dp[] = {1, 2, 3, 3, 2}。第 15 行代码的判断起到了这一作用。

```
1   #include <bits/stdc++.h>
2   using namespace std;
3   const int NN = 1e5+10;
4   int a[NN],old[NN], dp[NN];
5   int main() {
6        int n,k;  cin >> n >> k;
7        if (n==k){cout << n; return 0;}              //一个特判
8        for (int i=1; i<=n ; i++) cin >> old[i];     //输入原始序列
9        int mx = 0;                                  //记录最长不下降子序列的长度
10       for(int s=2;s<=n;s++){                       //暴力：从第 2 个数开始每次改 k 个数
11            for (int i=1; i<=n; i++) {a[i]=old[i]; dp[i]=1;}     //还原
12            for (int t=s; t<=k+s; t++) a[t]=a[s]; //暴力改 k 个数，这 k 个数与前一个数相等
13            for(int i=2;i<=n;i++){                  //下面 3 行是标准的求最长不下降子序列的代码
14                 for(int j=i-1;j>=1;j--){
15                      if(a[i]>=a[j])                //注意
16                           dp[i]=max(dp[i],dp[j]+1);
17                 }
```

```
        }
        for(int i=1;i<=n;i++)     mx=max(mx,dp[i]);
    }
    cout << mx;
    return 0;
}
```

本题的正确求解思路是用“权值线段树”。本题是一道比较难的题目，蓝桥杯大赛是个人赛，而且竞赛时间只有 4 小时，要做出本题是不容易的。

（1）用“权值线段树”计算最长不下降子序列长度。

仍然定义 dp[i]为以 a[i]为结尾的最长不下降子序列长度。建一棵线段树，最后一层叶子结点的位置等于 a[i]，这个叶子结点的权值是 dp[i]。以 a[1]～a[5] = {2, 4, 6, 1, 3}为例，逐个把它们加入线段树，即可计算出 dp[]。初始时所有叶子结点的权值 dp[]都是 0。

a[1] = 2，统计第 1 个叶子结点到第 a[1]=2 个叶子结点的最大权值，然后加 1（加上自己），得 dp[1]=1。更新第 a[1]=2 个结点的权值为 dp[1]=1。

a[2] = 4，统计第 1 个叶子结点到第 a[2]=4 个叶子结点的最大权值，然后加 1，得 dp[2]=2。更新第 a[2]=4 个结点的权值为 dp[2]=2。

a[3] = 6，统计第 1 个叶子结点到第 a[3]=6 个叶子结点的最大权值，然后加 1，得 dp[3]=3。更新第 a[3]=6 个结点的权值为 dp[3]=3。

a[4] = 1，统计第 1 个叶子结点到第 a[4]=1 个叶子结点的最大权值，然后加 1，得 dp[4]=1。更新第 a[4]=1 个结点的权值为 dp[4]=1。

a[5] = 3，统计第 1 个叶子结点到第 a[5]=3 个叶子结点的最大权值，然后加 1，得 dp[5]=2。更新第 a[5]=3 个结点的权值为 dp[5]=2。

这个结果与前面用 DP 实现的最长不下降子序列代码的结果一样。

（2）用“权值线段树”修改并计算最长不下降子序列长度。

把 a[i−k+1]～a[i]都改成 a[i−k]，此时最长不下降子序列有 3 段：

[1,*i*−*k*]，长度为 dp[i−k]；

[*i*−*k*+1, ..., *i*−1]，长度为 *k*−1；

[*i*, *i*+1,...,*n*]，以 a[i]为开头的最长不下降子序列，此时 a[i]等于 a[i−k]。

下面是代码。

（1）C++代码。

权值线段树一般需要离散化。因为 a[i]的值用来表示第 a[i]个叶子结点，如果 a[i]很大，就需要建一棵很大的线段树。下面的代码中，第 38～第 40 行做离散化，用 lower_bound()函数寻找 a[i]是数列中第几大的数，这就是它离散化后的新值。6.2.5 小节“逆序对问题”中给出了另一种离散化方法，请读者自行参考。

如果本题的 a[i]小于 10^6，建的线段树并不大，那么不离散化也行。

```
1   #include <bits/stdc++.h>
2   using namespace std;
3   const int N = 1e5+10;
4   int a[N], b[N], n, k, tree[4*N], dp[N];
5   int ls(int p){ return p<<1;  }       //左子结点
6   int rs(int p){ return p<<1|1;}       //右子结点
7   void push_up(int p){ tree[p] = max(tree[ls(p)], tree[rs(p)]);}
8   void build(int p, int pl, int pr){
9       tree[p]=0;
10      if (pl==pr)   return;
```

```
    int mid=(pl+pr)/2;
    build(ls(p), pl, mid);
    build(rs(p), mid+1, pr);
}
void update(int p, int pl, int pr, int x, int v){     //把第 x 个叶子结点的值更新为 v
    if (pl==pr){
        tree[p]=max(tree[p], v);           //如果 v 更大，则更新为 v
        return;
    }
    int mid=(pl+pr)/2;
    if (x<=mid)  update(ls(p), pl,    mid, x, v);
    else           update(rs(p), mid+1, pr,  x, v);
    push_up(p);
}
int query(int p, int pl, int pr, int L, int R){
    if (L<=pl && pr<=R)      return tree[p];
    int res=0;
    int mid=(pl+pr)/2;
    if (L <=mid)   res=max(res, query(ls(p), pl, mid, L, R));
    if (R > mid)   res=max(res, query(rs(p), mid+1, pr, L, R));
    return res;
}
int main(){
    cin >> n >> k;
    if (n==k){cout << n; return 0;}      //一个特判
    for (int i=1 ; i<=n ; i++){ cin >> a[i];  b[i]=a[i];}
    sort(b+1, b+1+n);                          //离散化。如果本题的 a[i] 小于 10^6，那么不离散化也行
    for (int i=1 ; i<=n ; i++)                 //查找相等的元素的位置，这个位置就是离散化后的新值
        a[i]=(lower_bound(b+1, b+1+n, a[i])-b);
    build(1, 1, N);
    for (int i=1 ; i<=n ; i++){                //计算 dp[i]：以 a[i] 为结尾的最长不下降子序列长度
        dp[i] = query(1, 1, N, 1, a[i])+1;    //注意此处是 N，不是 n
        update(1, 1, N, a[i], dp[i]);
    }   //以上计算出了 dp[]
    int ans=0;
    build(1, 1, N);                            //重建线段树
    for (int i=n; i>k; i--){                   //从后往前，每次暴力修改 k 个数
        ans = max(ans, dp[i-k]+k-1+query(1, 1, N, a[i-k], N)+1);
        int tmp = query(1, 1, N, a[i], N)+1;
        ans = max(ans, tmp + k);
        update(1, 1, N, a[i], tmp);
    }
    cout << ans;
    return 0;
}
```

（2）Python 代码。

下面的代码中，第 37～第 41 行做离散化。上面的 C++代码用函数 lower_bound()帮助做离散化，实际上它是一个二分查找。第 29～第 35 行编写了一个二分查找函数 find()，其功能和 lower_bound()的一样。

```
1  class node:
2      def __init__(self,l,r,v):
3          self.l=l
4          self.r=r
5          self.v=v
6  def pushup(u):
7      tree[u].v=max(tree[u<<1].v,tree[u<<1|1].v)
8  def build(p,pl,pr):
9      if pl==pr:  tree[p]=node(pl,pr,0)
10     else:
```

```
        tree[p]=node(pl,pr,0)
        mid=pl+pr>>1
        build(p<<1,pl,mid)
        build(p<<1|1,mid+1,pr)
def update(p,x,v):
    if tree[p].l==tree[p].r:  tree[p].v=v
    else:
        mid=tree[p].l+tree[p].r>>1
        if x<=mid:    update(p<<1,x,v)
        else:         update(p<<1|1,x,v)
        pushup(p)
def query(p,pl,pr):
    if pl<=tree[p].l and pr>=tree[p].r:  return tree[p].v
    mid=tree[p].l+tree[p].r>>1
    res=0
    if pl<=mid:    res=max(res,query(p<<1,pl,pr))
    if pr>mid:     res=max(res,query(p<<1|1,pl,pr))
    return res
def find(x):                                   #x 是第几大的数。用于离散化，把数 x 离散化为第几大
    L,R=0,n-1
    while L<R:
        mid=(L+R+1)>>1
        if num[mid]<=x:     L=mid
        else:               R=mid-1
    return L
n,k = list(map(int,input().split()))
b=[0]+list(map(int,input().split()))          #加一个 b[0]，从 b[1]开始到 b[n]
n=n+1
num = sorted(b)                                #排序后返回，复制给 num
a=[0]*n
for i in range(0,n): a[i] = find(b[i])         #把 b 离散化为 a
tree = [None]*(4*n)
build(1,1,n)
dp = [0]*(n+10)
for i in range(1,n):
    dp[i]=query(1,0,a[i])+1
    update(1,a[i],dp[i])
build(1,1,n)
ans = 0
for i in range(n-1,k,-1):                      #从后往前，每次暴力修改 k 个数
    ans = max(ans, dp[i-k]+k-1+query(1, a[i-k], n)+1)
    tmp = query(1,  a[i],n)+1
    ans = max(ans, tmp + k)
    update(1, a[i], tmp)
print(ans)
```

6.3.4 区间修改和懒惰标记

前面的线段树应用场景比较简单，它只涉及单次修改一个结点，这不能体现线段树的威力。下面介绍线段树复杂一点的应用：每次修改一个区间。

如果只需要修改一个元素（单点修改），就直接修改叶子结点上元素的值，然后从下往上更新线段树即可，操作次数是 $O(\log n)$。如果修改的是一个区间的元素（区间修改），则需要用到懒惰标记。

最普通的区间修改，如对一个数列的 $[L, R]$ 内的每个元素统一加上 d，如果在线段树上用单点修改的方法一个个地修改这些元素，那么 m 次区间修改的复杂度是 $O(mn\log n)$。

解决的办法还是利用线段树的特征：线段树的结点 tree[i]记录了 i 这个区间的值。那么可

以再定义一个 tag[i]，用它**统一记录** *i* 这个区间的修改，而不是一个个地修改区间内的元素，这个办法被称为“懒惰标记”。

当修改的是一个线段区间时，就只对这个线段区间进行整体上的修改，其内部每个元素的内容先不做修改，只有当这个线段区间的一致性被破坏时，才把变化值传递给下一层的子区间。每次区间修改的复杂度是 $O(\log n)$，一共 m 次操作，总复杂度是 $O(m\log n)$。区间 i 的懒惰标记用 tag[i]记录。

下面举例说明区间修改函数 update()的主要步骤，如把[4, 9]内的每个元素加 3，执行步骤如下。

（1）左子树递归到结点 5，即[4, 5]，它被完全包含在[4, 9]内，标记 tag[5]=3，更新 tree[5]为 20，不继续深入。

（2）左子树递归返回，更新 tree[2]为 30。

（3）右子树递归到结点 6，即[6, 8]，它被完全包含在[4, 9]内，标记 tag[6]=3，更新 tree[6]为 23。

（4）右子树递归到结点 14，即[9, 9]，标记 tag[14]=3，更新 tree[14]=13。

（5）右子树递归返回，更新 tree[7]=20；继续返回，更新 tree[3]=43。

（6）返回根结点，更新 tree[1]=73。

详情如图 6.15 所示。

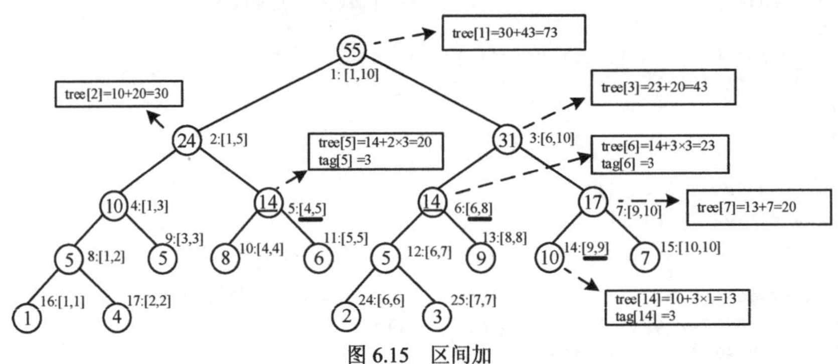

图 6.15　区间加

如果发生多次修改，那么应该怎么办？显然同一个结点上的 tag 会发生多次修改，这会导致冲突。

在进行多次区间修改时，一个结点需要记录多个区间修改。而这些区间修改往往有冲突，例如做两次区间修改，一次是[4, 9]，一次是[5, 8]，它们都会影响 5:[4, 5]这个结点。第一次修改[4, 9]覆盖了结点 5，用 tag[5]做了记录；而第二次修改[5, 8]不能覆盖结点 5，需要再向下搜到结点 11:[5, 5]，从而破坏了 tag[5]，此时原 tag[5]记录的区间统一修改就不得不往它的子结点传递和执行了，传递后 tag[5]失去了用途，需要清空。

懒惰标记的主要操作是解决多次区间修改的冲突，用 **push_down()函数完成**。它首先检查结点 p 的 tag[p]，如果有值，说明前面做区间修改时给 p 打了标记，接下来就把 tag[p]传给该结点的左、右子树，然后把 tag[p]清零。

不仅在“区间修改”中会用到 push_down()函数，在“区间查询”中同样会用到。

下面用一道例题给出“区间修改+区间查询”的代码。

例题 6-11. 区间修改

lanqiaoOJ 题号 1133

【题目描述】给定一个长度为 n 的数组，其初值分别为 a_1、a_2……a_n。有 Q 个操作，操作有以下两种。

（1）l r k，将区间$[a_{l+1}, a_r]$的值加上 k。

（2）l r，求区间$[a_l, a_r]$的和是多少。

【输入描述】输入的第一行包含两个正整数 N、Q，分别表示数组 a 的长度和操作的个数。第二行包含 N 个非负整数 a_1、a_2……a_n，表示数组 a 中元素的初值。第 3～第 Q–2 行每行包含一个操作，格式如题。

【输出描述】输出共 Q 行，每行包含一个整数，表示相应查询的结果。

注意代码中对二叉树的操作，特别是反复用到的变量 pl 和 pr，它们是结点 p 所指向的原数列的区间位置[pl, pr]。p 是二叉树的某个结点，其范围是 $1 \leqslant p \leqslant N*4$；而 pl、pr 的范围是 1≤pl, pr≤$n$，$n$ 是数列元素的个数。用满二叉树实现线段树时，一个结点 p 所指向的[pl, pr]是确定的，也就是说，只要给定 p，就可以推算出它的[pl, pr]。

下面解释代码中的函数功能。

（1）build()函数，用于建树。前面提到过，build()实际上可以用 update()实现，请读者自行尝试。

（2）update()函数，更新区间的值，把区间内所有元素的值加上 d。

如果 tree[p]这棵子树完全被包含在需要修改的[L, R]中，那么只需要对根 tree[p]打上标记即可，不用修改子结点，见第 2～第 6 行。如果不能覆盖，就需要解决多次修改的冲突问题，用 push_down()实现。

后面就是二分了。

二分之后再用 push_up()把修改传回上一层。

```
1  void update(ll L,ll R,ll p,ll pl,ll pr,ll d){ //区间修改：把[L, R]内的每个元素加上d
2      if(L<=pl && pr<=R){                       //完全覆盖，直接返回这个结点，不用再深入它的子树
3          addtag(p, pl, pr,d);                  //给结点p打上tag，下一次区间修改到p这个结点时会用到
4          return;
5      }
6      push_down(p,pl,pr);                       //如果不能覆盖，把tag传给子树
7      ll mid=(pl+pr)>>1;
8      if(L<=mid) update(L,R,ls(p),pl,mid,d);    //递归左子树
9      if(R>mid)  update(L,R,rs(p),mid+1,pr,d);  //递归右子树
10     push_up(p);                               //更新
11 }
```

（3）add tag()函数。打标记十分简单，代码只有两行。

```
void addtag(ll p,ll pl,ll pr,ll d){            //给结点p打上tag，并更新tree
    tag[p] += d;                               //打上tag
    tree[p] += d*(pr-pl+1);                    //计算新的tree
}
```

（4）push_down()函数。用来解决 tag 的冲突问题，把 tag 分别传给对应结点的左、右子树即可。

✧ 提示：按道理讲，tag 应该持续向下传递，直到能覆盖区间为止，但是 push_down()只向下传递了一次。这样做并没有问题，因为使用 push_down()的 update()是个递归函数，update()会在递归时一层层地用 push_down()来传递 tag。

```
void push_down(ll p,ll pl,ll pr){                //不能覆盖时，把 tag 传给子树
    if(tag[p]){                                  //有 tag，这是以前做区间修改时留下的
        ll mid = (pl+pr)>>1;
        addtag(ls(p),pl,mid,tag[p]);             //把 tag 传给左子树
        addtag(rs(p),mid+1,pr,tag[p]);           //把 tag 传给右子树
        tag[p]=0;                                //p 自己的 tag 被传走了，tag[p]设为 0
    }
}
```

（5）query()函数。query()函数用于查询区间和。查询时肯定要用到 tag，也就是用 push_down()来处理 tag。其他内容和基本的查询一样。

```
ll query(ll L,ll R,ll p,ll pl,ll pr){
    if(pl>=L && R >= pr) return tree[p];           //完全覆盖，直接返回
    push_down(p,pl,pr);                            //不能覆盖，递归子树
    ll res=0;
    ll mid = (pl+pr)>>1;
    if(L<=mid) res+=query(L,R,ls(p),pl,mid);       //左子结点有重叠
    if(R>mid)  res+=query(L,R,rs(p),mid+1,pr);     //右子结点有重叠
    return res;
}
```

下面是完整代码。

（1）C++代码。

```
#include<bits/stdc++.h>
using namespace std;
#define ll long long
const int N = 1e5 + 10;
ll a[N];            //记录数列的元素，从 a[1]开始
ll tree[N<<2];      //tree[i]：第 i 个结点的值，表示一个线段区间的值，如最值、区间和
ll tag[N<<2];       //tag[i]：第 i 个结点的懒惰标记，统一记录这个区间的修改
ll ls(ll x){ return x<<1;  }          //定位左子结点：x*2
ll rs(ll x){ return x<<1|1;}          //定位右子结点：x*2 + 1
void push_up(ll p){                   //从下往上传递区间值
    tree[p] = tree[ls(p)] + tree[rs(p)];
    //本题是求区间和。如果是求最小值，则可以改为 tree[p] = min(tree[ls(p)], tree[rs(p)]);
}
void build(ll p,ll pl,ll pr){                    //建树。p 是结点编号，它指向[pl, pr]
    tag[p] = 0;                                  //懒惰标记
    if(pl==pr){tree[p]=a[pl]; return;}           //最底层的叶子，赋值
    ll mid = (pl+pr) >> 1;                       //分治：折半
    build(ls(p),pl,mid);                         //左子结点
    build(rs(p),mid+1,pr);                       //右子结点
    push_up(p);                                  //从下往上传递区间值
}
void addtag(ll p,ll pl,ll pr,ll d){              //给结点 p 打上 tag，并更新 tree
    tag[p] += d;                                 //打上 tag
    tree[p] += d*(pr-pl+1);                      //计算新的 tree
}
void push_down(ll p,ll pl,ll pr){                //不能覆盖时，把 tag 传给子树
    if(tag[p]){                                  //有 tag，这是以前做区间修改时留下的
        ll mid = (pl+pr)>>1;
        addtag(ls(p),pl,mid,tag[p]);             //把 tag 传给左子树
        addtag(rs(p),mid+1,pr,tag[p]);           //把 tag 传给右子树
        tag[p]=0;                                //p 自己的 tag 被传走了，tag[p]设为 0
    }
}
void update(ll L,ll R,ll p,ll pl,ll pr,ll d){//区间修改：把[L, R]内的每个元素加上 d
    if(L<=pl && pr<=R){                          //完全覆盖，直接返回这个结点，不用再深入它的子树
        addtag(p, pl, pr,d);                     //给结点 p 打上 tag，下一次区间修改到 p 这个结点时会用到
```

```
            return;
        }
        push_down(p,pl,pr);                             //如果不能覆盖，把tag传给子树
        ll mid=(pl+pr)>>1;
        if(L<=mid) update(L,R,ls(p),pl,mid,d);  //递归左子树
        if(R>mid)  update(L,R,rs(p),mid+1,pr,d);//递归右子树
        push_up(p);                                     //更新
}
ll query(ll L,ll R,ll p,ll pl,ll pr){
      //查询[L,R]，p是当前结点（线段）的编号，[pl,pr]是结点p表示的线段区间
        if(pl>=L && R >= pr) return tree[p];     //完全覆盖，直接返回
        push_down(p,pl,pr);                             //不能覆盖，递归子树
        ll res=0;
        ll mid = (pl+pr)>>1;
        if(L<=mid) res+=query(L,R,ls(p),pl,mid);//左子结点有重叠
        if(R>mid)  res+=query(L,R,rs(p),mid+1,pr);//右子结点有重叠
        return res;
}
int main(){
        ll n, m; scanf("%lld%lld",&n,&m);
        for(ll i=1;i<=n;i++)  scanf("%lld",&a[i]);
        build(1,1,n);                                   //建树
        while(m--){
            ll q,L,R,d;
            scanf("%lld",&q);
            if (q==1){                                  //区间修改：把[L,R]内的每个元素加上d
                scanf("%lld%lld%lld",&L,&R,&d);
                update(L,R,1,1,n,d);
            }
            else {                                      //区间询问：[L,R]的区间和
                scanf("%lld%lld",&L,&R);
                printf("%lld\n",query(L,R,1,1,n));
            }
        }
      return 0;
}
```

（2）Python代码。

```
def build(p, pl, pr):                                 #建树
        if pl == pr:
             tree[p] = a[pl]
             return
        mid = (pl + pr) >> 1
        build(p<<1,pl,mid)
        build(p<<1|1, mid + 1, pr)
        tree[p] = tree[p<<1] + tree[p<<1|1]         #push_up(p)
def addtag(p,pl,pr,d):                                #给结点p打上tag，并更新tree
        tag[p]  += d;                                 #打上tag
        tree[p] += d*(pr-pl+1);                       #计算新的tree
def push_down(p, pl, pr):
        if tag[p]>0:                                  #有tag，这是以前做区间修改时留下的
            mid = (pl+pr)>>1
            addtag(p<<1,pl,mid,tag[p])                #把tag传给左子树
            addtag(p<<1|1,mid+1,pr,tag[p])            #把tag传给右子树
            tag[p]=0                                  #p自己的tag被传走了，tag[p]设为0
def update(L, R, p, pl, pr, d):
        if L<=pl and R>=pr:
            addtag(p, pl, pr,d)
            return
        push_down(p, pl, pr)   #将tag传递给子树
        mid = (pl + pr) >> 1
        if L <= mid:     update(L, R, p<<1,pl,mid,d)
```

```
        if R >= mid + 1: update(L, R, p<<1|1, mid+1, pr, d)
        tree[p] = tree[p<<1] + tree[p<<1|1]          #push_up(p)
def query(L, R, p, pl, pr):
        if L <= pl and R >= pr:   return tree[p]
        push_down(p, pl, pr)
        res = 0
        mid = (pl + pr) >> 1
        if L <= mid:  res += query(L, R, p<<1,pl,mid,)
        if R >  mid:  res += query(L, R, p<<1|1, mid+1,pr)
        return res

n,m = map(int, input().split())
a = [0] + list(map(int, input().split()))
tag  = [0]* (len(a)<<2)
tree = [0]* (len(a)<<2)
build(1,1,n)             #建树
for i in range(m):
        w = list(map(int, input().split()))
        if len(w) == 3:      #区间询问：[L,R]的区间和
              q, L, R = w
              print(query(L,R,1,1,n))
        else:                #区间修改：把[L,R]内的每个元素加上d
              q, L, R, d = w
              update(L,R,1,1,n,d)
```

这些是线段树的基本实现代码。难度不大，但是细节很多。

线段树是一个综合的知识点，它能锻炼到读者下面几方面的能力。

（1）计算理论：二分法、二叉树。

（2）逻辑思维：懒惰标记技术。

（3）编程能力：递归。

请读者多做线段树的练习，掌握了线段树，就说明进入了算法竞赛的大门。

【练习题】

线段树相关的题目在近年来的蓝桥杯大赛中比较常见。下面的题目大多是蓝桥杯大赛真题，都能用到线段树，有的能用到树状数组。

“第八大奇迹”lanqiaoOJ 题号 242；“维护序列”lanqiaoOJ 题号 963；“降雨量”lanqiaoOJ 题号 873；“奇怪的计算器”lanqiaoOJ 题号 1427；“序列操作”lanqiaoOJ 题号 971；“翻转括号序列”lanqiaoOJ 题号 1589；“奇偶覆盖”lanqiaoOJ 题号 1040；“重新排序”lanqiaoOJ 题号 2128；“最优清零方案”lanqiaoOJ 题号 2138。

小　　结

在算法竞赛中，高级数据结构一向是难点。本章介绍的并查集、树状数组、线段树属于较容易的高级数据结构，还有多种高级数据结构也是算法竞赛的考点，本章没有提及，请读者参考第 1 章进行学习。

本章的 3 种高级数据结构是所有高级数据结构中比较简单的几种。这 3 种里面最难的线段树，近年来在蓝桥杯大赛中出现较多，不过在赛场上也很少有人有时间完成相关题目。在蓝桥杯这种短时个人赛中，高级数据结构并不多见。

第 7 章 动态规划

CHAPTER 7

和贪心、分治一样，动态规划（Dynamic Programming，DP）也是一种解题的思路。DP 是地地道道的“计算思维”，非常适合用计算机实现，可以说是专属于计算机学科的计算理论。

DP 是一种需要学习才能理解的思维方法。像贪心、分治这样的方法，在生活或在其他学科中有很多类似的例子，很容易联想和理解。但 DP 不是，它是一种生活中没有的抽象计算方法，没有学过的人很难自发产生这种思路。

李开复在 20 世纪 80 年代开发了语音识别技术，该技术属于当时世界顶尖的科技。关于语音识别中的动态规划，他讲过一个故事：“还记得 1988 年贝尔实验室副总裁来访问我的学校，目的就是想了解为什么他们的语音识别系统比我开发的慢几十倍，而且，在扩大至大词汇系统后，速度差异更有几百倍之多。他们虽然买了几台超级计算机，勉强让系统跑了起来，但这么贵的计算资源让他们的产品部门很反感，因为‘昂贵’的技术是没有应用前景的。在与他们探讨的过程中，我惊讶地发现一个 $O(n \times m)$的动态规划居然被他们做成了 $O(n \times n \times m)$。更惊讶的是，他们还为此发表了不少文章，甚至为自己的算法起了一个很特别的名字，并将算法提名到一个科学会议里，希望能得到大奖。贝尔实验室的研究员当然绝顶聪明，但他们全都是学数学、物理或电机出身，从未学过计算机科学或算法，才犯了这么基本的错误。我想那些人以后再也不会嘲笑学计算机科学的人了吧！”

这个例子清楚地说明，DP 这种基础的计算理论，其他工程学科的人如果没有学过，就很难想到有这种方法。贝尔实验室的工程师无疑是顶级的，但是仍然“犯了这么基本的错误”。

DP 是理查德·贝尔曼（Richard Bellman）于 20 世纪 50 年代发明的应用于多阶段决策的数学方法。在三十多年后的 20 世纪 80 年代，贝尔实验室的人仍然不知道这个理论，可想而知，那时计算机还只是被当成一个计算工具，远未普及计算理论。

DP 是算法竞赛中最常见的考点之一，蓝桥杯大赛每次必有 DP 题目。本章将介绍动态规划的概念、动态规划基础、线性 DP，以及 3 个常见的 DP 应用（状态压缩 DP、树形 DP、数位 DP）。

7.1 动态规划的概念

DP 是一种容易理解的计算思想。有一些问题有两个特征：重叠子问题、最优子结构。用 DP 可以高效率地处理具有这两个特征的问题。

（1）重叠子问题。

子问题是原大问题的小版本，它们的计算步骤完全一样。计算大问题的时候，需要多次重复计算小问题。这就是重叠子问题。

一个子问题的多次计算，耗费了大量时间。用 DP 处理重叠子问题，每个子问题只需要计算一次，从而避免了重复计算，这就是**DP 效率高的原因**。具体的做法是，先分析得到最优子结构，然后用递推或带记忆化搜索的递归进行编程，从而实现高效的计算。

（2）最优子结构。

最优子结构的意思是，大问题的最优解包含小问题的最优解；可以通过小问题的最优解推导出大问题的最优解。

✧ 提示：有些问题用贪心算法不能获得最优解，但这些问题往往能用 DP 获得最优解，而且效率相当高。

7.2 动态规划基础

下面以 0/1 背包问题为例，讲解 DP 的四大基本问题：状态设计、状态转移方程、DP 代码实现、滚动数组。

例题 7-1. 小明的背包 1

lanqiaoOJ 题号 1174

【题目描述】小明有一个容量为 C 的背包。这天他去商场购物，商场一共有 N 个物品，第 i 件物品的体积为 c_i，价值为 w_i。小明想知道在购买的物品总体积不超过 C 的情况下他所能获得的最大价值为多少，请你帮他算算。

【输入描述】输入的第一行包含两个正整数 N、C，分别表示商场物品的数量和小明的背包容量。第 2～N+1 行包含两个正整数 c、w，分别表示物品的体积和价值。$1 \leqslant N \leqslant 10^2$，$1 \leqslant C \leqslant 10^3$，$1 \leqslant w_i, c_i \leqslant 10^3$。

【输出描述】输出一行整数，表示小明所能获得的最大价值。

1. 状态设计

DP 状态：定义二维数组 dp[][]，大小为 $N \times C$。

dp[i][j]表示把前 i 个（从第 1 个到第 i 个）物品装入容量为 j 的背包中获得的最大价值。

把每个 dp[i][j]都看成一个背包：背包容量为 j，装第 1～第 i 个物品。最后得到的 dp[N][C]就是问题的答案：把 N 个物品装进容量为 C 的背包的最大价值。

✧ 提示：在 DP 题目中，最好把状态命名为 dp，这有利于与他人的交流。他人一看到 dp 这个关键词，就知道这是一道 DP 题目，dp 是定义的状态，而不是别的什么。

---

2. 状态转移方程

假设现在已经递推计算到 dp[i][j]，分以下两种情况。

（1）第 i 个物品的体积比容量 j 还大，不能被装进容量为 j 的背包。直接继承前 i−1 个物品装进容量为 j 的背包的情况即可，也就是 dp[i][j] = dp[i−1][j]。

（2）第 i 个物品的体积比容量 j 小，能装进背包。又可以分为两种情况：装或者不装第 i 个物品。

① 装第 i 个物品。从前 i−1 个物品的情况推测而来，前 i−1 个物品是 dp[i−1][j]。将第 i 个物品装进背包后，背包容量减少 c[i]，价值增加 w[i]，所以有 dp[i][j] = dp[i−1][j−c[i]] + w[i]。

② 不装第 i 个物品，有 dp[i][j] = dp[i−1][j]。

取①和②的最大值，状态转移方程如下。

dp[i][j] = max(dp[i−1][j], dp[i−1][j−c[i]] + w[i])

总结上述分析，0/1 背包问题的重叠子问题是 dp[i][j]，最优子结构是 dp[i][j]的状态转移方程。

算法的复杂度：算法需要计算二维矩阵 dp[][]，二维矩阵的大小是 $O(NC)$，每一项的计算时间是 $O(1)$，总时间复杂度是 $O(NC)$，空间复杂度是 $O(NC)$。

初学者可能对上面的描述仍不太理解，下面用一个例子详细说明：有 4 个物品，其体积分别是{2, 3, 6, 5}，价值分别为{6, 3, 5, 4}，背包的容量为 9。

填 dp[][]表时，根据这样的装物品的顺序填写：只装第 1 个、只装前 2 个……这就是从小问题扩展到大问题的过程。表格横向为 j，纵向为 i，按先横向递增 j，再纵向递增 i 的顺序填表，如图 7.1 所示。

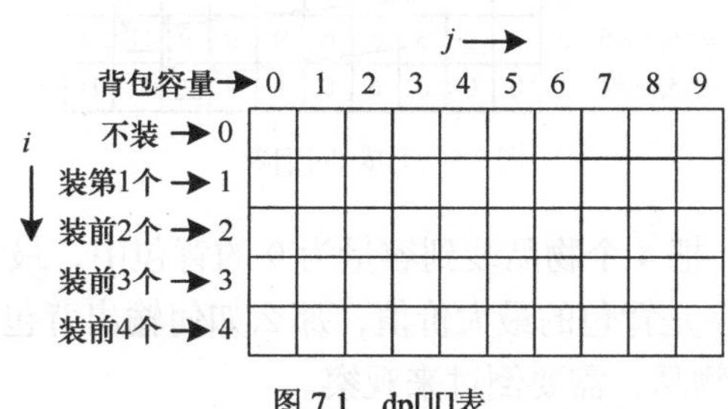

图 7.1　dp[][]表

步骤 1：只装第 1 个物品，如图 7.2 所示。

由于物品 1 的体积是 2，所以容量小于 2 的背包装不进物品 1，得 dp[1][0] = dp[1][1] = 0。

物品 1 的体积等于背包容量，能装进去，背包价值等于物品 1 的价值，dp[1][2] = 6。

容量大于 2 的背包，多余的容量用不到，此背包的价值和容量为 2 的背包的一样。

		0	1	2	3	4	5	6	7	8	9
	0	0	0	0	0	0	0	0	0	0	0
$c_1=2, w_1=6$	1	0	0	6	6	6	6	6	6	6	6

图 7.2　装第 1 个物品

步骤 2：只装前 2 个物品。

如果物品 2 的体积比背包容量大，那么背包不能装物品 2，情况和只装第 1 个物品一样，见图 7.3 中的 dp[2][0] = dp[2][1] = 0，dp[2][2] = 6。

下面填 dp[2][3]。物品 2 的体积等于背包容量，可以装物品 2，也可以不装。

① 如果装物品 2（体积是 3，价值也是 3），那么可以变成一个更小的问题，即只把物品 1 装到容量为 j−3 的背包中，如图 7.3 所示。

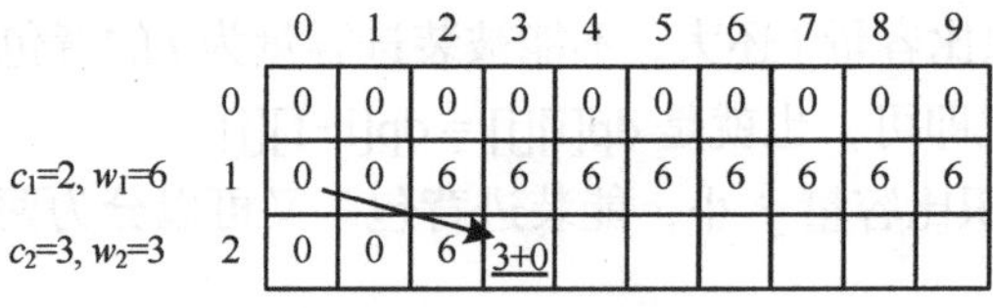

		0	1	2	3	4	5	6	7	8	9
	0	0	0	0	0	0	0	0	0	0	0
c_1=2, w_1=6	1	0	0	6	6	6	6	6	6	6	6
c_2=3, w_2=3	2	0	0	6	3+0						

图 7.3　装第 2 个物品

②如果不装物品 2，那么相当于只把物品 1 装到背包中，如图 7.4 所示。

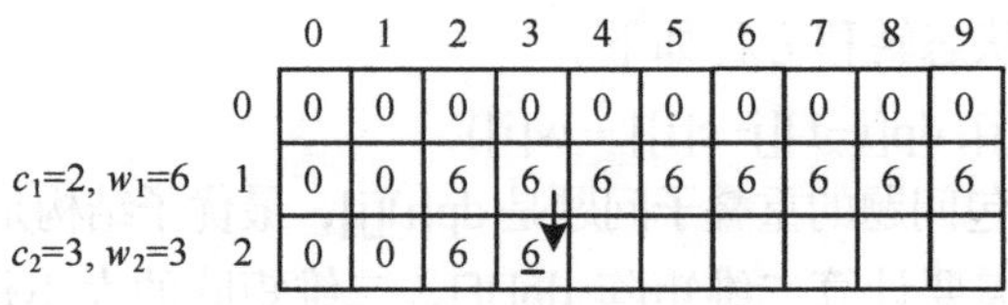

		0	1	2	3	4	5	6	7	8	9
	0	0	0	0	0	0	0	0	0	0	0
c_1=2, w_1=6	1	0	0	6	6	6	6	6	6	6	6
c_2=3, w_2=3	2	0	0	6	6						

图 7.4　不装第 2 个物品

取①和②的最大值，得 dp[2][3] = max{3,6} = 6。

后续步骤：继续以上过程，最后得到图 7.5 所示的 dp[][]表（图中的箭头是几个例子）。

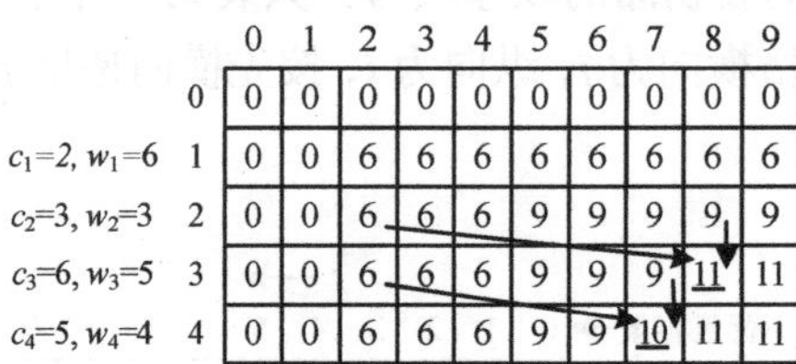

		0	1	2	3	4	5	6	7	8	9
	0	0	0	0	0	0	0	0	0	0	0
c_1=2, w_1=6	1	0	0	6	6	6	6	6	6	6	6
c_2=3, w_2=3	2	0	0	6	6	6	9	9	9	9	9
c_3=6, w_3=5	3	0	0	6	6	6	9	9	9	11	11
c_4=5, w_4=4	4	0	0	6	6	6	9	9	10	11	11

图 7.5　完成 dp[][]表

最后的答案是 dp[4][9]：把 4 个物品装到容量为 9 的背包中，最大价值是 11。

图 7.5 所示格子中的数字是背包的最大价值，那么如何输出背包方案？

回头来看具体装了哪些物品，需要倒过来观察。

dp[4][9] = max{dp[3][4]+4, dp[3][9]} = dp[3][9]，说明没有装物品 4，x_4=0；

dp[3][9] = max{dp[2][3]+5, dp[2][9]} = dp[2][3]+5 = 11，说明装了物品 3，x_3=1；

dp[2][3] = max{dp[1][0]+3, dp[1][3]} = dp[1][3]，说明没有装物品 2，x_2=0；

dp[1][3] = max{dp[0][1]+6, dp[0][3]} = dp[0][1]+6 = 6，说明装了物品 1，x_1=1，如图 7.6 所示。

图 7.6 中的实线箭头标识了方案的转移路径。

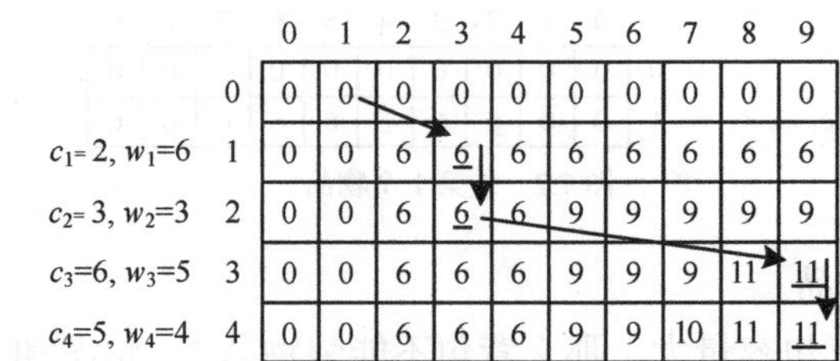

		0	1	2	3	4	5	6	7	8	9
	0	0	0	0	0	0	0	0	0	0	0
c_1= 2, w_1=6	1	0	0	6	6	6	6	6	6	6	6
c_2= 3, w_2=3	2	0	0	6	6	6	9	9	9	9	9
c_3=6, w_3=5	3	0	0	6	6	6	9	9	9	11	11
c_4=5, w_4=4	4	0	0	6	6	6	9	9	10	11	11

图 7.6　背包方案

3. DP 代码实现

DP 的代码实现有两种方法：递推、记忆化。

处理 DP 中的大问题和小问题，有两种思路：一种是自上而下（Top-Down），即先大问题后小问题；另一种是自下而上（Bottom-Up），即先小问题后大问题。

编程实现 DP 时，自上而下用带记忆化搜索的递归代码，自下而上用递推代码。两种方法的复杂度是一样的，每个子问题都计算一遍，而且只计算一遍。

下面的代码分别用自下而上的递推和自上而下的记忆化递归实现。

（1）递推代码。

这种自下而上的方法先解决小问题，再递推到大问题，通常通过填写多维表格来完成，编程时用若干 for 循环语句填表。根据表中的结果，逐步计算出大问题的解决方案。这就是上面详解中的递推方式的直接实现。

① C++代码。

```
#include<bits/stdc++.h>
using namespace std;
const int N = 3011;
int w[N], c[N];     //物品的价值和体积
int dp[N][N];
int solve(int n, int C){
    for(int i=1; i<=n; i++)
        for(int j=0; j<=C; j++){
            if(c[i]>j) dp[i][j]=dp[i-1][j];     //第 i 个物品的体积比背包容量大，背包装不了
            else       dp[i][j]=max(dp[i-1][j], dp[i-1][j-c[i]]+w[i]); //第 i 个物品可以装入背包
        }
    return dp[n][C];
}
int main(){
    int n,C; cin>>n>>C;
    for(int i=1;i<=n;i++)    cin>>c[i]>>w[i];
    memset(dp,0,sizeof(dp));      //清 0。这一行可以不写，因为全局静态数组自动初始化为 0
    cout << solve(n, C);
return 0;
}
```

② Python 代码。

```
N=3011
dp = [[0 for i in range(N)] for j in range(N)] #或者: dp = [[0]*N for j in range(N)]
w = [0]*N
c = [0]*N
def solve(n,C):
    for i in range(1,n+1):
        for j in range (0,C+1):
            if c[i]>j:  dp[i][j] = dp[i-1][j]
            else:       dp[i][j] = max(dp[i-1][j], dp[i-1][j-c[i]]+w[i])
    return dp[n][C]
n, C = map(int, input().split())
for i in range(1, n+1):   c[i], w[i] = map(int, input().split())
print(solve(n, C))
```

（2）记忆化代码。

先考虑大问题，再缩小到小问题，递归很直接地体现了这种思路。为了避免递归时重复计算子问题，可以在子问题得到解决时，就保存结果，需要使用这个结果时，直接返回保存的结果就行了。这种存储已经解决的子问题的结果的技术被称为“记忆化”。

记忆化是 DFS 中常见的优化方法，请回顾 5.1.1 小节“递归和记忆化搜索”中关于记忆化搜索的内容。

① 下面的 C++代码只改动了上面 C++代码中的 solve()。

```
#include<bits/stdc++.h>
using namespace std;
const int N = 3011;
int w[N], c[N];
int dp[N][N];
int solve(int i, int j){                              //前 i 个物品，放进容量为 j 的背包
    if (dp[i][j] != 0)   return dp[i][j];     //记忆化
    if(i == 0) return 0;
    if(c[i] > j)  dp[i][j] =  solve(i-1,j);
    else          dp[i][j] =  max(solve(i-1,j), solve(i-1,j-c[i])+w[i]);
    return dp[i][j] ;
}
int main(){
    int n,C; cin >> n >> C;
    for(int i=1;i<=n;i++)     cin >>c[i] >> w[i];
    memset(dp,0,sizeof(dp));                      //清 0
    cout << solve(n, C) << endl;
    return 0;
}
```

② Python 代码。

```
N = 3011
dp = [[0 for i in range(N)] for j in range(N)]
w = [0]*N
c = [0]*N
def solve(i,j):
    if dp[i][j] != 0:  return dp[i][j]
    if i == 0:         return 0
    if c[i] > j:  dp[i][j] = solve(i-1,j)
    else :        dp[i][j] = max(solve(i-1,j), solve(i-1,j-c[i])+w[i])
    return dp[i][j]
n, C = map(int, input().split())
for i in range(1, n+1):   c[i], w[i] = map(int, input().split())
print(solve(n, C))
```

4. 滚动数组

DP 的状态方程常常是二维和二维以上的，会占用很多空间。例如前面的代码中使用了二维矩阵 int dp[N][C]，设 $N=10^3$、$C=10^4$，值都不算大，int 型有 4 字节，需要的空间是 $4\times10^3\times10^4=$ 40MB，已经超过一般竞赛题的空间限制了。

用滚动数组可以大大减少占用空间，它能把二维状态方程的空间复杂度 $O(n^2)$优化到 $O(n)$，更高维的数组也可以优化后减少一维。

从状态转移方程 dp[i][j] = max(dp[i−1][j], dp[i−1][j−c[i]] + w[i])可以看出，dp[i][]只与 dp[i−1][]有关，与前面的 dp[i−2][]、dp[i−3][]等都没有关系。从前面的图表中也可以看出，每一行是根据其上一行算出来的，跟更前面的行没有关系。那些用过的、已经无用的 dp[i−2][]、dp[i−3][]等就变得多余了，所以可以复用这些空间，用新的一行覆盖已经无用的一行（滚动），这样只需要两行就够了。

下面给出滚动数组的两种实现方法，都很常用。

（1）交替滚动。

定义 dp[2][j]，用 dp[0][]和 dp[1][]交替滚动。这种方法的优点是逻辑清晰、代码不易出错，**建议**初学者采用这种方法。

下面的代码中，now 始终指向正在计算的最新的一行，old 指向已计算过的旧的一行。对

照原递推代码，now 相当于 i，old 相当于 $i-1$。

① C++代码。

```
#include<bits/stdc++.h>
using namespace std;
const int N = 3011;
int w[N], c[N];                         //物品的价值和体积
int dp[2][N];                           //替换 int dp[][];
int solve(int n, int C){
    int now = 0, old = 1;               //now 指向当前正在计算的一行，old 指向旧的一行
    for(int i=1; i<=n; i++){
        swap(old,now);                  //交替滚动。now 始终指向最新的一行
        for(int j = 0; j <= C; j++){
            if(c[i] > j)  dp[now][j] = dp[old][j];
            else          dp[now][j] = max(dp[old][j], dp[old][j-c[i]]+w[i]);
        }
    }
    return dp[now][C];                  //返回最新的行
}
int main(){
    int n,C;  cin >> n >> C;
    for(int i=1;i<=n;i++)     cin >> c[i] >> w[i];
    memset(dp,0,sizeof(dp));            //清 0，置初值为 0
    cout << solve(n, C) << endl;
    return 0;
}
```

② Python 代码。

```
N = 3011
dp = [[0 for i in range(N)] for j in range(2)]     #注意先后
w = [0]*N
c = [0]*N
def solve(n,C):
    now = 0
    old =1
    for i in range(1,n+1):
        old,now = now,old                           #交换
        for j in range (0,C+1,1):
            if c[i] > j:  dp[now][j] = dp[old][j]
            else:         dp[now][j] = max(dp[old][j], dp[old][j-c[i]]+w[i])
    return dp[now][C]
n, C = map(int, input().split())
for i in range(1, n+1):   c[i], w[i] = map(int, input().split())
print(solve(n, C))
```

（2）自我滚动。

用两行交替滚动数组是很符合逻辑的做法，其实还能继续精简：用一个一维的 dp[]就够了，让数组自我滚动。

```
#include<bits/stdc++.h>
using namespace std;
const int N = 3011;
int w[N], c[N];                          //物品的价值和体积
int dp[N];
int solve(int n, int C){
    for(int i=1; i<=n; i++)
        for(int j=C; j>=c[i]; j--)  //反过来循环
            dp[j] = max(dp[j],dp[j-c[i]]+w[i]);
    return dp[C];
}
```

```
12  int main(){
13      int n,C;    cin >> n >> C;
14      for(int i=1;i<=n;i++)    cin >> c[i] >> w[i];
15      memset(dp,0,sizeof(dp));         //清 0，置初值为 0
16      cout << solve(n, C) << endl;
17      return 0;
18  }
```

状态定义：第 5 行定义 dp[]，dp[j]表示背包容量为 j 时的最大价值。

状态转移方程：第 7～第 9 行是状态转移。可以这样理解，第 7 行遍历每个物品，第 8 行遍历背包容量。第 9 行分为两种情况：如果不装第 i 个物品，那么仍然有 dp[j]=dp[j]；如果装第 i 个物品，那么背包价值是 dp[j−c[i]]+w[i]。

代码中最关键的是第 8 行，j 是反过来循环的，即从后面往前面覆盖。图 7.7、图 7.8 说明了原因，图中 dp[j]'表示旧状态，dp[j]是滚动后的新状态。

① j 从小到大循环是错误的。例如 $i=2$ 时，图 7.7 中左图所示的 dp[5]经计算得到其值为 9，把 dp[5]更新为 9。继续往后计算，当计算 dp[8]时，得 dp[8] = dp[5]' + 3 = 9 + 3 = 12，如图 7.7 的右图所示。这个答案是错的。这种错误是由滚动数组重复使用同一个空间引起的。

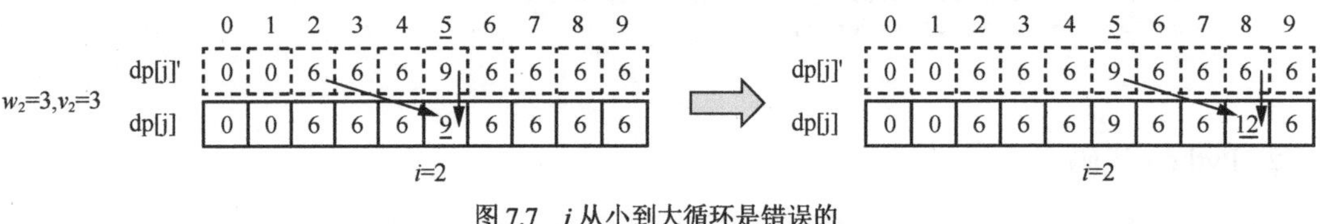

图 7.7 j 从小到大循环是错误的

② j 从大到小循环是对的。例如 $i=2$ 时，先计算最后的 dp[9] = 9，它不影响前面状态的计算，如图 7.8 所示。

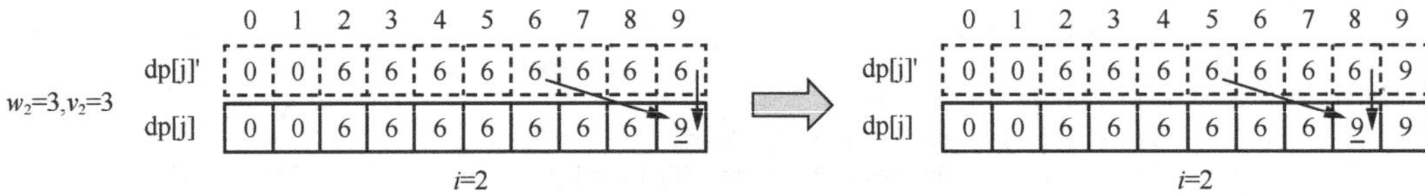

图 7.8 j 从大到小循环是正确的

Python 代码如下。

```
N=3011
dp = [0]*N
w = [0]*N
c = [0]*N
def solve(n,C):
    for i in range(1,n+1):
        for j in range (C,c[i]-1,-1):
            dp[j] = max(dp[j], dp[j-c[i]]+w[i])
    return dp[C]
n, C = map(int, input().split())
for i in range(1, n+1):    c[i], w[i] = map(int, input().split())
print(solve(n, C))
```

经过滚动数组的优化，空间复杂度从 $O(NC)$减少为 $O(C)$。本题中 N=3000，足足减少为原来的 1/3000。

滚动数组也有缺点。它覆盖了中间转移状态，只留下了最后的状态，因此舍弃了很多信息，导致无法回溯，不能输出具体的方案。不过，竞赛题目一般不要求输出具体方案，因为可能有多种方案，不方便判题。

7.3　线性 DP

这一节通过大量线性 DP 题目及其求解方法帮助读者巩固基础 DP 知识。

例题 7-2．装箱问题（0/1 背包问题简化版）

lanqiaoOJ 题号 763

【题目描述】有一个箱子，其容量为 V（正整数，$0 \leqslant V \leqslant 20000$），同时有 n 个物品（$0 < n \leqslant 30$），每个物品有一个体积（正整数）。要求从 n 个物品中，任取若干个装入箱内，使箱子的剩余空间最小。

【输入描述】输入的第一行包含一个整数 V，表示箱子容量。第二行包含一个整数 n，表示有 n 个物品。接下来的 n 行，分别表示这 n 个物品的各自体积。

【输出描述】输出一行，表示箱子剩余空间。

本题是 0/1 背包问题的简化版，不用管物品的价值。

（1）用滚动数组求解的 C++代码如下。

```cpp
#include<bits/stdc++.h>
using namespace std;
int dp[20010];
int w[40];
int main(){
    int V,n;   scanf("%d%d",&V,&n);
    for(int i=1;i<=n;i++) scanf("%d",&w[i]);
    for(int i=1; i<=n; i++)
        for(int j=V; j>=w[i]; j--)
            dp[j] =max(dp[j], dp[j-w[i]]+w[i]);
    printf("%d\n",V-dp[V]);
}
```

（2）用滚动数组求解的 Python 代码如下。

```python
dp = [0]*20010
w = [0]*40
V = int(input())
n = int(input())
for i in range(1, n+1):   w[i] = int(input())
for i in range(1,n+1):
    for j in range (V,w[i]-1,-1):
        dp[j] =max(dp[j], dp[j-w[i]]+w[i])
print(V-dp[V])
```

例题 7-3．2022（解决 0/1 背包问题的方案数）

2022 年（第十三届）全国赛，填空题，lanqiaoOJ 题号 2186

【题目描述】将 2022 拆分成 10 个互不相同的正整数，总共有多少种拆分方法？注意交换顺序视为同一种方法。

本题是标准 0/1 背包问题的扩展，求最优的方案一共有多少种。

题目求 10 个正整数的组合情况，这 10 个正整数相加等于 2022。因为是填空题，所以可以不管运行时间，本题可以用暴力法 for 循环 10 次，并结合剪枝来求解。然而用暴力法的时间极长，因为答案是 379187662194355221。

这一题可以看作 0/1 背包问题：背包容量为 2022，物品体积为 1～2022，往背包中装 10 个物品，要求总体积为 2022，问一共有多少种方案。与标准 0/1 背包问题的区别是这一题是求方案总数。

定义 dp[][][]，dp[i][j][k]表示从数字 1～i 取 j 个和为 k 的方案数。下面的分析沿用标准 0/1 背包问题的分析方法。从 i–1 扩展到 i，分为以下两种情况。

（1）$k \geqslant i$。数 i 可以要，也可以不要。

① 要 i。从 1 到 i–1 中取 j–1 个数，再取 i，等价于 dp[i–1][j–1][k–i]。

② 不要 i。从 1 到 i–1 中取 j 个数，等价于 dp[i–1][j][k]。

合起来：dp[i][j][k]= dp[i–1][j][k] + dp[i–1][j–1][k–i]

（2）$k < i$。数 i 比总和 k 还大，显然 i 不能用，有 dp[i][j][k] = dp[i–1][j][k]。

下面是代码。

（1）C++代码，先用非滚动数组实现。请特别注意第 5 行的初始化。

```
1  #include<bits/stdc++.h>
2  using namespace std;
3  long long dp[2222][11][2222]={0};
4  int main(){
5      for(int i=0;i<=2022;i++)    dp[i][0][0]=1;          //特别注意这个初始化
6      for(int i=1;i<=2022;i++)
7          for(int j=1;j<=10;j++)                             //注意：j 从小到大，或从大到小都行
8              for(int k=1;k<=2022;k++){
9                  if(k<i) dp[i][j][k] = dp[i-1][j][k];  //无法装进背包
10                 else    dp[i][j][k] = dp[i-1][j][k]+dp[i-1][j-1][k-i];
11             }
12     cout << dp[2022][10][2022];
13     return 0;
14 }
```

下面改为用滚动数组（自我滚动）实现。注意第 7 行的 j 必须从大到小循环。

```
1  #include<bits/stdc++.h>
2  using namespace std;
3  long long dp[11][2222];
4  int main(){
5      dp[0][0]=1;
6      for(int i=1;i<=2022;i++)
7          for(int j=10;j>=1;j--)              //注意：j 一定要从大到小
8              for(int k=i;k<=2022;k++)
9                  dp[j][k]+=dp[j-1][k-i];
10     cout << dp[10][2022];
11     return 0;
12 }
```

（2）Python 代码 1，用非滚动数组实现。

```
dp = [[[0]*2222 for i in range(11)] for j in range(2222)]
for i in range(0,2023): dp[i][0][0]=1
for i in range(1,2023):
  for j in range(1,11):
    for k in range(1,2023):
      if k<i: dp[i][j][k] = dp[i-1][j][k]
```

```
        else:   dp[i][j][k] = dp[i-1][j][k]+dp[i-1][j-1][k-i]
print(dp[2022][10][2022])
```

Python 代码 2，用滚动数组实现。

```
dp = [[0]*2222 for i in range(11)]
dp[0][0] = 1
for i in range(1,2023):
    for j in range(10,0,-1):      #10 个数
        for k in range(i,2023):   #k≥i
            dp[j][k]+=dp[j-1][k-i]
print(dp[10][2022])
```

例题 7-4．小明的背包 2（完全背包）

lanqiaoOJ 题号 1175

【题目描述】小明有一个容量为 C 的背包。这天他去商场购物，商场一共有 N 种物品，第 i 种物品的体积为 c_i，价值为 w_i，每种物品都有无限多个。小明想知道在购买的物品总体积不超过 C 的情况下他所能获得的最大价值为多少，请你帮他算一算。

【输入描述】输入第一行包含两个正整数 N、C，分别表示商场物品的种数和小明的背包容量。第 2～N+1 行包含两个正整数 c、w，分别表示物品的体积和价值。$1 \leqslant N \leqslant 10^3$，$1 \leqslant C \leqslant 10^3$，$1 \leqslant c_i, w_i \leqslant 10^3$。

【输出描述】输出一行整数表示小明所能获得的最大价值。

解题思路和 0/1 背包问题的类似。0/1 背包的每种物品只有一个，完全背包的每种物品有无限多个，第 i 种物品可以装 0 个、1 个、2 个、C/c_i 个。

定义 dp[i][j]：把前 i 种（从第 1 种到第 i 种）物品装入容量为 j 的背包中获得的最大价值。

把每个 dp[i][j]都看成一个背包：背包容量为 j，装第 1～第 i 种物品。最后得到的 dp[N][C]就是问题的答案：把 N 种物品装进容量为 C 的背包的最大价值。

在 0/1 背包问题中，只需要考虑每个物品的拿与不拿两种情况；而在完全背包问题中，需要考虑拿几个。

下面是完全背包的代码，与 0/1 背包问题的代码极为相似，只是多了一个 k 的循环，用来遍历每种物品拿几个。

```
#include<bits/stdc++.h>
using namespace std;
const int N = 3011;
int w[N], c[N];     //物品的价值和体积
int dp[N][N];
int solve(int n, int C){
    for (int i = 1; i <= n; i++) {
        for (int j = C; j >= 0; j--) {      //反过来也一样: for (int j=0;j<=C;j++) {
            if(i==1)   dp[i][j] = 0;
            else       dp[i][j] = dp[i - 1][j];
            for (int k = 0; k * c[i] <= j; k++)  //在容量为 j 的背包中放 k 个物品
                dp[i][j] = max(dp[i][j], dp[i - 1][j - k * c[i]] + k * w[i]);
            }
    }
    return dp[n][C];
}
int main(){
    int n,C; cin >> n >> C;
    for(int i=1;i<=n;i++)     cin >> c[i] >> w[i];
    memset(dp,0,sizeof(dp));
```

```
        cout << solve(n, C) << endl;
    return 0;
}
```

Python 代码，用自我滚动数组实现。

完全背包和 0/1 背包的滚动数组有很大区别。

在例题 7-1“小明的背包 1”中，自我滚动数组的 j 是从大到小变化的，保证每种物品只能被装进一次。

在下面的完全背包代码中，第 5 行的 j 是从小到大变化的，因为每种物品可以被装多次。

如何理解这段代码？第 3 行遍历 n 种物品，第 5 行遍历背包容量。例如，第 3 行中的 i=1 时，装第 1 个物品。然后在第 5 行遍历背包容量：$j=c_i$ 时，dp[j−ci]=dp[0]表示第 i 种物品装 0 个；$j=2c_i$ 时，dp[j−ci]=dp[ci]表示第 i 种物品装一个；等等。这样就枚举了第 i 种物品装任意个的情况，实现了上面代码中循环 k 的功能。

```
1  n, C = map(int, input().split())
2  dp = [0]*(C+1)
3  for i in range(n):                  #遍历 n 种物品
4      ci, wi = map(int, input().split())
5      for j in range(ci, C+1):    #遍历背包容量
6          dp[j] = max(dp[j], dp[j-ci]+wi)
7  print(dp[-1])
```

上面的代码先遍历物品，再遍历背包容量；反过来先遍历背包，再遍历物品也可，代码如下。

```
n, C = map(int, input().split())
c=[0]*1001
w=[0]*1001
for i in range(n):  c[i], w[i] = map(int, input().split())
dp = [0]*(C+1)
for j in range(0, C+1):
    for i in range(n):
        if j>=c[i]:  dp[j] = max(dp[j], dp[j-c[i]]+w[i])
print(dp[-1])
```

例题 7-5. 最长公共子序列

lanqiaoOJ 题号 1189（类似题目：lanqiaoOJ 题号 1054）

【题目描述】给定一个长度为 n 的数组 A 和一个长度为 m 的数组 B。请你求出它们的最长公共子序列长度为多少。

【输入描述】输入的第一行包含两个整数 n、m。第二行包含 n 个整数 a_i，第三行包含 m 个整数 b_i，$1 \leqslant n, m \leqslant 10^3$，$1 \leqslant a_i, b_i \leqslant 10^9$。

【输出描述】输出一行整数，表示答案。

最长公共子序列（Longest Common Subsequence，LCS）：在给定序列中删去若干元素后得到的序列。例如：$X=\{A, B, C, B, D, A, B\}$，它的子序列有$\{A, B, C, B, A\}$、$\{A, B, D\}$、$\{B, C, D, B\}$等。子序列和子串是不同的概念，子串的元素在原序列中是连续的。

给定两个序列 X 和 Y，当另一序列 Z 既是 X 的子序列又是 Y 的子序列时，称 Z 是序列 X 和 Y 的公共子序列。最长公共子序列是长度最长的公共子序列。

给定序列 A 和 B，用暴力法查找最长公共子序列，需要先找出 A 的所有子序列，然后一一验证这些子序列是否为 B 的子序列。如果 A 有 m 个元素，那么 A 有 2^m 个子序列，B 有 n 个元

素，总复杂度大于 $O(n2^m)$。

用 DP 求最长公共子序列，复杂度是 $O(nm)$。

用 dp[i][j]表示序列 A_i（表示$\{a_1,..., a_i\}$这个序列，即 A 的前 i 个元素组成的序列；这里用 a 表示元素，用 A 表示序列）和 B_j（表示$\{b_1, ..., b_j\}$这个序列，即 B 的前 j 个元素）的最长公共子序列的长度。因此 dp[n][m]就是本题的答案。

解分为两种情况。

（1）当 $a_i = b_j$时，已求得 A_{i-1} 和 B_{j-1} 的最长公共子序列，在其尾部加上 a_i或 b_j 即可得到 A_i 和 B_j 的最长公共子序列。状态转移方程是 dp[i][j] = dp[i−1][j−1] + 1。

（2）当 $a_i \neq b_j$时，需要求解两个子问题：A_{i-1} 和 B_j 的最长公共子序列；A_i 和 B_{j-1} 的最长公共子序列。取其中的最大值，状态转移方程是 dp[i][j] = max{dp[i][j−1], dp[i−1][j]}。

① C++代码 1。

```
#include<bits/stdc++.h>
using namespace std;
int dp[1001][1001],a[1001],b[1001];
int main(){
    int n,m;    cin>>n>>m;
    for(int i=1;i<=n;i++) scanf("%d",&a[i]);
    for(int i=1;i<=m;i++) scanf("%d",&b[i]);
    for(int i=1;i<=n;i++)
        for(int j=1;j<=m;j++) {
            if(a[i]==b[j]) dp[i][j] = max(dp[i][j],dp[i-1][j-1]+1);
            else           dp[i][j] = max(dp[i-1][j],dp[i][j-1]);

        }
    cout << dp[n][m];
}
```

② C++代码 2。该代码用交替滚动数组实现。

```
#include<bits/stdc++.h>
using namespace std;
int dp[2][1001];
char a[1001],b[1001];
int main(){
    int n,m; cin>>n>>m;
    for(int i=1;i<=n;i++) scanf("%d",&a[i]);
    for(int i=1;i<=m;i++) scanf("%d",&b[i]);
    int now=0,old=1;
    for(int i=1;i<=n;i++){
        swap(now,old);
        for(int j=1;j<=m;j++) {
            dp[now][j] = max(dp[now][j-1],dp[old][j]);
            if(a[i]==b[j]) dp[now][j]=max(dp[now][j],dp[old][j-1]+1);
        }
    }
    cout<<dp[now][m]<<endl;
    return 0;
}
```

③ Python 代码。该代码用交替滚动数组实现。

```
n,m = map(int,input().split())
a = [0]+list(map(int,input().split()))
b = [0]+list(map(int,input().split()))
dp = [[0]*(m+1) for _ in range(2)]          #注意这里是m，不是n
now =0; old=1
```

```
for i in range(1,n+1):
    now,old=old,now
    for j in range(1,m+1):
        dp[now][j] = max(dp[now][j-1],dp[old][j])
        if a[i]==b[j]: dp[now][j]=max(dp[now][j],dp[old][j-1]+1)
print(dp[now][m])
```

例题 7-6. 蓝桥骑士（最长递增子序列）

lanqiaoOJ 题号 1188

【题目描述】小明是蓝桥王国的骑士，他喜欢不断突破自我。这天蓝桥国王给他安排了 N 个对手，他们的战力值分别为 a_1、a_2……a_n，且按顺序阻挡在小明的前方。对于这些对手，小明可以选择挑战，也可以选择避战。身为高傲的骑士，小明从不走回头路，且只愿意挑战战力值越来越高的对手。请你算算小明最多会挑战多少名对手。$1 \leqslant N \leqslant 3 \times 10^5$。

本题是最长递增子序列问题（Longest Increasing Subsequence，LIS），给定一个长度为 n 的数组，找出一个最长的单调递增子序列。

例如一个长度为 7 的序列 A={5, 6, 7, 4, 2, 8, 3}，它最长的单调递增子序列为{5, 6, 7, 8}，长度为 4。

定义状态 dp[i]，表示以第 i 个数结尾的最长递增子序列的长度。状态转移方程如下。

$$\text{dp}[i] = \max\{\text{dp}[j]\} + 1 \qquad 0 < j < i, A_j < A_i$$

最后答案是 max{dp[i]}。

复杂度：j 在 0～i 变化，复杂度是 $O(n)$，i 的变化范围的复杂度也是 $O(n)$，总复杂度为 $O(n^2)$。

下面是复杂度为 $O(n^2)$的 DP 代码。由于本题中 $n \leqslant 3 \times 10^5$，所以该段代码在 OJ 系统中运行会超时。

```
#include<bits/stdc++.h>
using namespace std;
const int N = 10001;   //只能用于解决这么大规模的问题
int a[N],dp[N];
int main(){
    int n;   cin >> n;
    for(int i=1; i<=n; i++)      cin >> a[i];
    int ans = 1;
    dp[1] = 1;
    for(int i = 2; i <= n; i++){
        int max = 0;
        for(int j=1; j<i; j++)
            if(dp[j] > max  &&  a[j] < a[i])     max = dp[j];
        dp[i] = max+1;
        if(dp[i] > ans) ans = dp[i];
    }
    cout << ans << endl;
    return 0;
}
```

DP 并不是最长递增子序列问题的最优解法，复杂度为 $O(n\log n)$的非 DP 解法更优，下面给出其 Python 代码作为参考。

```
from bisect import bisect_left
n = int(input())
a = list(map(int,input().split()))
d = []
for i in a:
    if not d or i>d[-1]:    d.append(i)
```

```
    else:
        x = bisect_left(d,i)
        d[x] = i
print(len(d))
```

例题 7-7. 字符串转换

lanqiaoOJ 题号 1507

【**题目描述**】给定两个单词 *A* 和 *B*，计算出将 *A* 转换为 *B* 所需的最小操作数。一个单词允许进行以下 3 种操作：插入一个字符；删除一个字符；替换一个字符。

【**输入描述**】输入的第一行包含一个字符串 S，第二行包含一个字符串 T。$1 \leqslant |S|, |T| \leqslant 2 \times 10^3$，保证 S、T 只包含小写字母。

【**输出描述**】输出一个整数，表示答案。

为方便理解，把长度为 *m* 的 *A* 存储在 a[1]～a[m]中，把长度为 *n* 的 *B* 存储在 b[1]～b[n]中，不用 a[0]和 b[0]。

定义状态 dp，dp[i][j]表示 *A* 的前 *i* 个字符转换为 *B* 的前 *j* 个字符所需要的操作步骤，因此 dp[m][n]就是本题的答案。图 7.9 所示是 *A* 为"abcf"和 *B* 为"bcfe"的状态转移矩阵。

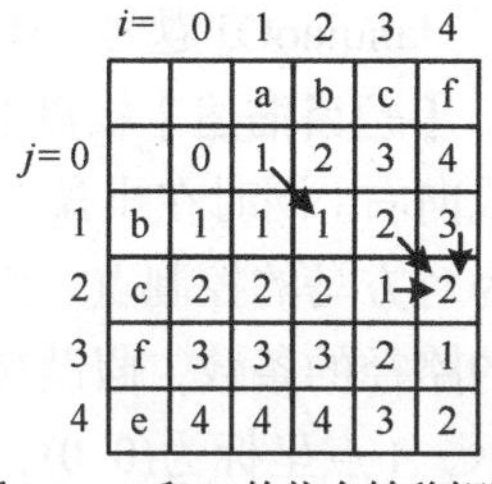

图 7.9　A 和 B 的状态转移矩阵

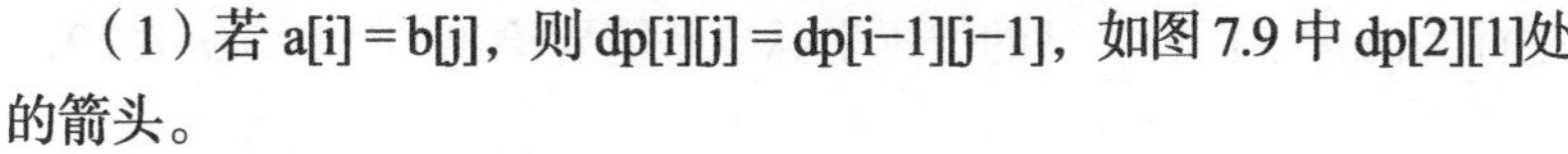

（1）若 a[i] = b[j]，则 dp[i][j] = dp[i−1][j−1]，如图 7.9 中 dp[2][1]处的箭头。

（2）其他情况：dp[i][j] = min{dp[i−1][j−1], dp[i−1][j], dp[i][j−1]} + 1，如图 7.9 中 dp[4][2]处的箭头。dp[i][j]的值是它左、左上、上的 3 个值中的最小值加 1，分别对应以下操作。

① dp[i−1][j]+1，删除，将 *A* 的最后一个字符删除；

② dp[i][j−1]+1，插入，在 *B* 的最后插入 *A* 的最后一个字符；

③ dp[i−1][j−1]+1，替换，将 *B* 的最后一个字符替换为 *A* 的最后一个字符。

复杂度：$O(mn)$。

（1）C++代码。

```
#include<bits/stdc++.h>
using namespace std;
int dp[3005][3005],m,n;
char a[3005],b[3005];
void solve(){
    dp[0][0]=0;
    for(int i=1;i<=m;i++)    dp[i][0]=i;
    for(int j=1;j<=n;j++)    dp[0][j]=j;
    for(int i=1;i<=m;i++)
        for(int j=1;j<=n;j++)  {
            if(a[i] == b[j])    dp[i][j] = dp[i-1][j-1];
            else        dp[i][j]=min(min(dp[i-1][j],dp[i][j-1]),dp[i-1][j-1])+1;
        }
}
int main(){
    scanf("%s %s",a+1,b+1);   //a[0]和b[0]不用
    m = strlen(a+1);
    n = strlen(b+1);
    solve();
    printf("%d\n",dp[m][n]);
}
```

（2）Python 代码。

```
a = input();  a = ' '+a     #a[0]不用，用a[1]~a[m]
b = input();  b = ' '+b
m = len(a)-1
n = len(b)-1
dp = [[0] * (n + 1) for _ in range(m + 1)]
for i in range(1,m+1):  dp[i][0] = i
for j in range(1,n+1):  dp[0][j] = j
for i in range(1,m+1):
    for j in range(1,n+1):
        if a[i]==b[j]: dp[i][j] = dp[i-1][j-1]
        else:          dp[i][j]=min(min(dp[i-1][j],dp[i][j-1]),dp[i-1][j-1])+1
print(dp[m][n])
```

例题 7-8. 过河卒（网格图上的 DP）

lanqiaoOJ 题号 755

【题目描述】棋盘上 *A* 点有一个过河卒，需要走到目标 *B* 点。卒行走的规则：可以向下或向右。同时在棋盘上 *C* 点有一个对方的马，该马所在的点和所有马跳跃一步可到达的点称为对方马的控制点。因此称之为“马拦过河卒”。现在要求你计算出卒从 *A* 点能够到达 *B* 点的路径的条数，假设马的位置是固定不动的，并不是卒走一步，马走一步。棋盘用坐标系表示，*A* 点坐标为(0, 0)、*B* 点坐标为(*n*,*m*)，同样，马的位置坐标也是需要给出的。1≤*n*,*m*≤20，0≤马的坐标≤20。

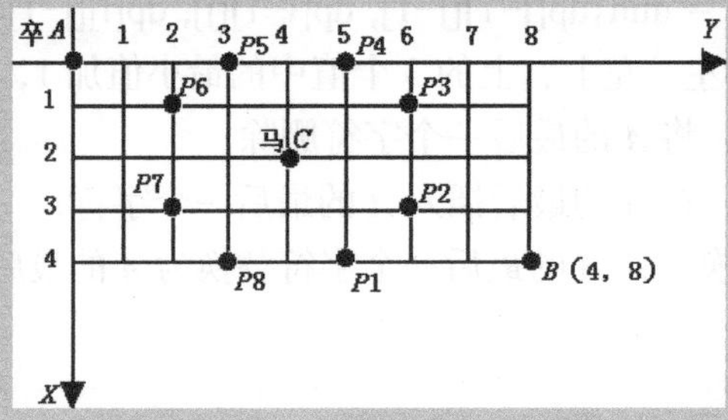

【输入格式】输入一行，包含 4 个正整数，分别表示 *B* 点坐标和马的坐标。

【输出格式】输出一个整数，表示所有的路径条数。

本题要求统计路径条数，看起来是一道搜索题，可以用 DFS 求解。把马的控制点标记为不能走，绕过它们。不过，读者可能记得在 5.1.3 小节“DFS 的所有路径”中，提过用 DFS 查找的路径数量可能是很大的数字，代码运行可能会超时。

求解本题应该用标数法，就是在每个坐标点上记录能走的路径条数。

标数法实际上就是 DP 的递推。定义状态 dp[][]，dp[i][j]表示卒走到(*i*, *j*)点时能走的路径条数。如果不考虑马的控制点，则有 dp[i][j] = dp[i−1][j] + dp[i][j−1]。

也就是(*i*, *j*)点的路径条数等于它上面和左边的路径条数之和。这就是标数法的原理。

本题的限制条件是马的控制点，只要令控制点的 dp[i][j] = 0 即可，即控制点上无路径。

（1）C++代码。

下面代码第 8 行用了一个小技巧——把坐标加 2，这样能防止马的控制点越界。因为结果是个极大的数字，所以第 3 行将其定义为 long long。读者编程前可以思考 long long 类型是否够用，如果不够用，就要用高精度了。不过，也可以先编程，然后用题目要求的最大的 *n*=*m*=20 试试，如果够用就可以了。

```
#include<bits/stdc++.h>
using namespace std;
long long dp[25][25];
bool s[25][25];                //标记马的 9 个控制点
int main(){
    int bx, by, mx, my;
    scanf("%d%d%d%d", &bx, &by, &mx, &my);
    bx += 2; by += 2; mx += 2; my += 2; //小技巧：坐标加2，防止马的控制点越界，因为马能向上、向左跳两格
    dp[2][1] = 1;              //初始化
    s[mx][my]=1;               //标记马的控制点
    s[mx-2][my-1]=1;      s[mx-2][my+1]=1;    s[mx+2][my-1]=1;    s[mx+2][my+1]=1;
    s[mx-1][my+2]=1;    s[mx-1][my-2]=1;    s[mx+1][my+2]=1;    s[mx+1][my-2]=1;
    for(int i = 2; i <= bx; i++)
        for(int j = 2; j <= by; j++){
            if(s[i][j])  dp[i][j]=0;     //这个点是控制点，不能走
            else         dp[i][j] = dp[i - 1][j] + dp[i][j - 1];
        }
    printf("%lld\n", dp[bx][by]);        //结果是个极大的数字
    return 0;
}
```

（2）Python 代码。

```
dp = [[0]*25 for i in range(25)]
s =  [[0]*25 for i in range(25)]
bx, by, mx, my = [int(i) for i in input().split()]   #或者： = map(int, input().split())
bx += 2; by += 2; mx += 2; my += 2
dp[2][1] = 1
s[mx][my]=1;
s[mx-2][my-1]=1; s[mx-2][my+1]=1; s[mx+2][my-1]=1; s[mx+2][my+1]=1;
s[mx-1][my+2]=1; s[mx-1][my-2]=1; s[mx+1][my+2]=1; s[mx+1][my-2]=1;
for i in range(2,bx+1):
    for j in range(2,by+1):
        if s[i][j]==1:  dp[i][j]=0
        else         :  dp[i][j] = dp[i - 1][j] + dp[i][j - 1]
print(dp[bx][by])
```

例题 7-9．排列数

2019 年（第十届）全国赛，lanqiaoOJ 题号 240

【题目描述】在一个排列中，一个折点是指排列中的一个元素，它同时小于它两边的元素，或者同时大于它两边的元素。对于一个 1～n 的排列，如果这个排列中包含 t 个折点，则称它为一个 t+1 单调序列。例如，排列（1, 4, 2, 3）是一个 3 单调序列，其中 4 和 2 都是折点。给定 n 和 k，请问 1～n 的所有排列中有多少个 k 单调序列？

【输入描述】输入一行，包含两个整数 n、k $(1 \leqslant k \leqslant n \leqslant 500)$。

【输出描述】输出一个整数，表示答案。答案可能很大，输出满足条件的排列数量除以 123456 的余数即可。

本题 20%的测试是 $1 \leqslant k \leqslant n \leqslant 10$，先试试用暴力法求解：对所有排列进行检查，判断是否为 k 单调序列。下面是 Python 代码。

```
from itertools import *
n, k = map(int, input().split())
nums = [i for i in range(1,n+1)]      #1～n
cnt = 0
for num in permutations(nums):        #检查每个排列
    tmp = 0
    for i in range(n-2):
```

```
        if  num[i+1]>num[i+2] and num[i+1]>num[i]: tmp += 1    #凸折点
        elif num[i+1]<num[i+2] and num[i+1]<num[i]: tmp += 1   #凹折点
    if tmp == k-1:  cnt+=1
print(cnt % 123456)
```

本题 100%的测试是 $1 \leqslant k \leqslant n \leqslant 500$，显然不能用暴力法。下面用 DP 求解。

定义 dp[][]，dp[i][j]表示序列包含 1～i，且排列为 j 单调序列的方案数，也就是含有 j−1 个折点的方案数。dp[n][k]就是本题的答案。

如何求状态转移方程？分析从 dp[i−1][]递推到 dp[i][]，把 i 插入 1～i−1 的一个排列中，折点数量的变化。

请读者自行分析得到状态转移方程，下面给出答案。

dp[i][j] = dp [i−1][j]*j + dp [i−1][j−1]*2 + dp [i−1][j−2]*(i−j)

这是一道有一点难度的 DP 题，但是相信读者能自己做出来。

（1）C++代码。

```cpp
#include<bits/stdc++.h>
using namespace std;
const int N = 520;
const int mod = 123456;
int dp[N][N];
int main() {
    int n, k;  cin >> n >> k;
    dp[1][1] = 1;
    dp[2][1] = 2;
    for (int i = 3; i <= n; i++)
        for (int j = 1; j <= k && j <= i; j++){
            dp[i][j] += dp[i-1][j]*j + dp[i-1][j-1]*2;
            if (j > 1)  dp[i][j] += dp[i-1][j-2]*(i-j);
            dp[i][j] %= mod;
        }
    cout << dp[n][k];
    return 0;
}
```

（2）Python 代码。

```python
N=520
dp = [[0]*N for i in range(N)]
n, k = map(int, input().split())
dp[1][1] = 1
dp[2][1] = 2
for i in range(3,n+1):
    ki= min(k,i)
    for j in range (1,ki+1):
        dp[i][j] += dp[i-1][j]*j + dp[i-1][j-1]*2
        if j > 1:  dp[i][j] += dp[i-1][j-2]*(i-j)
print(dp[n][k] % 123456)
```

例题 7-10. 砝码称重

2021 年（第十一届）省赛，lanqiaoOJ 题号 1447

【题目描述】你有一架天平和 N 个砝码，这 N 个砝码的重量依次是 w_1、w_2……w_N。请你计算一共可以称出多少种不同的重量。注意砝码可以放在天平两边。

【输入描述】输入的第一行包含一个整数 N，第二行包含 N 个整数：w_1、w_2、w_3……w_N。

【输出描述】输出一个整数，代表答案。

对于所有评测用例，$1 \leqslant N \leqslant 100$，$N$ 个砝码总重不超过 100000。

把本题抽象为给定 n 个正整数，从中选出若干个数字组合，每个数字可以加或者减，求最终能得到多少种正整数结果。下面用两种方法求解。

（1）C++代码。用 DP 求解。

DP 状态定义：$dp(i, j)$ 表示从前 i 个数字中选择若干个数进行加或者减，能否获得和为 j。

DP 状态转移方程：$dp(i, j) = dp(i-1, j) \mid dp(i-1, j-w_i) \mid dp(i-1, j+w_i)$。

状态转移方程中有以下 3 种情况。

① $dp(i-1, j)$表示不用第 i 个数字，和为 j；

② $dp(i-1, j-w_i)$表示用第 i 个数字，且做减法，等价于用 $i-1$ 个数字实现 $j-w_i$；

③ $dp(i-1, j+w_i)$表示用第 i 个数字，且做加法，等价于用 $i-1$ 个数字实现 $j+w_i$。

```cpp
#include <bits/stdc++.h>
using namespace std;
typedef long long ll;
bool dp[110][200001];
int main(){
    int n; cin>>n;
    dp[0][0]=1;
    for(int i=1;i<=n;i++){
        int w; cin>>w;
        for(int j=0;j<=100000;j++)
            dp[i][j]=dp[i-1][j] | dp[i-1][abs(j-w)] | dp[i-1][j+w];
    }
    int ans = 0;
    for(int i=1;i<=100000;i++) ans += dp[n][i];
    cout<<ans;
}
```

（2）Python 代码。这一题也可以直接用模拟法做题，并且用 set 判重。

```python
n = int(input())
w = list(map(int, input().split()))
ans = set()
ans.add(w[0])
for i in w[1:]:
    for j in ans.copy():
        ans.add(i)
        ans.add(j + i)
        if j - i != 0: ans.add(abs(j - i))
print(len(ans))
```

例题 7-11. 数字三角形

2020 年（第十一届）省赛，lanqiaoOJ 题号 505

【题目描述】下图给出了一个数字三角形。从三角形的顶部到底部有很多条不同的路径。对于每条路径，把路径上面的数加起来可以得到一个和，你的任务就是找到最大的和。路径上的每一步只能是从一个数走到下一层和它最近的左边的那个数或者右边的那个数。此外，向左下走的次数与向右下走的次数相差不能超过 1。

```
        7
      3   8
    8   1   0
  2   7   4   4
4   5   2   6   5
```

【输入格式】输入的第一行包含一个整数 N（$1 < N \leq 100$），表示三角形的行数。下面的 N 行输入数字三角形。数字三角形上的数都是 0 至 100 之间的整数。

【输出格式】输出一个整数，表示答案。

本题要求向左走的次数与向右走的次数的差值不超过 1，当到达最后一层时，一定是落在中间位置。如果层数是奇数，那么到达最后一层时，落在正中间的元素上；如果层数是偶数，那么到达最后一层时，落在第 $N/2$ 或第 $N/2+1$ 个元素上。

定义状态 dp[][]，dp[i][j]表示从顶部到第 i 层横向第 j 个数所走的路径中，最大的路径和。它只能从上一层的左边或右边转移而来。

（1）C++代码。

```
#include <bits/stdc++.h>
using namespace std;
const int N = 101;
int a[N][N], dp[N][N];
int main(){
    int n;   cin>>n;
    for(int i = 1; i <= n; i++)
        for(int j = 1; j <= i; j++)
            cin>>a[i][j];
    dp[1][1] = a[1][1];
    for(int i = 2; i <= n; i++)
        for(int j = 1; j <= i; j++)
            dp[i][j] = max(dp[i-1][j] + a[i][j], dp[i-1][j-1] + a[i][j]);
    if(n & 1) cout<<dp[n][n/2 + 1];                  //奇数
    else cout<<max(dp[n][n/2], dp[n][n/2 + 1]);   //层数是偶数
    return 0;
}
```

（2）Python 代码。

```
n = int(input())
a = [list(map(int, input().split())) for i in range(n)] #数组a[][]同时被当成dp[][]用
for i in range(1, n):
    for j in range(0, i + 1):
        if j == 0: a[i][j] += a[i-1][j]      #最左边元素
        elif j == i: a[i][j] += a[i-1][j-1] #最右边元素
        else:        a[i][j] += max(a[i-1][j-1:j+1])
if n & 1:  print(a[-1][n//2])
else:      print(max(a[-1][n//2-1], a[-1][n//2]))
```

【练习题】

“李白打酒加强版”lanqiaoOJ 题号 2114；“数组切分”lanqiaoOJ 题号 2148；“积木画”lanqiaoOJ 题号 2110；“分果果”lanqiaoOJ 题号 1459；“括号序列”lanqiaoOJ 题号 1456；“采药”lanqiaoOJ 题号 563；“开心的金明”lanqiaoOJ 题号 554；“传球游戏”lanqiaoOJ 题号 525；“摆花”lanqiaoOJ 题号 389；“最优包含”lanqiaoOJ 题号 239；“画廊”lanqiaoOJ 题号 1032；“蓝肽子序列”lanqiaoOJ 题号 1030；“质数行者”lanqiaoOJ 题号 1027；“游园安排”lanqiaoOJ 题号 1024；“矩阵计数”lanqiaoOJ 题号 246；“货币系统”lanqiaoOJ 题号 331；“凑硬币”lanqiaoOJ 题号 1082；“方格取数”lanqiaoOJ 题号 803；“合唱队形”lanqiaoOJ 题号 742；“纪念品”lanqiaoOJ 题号 786。

7.4　状态压缩 DP

状态压缩是一个常用的 DP 技巧，它借助二进制简化了 DP 的操作。

7.4.1　状态压缩 DP 的概念

下面用一道蓝桥杯大赛真题引导出状态压缩 DP 的概念。

例题 7-12. 糖果

2019 年（第十届）省赛，lanqiaoOJ 题号 186

【题目描述】糖果店的老板一共有 M 种口味的糖果出售。为了方便描述，我们将 M 种口味编号为 1～M。小明希望能品尝到所有口味的糖果。遗憾的是老板并不单独出售糖果，而是 K 颗一包整包出售。幸好糖果包装上注明了其中 K 颗糖果的口味，所以小明可以在买之前就知道每包内的糖果口味。

给定 N 包糖果，请你计算小明最少买几包，就可以品尝到所有口味的糖果。

【输入描述】输入的第一行包含 3 个整数 N、M 和 K。接下来的 N 行每行包含 K 个整数 T_1、T_2……T_K，代表一包糖果的口味。

【输出描述】输出一个整数表示答案。如果小明无法品尝所有口味，则输出−1。

【评测用例规模与约定】对于 30%的评测用例，$1 \leqslant N \leqslant 20$。对于所有评测样例，$1 \leqslant N \leqslant 100$，$1 \leqslant M \leqslant 20$，$1 \leqslant K \leqslant 20$，$1 \leqslant T_i \leqslant M$。先想想用暴力法解题的思路：将 N 包糖果任意组合，找到其中一种组合能覆盖所有口味，并且需要的糖果包数最少。N 包糖果的组合共有 2^N 种，使用暴力法求解能通过 30%的测试数据。当 N=100 时，代码运行会严重超时。

看到本题容易想到用 DP 来求解。

（1）定义状态 dp[i]，表示得到口味组合 i 所需要的最少糖果包数。

（2）状态转移。往口味组合 i 中加入一包糖果，设得到新的口味组合 j，说明从 i 到 j 需要糖果包数为 dp[i]+1。若原来的 dp[j]大于 dp[i]+1，说明原来得到 j 的方法不如现在的方法好，更新 dp[j]=dp[i]+1。

这里关键的问题是如何表示口味组合。可行的方法是为每一包糖果定义一个大小为 m 的数组，用于记录糖果的口味。N 包糖果的口味是一个 $N \times m$ 的二维数组，可以定义为 kw[N][m]。例如，设共有 m=10 种口味，kw[1][] = {0,0,0,0,0,1,0,1,1,0}，表示第一包糖果的口味有 3 种。这样做能写出代码，也不难。

不过，有一种更简单的方法能记录一包糖果的口味。这就是 DP 中的一个关键技巧：状态压缩。

像本题中只有小规模的 m=20 这种应用，用状态压缩的二进制数来表示口味是很简单的。

例如一包里面有 3 颗糖果，分别是“2、3、5”3 种口味，可用一个二进制数“10110”表示，这个二进制数的每一位表示一种口味。

使用状态压缩之后，原来需要用二维数组 kw[N][m]才能表示 N 包糖果的口味，现在只需要一个一维数组 kw[N]就够了。例如 kw[1] = 10110，表示第一包糖果有“2、3、5”3 种口味。

状态压缩 DP 的代码非常简洁。

1. C++代码

（1）用状态压缩表示糖果口味。

下面演示用状态压缩表示一包糖果中的口味的方法。例如输入一包糖果的“2、3、5”3 种口味。为了把这 3 种口味压缩成二进制数 10110，需要做“移位”和“或”操作。

① 定义初始值 tmp = 0。

② 输入口味“2”。先做移位操作 1<<(2−1)，得二进制数 10；然后将 10 与 tmp 做或操作，得 tmp = tmp|10 = 10。

③ 输入口味“3”。先做移位操作 1<<(3−1)，得二进制数 100；然后将 100 与 tmp 做或操作，得 tmp = tmp|100 = 110。

④ 输入口味“5”。先做移位操作 1<<(5−1)，得二进制数 10000；然后将 10000 与 tmp 做或操作，得 tmp = tmp|10000 = 10110。

下面代码中第 13 行的 tmp|=(1<<x−1)就完成了上述操作。

（2）dp[]中状态压缩的处理。

dp[i]：*i* 表示口味，也是用状态压缩表示的；dp[i]表示得到口味 *i* 的最少糖果包数。

状态的转移同样用到了二进制数的“或”操作。例如 tmp 表示某一包的糖果口味，那么 dp[i|tmp]就表示得到口味 *i*|tmp 所需要的最少糖果包数。

```
1  #include<bits/stdc++.h>
2  using namespace std;
3  int dp[1<<20];                              //dp[v]：得到口味 v 时需要的最少糖果包数
4  int kw[100];                                //kw[i]：第 i 包糖果的口味
5  int main() {
6      int n,m,k;    cin>>n>>m>>k;
7      int tot = (1<<m)-1;                     //tot 的二进制数中 m 个 1 表示有 m 种口味
8      memset(dp, -1, sizeof dp);
9      for (int i=0; i<n; i++){
10         int tmp=0;
11         for (int j=0; j<k; j++){            //输入一包糖果中的 k 种口味
12             int x;  cin>>x;
13             tmp|=(1<<x-1);                  //状态压缩：把这包糖果中的 k 种口味用 tmp 表示
14         }
15         kw[i]=tmp;                          //kw[i]：第 i 包糖果的口味
16         dp[tmp]=1;                          //dp[v]：得到口味 v 时需要的最少糖果包数
17     }
18     for (int i=0; i<=tot; i++)              //遍历所有口味组合
19         if (dp[i]!=-1)                      //已存在得到口味 i 的最少糖果包数
20             for (int j=0; j<n; j++)   {     //检查给定的 n 包糖果
21                 int tmp = kw[j];
22                 if (dp[i|tmp]==-1 || dp[i|tmp]>dp[i]+1) dp[i|tmp] = dp[i]+1; //状态转移
23             }
24     cout << dp[tot];                       //得到所有口味 tot 的最少糖果包数
25     return 0;
26 }
```

上述代码的复杂度如何？第 18 行的 for 循环中，tot=2^m，第 20 行的 for 循环执行 *n* 次，总复杂度是 $O(n2^m)$，本题中 n=100，m=20，$n2^m$ 约为一亿次。

2. Python 代码

Python 的 for 循环非常慢，一亿次循环非常耗时。

```python
n, m, k = map(int, input().split())
tot = (1 << m) -1
dp = [-1 for _ in range(1 << 20)]
dp[0] = 0
kw = []
for _ in range(n): kw.append([int(i) for i in input().split()]) #kw 是二维矩阵
for c in kw:#用 c 遍历每包糖果
    tmp = 0
    for x in c:   tmp |= (1 << (x-1)) #用 x 遍历这包糖果的口味
    for i in range(tot+1):
        if (dp[i] == -1):     continue
        newcase = i | tmp
        if (dp[newcase] == -1) or (dp[newcase] > dp[i] + 1):  dp[newcase] = dp[i] + 1
print(dp[tot])
```

7.4.2　状态压缩 DP 的原理

从 7.4.1 小节的例题可知，状态压缩 DP 的应用背景是以集合为状态，且集合可以用二进制数来表示，用二进制数的位运算来处理。

集合问题一般是指数级复杂度的，例如：子集问题，假设元素无先后关系，那么共有 2^n 个子集；排列问题，对所有元素进行全排列，共有 $n!$ 个全排列。

对状态压缩 DP 这种技巧概括如下：集合的状态（子集或排列）如果用二进制数来表示，并用二进制数的位运算来遍历和操作，那么又简单又快。

✧ 提示：一个问题用状态压缩 DP 求解，其时间复杂度主要取决于 DP 算法，和是否使用状态压缩的关系不大。状态压缩只是 DP 处理集合的工具，也可以用其他工具处理集合，只是不太方便，时间复杂度也较大。

由于集合问题本身是指数级复杂度的，所以状态压缩 DP 的复杂度仍然是指数级的，只能用于求解小规模问题。

实际上，一个数字的位数很有限，int 型只有 32 位，long long 型只有 64 位，它们只能表示 32 种或 64 种情况。例如 7.4.1 小节的例题中，表示口味的 int kw[]最多只能表示 32 种口味。

7.4.3　位运算

状态压缩 DP 用二进制数来表示状态，而二进制数的处理需要用到各种位运算。C++的位运算有“&”“|”“^”“<<”“>>”等，下面是例子。Java 和 Python 的位运算符一样。

（1）C++代码。

```cpp
#include<bits/stdc++.h>
int main(){
    int a = 213, b = 45;             //a = 1101 0101, b = 0010 1101
    printf("a & b = %d\n",a & b);    // AND  =   5, 二进制数为 0000 0101
    printf("a | b = %d\n",a | b);    // OR   = 253, 二进制数为 1111 1101
    printf("a ^ b = %d\n",a ^ b);    // XOR  = 248, 二进制数为 1111 1000
    printf("a << 2 = %d\n",a << 2); // a*4  = 852, 二进制数为 0011 0101 0100
    printf("a >> 2 = %d\n",a >> 2); // a/4  =  53, 二进制数为 0011 0101
    int i = 5;                       // (1) a 的第 i 位是否为 1
```

```
    if((1 << (i-1)) & a)  printf("a[%d]=%d\n",i,1);  //a 的第 i 位是 1
    else                  printf("a[%d]=%d\n",i,0);  //a 的第 i 位是 0
    a = 43, i = 5;                                    //（2）a=0010 1011,把 a 的第 i 位改成 1
    printf("a=%d\n",a | (1<<(i-1)));                  //a=59, 二进制数为 0011 1011
    a = 242;                                          //（3）a = 1111 0010, 把 a 最后的 1 去掉
    printf("a=%d\n", a & (a-1));                      //a=240, 二进制数为 1111 0000
    return 0;
}
```

（2）Python 代码。

```
a = 213;b = 45;                   #a = 1101 0101, b = 0010 1101
print("a & b =",a & b);           #AND  =   5, 二进制数为 0000 0101
print("a | b =",a | b);           #OR   = 253, 二进制数为 1111 1101
print("a ^ b =",a ^ b);           #XOR  = 248, 二进制数为 1111 1000
print("a << 2 =",a << 2);         #a*4  = 852, 二进制数为 0011 0101 0100
print("a >> 2 =",a >> 2);         #a/4  =  53, 二进制数为 0011 0101
i = 5;                            #（1）a 的第 i 位是否为 1
if((1 << (i-1)) & a):  print("a[%d]=%d"%(i,1));  #a 的第 i 位是 1
else:                  print("a[%d]=%d"%(i,0));  #a 的第 i 位是 0
a = 43;i = 5;                     #（2）a = 0010 1011, 把 a 的第 i 位改成 1
print("a=",a | (1<<(i-1)));       #a=59, 二进制数为 0011 1011
a = 242;                          #（3）a = 1111 0010, 把 a 最后的 1 去掉
print("a=", a & (a-1));           #a=240, 二进制数为 1111 0000
```

用位运算可以简便地对集合进行操作，下面给出几个例子。

（1）判断 a 的第 i 位（从最低位开始数）是否等于 1：1 << (i−1)) & a

（2）把 a 的第 i 位改成 1：a | (1<<(i−1))

（3）把 a 的第 i 位改成 0：a &(～(1<<i))

（4）把 a 的最后一个 1 去掉：a & (a−1)

在具体题目中需要灵活使用位运算。

7.4.4 例题

例题 7-13. 坐标搜寻

lanqiaoOJ 题号 1546

【题目描述】在一个二维平面中，有 n 个坐标点。一个人从(0, 0)点处出发去所有点，问至少要走多少距离？

【输入格式】输入的第一行有一个整数，表示坐标点的数量 n。第 2 到第 n+1 行，每行包含两个实数，第 i+1 行的实数分别表示第 i 个坐标点的横纵坐标 x_i、y_i。$1 \leqslant n \leqslant 15$。

【输出格式】输出一个实数，表示要走的最少距离，保留两位小数。

这题是经典的“旅行商”问题，即从起点出发，找一条经过所有 n 个点的最短路径。

先尝试暴力解法：枚举 n 个点的全排列。共 $n!$个全排列，一个全排列就是一条路径，共 $n!$ 条路径，当 n=15 时，$n! > 10^{12}$，代码运行肯定会超时。

旅行商问题是 NP 难度问题，没有多项式复杂度的解法。不过，用状态压缩 DP 求解能把复杂度降低到 $O(n^2 \times 2^n)$。当 n = 15 时，$O(n^2 \times 2^n) \approx$700 万，比暴力法好很多。下面介绍用状态压缩 DP 求解本题的方法。

定义 DP 状态。设 S 是图的一个子集，用 dp[S][j]表示“集合 S 内的最短旅行商路径”，即从起点 0 出发经过 S 中的所有点，到达终点 j 时的最短路径，集合 S 中包括 j 点。

根据 DP 的思路，让 S 从最小的子集逐步扩展到整个图，最后得到的 dp[N][j]就是从起点出发，以某个点 j 为终点的最短路径。N 表示包含图上所有点的集合。

如何求 dp[S][j]？可以从小问题 $S\text{–}j$ 递推到大问题 S。其中，$S\text{–}j$ 表示从集合 S 中去掉 j，即不包含 j 点的集合。

如何从 $S\text{–}j$ 递推到 S？设 k 是 $S\text{–}j$ 中的一个点，把从 0 到 j 的路径分为两部分：$(0\to\ldots\to k)+(k\to j)$。以 k 为变量，枚举 $S\text{–}j$ 中所有的点，找出最短路径，状态转移方程如下。

dp[S][j] = min{dp[S−j][k] + dist(k, j)}　　　$k\in S\text{–}j$

集合 S 的初始情况只包含起点 0，然后逐步将图中的点包含进来，直到最后包含所有的点。这个过程用状态转移方程实现。

以上是 DP 的状态和状态转移的设计，接下来将它们用编程实现，最重要的是如何操作集合 S。状态压缩 DP 的技巧：用一个二进制数表示集合 S，即把 S “压缩”到一个二进制数中。这个二进制数的每一位表示图上的一个点，0 表示 S 不包含这个点，1 表示包含这个点。例如 S = 0011 0101，其中有 4 个 1，表示集合 S 中包含点 5、4、2、0。本题最多有 20 个点，那么就定义一个 20 位的二进制数来表示集合 S。

下面给出了代码，第 14 行的 for 循环要执行 2^n 次，加上后面两个各要执行 n 次的 for 循环，总复杂度为 $O(n^2\times 2^n)$。

第 14 行的 for 循环实现了从最小的集合到整个集合的扩展。最小的集合是 $S = 1$，它的二进制数只有最后 1 位是 1，即包含起点 0；最大的集合是 $S = (1<<n) -1$，它的二进制数中有 n 个 1，包含了所有的点。

算法最关键的部分——“枚举集合 $S\text{–}j$ 中所有的点”，是通过代码第 17 行的 if 语句实现的。

- ((S>>j) & 1)用于判断当前的集合 S 中是否有 j 点；
- ((S^(1<<j)) >> k & 1)，其中“S^(1<<j)”的作用是从集合中去掉 j 点，得到集合 $S\text{–}j$，“>> k & 1”表示用 k 遍历集合中的 1，这些 1 就是 $S\text{–}j$ 中的点。

（1）C++代码。

```
1   #include <bits/stdc++.h>
2   using namespace std;
3   double x[20],y[20],dp[1<<16][21];
4   double dist(int a,int b) {              //计算两个坐标点之间的距离
5       return sqrt((x[a]-x[b])*(x[a]-x[b])+(y[a]-y[b])*(y[a]-y[b]));
6   }
7   int main(){
8       memset(dp,0x7f,sizeof(dp));         //初始化最大值
9       int n; cin>>n;
10      x[0]=0; y[0]=0;                     //起点是(0,0)
11      for(int i=1;i<=n;i++) scanf("%lf%lf",&x[i],&y[i]);    //读 n 个点
12      n = n+1;                            //共 n+1 个点
13      dp[1][0]=0;                         //开始：集合中只有点 0，起点和终点都是 0
14      for(int S=1; S<(1<<n); S++)         //从小集合扩展到大集合，集合用 S 的二进制数表示
15          for(int j=0; j<n; j++)          //枚举点 j
16              for(int k=0; k<n; k++)      //枚举到达 j 的点 k，k 属于集合 S-j
17                  if( ((S>>j) & 1) && ((S^(1<<j)) >> k & 1) )
18                      dp[S][j] = min(dp[S][j],dp[S^(1<<j)][k] + dist(k,j));
19      double ans = dp[(1<<n)-1][0];       //最后找到所有路径中的最短路径
20      for(int i=1;i<n;i++){
21          double p = dp[(1<<n)-1][i];
22          if(ans>p) ans=p;
23      }
```

```
    printf("%.2f\n",ans);
    return 0;
}
```

（2）Python 代码。

```
from math import *
def dist(i, j):
    return sqrt((xy[i][0]-xy[j][0])**2+(xy[i][1]-xy[j][1])**2)
n = int(input())
dp = [[float('inf')]*(21) for _ in range((1<<16))]
xy = []  #坐标
xy.append(list([float(0), float(0)]))
for _ in range(n): xy.append(list(map(float, input().split())))
n = n+1
dp[1][0] = 0
for S in range(1, 1<<n):
    for j in range(n):
        for k in range(n):
            if( ((S>>j) & 1) and ((S^(1<<j)) >> k & 1) ):
                dp[S][j] = min(dp[S][j],dp[S^(1<<j)][k] + dist(k,j))
ans = dp[(1<<n)-1][0]
for i in range(1,n):
    p = dp[(1<<n)-1][i]
    if(ans>p): ans=p
print("%.2f" % ans)
```

例题 7-14. 矩阵计数

2019 年（第十届）全国赛，lanqiaoOJ 题号 246

【题目描述】一个 $N×M$ 的方格矩阵，每一个方格中包含一个字符“O”或者字符“X”。要求矩阵中不存在连续一行 3 个“X”或者连续一列中有连续的 3 个“X”。这样的矩阵一共有多少种?

【输入描述】输入一行，包含两个整数 N、M（$1 \leqslant N, M \leqslant 5$）。

【输出描述】输出一个整数代表答案。

这一题是很直接的状态压缩 DP 问题，如果学了状态压缩，那么求解这题非常容易。

把方格中的字符“O”看成数字 0，把字符“X”看成数字 1。把每一行看成一个 M 位的二进制数，例如一行字符“OOXOX”对应二进制数“00101”。

一行数字有 2^M 种情况，即范围[0, 1<<M]内的数字。这些数字里面只有部分数字符合要求，把这些数字存进一个数组 row[]。所谓符合要求，是指这些数字中没有连续的 3 个 1。符合要求就是这一行的合法状态。

定义状态 dp[i][j][k]，它的含义是当第 i 行的合法状态为 j，前一行的合法状态为 k 时，符合条件的矩阵数量。

考虑连续 3 行的情况：设第 i 行的状态为 j、前一行的状态为 k、再前面一行的状态为 p，若 j & k & p 等于 0，则说明这 3 行没有一列上有 3 个连续的 1，这 3 行是一种合法状态。

状态的递推：

if ((j & k & p) == 0)   dp[i][j][k] += dp[i−1][k][p]

（1）C++代码。

参考以下代码，其第 29～第 32 行有 4 个 for 循环，代码的复杂度是 $O(N2^{3m})$。

注意合法状态被记录在数组 row[]中。

```
#include <bits/stdc++.h>
using namespace std;
const int N=6;
const int M=6;
int row[M];    //记录合法的一行
bool check(int x) {      //x 中是不是有连续的 3 个 1
         int num = 0;
         while (x > 0) {
             if ((x & 1) == 1)     num++;
             else                      num = 0;
             if (num >= 3)        return True;
             x >>= 1;
         }
         return False;
}
int dp[N][1<<M][1<<M];
int main(){
    int n,m;cin >> n >>m;
    memset(row,0,sizeof(row));
    int state = 1<<m;
    int t = 0;
    for (int i = 0; i < state; i++) //筛选合法状态
         if (!check(i)){
             row[t]=i;
             t++;   //共有 t 种合法的行
       }
    memset(dp,0,sizeof(dp));
    for (int i=0;i<t;i++)dp[0][row[i]][0] = 1;
    for(int i = 1; i < n; i++)
        for(int j=0;j<t;j++)
            for(int k=0;k<t;k++)
                for(int p=0;p<t;p++)
                    if((row[j] & row[k] & row[p]) == 0  //这 3 行没有连续的 3 个 1 在一列上
                        dp[i][row[j]][row[k]] += dp[i - 1][row[k]][row[p]];
    int ans = 0;    //统计
    for (int i=0;i<t;i++)
         for (int j=0;j<t;j++)
              ans += dp[n - 1][row[i]][row[j]];
    cout << ans<<endl;
}
```

（2）Python 代码。

Python 用 list 来存储合法的行，其代码比 C++的简单多了。

```
N, M = list(map(int, input().split()))
state = 2 ** M
row = []
for i in range(state):
    num, flag = 0, False
    temp = i
    while temp:
        if temp & 1:    num += 1
        else:           num = 0
        if num == 3:    flag = True;  break
        temp >>= 1
    if not flag:        row.append(i)

dp = [[[0 for _ in range(state)] for __ in range(state)] for ___ in range(N)]
for i in row:    dp[0][i][0] = 1
for i in range(1, N):
    for j in row:
        for k in row:
```

```
            for p in row:
                if j & k & p == 0:  dp[i][j][k] += dp[i - 1][k][p]
ans = 0
for i in row:   ans += sum(dp[N - 1][i])
print(ans)
```

例题 7-15. 回路计数

2021 年（第十二届）省赛，lanqiaoOJ 题号 1462

【题目描述】 蓝桥学院由 21 栋教学楼组成，教学楼编号为 1 到 21。对于两栋教学楼 *a* 和 *b*，当 *a* 和 *b* 互质时，*a* 和 *b* 之间有一条走廊直接相连，两个方向皆可通行，否则没有直接连接的走廊。小蓝现在在第一栋教学楼，他想要访问每栋教学楼正好一次，最终回到第一栋教学楼（即走一条哈密顿回路），请问他有多少种不同的访问方案？两种访问方案不同是指存在某个 *i*，小蓝在通过两种访问方案访问完教学楼 *i* 后访问了不同的教学楼。

本题的路径起点是 1，并且要在绕一圈后回到 1。把本题转化为 1 先到 2～21 的某个点，然后再回到 1，问有多少种不同的方案。

定义 DP。设 *S* 是图的一个子集，用 dp[S][j]表示“集合 S 内的 Hamilton（哈密尔顿）路径条数”，即从起点 1 出发经过 *S* 中的所有点，到达终点 *j* 时的路径条数，集合 *S* 中包括 *j* 点。

要求所有的访问方案只要累加所有的 dp[X][2]～dp[X][21]即可，其中 *X*=1<<22−2，*X* 包括除了点 1 以外的所有其他点。

（1）C++代码。

```
#include<bits/stdc++.h>
using namespace std;
typedef long long ll;
const int N = 22, M = 1<<22;
ll dp[M][N];
bool dist[N][N];
int main(){
    memset(dp,0,sizeof(dp));
    for (int i = 1; i <= 21; i ++)
        for (int j = 1; j <= 21; j ++)
            if(__gcd(i, j) == 1)
                dist[i][j] = True;
    dp[2][1] = 1;
    for (int S = 2; S <= M - 2; S ++)
        for (int j = 1; j < N; j ++)
            if((S >> j) & 1)
                for (int k = 1; k < N; k ++)
                    if(S ^ (1 << j) >> k & 1 && dist[k][j])
                        dp[S][j] += dp[S ^ (1 << j)][k];
    ll ans = 0;
    for (int i = 2; i <N; i ++) ans += dp[M - 2][i];
    cout << ans << endl;
    return 0;
}
```

（2）Python 代码。

```
from math import gcd
n = 21
m = 1 << n
dp = [[0 for j in range(n)] for i in range(m)]
dist = [[False for j in range(n)] for i in range(n)]
for i in range(1, n + 1):
```

```
        for j in range(1, n + 1):
            if gcd(i, j) == 1:
                dist[i - 1][j - 1] = True
    dp[1][0] = 1
    for S in range(1, m):
        for j in range(n):
            if S >> j & 1:
                for k in range(n):
                    if S - (1 << j) >> k & 1 and dist[k][j]:
                        dp[S][j] += dp[S - (1 << j)][k]
    print(sum(dp[m - 1]) - dp[m - 1][0])
```

7.5 树形 DP

树形 DP 是非线性 DP，是在树这种数据结构上进行的 DP：给出一棵树，要求以最少的代价（或取得最大收益）完成给定的操作。通常这类问题的规模较大，如果用暴力法枚举，则效率低，不可取；如果用贪心算法，则不能得到最优解，因此需要用 DP。

✧ 提示：在树上做 DP 非常合适，因为树本身有“子结构”性质（树和子树），具有递归性，符合 DP 的性质。相比线性 DP，树形 DP 的状态转移方程更加直观。

由于树的操作一般需要利用递归和搜索，因此要熟练掌握这些基础知识。树的遍历，一般是从根结点往子结点方向深入，用 DFS 编程更简单。

因为前面没有讲过树的存储，所以在这里做个补充。树也是一种图，图中有两种数据：结点、连接结点的边。存储图一般有 3 种方法：邻接矩阵、邻接表、链式前向星。请阅读本书 10.2 节“图的存储”的解释。

下面用例题说明树形 DP 的应用。

例题 7-16. 生命之树

2015 年（第六届）省赛，lanqiaoOJ 题号 131

【题目描述】在 X 森林里，有一棵生命之树。每棵树的每个结点（叶子也称为一个结点）上都标了一个整数，代表这个点的和谐值。要在这棵树内选出一个非空结点集 S，使得对于 S 中的任意两个点 a、b，都存在一个点列 $\{a, v_1, v_2, ..., v_k, b\}$ 使得这个点列中的每个点都是 S 里面的元素，且序列中相邻两个点由一条边相连。在这个前提下，要使得 S 中的点所对应的整数的和尽量大。这个最大的和就是生命之树的评分。经过 atm 的努力，他已经知道了每个结点上的整数。但是由于 atm 不擅长计算，他不知道怎样有效地求评分。他需要你为他写一个程序来计算一棵树的评分。

【输入格式】输入的第一行包含一个整数 n，表示这棵树有 n 个结点（$0<n\leqslant 10^5$）。第二行包含 n 个整数，依次表示每个结点的评分，每个结点的评分不超过 10^6。接下来的 $n-1$ 行，每行包含两个整数 u、v，表示存在一条从 u 到 v 的边。由于这是一棵树，所以是不存在环的。

【输出格式】输出一行，包含一个数，表示这棵树的评分。

本题大意是从一棵无根树中求出一棵子树，使得所有结点的权值之和最大。

定义状态 dp[]，dp[i]表示以 i 为根的子树的最大权值之和。

状态转移：如果子结点及其子树权值和大于 0，则加入父结点 u 的权值，即 dp[u] += dp[son]。

本题的一个关键点是这是一棵无根树，以任意一个结点为根进行 DFS，求得的最大权值和都是一样的。

（1）C++代码。

第 7 行用邻接表存储图。

```
1   #include<bits/stdc++.h>
2   using namespace std;
3   typedef long long ll;
4   const int N = 100010;
5   ll dp[N];
6   ll res;
7   vector<int> tree[N];                                  //用邻接表存储图
8   int w[N];
9   void dfs(int u, int fa){
10      for (int i = 0; i < tree[u].size(); i ++ ){
11          int son = tree[u][i];
12          if (son != fa){                               //重要：不遍历父结点
13              dfs(son, u);                              //对子结点进行递归
14              if(dp[son]>0) dp[u] += dp[son];           //状态转移
15          }
16      }
17      res = max(res, dp[u]);   //查找最大权值和
18  }
19  int main(){
20      int n; cin >> n;
21      for (int i = 1; i <= n; i ++ )     cin >> w[i], dp[i] = w[i];
22      for (int i = 0; i < n - 1; i ++ ){
23          int u, v;    scanf("%d%d", &u, &v);
24          tree[u].push_back(v);     tree[v].push_back(u);    //双向边
25      }
26      dfs(1, -1);                                       //任选一个结点开始 DFS，这里选 1 号结点
27      cout << res;
28      return 0;
29  }
```

（2）Python 代码。

第 11 行用 tree[]存储图，tree[]也是邻接表。另外请特别注意，第 2 行设置递归深度，本题的 n 很大，递归很深。

```
1   import sys
2   sys.setrecursionlimit(50020)        #设置递归深度
3   def dfs(u,fa):
4       global res
5       for son in tree[u]:
6           if son != fa:
7               dfs(son,u)
8               if dp[son] > 0:  dp[u] += dp[son]
9       res = max(res,dp[u])
10  n=int(input())
11  tree = [list() for i in range(n+1)]
12  w = [0 for i in range(n+1)]
13  dp = [0 for i in range(n+1)]
14  res = 0
15  w[1:n]=map(int,input().split())
16  dp = w
17  for i in range(n-1):
18      u,v=map(int,input().split())
```

```
        tree[u].append(v)
        tree[v].append(u)
    dfs(1,-1)
    print(res)
```

例题 7-17. 树的直径

2013 年（第四届）省赛，lanqiaoOJ 题号 207

【题目描述】很久以前，T 王国空前繁荣。为了更好地管理国家，王国修建了大量的高速路，用于连接首都和王国内的各大城市。为节省经费，T 王国的大臣们经过思考，制订了一套优秀的修建方案，使得任何一个大城市都能从首都直接或者通过其他大城市间接到达。同时，如果不重复经过大城市，从首都到达每个大城市的方案都是唯一的。J 是 T 王国的重要大臣，他巡查于各大城市之间，体察民情。所以，从一个城市马不停蹄地到另一个城市成了 J 最常做的事情。他有一个钱袋，用于存放往来城市间的路费。聪明的 J 发现，如果不在某个城市停下来休整，在连续行进的过程中，他所花的路费与他已走过的路程有关，在从第 x 千米走到第 $x+1$ 千米的过程中（x 是整数），他花费的路费是 x +10。也就是说走一千米要花费 11，走 2 千米要花费 23。J 想知道他从某一个城市出发，中间不休息，到达另一个城市，所有可能花费的路费中最多是多少。

【输入格式】输入的第一行包含一个整数 n，表示包括首都在内的 T 王国的城市数（$n\leq 10000$），城市从 1 开始依次编号，1 号城市为首都。接下来的 $n-1$ 行，描述 T 王国的高速路（T 王国的高速路一定有 $n-1$ 条），每行包含 3 个整数 P_i、Q_i、D_i，表示城市 P_i 和城市 Q_i 之间有一条高速路，长度为 D_i 千米（$D_i\leq 1000$）。

【输出格式】输出一个整数，表示 J 最多花费的路费。

本题描述的显然是“一棵树”：因为有 n 个点，$n-1$ 条边。在这棵树上，从首都能到达其他所有城市，且方案唯一。

本题要求的这棵树上任意两点间的最远路径，即为“树的直径”，这是一个基本的树问题。一棵树的直径，是指树上任意两点的路径中最长的路径。有两种做法：做两次 DFS 或 BFS、树形 DP。

（1）DFS。

求这棵树上任意两点间的最长路径，那么最长路径（树的直径）是哪一条呢？可以通过两遍 DFS 来求，步骤如下。

① 从任意一个点 r 出发，求距离它最远的点 s。点 s 肯定是树的直径上的一个端点。

② 从点 s 出发，求距离点 s 最远的点 t。s、t 就是最远的两个点，即树的直径。

读者可以尝试证明这个方法是对的，下面做个简单证明：把这棵树所有的边想象成不同长度的柔性绳子，并假设已经找到了直径的两个端点 s 和 t，双手抓住点 s 和点 t，然后水平拉直成一条长线，这是这棵树能拉直的最长线。这时，其他的绳子和点会下垂。可以想象到，任选一个除点 s 和点 t 以外的点 r，它到点 s（或点 t）的距离肯定是最远的。如果不是最远的，那么下垂的某个点就能替代点 s，这跟假设“点 s 是端点”矛盾。

下面给出两次 DFS 求直径的代码。

```
#include<bits/stdc++.h>
using namespace std;
const int N=1e5+10;
struct edge{ int to,w; };      //to：边的终点。W：权值
```

```
vector<edge> e[N];
int dist[N];
void dfs(int u,int father,int d){     //用 DFS 计算从 u 到每个子结点的距离
    dist[u]=d;
    for(int i=0;i<e[u].size();i++)
        if(e[u][i].to != father)     //这一句很关键，能保证不回头搜索父结点
            dfs(e[u][i].to, u, d+e[u][i].w);
}
int main(void){
    int n;   cin>>n;
    for(int i=0;i<n-1;i++){
        int a,b,c; cin>>a>>b>>c;
        e[a].push_back({b,c});       //a 的邻居是 b，路径长度为 c
        e[b].push_back({a,c});       //b 的邻居是 a
    }
    dfs(1,-1,0);                     //计算从任意点（这里用根结点）到树上每个结点的距离
    int s=1;
    for(int i=1;i<=n;i++)            //找最远的结点 s，s 是直径的一个端点
        if(dist[i]>dist[s])   s=i;
    dfs(s,-1,0);                     //从 s 出发，计算以 s 为起点，到树上每个结点的距离
    int t=1;
    for(int i=1;i<=n;i++)            //找直径的另一个端点 t
        if(dist[i]>dist[t])    t=i;
    int maxlen = dist[t];
    cout << maxlen*10+(maxlen+1)*maxlen/2;
    return 0;
}
```

（2）树形 DP。

定义状态为 dp[u]，dp[u]表示在以 u 为根结点的子树上，从 u 出发能到达的最远路径长度，这个路径的终点是 u 的一个叶子结点。设 u 有 t 个邻居子结点 v_1、v_2……v_t，那么 dp[u]值的计算方式如下。

$\mathrm{dp}[u] = \max\{\mathrm{dp}[v_i] + \mathrm{edge}(u,v_i)\}$　$1 \leqslant i \leqslant t$

dp[]和整棵树的直径有什么关系？

下面考虑对每个结点 u，计算经过 u 的最长路径长度 f[u]。把 u 看成树的根，u 的一个子结点是 v_i，那么 f[u]的计算方式如下。

$\mathrm{f}[u] = \max\{\mathrm{dp}[u] + \mathrm{dp}[v_i] + \mathrm{edge}(u,v_i)\}$　$1 \leqslant i \leqslant t$

其中 dp[u]的计算不包括 v_i 这棵子树。

计算出所有的 f[u]后，整棵树的直径长度 maxlen 如下。

$\mathrm{maxlen} = \max\{\mathrm{f}[u]\}$　$1 \leqslant u \leqslant n$

以上步骤可以在一次 DFS 中完成，见下面的代码。

```
#include<bits/stdc++.h>
using namespace std;
const int N=1e5+10;
struct edge{int to,w; };      //to: 边的终点。w: 权值
vector<edge> e[N];            //用于存储图
int dp[N];
int maxlen = 0;
bool vis[N];
void dfs(int u){
    vis[u] = True;
    for(int i = 0; i < e[u].size(); ++ i){
        int v = e[u][i].to, edge = e[u][i].w;
        if(vis[v])  continue;
        dfs(v);
```

```
        maxlen = max(maxlen, dp[u]+ dp[v]+ edge);
        dp[u] = max(dp[u], dp[v] + edge);
    }
    return ;
}
int main(){
    int n;    cin >> n;
    for(int i = 0; i < n-1; i++){
        int a, b, c;     cin >> a >> b >> c;
        e[a].push_back({b,c});    //a 的邻居是 b，路的长度为 c
        e[b].push_back({a,c});    //b 的邻居是 a
    }
    dfs(1);
    cout << maxlen*10 + maxlen*(maxlen+1)/2 << endl;
    return 0;
}
```

树形 DP 的代码比做两次 DFS 的代码短，而且，在理解了树形 DP 之后，代码也很容易编写。

为了演示 Python 中存储树的方法，下面用 Python 重新写一遍。

```
def dfs(u):
    global maxlen
    vis[u]=1
    for v, edge in e[u]:
        if vis[v]==1: continue
        dfs(v)
        maxlen = max(maxlen, dp[u]+dp[v]+edge)
        dp[u]=max(dp[u], dp[v]+edge)
n = int(input())
e = [list() for i in range(n+1)]    #存图
for i in range(n-1):
    a, b, c = map(int, input().split())
    e[a].append((b, c))
    e[b].append((a, c))
maxlen = 0
vis = [0 for i in range(n+1)]
dp = [0 for i in range(n+1)]
dfs(1)
print(maxlen*10 + maxlen*(maxlen+1)//2)
```

7.6 数位 DP

数位 DP 用于统计数字的数位，它常用于处理这样的问题：给定一个范围[0, b]，问区间内的所有数字中，某个数码一共有多少个。例如，在[1, 367]中，数码“1”有多少个？数码“2”有多少个？数码“3”有多少个？等等。

如果用暴力法求解，就需要逐一检查每个数字，统计数码出现的次数，复杂度是 $O(b)$。

这种问题可以用 DP 来求解。一个数字的数位有个位、十位、百位等，可以用 DP 思想把低位的统计结果记录下来，在高位计算时直接沿用低位的结果，从而提高效率。

下面以[1, 367]为例，求区间内的每种数码一共有多少个。

1. 状态定义

定义状态 dp[]，dp[i]是 i 位数的每种**数码的个数**。示例说明如下。

一位数 0～9，每种**数码**有 dp[1] = 1 个。

两位数 00～99，每种**数码**有 dp[2] = 20 个。注意这里是 00～99，不是 0～99。如果是 0～99，则“0”只出现 11 次。这里把“0”和其他数字一样看待，但编程时需要做特殊处理，因为按照习惯写法，数字前面的“0”应该被去掉，如 056 应该写成 56。这种“0”被称为“前导 0”。前导 0 在 0～9、00～99、000～999 等情况下都需要做特殊处理。

三位数 000～999，每种**数码**有 dp[3] = 300 个。

四位数 0000～9999，每种数码有 dp[4] = 4000 个。

……

2. dp[]的计算

如何计算 dp[]？有两种方法。

（1）递推：$dp[i] = dp[i-1]\times10 + 10^{i-1}$。

这是状态转移的递推式，从 dp[i−1]转移到 dp[i]。下面以统计数码“1”的个数为例。

计算 dp[1]。计算 1 位数字 0、1、2……9 中有几个“1”，显然 dp[1] = 1。

计算 dp[2]。“1”在个位上出现了 $dp[i-1]\times10 = dp[1]\times10 = 10$ 次，即 01、11、21……91。“1”在十位上出现了 $10^{i-1} = 10^{2-1} = 10$ 次，即 10、11、12……19。“1”共出现 dp[2] = 20 次。

计算 dp[3]。“1”在个位和十位上出现了 $dp[2]\times10 = 200$ 次，即 100～199 的个位和十位有 dp[2]个“1”、200～299 的个位和十位有 dp[2]个“1”……900～999 的个位和十位有 dp[2]个“1”。“1”在百位上出现了 10^{3-1}=100 次，即 100、101……199。共出现 dp[3] = 300 个“1”。

……

（2）排列组合：$dp[i] = i\times10^{i}/10 = i\times10^{i-1}$

这是按排列组合的思路得到的。因为从 *i* 个“0”递增到 *i* 个“9”，所有的字符共出现了 $i\times10^{i}$ 次，0～9 这 10 种字符每种出现了 $i\times10^{i}/10$ 次。

3. 编程

回到开始的问题：编程计算[1, 367]中，每种数码一共有多少个。数码共有 10 种，“0”“1”……“9”。其中的“0”是特殊的，因为需要去掉“前导 0”。

把[0, 367]分成多个小区间：[000, 099]、[100, 199]、[200, 299]、[300, 367]。

下面先计算包括 0 的区间[0, 367]内每种数码一共有多少个。

（1）在这些小区间中，[000, 099]、[100, 199]、[200, 299]都可以利用 dp[2]，即[00, 99]的结果。最后的[300, 367]需要进行单独计算。

（2）“数位限制”问题。[000, 099]的最高位是“0”，出现了 100 次；[100, 199]的最高位是“1”，出现了 100 次；[200, 299]的最高位是“2”，出现了 100 次；[300, 367]的最高位是“3”，出现了 68 次。这里的最高位被称为“数位限制”，需要进行特别判断。

✧ 提示：数位统计中的关键问题是处理“前导 0”和“数位限制”。

例题 7-18. 统计所有数码的出现个数

本题是本书自建的例题，无提交地址

【题目描述】统计[1, *b*]内，每个数码的出现次数，即统计数码 0、1、2、3、4、5、6、7、8、9 的出现次数。

【输入格式】 输入一行，包含一个整数 b（$1 \leqslant b \leqslant 10^{12}$）。

【输出格式】 输出一行，包含 10 个整数，表示答案。

【输入样例】

93

【输出样例】

9 20 20 20 19 19 19 19 19 13

✧ 提示：本题求[1, b]的数位统计，如果要求[a, b]的数位统计，只需要分别求出[1, a−1]、[1, b]的数位统计，然后将两者相减即可。

下面的代码实现了前面的解析。

（1）C++代码。

init()用于预计算 dp[]。第 11 行给出了两种计算方法：排列组合、递推。

solve(x)用于计算[1, x]中每个数码的个数，关键是处理“前导 0”和“数位限制”，请读者仔细阅读代码的注释。

代码的复杂度取决于 solve()。

```
1  #include<bits/stdc++.h>
2  using namespace std;
3  typedef long long ll;
4  const int N=15;
5  ll ten[N],dp[N];
6  ll cnt[N];                          //cnt[i]，统计数码“i”出现的次数
7  int num[N];                         //把一个数字按位分解
8  void init(){                        //预计算 dp[]
9      ten[0] = 1;                     //ten[i]：10 的 i 次方
10     for(int i=1;i<=N;i++){
11         dp[i]  = i*ten[i-1];        //或者用递推：dp[i] = dp[i-1]*10+ten[i-1];
12         ten[i] = 10*ten[i-1];
13     }
14 }
15 void solve(ll x){
16     int len = 0;                    //数字 x 有多少位
17     while(x){                       //分解 x，num[i]是 x 的第 i 位数码
18         num[++len] = x%10;
19         x=x/10;
20     }
21     for(int i=len;i>=1;i--){                                  //从高到低处理 x 的每一位
22         for(int j=0;j<=9;j++)       cnt[j] += dp[i-1]*num[i];
23         for(int j=0;j<num[i];j++)   cnt[j] += ten[i-1];       //特判最高位比 num[i]小的数码
24         ll num2 = 0;
25         for(int j=i-1;j>=1;j--)     num2 = num2*10+num[j];
26         cnt[num[i]] += num2+1;                                //特判最高位的数码 num[i]
27         cnt[0] -= ten[i-1];                                   //特判“前导 0”
28     }
29 }
30 int main(){
31     init();
32     ll b;  cin >> b;
33     solve(b);
34     for(int i=0;i<=9;i++)  cout << cnt[i] <<" ";          //输出每个数码出现的次数
35 }
```

（2）Python 代码。

```
ten=[0]*15
dp=[0]*15
ten[0]=1
cnt=[0]*15
for i in range(1,15):
    dp[i]=dp[i-1]*10+ten[i-1]
    ten[i]=ten[i-1]*10
def solve(x):
    num=tuple(map(int,str(x)))
    num=num[::-1]
    for i in range(len(num)-1,-1,-1):
        for j in range(10):     cnt[j] += dp[i]*num[i]
        for j in range(num[i]): cnt[j] += ten[i]
        num2 = 0
        for j in range(i-1,-1,-1): num2 = num2*10+num[j]
        cnt[num[i]] += num2+1
        cnt[0] -= ten[i]
b=int(input())
solve(b)
for i in range(10):  print(cnt[i],end=' ')
```

例题 7-19. 二进制问题

2021 年（第十二届）全国赛，lanqiaoOJ 题号 1593

【题目描述】小蓝最近在学习二进制。他想知道 1 到 N 中有多少个数满足其二进制表示中恰好有 K 个 1。你能帮助他吗？

【输入格式】输入一行，包含两个整数 N 和 K。

【输出格式】输出一个整数，表示答案。

【评测用例规模与约定】对于 30%的评测用例，$1 \leqslant N \leqslant 10^6$，$1 \leqslant K \leqslant 10$；对于 60%的评测用例，$1 \leqslant N \leqslant 2 \times 10^9$，$1 \leqslant K \leqslant 30$；对于所有评测用例，$1 \leqslant N \leqslant 10^{18}$，$1 \leqslant K \leqslant 50$。

【输入样例】	【输出样例】
7 2	3

定义 dp[i][j]，表示长度为 i，其中有 j 个 1 的二进制数的总个数。

dp[][]实际上就是组合数。在所有的 n 位二进制数中，包含 m 个 1 的二进制数的总数量是组合数 $C_n^m = C_{n-1}^m + C_{n-1}^{m-1}$，这个公式称为帕斯卡公式。帕斯卡公式的证明可以用 DP 思路，取或不取第 n 个元素：若取第 n 个元素，则在剩下的 $n-1$ 个元素中选 $m-1$ 个；若不取第 n 个元素，则在剩下的 $n-1$ 个元素中选 m 个。

题目要求统计包含 K 个 1 的二进制数的数量，可以从最高位统计到最低位。以二进制 N=1011 为例，把 N 分解为 3 部分，分别是 0000～0111、1000～1001、1010～1011，分别统计包含 K 个 1 的二进制数的数量。

第 4 位是 1（和前面例题的“数位限制”有相同的含义）：统计从 0000 到 0111 中包含 K 个 1 的二进制数的数量。数量增加 dp[3][K]，注意这里是 dp[3][K]，不是 dp[4][K]，即统计从 000 到 111 中取 K 个 1 的组合数，此时把最高位第 4 位看成 0。

第 3 位不是 1：不用统计。

第 2 位是 1：统计 1000～1001。此时数量增加 dp[1][K−1]，减去 1 的原因是在统计 0000～0111 时用了一个 1。

最后一位是 1：统计 1010～1011。若此时正好有 K 个 1，则数量增加 1。下面 C++代码的第 26 行完成这一判断。

（1）C++代码。

```
1   #include<bits/stdc++.h>
2   using namespace std;
3   typedef long long ll;
4   const int N = 60;
5   ll r, K;
6   ll dp[N][N];
7   void init(){                                    //计算组合数 dp[][]
8       for (int i = 0; i < N; i++ )
9           for (int j = 0; j <= i; j++ )
10              if (j==0) dp[i][j] = 1;
11              else dp[i][j] = dp[i - 1][j] + dp[i - 1][j - 1];
12  }
13  int nums[N];                                    //把 n 转换成二进制数，按位存到 nums 里
14  ll solve(ll n){
15      int len = 1;
16      while(n){  nums[len]=n%2;  n/=2; len++; }
17      len--;                                      //nums[1]是最低位，nums[len]是最高位
18      ll ans = 0;
19      int last = 0;                               //已经用了几个 1
20      for (int i=len; i>=1; i-- ) {               //从高位到低位
21          if (nums[i]==1){                        //如果这一位是 1
22              ans += dp[i-1][K - last];           //当第 i 位选 0 时
23              last ++;
24              if (last > K) break;                //如果 1 的数量大于规定的数量,就结束
25          }
26          if (i==1 && last == K) ans++;           //最后一位,如果 1 的数量等于 K，数量加 1
27      }
28      return ans;
29  }
30  int main(){
31      cin >> r >> K;
32      init();
33      cout << solve(r);
34      return 0;
35  }
```

（2）Python 代码。

下面的代码与上面的 C++代码几乎一样，不同的是此处的第 8 行用更简单的方法把数字转化为二进制数。

```
1   N=60
2   dp=[[0]*N for i in range(N)]
3   for i in range(N):                      #计算组合数
4       for j in range(i+1):
5           if j==0: dp[i][j] = 1
6           else: dp[i][j] = dp[i - 1][j] + dp[i - 1][j - 1]
7   r, k = map(int, input().split())
8   nums = str(bin(r))[2:]                  #转化为二进制数，存在 nums[]中
9   ans = 0
10  for i in range(0, len(nums)):           #从高位到低位，nums[0]是二进制数的最高位
11      if nums[i] == '1':
12          plus = int(dp[len(nums) - i - 1][k])
13          ans += plus
14          if plus == 0:
15              if int(nums[i]) == k:  ans += 1    #二进制数最后一位正好等于 k
16              break
```

```
        k -= 1
print(ans)
```

【练习题】

“异或三角”lanqiaoOJ 题号 1594。

小　　结

DP 是算法竞赛的必考点，每场竞赛都会出 DP 题，其难度有时高，有时低。

DP 的相关内容很丰富，本章介绍了一部分常用的 DP 内容，它们经常在蓝桥杯大赛的题目中出现。请读者大量练习这类题目，以保证在蓝桥杯大赛中得分。

本章没有提及 DP 优化，如数据结构优化、单调队列优化、斜率优化、四边形不等式优化等，这些都属于算法竞赛中的难点。

第 8 章 数学

CHAPTER 8

数学是算法竞赛中知识点最多的专题，包含初等数论、组合数学、几何、概率论、高等数学等内容。本章将介绍一些简单的数学知识点，并用大量例题介绍它们在竞赛中的应用。

8.1 模运算

模运算是大数运算中的常用操作。如果一个数太大，无法直接输出，或者不需要直接输出，则可以对它取模，缩小数值再输出。在蓝桥杯大赛的 C/C++组，C/C++的数据类型有 int、long 等限制，取模可以防止溢出，这是常见的操作。Java 和 Python 虽然能直接计算大数，不用担心数据溢出，但也常常用取模来缩小数值。

模是英文 mod 的音译，取模实际上是求余。

定义取模运算为 a 除以 m 的余数，记为 $a \bmod m$，有 $a \bmod m = a \% m$。

取模的结果满足 $0 \leqslant a \bmod m \leqslant m-1$，即用给定的 m 限制计算结果的范围。取模运算一般要求 a 和 m 的符号一致，即都为正数或都为负数。如果正负不同，那么请小心处理。

取模操作的加、减、乘满足分配律，注意此时仍要求 $a+b$、$a-b$、$a \times b$ 为正数，如果有负数，请小心处理。

加：$(a+b) \bmod m =((a \bmod m)+ (b \bmod m)) \bmod m$。

减：$(a-b) \bmod m = ((a \bmod m) - (b \bmod m)) \bmod m$。

乘：$(a \times b) \bmod m = ((a \bmod m) \times (b \bmod m)) \bmod m$。

对除法取模进行类似操作 $(a/b) \bmod m = ((a \bmod m) / (b \bmod m)) \bmod m$ 是错误的。

例如，$(100/50) \bmod 20 = 2$，$(100 \bmod 20) / (50 \bmod 20) \bmod 20 = 0$，两者不相等。

取模是常见的计算，在很多题目中都会用到。下面是一道简单的取模题目。

例题 8-1. 刷题统计

2022 年（第十三届）省赛，lanqiaoOJ 题号 2098

时间限制：1s　**内存限制**：256MB

【题目描述】小明决定从下周一开始努力刷题准备蓝桥杯竞赛。他计划周一至周五每天做 a 道题目，周六和周日每天做 b 道题目。请你帮小明计算，按照计划他将在第几天实现做题数大于或等于 n 题。

【输入格式】输入一行，包含 3 个整数 a、b 和 n。

【输出格式】输出一个整数代表天数。

【评测用例规模与约定】对于 50%的评测用例，$1 \leq a, b, n \leq 10^6$；对于 100%的评测用例，$1 \leq a, b, n \leq 10^{18}$。

在 1.5 节“蓝桥杯软件类大赛的评测系统”中用模拟法做过这一题，但是代码运行超时了。模拟法超时的原因是需要逐一处理 1～n，复杂度是 $O(n)$，由于 $n \leq 10^{18}$，所以超时了。

这是一道取模的简单题，利用取模操作把计算复杂度降为 $O(1)$。

（1）C++代码。

```
#include<bits/stdc++.h>
using namespace std;
typedef long long ll;
int main(){
    ll a,b,n; cin>>a>>b>>n;
    ll week = a*5+b*2;        //每周做题
    ll days = (n/week)*7;     //天数
    n %= week;                //余数
    if(n<=a*5) days += n/a+(n%a?1:0);   //在周一到周五内
    else{                     //周六和周日
        days += 5, n -= a*5;
        days += n/b+(n%b?1:0);
    }
    cout<<days;
    return 0;
}
```

（2）Python 代码。

```
a,b,n = map(int,input().split())
week = a*5+b*2
days = (n//week)*7                                  #注意整除是//，不是/
n %= week
if n <= a*5: days += n//a+(1 if n%a>0 else 0)      #Python 的三目运算
else:
    days += 5
    n -= a*5
    days += n//b+(1 if n%b>0 else 0)                #Python 的三目运算
print(days)
```

8.2 快速幂

幂运算 a^n，当 n 很大时，如果一个一个数地乘，则时间复杂度是 $O(n)$，此时可以用快速幂在 $O(\log n)$的时间内算出来。快速幂的一个解法是分治法，即先算 a^2，然后再算$(a^2)^2$，依次类推，一直算到 a^n，代码也很容易写。不过，标准的快速幂代码是利用位运算来实现的。

基于位运算的快速幂用到了倍增的原理。下面以 a^{11} 为例说明如何用倍增法做快速幂运算。

（1）幂次与二进制的关系。把 a^{11} 分解成 a^8、a^2、a^1 的乘积：$a^{11} = a^{8+2+1} = a^8 \times a^2 \times a^1$。其中 a^1、a^2、a^8 的幂次都是 2 的倍数，所有的幂 a^i 都是倍乘关系，可以逐级递推，在代码中用 a *= a 实现。

（2）幂次用二进制分解。如何把 11 分解为 8+2+1？利用数的二进制的特征，$n = (11)_{10} = (1011)_2 = 2^3+2^1+2^0 = 8+2+1$，只需要把 n 按二进制数处理就可以了。

（3）如何跳过那些没有的幂次？例如 1011 需要跳过 a^4。做个判断即可，用二进制的位运算实现。

① n & 1，取 n 的最后一位，并且判断这一位是否需要跳过。

② n >>= 1，把 n 右移一位，目的是把刚处理过的 n 的最后一位去掉。

```
int fastPow(int a, int n){       //计算 a^n
    int ans = 1;                 //用 ans 返回结果
    while(n) {                   //把 n 看成二进制数，逐个处理它的最后一位
        if(n & 1)   ans *= a;    //如果 n 的最后一位是 1，则表示这个地方需要参与计算
        a *= a;                  //递推：a^2 --> a^4 --> a^8--> a^16-->…
        n >>= 1;                 //n 右移一位，把刚处理过的 n 的最后一位去掉
    }
    return ans;
}
```

幂运算的结果往往很大，一般会先取模再输出。根据取模的性质有：$a^n \bmod m = (a \bmod m)^n \bmod m$。

例题 8-2. 快速幂

lanqiaoOJ 题号 1514

【题目描述】 给定 b、p、k，求$(b^p) \bmod k$。其中 $2 \leqslant b,p,k \leqslant 10^9$。

【输入描述】 输入 3 个整数 b、p、k。

【输出描述】 输出$(b^p) \bmod k$ 的值。

（1）C++代码。

下面的快速幂函数 fastPow()加上了取模操作。

```
#include<bits/stdc++.h>
using namespace std;
typedef long long ll;                              //变量改用较大的 long long 型
ll fastPow(ll a, ll n, ll mod){
    ll ans = 1;
    a %= mod;                                      //重要，防止下面的 ans*a 越界
    while(n) {
        if(n & 1)   ans = (ans*a) % mod;    //取模
        a = a*a % mod;                      //取模
        n >>= 1;
    }
    return ans;
}
int main(){
    ll b,p,k;    cin>>b>>p>>k;
    cout << fastPow(b,p,k);
    return 0;
}
```

（2）Python 代码。

由于 Python 能直接处理大数，不用担心越界问题，读者可能会这样写 fastPow()代码：在下面代码的第 4、5 行不对 mod 取模，而是在第 7 行返回时取模。这样做，答案也是正确的。

但是这样做会超时，因为数字太大，计算非常耗时。所以还是需要采用下面代码中的写法，在第 4、5 行取模以缩小数字，以达到减小计算时间的目的。

```
1  def fastPow(a,n,mod):
2      ans = 1
3      while n:
```

```
        if(n&1):  ans = ans*a % mod
        a = a*a % mod
        n >>= 1
    return ans
b,p,k = map(int, input().split())
print(fastPow(b,p,k))
```

例题 8-3. RSA 解密

2019 年（第十届）省赛，填空题，lanqiaoOJ 题号 603

【题目描述】RSA 是一种经典的加密算法。它的基本加密过程如下。

首先生成两个质数 p、q，令 $n=p\cdot q$，设 d 与$(p-1)\cdot(q-1)$ 互质，则可找到 e，使得 $d\cdot e$ 除 $(p-1)\cdot(q-1)$ 的余数为 1。

n、d、e 组成了私钥，n、d 组成了公钥。

当使用公钥加密一个整数 X（小于 n）时，计算 $C=X^d \bmod n$，则 C 是加密后的密文。

当收到密文 C 时，可使用私钥解开，计算公式为 $X=C^e \bmod n$。

例如，当 p=5、q=11、d=3 时，n=55、e=27。

加密数字 24，得 $24^3 \bmod 55=19$。解密数字 19，得 $19^{27} \bmod 55=24$。

现在你知道公钥中 $n=1001733993063167141$、$d=212353$，同时你截获了别人发送的密文 $C=20190324$，请问，原文是多少?

（1）求 p、q。

先求 n 的素因子 p 和 q。由于 n 只有这两个因子，没有别的因子，所以 p 和 q 必然有一个小于 $\sqrt{n}$，找到一个素因子，就知道另一个素因子了。用暴力法求 p、q，用 i 从 2 到 $\sqrt{n}$ 循环一个一个地试。若 n 除以 i 的余数是 0，则 i 就是 n 的一个素因子。

下面的 C++代码中，循环次数是 $\sqrt{n}=\sqrt{1001733993063167141}\approx 1000866621$，即约十亿次计算。得到：$p=891234941$、$q=1123984201$。C++代码的执行时间约 10 s。

```
#include<bits/stdc++.h>
typedef long long ll;
using namespace std;
int main(){
    ll n = 1001733993063167141;
    ll k = sqrt(n);
    for(ll i=2;i<=k;i++)
        if(n % i == 0)      cout<<i<<" "<<n/i;
    return 0;
}
```

如果用 Python 来编写这个程序，则运行时间需要几分钟。因为 Python 的循环非常慢。

```
from math import *
n = 1001733993063167141
k = int(sqrt(n))
for i in range(2,k):
   if n%i == 0:  print(i,n//i)
```

（2）求 e。

求 e 的时候要用到真正的大数了。C++的 64 位 long long 类型不够用，虽然有_int128 类型，但是有些编译器不支持。

还是用 Python 来求 e，下面的代码输出 e = 823816093931522017。注意，e 有很多个，取

最小的一个就行了。

```
n = 1001733993063167141
d = 212353
p = 891234941
q = 1123984201
tmp = (p - 1) * (q - 1)
print(tmp)
for i in range(2,n+1):
    now = i * tmp + 1
    if (now % d == 0):
          print(now // d)    #输出 e
          break              #有很多 e，取最小的一个就行了
```

（3）求 $X = C^e \bmod n$。

本题考查了快速幂，用 Python 写的代码比较少。

```
def fastPow(a,b,mod):
    ret = 1
    while b:
        if(b&1):  ret = ret*a % mod
        a = a*a % mod
        b>>=1
    return ret
n = 1001733993063167141
e = 823816093931522017         #读者可以试试其他的 e
C = 20190324
print(fastPow(C,e,n))          #输出结果：579706994112328949
```

例题 8-4. 爬树的甲壳虫

2022 年（第十三届）省赛，lanqiaoOJ 题号 2085

时间限制：1s　**内存限制**：256MB

【题目描述】有一只甲壳虫想要爬上一棵高度为 n 的树，它一开始位于树根处，高度为 0，当它尝试从高度 i–1 处爬到高度为 i 的位置时，有 P_i 的概率会掉回树根处，求它从树根爬到树顶时，经过的时间的期望值是多少。

【输入格式】输入的第一行包含一个整数 n，表示树的高度。接下来的 n 行，每行包含两个整数 x_i、y_i，用一个空格分隔，表示 $P_i = x_i/y_i$。

【输出格式】输出一行，包含一个整数，表示答案，答案是一个有理数，请输出答案对质数 M=998244353 取模的结果。其中有理数 a/b 对质数 M 取模的结果是整数 c，满足 $0 \le c < M$ 且 $c \cdot b \equiv a \pmod M$。

【输入样例 1】

1

1 2

【输出样例 1】

2

【输入样例 2】

3

1 2

3 5

7 11

【输出样例 2】

623902744

【评测用例规模与约定】对于 20%的评测用例，$n \le 2$，$1 \le x_i < y_i \le 20$；对于 50%的评测用例，$n \le 500$，$1 \le x_i < y_i \le 200$；对于所有评测用例，$1 \le n \le 100000$，$1 \le x_i < y_i \le 10^9$。

本题较难，涉及的知识点有概率 DP 和逆。本书没有对这两个知识点进行解析，请读者自行查阅资料。

定义 t_{i-1} 表示从高度 $i-1$ 出发到顶部花费的期望时间，转移方程如下。

$$t_{i-1} = P_i t_0 + (1-P_i)t_i + 1$$
$$t_n = 0$$

下面说明方程的推导过程，从 $i-1$ 爬到 i 时有下面两种情况。

（1）有 P_i 的概率落回位置 0，此时从位置 0 开始到达顶端的时间是 t_0；

（2）有 $(1-P_i)$ 的概率留在位置 i，此时从位置 i 到顶端的期望时间是 t_i。

对两个时间求和，再加上一个从 $i-1$ 爬到 i 的单位时间 1，得 t_{i-1}。

t_0 是本题的答案，根据转移方程可以推导出 t_0。

$$t_{i-1} = P_i t_0 + (1-P_i)t_i + 1$$
$$t_{i-1} - t_0 = (1-P_i)(t_i - t_0) + 1$$
$$t_i - t_0 = \frac{t_{i-1}-t_0}{1-P_i} - \frac{1}{1-P_i} = \frac{t_{i-2}-t_0}{(1-P_i)(1-P_{i-1})} - \frac{1}{(1-P_i)(1-P_{i-1})} - \frac{1}{1-P_i}$$
$$t_n - t_0 = \frac{t_{n-2}-t_0}{(1-P_n)(1-P_{n-1})} - \frac{1}{(1-P_n)(1-P_{n-1})} - \frac{1}{1-P_n}$$
$$t_n - t_0 = \frac{t_0 - t_0}{\prod_{i=1}^{n}(1-P_i)} - \frac{1}{\prod_{i=1}^{n}(1-P_i)} - \dots - \frac{1}{(1-P_n)(1-P_{n-1})} - \frac{1}{1-P_n}$$
$$0 - t_0 = 0 - \frac{1}{\prod_{i=1}^{n}(1-P_i)} - \dots - \frac{1}{(1-P_n)(1-P_{n-1})} - \frac{1}{1-P_n}$$
$$t_0 = \frac{1}{1-P_n} + \frac{1}{(1-P_n)(1-P_{n-1})} + \dots + \frac{1}{\prod_{i=1}^{n}(1-P_i)} = S_1 + S_2 + \dots + S_n$$

本题要求计算 $t_0 \bmod M$。逐项考虑上面的式子。

$$S_1 \bmod M = \frac{1}{1-P_n} \bmod M = \frac{1}{1-x_n/y_n} \bmod M = \frac{y_n}{y_n - x_n} \bmod M$$
$$S_2 \bmod M = \frac{S_1}{1-P_{n-1}} \bmod M = \frac{y_{n-1}S_1}{y_{n-1}-x_{n-1}} \bmod M = (S_1 \bmod M \times \frac{y_{n-1}}{y_{n-1}-x_{n-1}} \bmod M) \bmod M$$

……

求和得：$t_0 \bmod M = \sum_{i=1}^{n}(S_i \bmod M)$。

其中，求每一项 $S_i \bmod M$ 时，因为涉及除法取模，所以需要用到逆。

计算 $(a/b) \bmod m$，即 a 除以 b，然后对 m 取模，这里 a 和 b 都是很大的数，容易溢出，导致取模出错。用逆可以避免除法计算，设 b 的逆是 b^{-1}，方程如下。

$(a/b) \bmod m = ((a/b) \bmod m)\times((bb^{-1}) \bmod m) = (a/b\times bb^{-1}) \bmod m = (ab^{-1}) \bmod m$

经过上述推导，除法取模运算转换成了乘法取模运算。

$(a/b) \bmod m = (ab^{-1}) \bmod m = (a \bmod m)(b^{-1} \bmod m) \bmod m$。

本题的 M 是质数，可以用费马小定理求逆。

费马小定理：设 n 是素数，a 是正整数且与 n 互素，有 $a^{n-1} \equiv 1(\text{mod } n)$。

$a \times a^{n-2} \equiv 1(\text{mod } n)$，那么 $a^{n-2} \text{ mod } n$ 就是 a 模 n 的逆。计算需要用到快速幂取模 fastPow()。

```
ll mod_inverse(ll a,ll mod){            //费马小定理求逆
   return fastPow(a,mod - 2,mod);
}
```

（1）C++代码。

```
#include<bits/stdc++.h>
using namespace std;
typedef long long ll;
const int N = 100010, MOD = 998244353;
ll s[N];
ll fastPow(ll a, ll n, ll mod){
    ll ans = 1;
    a %= mod;
    while(n) {
        if(n & 1)  ans = (ans*a) % mod;
        a = (a*a) % mod;
        n >>= 1;
    }
    return ans;
}
ll mod_inverse(ll a,ll mod){            //费马小定理求逆
   return fastPow(a,mod - 2,mod);
}
int main(){
    int n;    cin >> n;
    for(int i = 1; i <= n; i++)    {
        int x, y;   cin >> x >> y;
        s[i] = (s[i - 1] + 1) * y % MOD * mod_inverse(y - x, MOD) % MOD;
    }
    cout << s[n];
    return 0;
}
```

（2）Python 代码。

```
def mod_inverse(b,mod):    return pow(b,mod-2,mod)
MOD = 998244353
n = int(input())
a = []
for i in range(n): a.append(list(map(int,input().split())))
res = 0
for i in range(n):
    res = (res+1) * a[i][1] * mod_inverse(a[i][1]-a[i][0], MOD)
    res = (res+MOD) % MOD
print(res)
```

【练习题】

"数的幂次" lanqiaoOJ 题号 1181；"堆的计数" lanqiaoOJ 题号 173；"小数第 n 位" lanqiaoOJ 题号 116；"越狱" lanqiaoOJ 题号 823；"子集选取" lanqiaoOJ 题号 1414。

8.3 矩阵乘法

一个 m 行 n 列（记为 $m \times n$）的矩阵，可以用二维数组 matrix[][]来存储，matrix[i][j]是第 i

行第 j 列的元素。

1. 矩阵加减法

矩阵的加减法很简单，把两个矩阵对应位置的元素进行加减即可得到结果。

2. 矩阵乘法

（1）一个数 k 乘矩阵 $\boldsymbol{A}$，就是把 k 乘以矩阵的每个元素，记为 $k\boldsymbol{A}$。

（2）两个矩阵 $\boldsymbol{A}$、$\boldsymbol{B}$ 相乘，要求 $\boldsymbol{A}$ 的列数等于 $\boldsymbol{B}$ 的行数，设 $\boldsymbol{A}$ 是 $m \times n$ 的矩阵，$\boldsymbol{B}$ 是 $n \times u$ 的矩阵，那么乘积 $\boldsymbol{C}=\boldsymbol{AB}$ 是 $m \times u$ 的矩阵。定义矩阵乘法 $\boldsymbol{C}=\boldsymbol{AB}$ 为 $\boldsymbol{C}[i,j]=\sum_{k=1}^{n}\boldsymbol{A}[i][k]\,\boldsymbol{B}[k][j]$。根据公式直接编程，有 i、j、k 三重循环，复杂度为 $O(mnu)$。下面是代码。

```
for(int i=1;i<=m;i++)         //注：i、j、k的先后顺序不重要，因为对于c[][]来说都一样
    for(int j=1;j<=u;j++)
        for(int k=1;k<=n;k++)
            c[i][j] += a[i][k] * b[k][j]);
```

根据矩阵乘法的定义，可以推出下面两个式子。

（1）结合律，$(\boldsymbol{AB})\,\boldsymbol{C}=\boldsymbol{A}\,(\boldsymbol{BC})$；

（2）分配律，$(\boldsymbol{A}+\boldsymbol{B})\,\boldsymbol{C}=\boldsymbol{AC}+\boldsymbol{BC}$。

矩阵乘法没有交换律，$\boldsymbol{AB}$ 不等于 $\boldsymbol{BA}$。

下面用一个例题给出矩阵乘法的代码。

例题 8-5. 矩阵相乘

lanqiaoOJ 题号 1550

【题目描述】输入两个矩阵，输出两个矩阵相乘的结果。

【输入描述】输入的第一行包含 3 个整数 n、m、k，表示 $n \times m$ 的矩阵和 $m \times k$ 的矩阵。接下来的 n 行，每行 m 个整数。再接下来 m 行，每行 k 个整数。$0<n,m,k \leqslant 100$，$0 \leqslant$ 矩阵中的每个数 $\leqslant 1000$。

【输出描述】输出 n 行，每行包含 k 个整数，表示矩阵相乘的结果。

请读者先自己编程，然后再看下面的代码。

（1）C++代码。

```
#include<bits/stdc++.h>
using namespace std;
const int N=100;
int n,m,k;
int A[N][N],B[N][N],C[N][N];
int multi(int  u, int v){
    int sum = 0;
    for (int j=0; j<m; j++)  sum += (A[u][j] * B[j][v]);
    return sum;
}
int main(){
    cin >> n >> m >> k;
    for(int i=0;i<n;i++)
        for(int j=0;j<m;j++)    cin >> A[i][j];
    for(int i=0;i<m;i++)
        for(int j=0;j<k;j++)    cin >> B[i][j];
    for(int i=0;i<n;i++)
        for(int j=0;j<k;j++)    C[i][j] = multi(i, j);
    for(int i=0;i<n;i++){
```

```
        for(int j=0;j<k;j++)     cout << C[i][j] << " ";
        cout << endl;
    }
    return 0;
}
```

（2）Python 代码。

```
n,m,k = map(int,input().split())
A = []
B = []
C = [[0]*k for i in range(n)]
for i in range(n):    A.append(list(map(int,input().split())))
for i in range(m):    B.append(list(map(int,input().split())))
for i in range(n):
    for j in range(m):
        for l in range(k):  C[i][l] += A[i][j]*B[j][l]
for i in range(n):
    for j in range(k):       print(C[i][j],end=" ")
    print()             #换行
```

【练习题】

“矩阵游戏”lanqiaoOJ 题号 1149。

8.4 矩阵快速幂

若矩阵 $\boldsymbol{A}$ 是 $N \times N$ 的方阵，即其行数和列数都是 N，则它可以自乘，n 个 $\boldsymbol{A}$ 相乘记为 $\boldsymbol{A}^n$。矩阵的幂可以用快速幂来计算，从而极大地提高效率。矩阵快速幂是常见的考题。

矩阵快速幂的复杂度是 $O(N^3\log n)$，其中 N^3 对应矩阵乘法，$\log n$ 对应快速幂。出题的时候一般会给一个较小的 N 和一个较大的 n，以考核快速幂的应用。下面给出了矩阵乘法和矩阵快速幂的代码，矩阵快速幂的原理和代码与普通快速幂的几乎一样。

```
struct matrix{ int m[N][N]; };      //定义矩阵，常数N是矩阵的行数和列数
matrix operator * (const matrix& a, const matrix& b){
                    //重载*为矩阵乘法。注意 const
    matrix c;
    memset(c.m, 0, sizeof(c.m));  //清零
    for(int i=0; i<N; i++)
        for(int j=0; j<N; j++)
            for(int k = 0; k<N; k++)
              //c.m[i][j] += a.m[i][k] * b.m[k][j];                  //不取模
              c.m[i][j] = (c.m[i][j] + a.m[i][k] * b.m[k][j]) % mod;  //取模
    return c;
}
matrix pow_matrix(matrix a, int n){  //矩阵快速幂，代码和普通快速幂的几乎一样
    matrix ans;
    memset(ans.m,0,sizeof(ans.m));
    for(int i=0;i<N;i++)
        ans.m[i][i] = 1;       //初始化为单位矩阵，类似普通快速幂的 ans=1
    while(n) {
        if(n&1) ans = ans * a;      //不能简写为 ans *= a，因为这里的*重载了
        a = a * a;
        n>>=1;
    }
    return ans;
}
```

例题 8-6. 方阵幂次

lanqiaoOJ 题号 1551

【题目描述】给定一个 N 阶矩阵 A，输出 A 的 M 次幂。

【输入描述】输入的第一行包含两个整数 N、M。接下来的 N 行，每行包含 N 个数，表示矩阵 A。$1 \leqslant N \leqslant 30$，$0 \leqslant M \leqslant 5$，$0 \leqslant$ 矩阵中的每个数 $\leqslant 5$。

【输出描述】输出有 N 行，每行包含 N 个整数，表示 A^M。

（1）C++代码。

```
#include<bits/stdc++.h>
using namespace std;
const int N=40;
struct matrix{ int m[N][N]; };   //定义矩阵
matrix A,B;
matrix operator * (const matrix& a, const matrix& b){ //重载*为矩阵乘法。注意 const
    matrix c;
    memset(c.m, 0, sizeof(c.m));                          //清零
    for(int i=0; i<N; i++)
        for(int j=0; j<N; j++)
            for(int k = 0; k<N; k++)
              c.m[i][j] += a.m[i][k] * b.m[k][j];      //不取模
    return c;
}
matrix pow_matrix(matrix a, int n){                       //矩阵快速幂
    matrix ans;
    memset(ans.m,0,sizeof(ans.m));
    for(int i=0;i<N;i++)
        ans.m[i][i] = 1;
    while(n) {
        if(n&1) ans = ans * a;
        a = a * a;
        n>>=1;
    }
    return ans;
}
int main(){
   int s,q; cin >>s>>q;       //s 行 s 列，q 次幂
   for(int i=1;i<=s;i++)
        for(int j=1;j<=s;j++)
            cin >> A.m[i][j];
    B = pow_matrix(A,q);
    for(int i=1;i<=s;i++){
        for(int j=1;j<=s;j++)  cout << B.m[i][j] << " ";
        cout << endl;
    }
    return 0;
}
```

（2）Python 代码。

```
def multi(A, B):
    m1, n1 = len(A), len(A[0])
    m2, n2 = len(B), len(B[0])
    if n1 != m2: return None
    C = [[0] * n2 for i in range(m1)]
    for i in range(m1):
        for k in range(n1):
            for j in range(n2):
                C[i][j] += A[i][k] * B[k][j]
```

```
    return C
def power(A, n):
    N = len(A)
    res = [[0] * N for i in range(N)]
    for i in range(N): res[i][i] = 1
    while n:
        if n % 2:  res = multi(res, A)
        A = multi(A, A)
        n //= 2
    return res
s, q = map(int, input().split())
A = []
for i in range(s):  A.append(list(map(int, input().split())))
res = power(A, q)
for row in res:
    for c in row: print(c, end = ' ')
    print()
```

例题 8-7．垒骰子

2015 年（第六届）省赛，lanqiaoOJ 题号 132

【题目描述】atm 晚年迷恋上了垒骰子，就是把骰子一个垒在另一个上边，不能歪歪扭扭，要垒成方柱体。经过长期观察，atm 发现了骰子的奥秘：有些数字的面贴着会互相排斥！我们先来规范一下骰子：1 的对面是 4，2 的对面是 5，3 的对面是 6。假设有 m 组互斥现象，每组中的那两个数字的面紧贴在一起，骰子就不能稳定地垒起来。atm 想计算一下有多少种不同的可能的垒骰子方式。

两种垒骰子方式相同，当且仅当这两种方式中对应高度的骰子的对应数字的朝向都相同。方案数可能过多，请输出模 10^9+7 的结果。

【输入描述】输入的第一行包含两个整数 n、m，n 表示骰子数目；接下来的 m 行，每行包含两个整数 a、b，表示 a 和 b 数字不能紧贴在一起。其中，$0<n\leqslant 10^9$，$m\leqslant 36$。

【输出描述】输出一行，包含一个数，表示答案模 10^9+7 的结果。

本题的 n 最大是 10^9，需要使用复杂度为 $O(\log n)$的算法。

如何垒骰子？

先不考虑互斥问题，推理一下有多少种方案。

（1）一个骰子的情况。一个骰子有 6 个面，每个面朝上的时候，都可以旋转侧面得到 4 种不同的摆放结果，共有 4×6=24 种方案。

（2）两个骰子的情况。一上一下两个骰子，共有(4×6) × (4×6)=576 种方案。

……

从第 1 个骰子逐个往上垒，骰子之间是一个递推关系，可以用 DP 来处理。

定义状态 dp[i][j]，表示高度为 i、顶面点数为 j 的方案数。dp[i][j]等于 i–1 高度时所有与 j 的反面无冲突的方案数累加后的结果。

状态转移方程如下。

$$\mathrm{dp[i][j]} = \sum\nolimits_{j} \mathrm{dp[i-1][j]}\ （j\text{ 表示 6 个面}）$$

最后的总方案数还要乘以 4^i，因为每一个骰子可以转 4 面。

但是，如果直接这样编程，则会因 n 很大而超时。

观察上面的状态转移方程，把 dp[][]转换成矩阵。

一个骰子的6个面的总方案= $\begin{bmatrix}4\\4\\4\\4\\4\\4\end{bmatrix}$ ，6个面，每个面4种方案，共4×6=24种方案。

从一个骰子到两个骰子，乘以一个转移矩阵。

垒两个骰子的方案= $\begin{bmatrix}4&4&4&4&4&4\\4&4&4&4&4&4\\4&4&4&4&4&4\\4&4&4&4&4&4\\4&4&4&4&4&4\\4&4&4&4&4&4\end{bmatrix}\times\begin{bmatrix}4\\4\\4\\4\\4\\4\end{bmatrix}$ ，共(4×6) × (4×6)=576种方案。

垒三个骰子的方案= $\begin{bmatrix}4&4&4&4&4&4\\4&4&4&4&4&4\\4&4&4&4&4&4\\4&4&4&4&4&4\\4&4&4&4&4&4\\4&4&4&4&4&4\end{bmatrix}\times\begin{bmatrix}4&4&4&4&4&4\\4&4&4&4&4&4\\4&4&4&4&4&4\\4&4&4&4&4&4\\4&4&4&4&4&4\\4&4&4&4&4&4\end{bmatrix}\times\begin{bmatrix}4\\4\\4\\4\\4\\4\end{bmatrix}$ ，共(4×6) × (4×6) × (4×6)=13824种方案。

……

这样就转换成了矩阵乘法。垒 n 个骰子，等于 $n-1$ 个转移矩阵相乘，最后再乘以第一个骰子。

如果加上互斥，那么需要排除一些情况，就是把转移矩阵中互斥的位置置为0。

虽然本题的求解思路有点麻烦，但编程比较容易。

（1）C++代码。

```
#include<bits/stdc++.h>
using namespace std;
typedef long long ll;
const int MOD = 1e9 + 7, N = 7;
int p[N] = {0, 4, 5, 6, 1, 2, 3};
struct matrix{ ll m[N][N]; };  //定义矩阵。注意本题用 long long 型
matrix operator * (const matrix& a, const matrix& b){ //重载*为矩阵乘法。注意 const
        matrix c;
        memset(c.m, 0, sizeof(c.m));
        for (int i = 1; i <= 6; i++) {
            for (int j = 1; j <= 6; j++)
                for (int k = 1; k <= 6; k++)
                    c.m[i][j] = (c.m[i][j] + a.m[i][k] * b.m[k][j]) % MOD;//取模
        }
        return c;
}
matrix pow_matrix(matrix a, int n){                              //矩阵快速幂
    matrix ans;
    memset(ans.m,0,sizeof(ans.m));
    for(int i=1;i<7;i++)    ans.m[i][i] = 1;
    while(n) {
```

```
        if(n&1) ans = ans * a;
        a = a * a;
        n>>=1;
    }
    return ans;
}
int main() {
    int n, m1;  cin >> n >> m1;
    matrix a, x;
    for (int i = 1; i <= 6; i++) {
        x.m[i][1] = 4;
        for (int j = 1; j <= 6; j++) a.m[i][j] = 4;
    }
    for (int i = 0, x, y; i < m1; i++) {
        scanf("%d%d", &x, &y);
        a.m[p[x]][y] = a.m[p[y]][x] = 0;
    }
    matrix b = pow_matrix(a, n - 1) * x;
    int ans = 0;
    for (int i = 1; i <= 6; i++) ans = (ans + b.m[i][1]) % MOD;
    cout << ans << endl;
    return 0;
}
```

（2）Python 代码。

```
MOD = int(1e9+7)            #注意一定要用 int 转换数据类型
def multi(A, B):            #矩阵乘法
    C = [[0]*6 for i in range(6)]
    for i in range(6):
      for j in range(6):
         for k in range(6):
            C[i][j] = int((C[i][j] + A[i][k] * B[k][j]) % MOD)
    return C
def power(A, n):     #矩阵快速幂
    res = [[0]*6 for i in range(6)]
    for i in range(6):  res[i][i] = 1
    while n:
        if n % 2:   res = multi(res, A)
        A = multi(A, A)
        n >>= 1
    return res
def solve(n, dice):
    transfer = [[4]*6 for i in range(6)]  #转移矩阵
    for i in range(6):                    #去掉互斥的情况
        for j in dice.get((i+3)%6,[]):    #6 对面是 3，1 对面是 4，2 对面是 5
            transfer[i][j]= 0
    transfer = power(transfer, n-1)       #转移矩阵乘 n-1 次
    temp = [4]*6                          #表示最下面的骰子
    ans = [0]*6
    for i in range(6):                    #最后乘最下面的骰子
        for j in range(6):
            ans[i] += transfer[i][j] * temp[j]
    print(int(sum(ans) % MOD))
n, m = [int(str) for str in input().split()]
dice = dict()                             #用字典记录互相排斥的面
for i in range(m):
   x, y = [int(str)-1 for str in input().split()]
   if x not in dice:   dice[x] = [y]
   else:               dice[x].append(y)
   if y not in dice:   dice[y] = [x]
   else:               dice[y].append(x)
solve(n, dice)
```

【练习题】

“新型斐波那契”lanqiaoOJ 题号 1552；“迷路”lanqiaoOJ 题号 933。

8.5 GCD 和 LCM

初等数论是算法竞赛重要的考核内容，包括最大公约数（Greatest Common Divisor，GCD）和最小公倍数（the Least Common Multiple，LCM）、线性丢番图方程、同余、高斯消元、线性基、Lucas 定理、0/1 分数规划、素数、欧拉函数等。本节主要介绍 GCD 和 LCM。

数学题可难可易，即使是比较简单易懂的知识点，如 GCD 和 LCM，也可以出一些思维大转弯的题目，这些题目一般考核参赛人员的思维能力，只要想明白了解题思路，编程就相对容易。

8.5.1 GCD 的定义和性质

1. GCD 的定义

GCD：整数 a 和 b 的最大公约数是指能同时整除 a 和 b 的最大整数，记为 $\gcd(a, b)$。

由于$-a$ 的因子和 a 的因子相同，因此 $\gcd(a, b) = \gcd(|a|, |b|)$。编程时只需要关注正整数的最大公约数。

2. GCD 的性质

（1）$\gcd(a, b) = \gcd(a, a+b) = \gcd(a, ka+b)$。

（2）$\gcd(ka, kb) = k\cdot\gcd(a, b)$。

（3）定义多个整数的最大公约数：$\gcd(a, b, c) = \gcd(\gcd(a, b), c)$。

（4）若 $\gcd(a, b) = d$，则 $\gcd(a/d, b/d) = 1$，即 a/d 与 b/d 互素。这个定理很重要。

（5）$\gcd(a+cb, b) = \gcd(a, b)$。

8.5.2 GCD 的编程实现

1. 系统函数

编程时可以不用自己写 GCD 代码，而是直接使用库函数。

（1）C++的库函数__gcd()。

库函数__gcd()可能会返回负数，见下面的例子。

```
#include<bits/stdc++.h>
using namespace std;
int main(){
    cout<<__gcd(15, 81)<< "\n";     //输出  3
    cout<<__gcd(0, 44)<< "\n";      //输出  44
    cout<<__gcd(0, 0)<< "\n";       //输出  0
    cout<<__gcd(-6, -15)<< "\n";    //输出  -3
    cout<<__gcd(-17,289)<< "\n";    //输出  -17
    cout<<__gcd(17,-289)<< "\n";    //输出  17
    return 0;
}
```

（2）Python 的库函数 gcd()。

Python 的 gcd()与 C++的__gcd()的区别是 gcd()不会返回负数；gcd()可以带多个参数，见下面第 8 行代码。

```
1  from  math import *
2  print(gcd(15, 81))           #输出 3
3  print(gcd(0, 44))            #输出 44
4  print(gcd(0, 0))             #输出 0
5  print(gcd(-6, -15))          #输出 3
6  print(gcd(-17,289))          #输出 17
7  print(gcd(17,-289))          #输出 17
8  print(gcd(48,96,120,688))    #输出 8
```

2. 自行编写 GCD 代码

如果要自行编写 gcd()函数，则常用欧几里得算法。用辗转相除法求 GCD，即 $gcd(a, b) = gcd(b, a \bmod b)$。这是最常用的方法，它极为高效。设 $a > b$，则辗转相除法的计算复杂度为 $O((\log_2 a)^3)$。

（1）C++代码。

第 3 行的 gcd()函数，其功能和库函数__gcd()的完全一样，也可能输出负数。

```
1   #include<bits/stdc++.h>
2   using namespace std;
3   int gcd(int a, int b){return b? gcd(b, a%b):a; }
4   int main(){
5       cout<<gcd(15, 81)<< "\n";     //输出  3
6       cout<<gcd(0, 44)<< "\n";      //输出  44
7       cout<<gcd(0, 0)<< "\n";       //输出  0
8       cout<<gcd(-6, -15)<< "\n";    //输出  -3
9       cout<<gcd(-17,289)<< "\n";    //输出  -17
10      cout<<gcd(17,-289)<< "\n";    //输出  17
11      return 0;
12  }
```

注意，需要的时候可以把 int 改成 long long。

（2）Python 代码。

Python 代码中 gcd()函数的功能和上面 C++代码中 gcd()函数的一样，也可能输出负数，这一点和库函数 gcd()不同。

```
def gcd(a,b):
    if b==0:  return a
    else:     return gcd(b,a%b)

print(gcd(15, 81))    #输出 3
print(gcd(0, 44))     #输出 44
print(gcd(0, 0))      #输出 0
print(gcd(-6, -15))   #输出 -3
print(gcd(-17,289))   #输出 17
print(gcd(17,-289))   #输出 -17
```

8.5.3 LCM

a 和 b 的最小公倍数 $lcm(a, b)$可以从算术基本定理推理得到。

算术基本定理：任何大于 1 的正整数 n 都可以唯一分解为有限个素数的乘积：$n = p_1^{c_1} p_2^{c_2} \cdots p_m^{c_m}$，其中 c_i 都是正整数，p_i 都是素数且 p_i 是从小到大的。

设：$a = p_1^{c_1} p_2^{c_2} \cdots p_m^{c_m}$，$b = p_1^{f_1} p_2^{f_2} \cdots p_m^{f_m}$。

那么：$\gcd(a,b) = p_1^{\min\{c_1, f_1\}} p_2^{\min\{c_2, f_2\}} \cdots p_m^{\min\{c_m, f_m\}}$，$\mathrm{lcm}(a,b) = p_1^{\max\{c_1, f_1\}} p_2^{\max\{c_2, f_2\}} \cdots p_m^{\max\{c_m, f_m\}}$。

可以推出：$\gcd(a, b)\times\mathrm{lcm}(a, b) = a\times b$，即 $\mathrm{lcm}(a, b) = a\times b/\gcd(a, b) = a/\gcd(a, b) \times b$。

（1）C++代码。

```
int lcm(int a, int b){             //需要的时候把 int 改成 long long
    return a / gcd(a, b) * b;  //先做除法再做乘法，防止溢出
}
```

（2）Python 代码。

在 Python 新版本中有库函数 lcm()，它可以带多个参数。

```
from  math import *
print(lcm(3,6,8,9))   #输出 72
```

在 Python 的旧版本中并没有 lcm()函数，所以为了保险，还是自行编写一个 lcm()，代码如下。

```
from  math import *
def lcm(x,y):    return x//gcd(x,y)*y
```

8.5.4 例题

例题 8-8．等差数列

2019 年（第十届）省赛，lanqiaoOJ 题号 192

【题目描述】数学老师给小明出了一道等差数列求和的题目。但是粗心的小明忘记了一部分数列，只记得其中的 N 个整数。现在给出这 N 个整数，小明想知道包含这 N 个整数的最短的等差数列有几项。

【输入描述】输入的第一行包含一个整数 N，第二行包含 N 个整数 A_1、A_2……A_N。注意，A_1~A_N 并不一定是按等差数列中的顺序给出。对于所有评测用例，$2\leqslant N\leqslant 100000$，$0\leqslant A_i\leqslant 10^9$。

【输出描述】输出一个整数，表示答案。

所有数字间距离最小的间隔是公差吗？并不是，如{2, 5, 7}，最小的间隔是 2，但公差不是 2，是 1。

本题是 GCD 问题。把 N 个数据排序，计算它们的间隔，为所有间隔求 GCD，结果为公差。最少数量等于（最大值−最小值）/公差+1。

（1）C++代码。

```
#include<bits/stdc++.h>
using namespace std;
int a[100000];
int main(){
    int n;   cin>>n;
    for(int i=0;i<n;i++)    cin>>a[i];
    sort(a,a+n);
    int d=0;
    for(int i=1;i<n;i++)    d = __gcd(d,a[i]-a[i-1]);
```

```
    if(d==0) cout<<n<<endl;
    else     printf("%d\n",(a[n - 1] - a[0]) / d + 1);
    return 0;
}
```

（2）Python 代码。

```
from  math import *
n=int(input())
a=list(map(int,input().split()))
a.sort()
d=0
for i in range(1,n):  d=gcd(d,a[i]-a[i-1])
if d==0:  print(n)
else:     print((a[-1]-a[0])//d+1)
```

例题 8-9．核桃的数量

2013 年（第四届）省赛，lanqiaoOJ 题号 210

【题目描述】小张是软件项目经理，他带领 3 个开发组。工期紧，经常都在加班。为鼓舞士气，小张打算给每个组发一袋核桃。他的要求是：

（1）各组的核桃数量必须相同；

（2）各组内必须能平分核桃（当然是不能打碎的）；

（3）尽量提供满足前两个条件的最小数量。

【输入格式】输入一行，包含 3 个正整数 a、b、c，表示每个组正在加班的人数，用空格分隔，a、b、$c<30$。

【输出格式】输出一个正整数，表示每袋核桃的数量。

本题是一道简单题，答案就是 3 个数字的最小公倍数。

（1）C++代码。

```
#include<bits/stdc++.h>
using namespace std;
int lcm(int a, int b){ return a / __gcd(a, b) * b;}
int main(){
    int a,b,c;    cin>>a>>b>>c;
    int k = lcm(a,b);
    cout<<lcm(k,c)<<endl;
    return 0;
}
```

（2）Python 代码。

```
from  math import *
def lcm(x,y):  return x//gcd(x,y)*y
a,b,c = map(int,input().split())
k=lcm(a,b)
print(lcm(k,c))
```

例题 8-10．Hankson 的趣味题

lanqiaoOJ 题号 520

【题目描述】刚刚放学回家的 Hankson 正在思考一个有趣的问题。今天在课堂上，老师讲解了如何求两个正整数 c_1 和 c_2 的最大公约数和最小公倍数。现在 Hankson 认为自己已经熟练地掌握了这些知识，他开始思考一个“求公约数”和“求公倍数”之类问题的“逆问题”，这个问题是这样的：已知正整数 a_0、a_1、b_0、b_1，设某未知正整数 x 满足：

（1）x 和 a_0 的最大公约数是 a_1；

（2）x 和 b_0 的最小公倍数是 b_1。

Hankson 的“逆问题”就是求出满足条件的正整数 x。但稍加思索之后，他发现这样的 x 并不唯一，甚至可能不存在。因此他转而开始考虑如何求解满足条件的 x 的个数。请你帮助他编程求解这个问题。

【输入格式】输入的第一行为一个正整数 n，表示有 n 组输入数据。接下来的 n 行，每行一组输入数据，为 4 个正整数 a_0、a_1、b_0、b_1，每两个正整数之间用一个空格隔开。输入数据保证 a_0 能被 a_1 整除，b_1 能被 b_0 整除。

【评测用例规模与约定】对于 100%的数据，保证有 $1 \leqslant a_0, a_1, b_0, b_1 \leqslant 2000000000$ 且 $n \leqslant 2000$。

【输出格式】输出共 n 行。每组输入数据的输出结果占一行，为一个整数。对于每组数据：若不存在这样的 x，则输出 0；若存在这样的 x，则输出满足条件的 x 的个数。

用最简单的暴力法把所有可能的 x 都试一遍。x 的范围是 $x \leqslant b_1$。

```
    for(int x=1;x<=b1;x++)
        if(gcd(x,a0)==a1 && lcm(x,b0)==b1)
            ans++;
```

但是，由于本题的数据范围是 $b_1 \leqslant 2 \times 10^9$，因此使用暴力法求解肯定会超时。

若 x 是 b_1 的因子，那么 $xy = b_1$，y 也可能是答案。所以只需要在范围 $x \leqslant \sqrt{b_1}$ 内查询，同时判断 y 就行了。

但是这样还是会超时，因为 GCD 计算也要花时间。最后加上一个优化：if(b$_1$%x==0)，表示 b_1 是 x 的公倍数。

（1）C++代码。

```
#include<bits/stdc++.h>
using namespace std;
int lcm(int a, int b){ return a / __gcd(a, b) * b;}
int main() {
    int n; scanf("%d",&n);
    while(n--) {
        int a0,a1,b0,b1;
        cin >>a0>>a1>>b0>>b1;
        int ans=0;
        for(int x=1;x <= sqrt(b1);x++){
            if(b1%x == 0){          //优化
                if(__gcd(x,a0)==a1 && lcm(x,b0)==b1)  ans++;
                int y = b1/x;          //另外一个因子
                if(x==y) continue;
                if(__gcd(y,a0)==a1 && lcm(y,b0)==b1)  ans++;
            }
        }
        cout << ans <<endl;
    }
    return 0;
}
```

（2）Python 代码。

```
from  math import *
def lcm(x,y):  return x//gcd(x,y)*y
```

```python
n=int(input())
for _ in range(n):
    a0,a1,b0,b1 = map(int,input().split())
    ans=0
    for x in range(1,int(sqrt(b1))+1):
        if b1 % x == 0:
            if gcd(x,a0)==a1 and lcm(x,b0)==b1: ans+=1
            y = b1//x
            if x==y: continue
            if gcd(y,a0)==a1 and lcm(y,b0)==b1: ans+=1
    print(ans)
```

例题 8-11．最大比例

2016 年（第七届）省赛，lanqiaoOJ 题号 120

【题目描述】 X 星球的某个大赛设了 M 级奖励。每个级别的奖金是一个正整数。并且，相邻的两个级别间的比例是个固定值。也就是说：所有级别的奖金数构成了一个等比数列。例如：{16,24,36,54}。其等比值为：3/2。

现在，我们随机调查了一些获奖者的奖金数额。请你据此推算可能的最大的等比值。

【输入格式】 输入的第一行为数字 $N(0<N<100)$，表示接下的一行包含 N 个正整数。第二行为 N 个正整数 $X_i(X_i<1000000000000)$，每个正整数用空格分隔。每个正整数表示调查到的获奖者的奖金数额。

【输出格式】 输出一个形如 A/B 的分数，要求 A、B 互质。表示可能的最大比例系数。

系统的测试数据保证了输入格式正确，并且最大比例是存在的。

先试试用暴力法求解。

对这些数字排序，然后算出相邻两个数的比值。最小的那个比值 K 是否就是答案呢？

不是。例如{2, 16, 64}，相邻两个数的比值是 16/2=8 和 64/16=4，最小比值 K=4。但是对应的等比数列是{2, 4, 8, 16, 32, 64}，比值是 2。

所以答案肯定比 K 小，如何求出答案？如果一个一个地试比 K 小的分数，肯定会超时。

再用另一个思路求解，这次不是计算相邻两个数的比值，而是计算每个数对第一个数的比值。这种方法会不会好一些？

设原序列是$\{x, xq^1, xq^2, ..., xq^{n-1}\}$，从中挑出一些数字$\{xq^c, xq^d, ..., xq^y, xq^z\}$，它们之间两两相除，得到一个比值序列$\{1, q^{d-c}, … , q^{z-y}\}$，其中的一些数字可能是相同的，有点麻烦。或者算它们与挑选出的第一个数的比值，得$\{1, q^{d-c}, … , q^{y-c}, q^{z-c}\} =\{1, q^{kd}, … , q^{ky}, q^{kz}\}$，这个序列内的所有数字肯定不同。令 $q = a/b$，那么这个序列变成了$\{1, (a/b)^{kd}, ..., (a/b)^{ky}, (a/b)^{kz}\}$。可分成分子和分母两个序列，分别是 $A=\{a^{kd}, ..., a^{ky}, a^{kz}\}$，$B=\{b^{kd}, ..., b^{ky}, b^{kz}\}$。

已知这两个序列 A、B 中每个元素的值，求 a 和 b。

例如 $A=\{16, 128, 512, 1024\}$，得 a=2，即 $A=\{2^4, 2^7, 2^9, 2^{10}\}$。如何根据 A 求 a？

显然，A 中每个数除以前面一个数，都能够整除，得到 a 的一个倍数，但是这个倍数不是 a，需要继续除，直到得到 a 为止。以前两个数$\{2^4, 2^7\}$为例，计算步骤是 $2^7/2^4=2^3$、$2^4/2^3=2^1$、$2^3/2^1=2^2$、$2^2/2^1=2^1$、$2^1/2^1=1$，结束，得 a=2。这是一个辗转相除的过程。

对 A 中的所有元素都执行这个过程，就可得到 a。下面代码中的 gcd_sub()完成了这一任务。

（1）C++代码。

```
#include<bits/stdc++.h>
using namespace std;
typedef long long ll;
const int N = 105;
ll x[N],a[N],b[N];
ll gcd_sub(ll a,ll b){
    if(a<b)   swap(a,b);
    if(b==1)  return a;
    return gcd_sub(b,a/b);
}
int main(){
    int n; cin >>n;
    ll cnt=0;
    for(int i=0;i<n;i++)  cin>>x[i];
    sort(x,x+n);          //排序
    for(int i=1;i<n;i++){
        ll d = __gcd(x[i],x[0]);
        a[cnt] = x[i]/d;
        b[cnt] = x[0]/d;    //约分，得分子a和分母b
        cnt++;
    }
    ll up = a[0], down = b[0];
    for(int i=1;i<cnt;i++){
        up= gcd_sub(up,a[i]);          //求分子
        down = gcd_sub(down,b[i]);    //求分母
    }
    cout<<up<<'/'<<down<<endl;
    return 0;
}
```

（2）Python 代码。

```
from math import *
def gcd_sub(a,b):
    if a<b: a,b = b,a
    if b==1: return a
    return gcd_sub(b,a//b);
n = int(input())
x = list(set(map(int,input().split())))   #set()有去重的作用
x.sort()
n = len(x)
a=[]
b=[]
for i in range(1,n):
    d = gcd(x[i],x[0])
    a.append(x[i]//d)
    b.append(x[0]//d)
n = len(a)
up = a[0]
down = b[0]
for i in range(1,n):
    up = gcd_sub(up,a[i])
    down = gcd_sub(down,b[i])
print('%d/%d'%(up,down))
```

例题 8-12. 寻找整数

2022 年（第十三届）省赛，填空题，lanqiaoOJ 题号 2131

【题目描述】有一个不超过 10^{17} 的正整数 n，已知这个数除以 2 至 49 的余数如下页表所示，求这个正整数最小是多少。

a	n mod a	a	n mod a	a	n mod a	a	n mod a
2	1	14	11	26	23	38	37
3	2	15	14	27	20	39	23
4	1	16	9	28	25	40	9
5	4	17	0	29	16	41	1
6	5	18	11	30	29	42	11
7	4	19	18	31	27	43	11
8	1	20	9	32	25	44	33
9	2	21	11	33	11	45	29
10	9	22	11	34	17	46	15
11	0	23	15	35	4	47	5
12	5	24	17	36	29	48	41
13	10	25	9	37	22	49	46

下面给出两种解法。

（1）模拟。

用暴力法一个一个地检验 $1 \sim 10^{17}$ 的每个数，n 最大可能是 10^{17}，验证的时间太长。如何减少验证时间？如果 n 是某个数 k 的倍数，那么可以通过递增 k 来进行验证，即 for i in range(1, 10^{17}, k)，循环 $10^{17}/k$ 次，k 越大，验证的次数越少。

从表中可以看出，n 是 11 和 17 的倍数，那么最小的 $k = 11 \times 17 = 187$。但是 k 仍然太小，$10^{17}/187 \approx 10^{14}$，for 循环要执行 10^{14} 次，仍然耗时太长。

如何找到一个较大的 k？

要证明一点：满足表格中部分数据（如 a = 45、46、47、48、49）的 n，从小到大排列后是一个等差数列，即 $n_2 - n_1 = n_3 - n_2 = \ldots = k'$。请读者自行证明。

用 Python 代码求 k'。

```
cnt = 0
tmp=0
for i in range(187, 10 ** 17, 187):
    if i % 49 == 46 and i % 48 == 41 and i % 47 == 5 and i % 46 == 15 and i % 45 == 29:
        cnt += 1
        print(i, 'k=',i-tmp)
        tmp=i
    if cnt > 5:  break
```

输出结果如下。

```
5458460249 k= 5458460249
12590206409 k= 7131746160
19721952569 k= 7131746160
26853698729 k= 7131746160
33985444889 k= 7131746160
41117191049 k= 7131746160
```

得 k'=7131746160。

完全满足表格数据的从小到大的 n_1、n_2、n_3……也是等差数列，$n_2 - n_1 = n_3 - n_2 = \ldots = k$，且 k 是 k' 的倍数。

用 k'=7131746160 作为 for 循环的步长暴力地检验到最小的 n，循环次数是 $10^{17}/k' \approx 14000000$。

```
mod = [0,0,1, 2, 1, 4, 5, 4, 1, 2, 9, 0, 5, 10, 11, 14, 9, 0, 11, 18, 9, 11, 11, 15,
17, 9, 23, 20, 25, 16, 29, 27, 25, 11, 17, 4, 29, 22, 37, 23, 9, 1, 11, 11, 33, 29,
15, 5, 41, 46]
for i in range(5458460249, 10**17, 7131746160):  #开始是5458460249，步长k=7131746160
    for a in range(2,50):
        if i % a != mod[a]:  break
    else:              #for else 结构：for 语句正常结束，运行 else 语句
        print(i)
        break
```

输出结果：2022040920220409。

（2）LCM。

用 LCM 解题的思路是从表格的第一个数 2 开始，逐个增加后面的数，找满足条件的 n。

① 满足第一个条件，除以 2 余 1 的数有 3、5、7、9……此时步长 $k = 2$。

② 继续满足第二个条件，除以 3 余 2 的数，只能从上一步的 3、5、7、9 等数中找，有 5、11、17……此时步长 $k = 6$，为什么 $k = 6$？这里就用到了 LCM：$k = \text{lcm}(2, 3) = 6$，下面来证明一下。

设 n_1 和 n_2 满足：

$$n_1 = 2a_1+1 = 3b_1+2$$
$$n_2 = 2a_2+1 = 3b_2+2$$

n_2 和 n_1 的差 $k = n_2-n_1 = 2(a_2-a_1) = 3(b_2-b_1)$。

k 是 2 的倍数，也是 3 的倍数，根据题意，k 是 2 和 3 的最小公倍数，$k = \text{lcm}(2, 3) = 6$。

③ 继续满足第三个条件，除以 4 余 1 的数，只能从 5、11、17 等数中找，有 5、17、29……此时步长 $k = \text{lcm}(2, 3, 4) = 12$。

④ 继续满足第四个条件……

逐个检查表格，直到满足表格中所有的条件。

下面是 Python 代码。代码的计算量很小，只需要对表格中的 2～49 求 48 次 LCM 即可。

```
from  math import *
mod=[0,0,1,2,1,4,5,4,1,2,9,0,5,10,11,14,9,0,11,18,9,11,11,15,17,9,23,20,25,16,29,27,
25,11,17,4,29,22,37,23,9,1,11,11,33,29,15,5,41,46]
ans = 2 + mod[2]
k = 2                            #从第一个数的步长开始
for i in range(3,50):
    while True:
        if ans%i == mod[i]:      #ans 是满足前 i 个数的解
            k = lcm(k,int(i))    #连续求 LCM
            break
        else:  ans += k          #累加新的步长
print(ans)
```

【练习题】

“最大公约数”lanqiaoOJ 题号 1260；“GCD”lanqiaoOJ 题号 2133；“包子凑数”lanqiaoOJ 题号 98；“循环小数”lanqiaoOJ 题号 1051。

8.6 素数

素数是很古老的数论问题，但是至今还有很多谜团，如著名的哥德巴赫猜想：每个大于 2

的正偶数可以写成两个素数的和。迄今为止，最好的结果仍然是陈景润 1966 年做出的“大偶数表为一个素数及一个不超过二个素数的乘积之和”，即“1+2”。

8.6.1　素数的判断

素数的定义：只能被 1 和自己整除的正整数。注意，1 不是素数，最小的素数是 2。

如何判断一个数 n 是不是素数？当 $n\leq 10^{14}$ 时，用试除法判断；当 $n>10^{14}$ 时，试除法不再适用，需要用高级算法来判断，如 Miller-Rabin 米勒-拉宾素性检验算法。

根据素数的定义，可以直接得到试除法：用$[2, n-1]$内的所有数去试着除 n，如果都不能整除，n 就是素数。很容易发现，可以把$[2, n-1]$缩小到$[2,\sqrt{n}]$。因为若 $n=a\times b$，其中 $a\leq\sqrt{n}$，$b\geq\sqrt{n}$，如果 n 有个因子是 a，那么可以肯定 n 不是素数，b 就不用再试了。

试除法的复杂度是 $O(\sqrt{n})$。下面是代码，注意 for 循环中对 $\sqrt{n}$ 的处理。

```
bool is_prime(long long n){
     if(n <= 1)    return False;           //1 不是素数
     for(long long i=2; i <= sqrt(n); i++)
         if(n % i == 0)  return False;     //能整除，不是素数
     return True;                          //思考 n=2 时能返回 True 吗
}
```

范围$[2,\sqrt{n}]$还可以继续缩小，如果提前算出范围内的所有素数，用这些素数来除 n 就行了。埃氏筛就用到了这一原理。$[2,\sqrt{n}]$内有多少个素数？在 1×10^6 以内，约有 7.8 万个素数；在 1 亿以内，约有 576 万个素数。试除的计算量减少为原来的十分之一。

下面是一些素数判断的例题。

例题 8-13．选数

lanqiaoOJ 题号 753

【题目描述】已知 n 个整数 x_1、x_2……x_n，以及一个整数 k（$k<n$）。从 n 个整数中任选 k 个整数相加，可分别得到一系列的和。例如当 n=4，k=3，4 个整数分别为 3、7、12、19 时，可得全部的组合与它们的和为：

3+7+12=22，3+7+19 = 29，7+12+19 = 38，3+12+19 = 34。

现在，要求你计算出和为素数的组合共有多少种。

如上例，只有一种组合的和为素数：3+7+19 = 29。

【输入描述】输入的第一行是 n、k，第一行是 x_1、x_2……x_n。$1\leq n\leq 20,k<n,1\leq x_i\leq 5\times 106$。

【输出描述】输出一个整数。

用暴力法求解即可，先得到所有的组合，然后统计这些组合中和为素数的组合有多少种。用 Python 写代码最简单。

（1）Python 代码。

```
from math import *
from itertools import *
def is_prime(n):
    if n == 1: return False
    m = int(sqrt(n)+1)                  #sqrt(n)可以写为 n**0.5
    for i in range(2,m):
        if n % i == 0:  return False
```

```
    return True
n,k = map(int,input().split())
s = list(map(int,input().split()))
cnt = 0
for e in combinations(s, k):                #所有组合
    num = sum(e)                            #求和
    if is_prime(num) == True:  cnt+=1
print(cnt)
```

（2）C++代码。

```
#include<bits/stdc++.h>
using namespace std;
int n,m,b[25],a, cnt, c[25];
bool is_prime(int n){
    if(n <= 1)    return False;          //1 不是素数
    for(long long i=2; i <= sqrt(n); i++)
        if(n % i == 0)  return False;    //能整除，不是素数
    return True;                         //思考 n=2 时能返回 True 吗
}
void dfs(int dep,int e){   //求排列
    if(dep==m) {
        if(is_prime(a)){
            cnt++;
            return ;
        }
        return ;
    }
    for(int i=e;i<=n;i++)
      if(c[i]==0)  {
         c[i]=1;
         a+=b[i];
         dfs(dep+1,i+1);
         a-=b[i];
         c[i]=0;
      }
}
int main(){
    cin>>n>>m;
    for(int i=1;i<=n;i++)    cin>>b[i];
    dfs(0,1);
    cout<<cnt;
  return 0;
}
```

例题 8-14．笨小猴

lanqiaoOJ 题号 527

【题目描述】笨小猴的词汇量很小，所以每次做英语选择题的时候都很头疼。但是他找到了一种方法，经试验证明，用这种方法去选择选项的时候选对的概率非常大！这种方法的具体描述如下：假设 maxn 是单词中出现次数最多的字母的出现次数，minn 是单词中出现次数最少的字母的出现次数，如果 maxn−minn 是一个质数，那么笨小猴就认为这是个 Lucky Word，这样的单词很可能就是正确的答案。

【输入描述】输入只有一行，是一个单词，其中只可能出现小写字母，并且长度小于 100。

【输出描述】输出共两行，第一行是一个字符串，假设输入的单词是 Lucky Word，那么输出“Lucky Word”，否则输出“No Answer”；第二行是一个整数，如果输入的单词是 Lucky Word，则输出 maxn−minn 的值，否则输出 0。

直接模拟，统计每个字母出现的次数，然后判断。

（1）C++代码。

注意统计字母出现次数的方法，用 Hash 表。

```
#include<bits/stdc++.h>
using namespace std;
int letter[26] = {0};          //统计每个字母出现的次数，是一个 Hash 表
int is_prime(int n){
    if(n<=1) return 0;
    for(int i=2;i<=sqrt(n);i++)
        if(n%i==0)  return 0;
    return 1;
}
int main(){
    int maxn=-1,minn=1000;
    string s; cin >> s;
    int len = s.length();
    for(int i=0;i<len;i++)  letter[s[i]- 'a']++;
    for(int i=0;i<26;i++){
        if(letter[i]==0) continue;
        if(letter[i]>maxn)  maxn = letter[i];
        if(letter[i]<minn)  minn = letter[i];
    }
    if(len == maxn) minn=0;
    int ans = is_prime(maxn-minn);
    if(!ans) cout << "No Answer\n"  << 0 << "\n";
    else     cout << "Lucky Word\n" << maxn-minn << "\n";
    return 0;
}
```

（2）Python 代码。

第 12 行直接用 count()统计每个字母的数量。

```
1  from math import *
2  def is_prime(n):
3      if n == 0 or n == 1: return False
4      m = int(sqrt(n)+1)              #sqrt(n) 可以写为 n**0.5
5      for i in range(2,m):
6          if n % i == 0:   return False
7      return True
8  s = input()
9  maxn = -1
10 minn = 1000
11 for i in s:
12     n = s.count(i)
13     maxn = max(maxn,n)
14     minn = min(minn,n)
15 if is_prime(maxn - minn):
16     print("Lucky Word");  print(maxn - minn)
17 else:
18     print("No Answer");   print(0)
```

例题 8-15. 最大最小公倍数

lanqiaoOJ 题号 1510

【题目描述】已知一个正整数 N，问从 1～N 任选出 3 个数，它们的最小公倍数最大可以为多少。

【输入描述】输入一个正整数 N。

【输出描述】输出一个整数，表示答案。

本题是典型的贪心题，从大的数开始选。不过，简单地把 N 里面最大的 3 个数相乘，$N\times(N-1)\times(N-2)$，并不正确，需要分析多种情况。

最小的公倍数是 3 个数的质因数相乘的结果，如果有相同的质因数，则选择质因数个数多的那个数的质因数参与运算。例如求 6、7、8 的最小公倍数，先分解因子：6=2×3，7=7×1，8=2×2×2，它们的最小公倍数是 3×7×2×2×2=168。

大于 1 的两个相邻整数互质，它们没有公共的质因数。如果题目是任选两个数，则最大的最小公倍数是 $N\times(N-1)$。

对于连续的 3 个整数，分为以下两种情况来分析。

（1）N 是奇数。N、$N-1$、$N-2$ 是奇数、偶数、奇数，结论是这 3 个数两两互质，3 个数的乘积就是最大的最小公倍数。3 个数两两互质，也就是说任意一个质数只在 N、$N-1$、$N-2$ 中出现一次。例如：

质因数 2 只在 $N-1$ 中出现；

质因数 3，如果在 N 中出现（设 $N=3a$），就不会在 $N-1$ 中出现（这要求 $N-1=3b$，无解），也不会在 $N-2$ 中出现（这要求 $N-2=3b$，无解）。

推广到任何一个质数 k，k 都只会在 N、$N-1$、$N-2$ 中出现一次。

（2）N 是偶数有如下结论。

N 有质因数 3，设 $N=6a$，$N-1=6a-1$，$N-2=6a-2$，$N-3=6a-3$。后 3 个数互质，乘积 $(N-1)(N-2)(N-3)$，比包含 N 的 $N(N-1)(N-2)$、$N(N-1)(N-3)$、$N(N-2)(N-3)$ 都大。

N 没有质因数 3 时，可以分析得 $N(N-1)(N-3)$ 最大。

（1）C++代码。

```cpp
#include<bits/stdc++.h>
using namespace std;
int main() {
    long long n, ans;
    cin >> n;
    if(n <= 2)    ans = n;
    else if(n % 2)    ans = n * (n-1) * (n-2);          //n是奇数
    else {                                               //n是偶数
        if(n%3) ans = n * (n-1) * (n-3);                 //n没有因数3
        else    ans = (n-1) * (n-2) * (n-3);             //n有因数3
    }
    cout << ans;
    return 0;
}
```

（2）Python 代码。

```python
n = int(input())
if n <= 2:  print(n)
elif(n % 2 != 0):  print(n * (n-1) * (n-2))
else:
    if n % 3 == 0: print((n-1)*(n-2)*(n-3))
    else:          print(n*(n-1)*(n-3))
```

8.6.2 素数的筛选

素数的筛选：给定 n，求 2～n 内所有的素数。

一个一个地判断显然很慢，所以用“筛子”来“过滤”所有的整数，把非素数筛掉，剩下的就是素数。常用两种筛选方法：埃氏筛、欧拉筛。这里介绍埃氏筛。

埃氏筛是一种古老而简单的方法，它直接利用了素数的定义。对初始队列{2,3,4,5,6,7,8,9,10,11,12,13,...,*n*}的操作如下。

（1）输出最小的素数 2，然后筛掉 2 的倍数，得{~~2~~,3,~~4~~,5,~~6~~,7,~~8~~,9,~~10~~,11,~~12~~,13,...}

（2）输出最小的素数 3，然后筛掉 3 的倍数，得{~~2~~,~~3~~,~~4~~,5,~~6~~,7,~~8~~,~~9~~,~~10~~,11,~~12~~,13,...}

（3）输出最小的素数 5，然后筛掉 5 的倍数，得{~~2~~,~~3~~,~~4~~,~~5~~,~~6~~,7,~~8~~,~~9~~,~~10~~,11,~~12~~,13,...}

继续以上步骤，直到队列为空。

用下面的例题给出模板代码。

例题 8-16. 质数

lanqiaoOJ 题号 1557

【题目描述】给定一个正整数 *N*，请你输出 *N* 以内（不包含 *N*）的质数以及质数（也称素数）的个数。

【输入描述】输入一个正整数 *N*，*N*<1000。

【输出描述】输出两行，第一行包含若干个素数，从小到大排列，用空格分隔。第二行包含一个整数，表示素数的个数。

（1）C++代码。

C++代码中，visit[i]用于记录数 *i* 的状态，如果 visit[i] = True，则表示 *i* 被筛掉了，它不是素数。prime[]用于存放素数，如 prime[0]是第一个素数 2。

第 8 行设置用来做筛除的数（2、3、5 等），最多到 $\sqrt{n}$ 就可以了。例如，求 $n = 100$ 以内的素数，用 2、3、5、7 就足够了。其原理和试除法一样：非素数 *k* 必定可以被一个小于等于 $\sqrt{k}$ 的素数整除，被筛掉。

埃氏筛虽然不错，但其实它还是做了一些无用功，即某个数会被筛好几次，如 12 被 2 和 3 筛了两次。

计算复杂度：2 的倍数被筛掉，计算 *n*/2 次；3 的倍数被筛掉，计算 *n*/3 次；5 的倍数被筛掉，计算 *n*/5 次，以此类推，总计算次数是 $O(n/2+n/3+n/5+\ldots)$，即 $O(n\log\log n)$。算法的效率很接近线性，已经很好了。

空间复杂度：程序用到了 bool visit[N+1]数组，当 $N = 10^7$ 时，所需空间约 10MB。由于埃氏筛只能用于处理规模约为 $n=10^7$ 的问题，因此 10MB 空间是够用的。

```
1   #include<bits/stdc++.h>
2   using namespace std;
3   const int N = 1e7;          //定义空间大小，1e7 约 10MB
4   int prime[N+1];             //存放素数，它记录 visit[i] = False 的项
5   bool visit[N+1];            //为 True 表示被筛掉，不是素数
6   int E_sieve(int n) {        //用埃氏筛计算[2, n]内的素数
7       for(int i = 0; i <= n; i++)  visit[i]= False;  //初始化
8       for(int i = 2; i<=sqrt(n); i++)
9           if(!visit[i])
10              for(int j=i*i; j<=n; j+=i)
11                  visit[j] = True;        //j 不是素数，筛掉
12  //下面记录素数
13      int  k=0;                           //统计素数的个数
14      for(int i = 2; i <= n; i++)
15          if(!visit[i])
```

```
            prime[k++] = i;             //存储素数
    return k;                           //返回素数的个数
}
int main(){
    int n;    cin >>n;
    int k = E_sieve(n-1);
    for(int i=0;i<k;i++)  cout << prime[i]<< " ";
    cout << endl;
    cout << k;
}
```

（2）Python 代码。

```
from math import *
N = int(1e6)
prime = [0]*N
vis = [0]*N
def E_sieve(n):
    for i in range(2,int(sqrt(n)+1)):        #sqrt(n)可以写为 n**0.5
        if not vis[i]:
            for j in range(i*i,n+1,i):
                vis[j] = 1
    k=0
    for i in range(2,n+1):
        if not vis[i]:
            prime[k] = i
            k += 1
    return k
n = int(input())
k = E_sieve(n-1)
for i in range(0,k):
    print(prime[i],end=" ")
print()
print(k)
```

例题 8-17．数的拆分

2022 年（第十三届）省赛，lanqiaoOJ 题号 2090

【题目描述】给定 T 个正整数 a_i，分别问每个 a_i 能否表示为 $x_1^{y_1}x_2^{y_2}$，其中 x_1、x_2 为正整数，y_1、y_2 为大于或等于 2 的正整数。

【输入描述】输入的第一行包含一个整数 T，表示询问次数。接下来的 T 行，每行包含一个正整数 a_i。

【输出描述】对于每次询问，如果 a_i 能够表示为题目描述的形式，则输出“yes”，否则输出“no”。

【输入样例】	【输出样例】
7	no
2	no
6	no
12	yes
4	yes
8	no
24	yes
72	

【评测用例规模与约定】对于 10%的评测用例，$1 \leqslant T \leqslant 200$，$a_i \leqslant 10^9$；对于 30%的评测用例，$1 \leqslant T \leqslant 300$，$a_i \leqslant 10^{18}$；对于 60%的评测用例，$1 \leqslant T \leqslant 10000$，$a_i \leqslant 10^{18}$；对于所有评测用例，$1 \leqslant T \leqslant 100000$，$1 \leqslant a_i \leqslant 10^{18}$。

本题有 T 行数据，注意不要用 cin 来读，速度太慢，应该用 scanf 来读。

对 a 进行素因子分解 $P_1^{q_1} P_2^{q_2} \cdots P_k^{q_k}$，题目要求 $q_i \geqslant 2$，拆分：$q_i = k_1 y_1 + k_2 y_2$，其中 $k_1, k_2 \geqslant 0$，$y_1, y_2 \geqslant 2$。$y_1 = 2$、$y_2 = 3$ 可以保证所有 $q_i \geqslant 2$ 均有非负整数解。$q_i = k_1 y_1 + k_2 y_2 = 2k_1 + 3k_2 = k$ 对于任意 $k > 1$ 都有非负整数解，例如：

$k \% 3 = 0$，$k_1 = 0$，$k_2 = k/3$；

$k \% 3 = 1$，$k_1 = 2$，$k_2 = (k - 4)/3$；

$k \% 3 = 2$，$k_1 = 1$，$k_2 = (k - 2)/3$。

问题变成 a 能否被分解为 ${x_1}^2{x_2}^3$，检测每个 q_i 是否大于或等于 2，只要大于或等于 2，就可以按对应的 k 分配到 x_1、x_2。

本题 $a \leqslant 10^{18}$，所以 ${x_1}^2{x_2}^3 \leqslant 10^{18}$，当素因子 $p > 4000$ 时，$p^5 \geqslant 10^{18}$，只需要用暴力法判断 4000 以内的素因子，对于大于 4000 的 p，指数只能是 2、3、4，判断是否为平方数或立方数即可。

时间复杂度：用埃氏筛预计算 $p = 4000$ 以内的素数，复杂度是 $O(p^2)$；然后进行判断，复杂度是 $O(T \times 550)$，550 是 4000 以内的素数个数。

（1）C++代码。

```
#include <bits/stdc++.h>
using namespace std;
typedef long long ll;
const int N = 4000;
int prime[N+1],visit[N+1];
 int cnt = 0;
int E_sieve()  {
    for(int i = 2; i <= N; i++){  //无优化的埃氏筛
        if(!visit[i]) prime[++cnt] = i;
        for(int j = i*i; j <= N; j += i)    visit[j] = 1;
    }
}
void solve(){
    ll a;  scanf("%lld",&a);         //这里不能用 cin 来读，速度太慢
    for(int i = 1; i <= cnt; i++){
        int c = 0;
        while(a % prime[i] == 0) a/=prime[i], c++;
        if(c==1){ cout << "no\n"; return; }
    }
    ll k = sqrt(a);
    if(k * k == a){ cout << "yes\n"; return;}//检查 n 是否为平方数
    k = pow(a, 1/3);
    if(k*k*k == a){ cout << "yes\n"; return;}//检查 n 是否为立方数
    cout << "no\n";
}
int main(){
    E_sieve(); //预计算素数
    int T;   cin >> T;
    while(T--)   solve();
}
```

（2）Python 代码。

```
from math import *
N = 4000
```

```
prime = [0]*N
vis = [0]*N
cnt = 0
def E_sieve():
    global cnt
    for i in range(2,N):
        if not vis[i]:  cnt+=1; prime[cnt] = i
        for j in range(i*i,N,i):    vis[j] = 1
def solve():
    a = int(input())
    for i  in range(1,cnt+1):
        c = 0
        while a % prime[i] == 0: a/=prime[i]; c+=1
        if c==1: print("no"); return
    k = int(sqrt(a))
    if k*k == a: print("yes"); return   #检查n是否为平方数
    k = int(pow(a, 1/3))
    if k*k*k==a:  print("yes"); return #检查n是否为立方数
    print("no")
E_sieve()
T=int(input())
for i in range(T): solve()
```

8.6.3 区间素数

用埃氏筛求[2, n]内的素数，只能解决规模为 $n \leqslant 10^7$ 的问题。如果 n 更大，在某些情况下，也可以用埃氏筛来处理，这就是大区间素数的计算。

可以把埃氏筛扩展到求[a, b]的素数，$a<b \leqslant 10^{12}$，$b-a \leqslant 10^6$。

前文提到过，用试除法判断 n 是不是素数的原理是如果 n 不能整除 2～$\sqrt{n}$ 内所有的**素数**，那么它就是素数。根据埃氏筛很容易理解这个原理：2～$\sqrt{n}$ 内的非素数 b 肯定对应一个比它小的素数 a。用试除法的时候，如果 n 能整除 a，就证明了 n 不是素数，那么 b 就不用再试了。

可以根据这个原理来理解大区间求素数问题。先用埃氏筛求[2, $\sqrt{b}$]内的素数，然后用这些素数来筛选[a, b]内的素数即可。

（1）计算复杂度：$O(\sqrt{b}\log\log\sqrt{b}) + O((b-a)\ \sqrt{b-a})$。

（2）空间复杂度：需要定义两个数组，一个用于处理[2, $\sqrt{b}$]内的素数，另一个用于处理[a, b]内的素数，空间复杂度是 $O(\sqrt{b}) + O(b-a)$。

例题 8-18. 找素数

lanqiaoOJ 题号 1558

【题目描述】给定[a, b]，请计算区间中素数的个数。$2 \leqslant a \leqslant b \leqslant 2147483647$，$b-a \leqslant 1000000$

【输入描述】输入共一行，包含两个整数 a、b。$2 \leqslant a \leqslant b \leqslant 2147483647$，$b-a \leqslant 1000000$。

【输出描述】输出一个整数，表示答案。

本题的 $a,b \leqslant 2147483647$，不能直接定义一个 vis[N]，N=2147483647 来表示[0,b]内的每个数字，因为这样 vis[N]需要的存储空间太大了。只能定义本题区间[a,b]大小的空间，即 1000000。

（1）C++代码。

下面的代码中，先筛选出[2, $\sqrt{b}$]内的素数，将其存在 vis[]中。从[2, $\sqrt{b}$]内筛得素数的同时，也将其倍数从区间[a,b]对应中划去，最后剩下的就是[a,b]内的素数。

✧ 提示：第 15 行的 max(2LL,(a+i-1)/i)*i 是[a,b]中第一个被划去的倍数。

```
1   #include<bits/stdc++.h>
2   using namespace std;
3   typedef long long ll;
4   const int N = 1000005;
5   bool seg_prime[N];
6   bool vis[N];
7   ll prime[N];          //存[a,b]内的素数
8   ll seg_sieve(ll a,ll b) {
9       for(ll i=0;i<=sqrt(b);++i) vis[i]=True;
10      for(ll i=0;i<=b-a;++i) seg_prime[i]=True;
11      for(ll i=2;i<=sqrt(b);++i)
12          if(vis[i]) {                      //i 是素数
13              for(ll j=i*i;j<=sqrt(b);j+=i)//筛选[2,sqrt(b)]内的素数
14                  vis[j] = False;
15              for(ll j=max(2LL,(a+i-1)/i)*i;j<=b;j+=i)//筛选[a,b]内的素数
16                  seg_prime[j-a] = False;
17          }
18      ll num=0;
19      for(ll i=0;i<=b-a;++i)  //统计[a,b]内素数的个数
20          if(seg_prime[i])  prime[num++]=i+a; //存[a,b]内的素数
21      return num;
22  }
23  int main(){
24      ll a,b; cin >>a>>b;
25      cout <<seg_sieve(a,b);
26      return 0;
27  }
```

（2）Python 代码。

```
from math import *
N = 1000005
vis = [True]*N            #标记[2,sqrt(b)]是否为素数
prime = [0]*N             #存[a,b]内的素数
seg_prime = [True]*(N)    #标记[a,b]是否为素数
def seg_sieve(a,b):
    for i in range(2,int(sqrt(b))+1):
        if vis[i]:        #i 是素数
            for j in range(i*i,int(sqrt(b)),i):         vis[j]=False
            for j in range(max(2,(a+i-1)//i)*i,b+1,i): seg_prime[j-a]=False
    num = 0
    for i in range(0,b-a+1):
        if seg_prime[i]:
            prime[num] = i+a
            num += 1
    print(num)
a,b = map(int, input().split())
seg_sieve(a, b)
```

8.6.4 分解质因子

任何一个正整数 n 都可以唯一地被分解为有限个素数的乘积：$n=p_1^{c_1}p_2^{c_2}\ldots p_m^{c_m}$，其中 c_i 都是正整数，p_i 都是素数且 p_i 是从小到大的。

分解质因子也可以用前面提到的试除法。求 n 的质因子的步骤如下。

（1）第一步，求最小质因子 p_1。逐个检查从 2 到 $\sqrt{n}$ 的所有素数，如果它能整除 n，那么它就是最小质因子。然后连续用 p_1 除 n，目的是去掉 n 中的 p_1，得到 n_1。

（2）第二步，求 n_1 的最小质因子。逐个检查从 p_1 到 $\sqrt{n_1}$ 的所有素数。之所以从 p_1 开始试除，是因为 n_1 没有比 p_1 小的素因子，而且 n_1 的因子也是 n 的因子。

（3）按以上步骤继续操作，直到找到所有的质因子。

最后，经过去除因子的操作后，如果剩下一个大于 1 的数，那么它也是一个素数，是 n 的最大质因子。这种情况可以用一个例子说明。大于 $\sqrt{n}$ 的素数也可能是 n 的质因子，例如 $6119 = 29\times211$，找到 29 后，因为 $29 \geqslant \sqrt{211}$，说明 211 是素数，也是质因子。

试除法的复杂度是 $O(\sqrt{n})$，效率很低。不过，在算法竞赛中，题目的数据规模不大，所以一般就用试除法求解。下面用例题给出试除法的代码。

例题 8-19. 分解质因数

lanqiaoOJ 题号 1559

【题目描述】求出$[a,b]$中所有整数的质因数分解。

【输入描述】输入一行，包含两个整数 a、b。$2\leqslant a\leqslant b\leqslant 10000$

【输出描述】每行输出一个数的分解，形如 $k=a_1\times a_2\times a_3\times\ldots$，$k$ 是从小到大的，a 也是从小到大的。

本题的数据规模不大，直接对每个数进行分解，然后输出它的因数。

（1）C++代码。

因为试除法的效率不高，试除太大的数会超时，所以用 int 型定义数，没有用 long long 型定义数。

下面给出完整的代码，能记录所有的因子，以及每个因子的个数。

```
#include<bits/stdc++.h>
using namespace std;
int p[20];  //p[]记录因子，p[1]是最小因子。一个 int 型数的质因子最多有 10 多个
int c[40];  //c[i]记录第 i 个因子的个数。一个因子的个数最多有 30 多个
int factor(int n){
    int m = 0;
    for(int i = 2; i <= sqrt(n); i++)
        if(n%i == 0){
           p[++m] = i, c[m] = 0;
           while(n%i == 0)              //把 n 中重复的因子去掉
              n/=i, c[m]++;
        }
    if(n>1)                             //若没有被除尽，则是素数
       p[++m] = n, c[m] = 1;
    return m;                           //共 m 个因子
}
int main(){
    int a,b;   cin>>a>>b;
    for(int i=a;i<=b;i++){
        int m = factor(i);
        cout<<i<<"=";
        for(int j=1;j<=m;j++){ //第 j 个因子
            for(int k=1;k<=c[j];k++){     //第 j 个因子的个数
                cout <<p[j];
                if(k<c[j]) cout <<"*";
            }
            if(j<m) cout <<"*";
        }
```

```
        cout<<endl;
    }
    return 0;
}
```

（2）Python 代码。

本题要求比较简单，下面给出使用简单方法求解的代码。

```
def f(x):                                 #返回 x 的第一个因子
    for i in range(2,int(x**0.5)+1):
        if x%i==0:  return i
    return x
a,b=map(int,input().split())
for x in range(a,b+1):
    print(f"{x}=",end=" ")
    while x!=1:
        ans=f(x)
        if x/ans!=1:   print(f"{ans}*",end=" ")
        else:          print(f"{int(ans)} ")
        x/=ans
```

【练习题】

"货物摆放" lanqiaoOJ 题号 1463；"选素数" lanqiaoOJ 题号 2179；"最小质因子之和" lanqiaoOJ 题号 1151；"计算系数" lanqiaoOJ 题号 403；"质因数分解" lanqiaoOJ 题号 387；"细胞分裂" lanqiaoOJ 题号 517；"质数" lanqiaoOJ 题号 608。

8.7　组合数学

组合数学也是常见的考点，题目可难可易。本节将介绍几个基本考点。

8.7.1　基本计数

1. *加法原理*

加法原理：集合 S 被分成两两不相交的部分 S_1、S_2、S_3……S_m，那么 S 的对象数目为 $|S| = |S_1| + |S_2| + |S_3| + ... + |S_m|$。

例如：完成一项任务有 k 类不同的方法，采用一类方法中的任何一种都能完成任务，第一类方法包括 m_1 种方法，第二类方法包括 m_2 种方法……第 k 类方法包括 m_k 种方法，而且所有方法都不同，那么完成此项任务共有 $m_1 + m_2 + … + m_k$ 种方法。

例如：一个学生想学一门数学课和一门文化课，但不能同时选，现在要从 4 门数学课和 4 门文化课中进行选择，一共有 4 + 4=8 种方法。

加法原理的关键是将计数分解为若干个独立（不相容）的部分，保证既不重复也不遗漏地进行计数。

例题 8-20. 分割立方体

lanqiaoOJ 题号 1620

【题目描述】一个立方体的边长为 n，将其分割成 $n×n×n$ 个单位立方体。任意两个单位立方体，或者有两个公共点，或者有 4 个公共点，或者没有公共点。没有公共点和有两个公共点的立方体共有多少对？

【输入描述】输入一行，包含一个整数 n，$1 \leqslant n \leqslant 30$。

【输出描述】输出一个整数，表示答案。

反过来计算，先算出有 4 个公共点的立方体有多少对，然后用总对数减去有 4 个公共点的立方体的对数。

分以下几种情况进行讨论。

① 正方体和周围 3 个正方体相邻，这种正方体共有 8 个，就是顶角上的 8 个，总个数为 3×8。

② 正方体和周围 4 个正方体相邻，这种正方体共有$(n-2) \times 12$ 个，总个数为 $4 \times (n-2) \times 12$。

③ 正方体和周围 5 个正方体相邻，这种正方体共有 $6 \times (n \times n-4 \times n+4)$个，总个数为 $5 \times 6 \times (n \times n-4 \times n+4)$。

④ 正方体和周围 6 个正方体相邻，这种正方体共有$(n \times n \times n-n \times n \times 6+n \times 12-8)$个，总个数为 $6 \times (n \times n \times n-n \times n \times 6+n \times 12-8)$。

最后把这 4 种情况求和，再除以 2，就是对数。

下面是 C++代码。Python 代码与 C++代码几乎一样，此处将其省略。

```
#include<bits/stdc++.h>
using namespace std;
int main(){
    int n; cin >>n;
    if(n == 1){                //边长为 1 时特判
        cout<< 0 <<endl;
        return 0;
    }
    long long sum = n*n*n*(n*n*n-1)/2;      //总数
    int edge3 = 8;
    int ans3 = 3 * edge3;
    int edge4 = (n-2)*12;
    int ans4 = 4 * edge4;
    int edge5 = n*n - 4 * n + 4;
    int ans5 = 5 * 6*edge5;
    int edge6 = n*n*n - n*n*6+n*12-8;
    int ans6 = 6 * edge6;
    cout<< sum - (ans3 + ans4 + ans5 + ans6)/2 <<endl;
    return 0;
}
```

2. 乘法原理

令 S 是对象的有序对(a, b)的集合，其中第一个对象 a 来自大小为 p 的集合，对于对象 a 的每个选择，对象 b 有 q 个选择，那么 S 的大小：$|S| = p \times q$。

例如：中性笔的长度有 3 种，颜色有 4 种，直径有 5 种，那么不同种类的中性笔有 3×4×5=60 种。

例如：从 5 男 6 女 7 狗中选 1 男 1 女 1 狗的方法有 5×6×7=210 种。

例如：$3^4 \times 5^5 \times 7^2 \times 11^3$ 的正整数因子有多少个？这是算数基本定理的概念。3 有 0～4 这 5 个选择，5 有 6 个选择，7 有 3 个选择，11 有 4 个选择，那么因子总数是 5×6×3×4=360 个。

3. 排列数

排列是有序的，把 n 个元素的集合 S 的一个 r 排列理解为 n 个元素中 r 个元素的有序摆放。

不可重复排列数：从 n 个不同的物品中取出 r 个物品，排列数为 $p_n^r = n(n-1)(n-2)\ldots(n-r+1) = \dfrac{n!}{(n-r)!}$。

可重复排列数：从 n 个不同的物品中可重复地取出 r 个物品，排列数为 n^r。

4. 组合数

排列是有序的，组合是无序的。有 n 个元素的集合 S 的 r 组合，是从 S 的 n 个元素中选出 r 个，且它们无序。此时 r 是 S 的一个子集。

如果 S 中的元素都不相同，则组合数 $C_n^r = \begin{pmatrix} n \\ k \end{pmatrix} = \dfrac{p_n^r}{r!} = \dfrac{n!}{r!(n-r)!}$。

下面给出一些基本计数的例题。

例题 8-21. 挑选子串

lanqiaoOJ 题号 1621

【题目描述】有 n 个数和一个整数 m。从这 n 个数中选出一个连续字串，要求这个字串里面有 k 个数要大于或等于 m。问一共能选出多少个字串（显然字串个数要大于或等于 k 个）。

【输入描述】输入的第一行包含 3 个整数 n、m、k。第二行包含 n 个整数 a_1、a_2、…、a_n，表示序列。$2 \leqslant n \leqslant 200000$，$1 \leqslant k \leqslant n/2$，$1 \leqslant m, a_i \leqslant 10^9$。

【输出描述】输出一个整数，表示答案。

一个一个地输入 a_i，直到输入的数字里大于 m 的数够 k 个，就可以开始统计了。

（1）若正好到 k 个数，那么这个连续子串包括前后两部分，前面一部分是刚好包括 k 个数的子串，后面一部分子串的数量是第一个大于 m 的位置 i，乘以 i 以后的个数。

（2）输入的数大于 k 个后，怎么求出以后的序列个数而且保证不重复呢？从前往后推理，用倒数第二个位置减去倒数第一个位置的值乘以后面的个数即可。本题还可以用尺取法求解，请读者思考。

下面是 C++代码。Python 代码此处省略。

```
#include<bits/stdc++.h>
using namespace std;
const int N = 200050;
int a[N];
long long d[N];
int main(){
        int n,m,k;  scanf("%d %d %d",&n,&m,&k);
        int t=0;
        long long sum=0;
        for(int i=1; i<=n; i++)  {
            scanf("%d",&a[i]);
            if(a[i]>=m){
                d[++t]=i;        //d[]: 比 m 大的数字所在位置
                if(t>=k) {       //统计出 k 个比 m 大的数
                    if(t==k)    sum += d[1]*(n-i+1);
                    else        sum += (d[t-k+1]-d[t-k])*(n-i+1);
                }
            }
        }
        printf("%lld\n",sum);
    return 0;
}
```

例题 8-22. 糊涂人寄信

lanqiaoOJ 题号 1622

【题目描述】有一个糊涂人，他写了 n 封信，拥有 n 个信封，到了邮寄的时候，他把所有的信都装错了信封。求装错信封的情况可能有多少种。

【输入描述】有多行输入，每行输入一个正整数 n，表示一种情况。$n \leqslant 20$。

【输出描述】输出相应的答案。

本题建模为有 1～n 个数字，分别放在 n 个位置，问都放错的情况有多少种。

本题可以用 DP 来求解。定义 dp[]，dp[i]表示数字 1～i 都放错的情况的种数。dp[n]就是本题的答案。

下面考虑状态转移方程，从 1～i–1 递推到 i。

① 如果数字 i 放错，则有 i–1 个位置可以放，假设其放在第 k 个位置。数字 k 可以放在 i 位置，也可以不放在 i 位置。

② 如果 k 放在 i 位置，那么剩下的 i–2 个数字放的次数，就是 i–2 个数字都放错的情况种数 dp[i–2]。

③ 如果 k 不放在 i 位置，这与 i–1 个数字放错的情况相同，为 dp[i–1]。

状态转移方程：dp[i] = (i–1)*(dp[i–1] + dp[i–2])。

（1）C++代码。

```
#include<bits/stdc++.h>
using namespace std;
typedef long long ll;
ll dp[30];
int main(){
    dp[1]= dp[0]=0;
    dp[2]=1;
    for(int i=3;i<=22;i++) dp[i]=(i-1)*(dp[i-1]+dp[i-2]);
    int n;
    while(cin>>n) cout<<dp[n]<<endl;
    return 0;
}
```

（2）Python 代码。

改用递归实现 DP。第 5 行继续递归两次，所以它的计算量是 $O(2^n)$，可以用记忆化进行优化。不过本题的 n 不大，不优化也行。

注意，本题的输入没有明确终止，第 6 行处理了这种情况。

```
1  import sys
2  def f(n):
3      if n==0 or n==1: return 0
4      elif n==2:  return 1
5      else:  return (n-1)*(f(n-1)+f(n-2))
6  for n in sys.stdin:    #读入 n，与 C++代码中的 while(cin>>n)的功能一样
7      n = int(n)
8      print(f(n))
```

例题 8-23. 战斗吧 *N* 皇后

lanqiaoOJ 题号 1623

【题目描述】在一个 $N \times M$ 的棋盘中，存在多少种方式使得两个皇后可以互相攻击？

【输入描述】输入有若干行，每行包含两个数 N、$M(1 \leqslant N,M \leqslant 10^6)$。

【输出描述】对于每组测试数据输出一行，表示答案。

两个皇后如果能互相攻击，则它们位于同一行、同一列或同一对角线上。设矩阵大小为 $n \times m$，前两者的可能性是 $(m+n-2) \times n \times m$。其他情况请读者自己思考。

（1）C++代码。

```
#include<bits/stdc++.h>
using namespace std;
typedef long long ll;
int main(){
    ll n, m;
    while(cin >> n >> m) {
        if(n > m)    swap(n, m);
        if(n == 1){
            cout << m * (m - 1)<<endl;
            continue;
        }
        ll ans = m * n * (m + n - 2);
        ans += 2 * (n - 2) * (n - 1) * (2 * n - 3) / 3;
        ans += 2 * (n - 1) * (n - 2);
        ans += 2 * (m - n + 1) * n * (n - 1);
        cout << ans << endl;
    }
    return 0;
}
```

（2）Python 代码。

注意，本题的输入没有明确终止，且每行读取两个数。第 2～4 行处理了这种情况。

```
1  import sys
2  for line in sys.stdin:   #读入多个数，与C++代码中的while(cin>>n>>m)的功能一样
3      n = int(line.split()[0])
4      m = int(line.split()[1])
5      if n>m: n,m = m,n
6      if n == 1:
7          print(m * (m - 1))
8          continue
9      ans = m * n * (m + n - 2)
10     ans += 2 * (n - 2) * (n - 1) * (2 * n - 3) // 3
11     ans += 2 * (n - 1) * (n - 2)
12     ans += 2 * (m - n + 1) * n * (n - 1)
13     print(ans)
```

8.7.2　鸽巢原理

鸽巢原理又称抽屉原理。

鸽巢原理的简单形式：把 $n+1$ 个物体放进 n 个盒子，那么至少有一个盒子包含两个或更多的物体。鸽巢原理是很基本的组合原理，但是可以解决许多有趣的问题，从而得到一些有趣的结论。例如：在 1500 人中，至少有 5 人的生日相同；n 个人互相握手，一定有两个人握手的次数相同。

例题 8-24．小蓝吃糖果

lanqiaoOJ 题号 1624

【题目描述】小蓝有 n 种糖果，每种糖果的数量已知。小蓝不喜欢连续两次吃同样的糖果。问有没有可行的吃糖方案。

【**输入描述**】输入的第一行是整数 n，$0<n<1000000$；第二行包含 n 个数，表示 n 种糖果的数量 m_i，$0<m_i<1000000$。

【**输出描述**】输出一行，包含一个“Yes”或“No”。

本题是非常典型的鸽巢原理题，下面可以用“隔板法”来求解。找出最多的一种糖果，把它的数量 K 看成 K 个隔板，隔成 K 个空间（把每个隔板的右边看成一个空间）；其他所有糖果的数量为 S。

（1）当 $S<K-1$ 时，把 S 个糖果放到隔板之间，这 K 个隔板不够放，必然至少有两个隔板之间没有糖果，由于这两个隔板放的是同一种糖果，所以无解。

（2）当 $S \geqslant K-1$ 时，肯定有解。其中一个解是把 S 个糖果排成一个长队，其中同种类的糖果是挨在一起的，然后每次取 K 个糖果，按顺序一个个地放进 K 个空间。由于隔板数量比每一种糖果的数量都多，所以不可能有两个同样的糖果被放进一个空间里。把 S 个糖果放完，就得到一个解，一些隔板里面可能会放好几种糖果。

下面是 C++代码。Python 代码此处省略。

```
#include<bits/stdc++.h>
using namespace std;
int a[1005000];
int main(){
    long long sum=0;
    int Max=0;
    int n; scanf("%d",&n);
    for(int i=1;i<=n;i++){
        scanf("%d",&a[i]);
        sum += a[i];                //所有糖果的数量
        if(a[i]>Max)  Max=a[i];     //最多的一种糖果
    }
    if(sum-Max+1>=Max) printf("Yes\n");
    else               printf("No\n");
    return 0;
}
```

8.7.3 二项式定理和杨辉三角

组合公式 $C_n^r=\begin{pmatrix}n\\r\end{pmatrix}=\dfrac{n!}{r!(n-r)!}$，$C_n^r$ 称为二项式系数。

杨辉三角是二项式系数的典型应用。杨辉三角是排列成如下三角形的数字。

1
1 1
1 2 1
1 3 3 1
1 4 6 4 1
1 5 10 10 5 1

杨辉三角中的每个数是它上面两个数的和。如果编程求杨辉三角第 n 行的数字，则可以模拟这个推导过程，逐级递推，复杂度为 $O(n^2)$。如果改用数学公式进行计算，则可以直接得到结果，比用递推快多了，这个公式就是$(1+x)^n$。

观察$(1+x)^n$的展开式：

$$(1+x)^0=1$$
$$(1+x)^1=1+x$$
$$(1+x)^2=1+2x+x^2$$
$$(1+x)^3=1+3x+3x^2+x^3$$
$$\cdots\cdots$$

每一行展开的系数正好对应杨辉三角每一行的数字。也就是说，杨辉三角可以用$(1+x)^n$来定义和计算。

如何计算$(1+x)^n$？需要逐一展开算系数吗？并不需要，二项式系数$C_n^r=\binom{n}{r}=\frac{n!}{r!(n-r)!}$就是$(1+x)^n$展开后第 r 项的系数。对应杨辉三角的第 n 行第 r 个数的是C_{n-1}^{r-1}，例如杨辉三角的第 4 行是“1 3 3 1”，即$C_{n-1}^{r-1}=C_{4-1}^{1-1}=C_3^0=1$、$C_3^1=3$、$C_3^2=3$、$C_3^3=1$。

它们的关系可以这样理解：$(1+x)^n$的第 r 项，实际上就是从 n 个 x 中选出 r 个。这就是组合数的定义。所以：

$$(1+x)^n=\sum_{r=0}^{n}C_n^r x^r$$

推导得：

$$(a+b)^n=\sum_{r=0}^{n}C_n^r a^r b^{n-r}=\sum_{r=0}^{n}C_n^r b^r a^{n-r}$$

这个公式称为**二项式定理**。

有了这个公式，求杨辉三角第 n 行的数字就可以用公式直接进行计算了。不过，二项式系数的计算公式中有 $n!$，如果直接计算 $n!$，数值太大。而且，由于二项式系数的增长极快，不管如何计算，大一点的二项式系数都容易溢出，所以题目一般会要求对输出取模。

当 n 较大，且需要取模时，二项式系数有以下两种计算方法。

（1）递推公式：$C_n^r=C_{n-1}^r+C_{n-1}^{r-1}$。

这个递推公式就是杨辉三角的定义，即“每个数是它上面两个数的和”。利用这个递推公式计算，能避免计算阶乘。递归公式的计算复杂度是 $O(n^2)$。

（2）用逆直接计算。

因为要对输出取模，所以不用递推公式，直接用公式$C_n^r=\binom{n}{r}=\frac{n!}{r!(n-r)!}$来计算更快。不过，由于除法不能直接取模，因此需要用到逆。用逆计算二项式系数的方法如下。

$$C_r^n \bmod m=\frac{n!}{r!(n-r)!}\bmod m=(n!\bmod m)((r!)^{-1}\bmod m)(((n-r)!)^{-1}\bmod m)\bmod m$$

用逆计算二项式系数比用递推公式更好，它的效率非常高，复杂度是 $O(n)$。逆的概念请读者查阅相关资料学习。

例题 8-25. 杨辉三角形

2021 年（第十二届）省赛，lanqiaoOJ 题号 1457

【题目描述】如果我们按从上到下、从左到右的顺序把杨辉三角形的所有数排成一列，可以得到如下数列：

{1, 1, 1, 1, 2, 1, 1, 3, 3, 1, 1, 4, 6, 4, 1, ...}

给定一个正整数 N，请你输出数列中第一次出现 N 的位置。

【输入描述】输入一个整数 N。$N \leqslant 1000000000$。

【输出描述】输出一个整数，表示答案。

下面给出一个简单的求解方法。

直接计算杨辉三角的每个数，然后推导出 N 的位置。上一行的两个数相加得下一行的一个数。例如上一行的数是 b[0]～b[k]，下一行的数是 a[0]～a[k+1]，那么 a[i] = b[i−1] + b[i]。推算过程可以只用一个数组完成，与 DP 的自我滚动数组的原理一样，即 a[i] = a[i−1]+a[i]。下面的代码中，第 10 行实现了滚动相加。

```
1  using namespace std;
2  long long a[100050];
3  long long n,sum,line; //sum 等于 1～line 行的数字个数
4  int main(){
5      cin>>n;
6      sum = a[0]=1;
7      if(n==1){   cout<<1;    return 0;    }
8      for(line=1;line<50000;line++){   //line：杨辉三角的第 line 行
9          for(int i=line;i>=1;i--){    //倒过来循环，与 DP 的自我滚动数组的原理一样
10             a[i] = a[i-1] + a[i];    //上一行的两个数相加得下一行的一个数
11             if(a[i] == n){
12                 cout<<sum+line-i+1;
13                 return 0;
14             }
15         }
16         sum+=(line+1);   //1～line 行的数字个数。每行比上一行多一个数，累加
17     }
18     return 0;
19 }
```

上面的代码只能通过 20%的测试数据。它的问题是搜索范围小，只搜了前 50000 行；超时，运行时间是 $O(n^2)$，即使只搜 50000 行，也超时了；溢出，它计算了杨辉三角的每个数字，有些数字可能很大，会导致溢出。

本题的正解是用二分法进行加速，请读者自己思考并编程求解。

8.8 几何

算法竞赛中的几何题一般是计算几何，不过在目前的蓝桥杯大赛中，计算几何题目还非常少见。

计算几何的计算基于叉积和点积，用它们做各种几何操作十分方便。叉积和点积的计算没有除法，这使得精度损失很小。以求三角形的面积为例，可以用海伦公式求面积，但是因为海伦公式要用到开方和除法计算，所以会导致精度损失。如果用 C++编程，则可以用 long double 类型来提高精度。Python 的高精度计算用海伦公式的精度损失大，需要改用叉积，用叉积算面积不用开根号。8.8.3 小节“点积和叉积”的例题 8-27“三角形的面积”详细说明了编程方法。

8.8.1　普通几何题

求解常见的几何题不需要用到叉积和点积。下面是一道例题。

例题 8-26.　平面切分

2020 年（第十一届）省赛，lanqiaoOJ 题号 503

【题目描述】平面上有 N 条直线，其中第 i 条直线是 $y=A_ix+B_i$。请计算这些直线将平面分成了几个部分。

【输入描述】输入的第一行包含一个整数 N。以下的 N 行，每行包含两个整数 A_i、B_i。

【输出描述】输出一个整数，代表答案。

【评测用例规模与约定】对于 50%的评测用例，$1 \leqslant N \leqslant 4$，$-10 \leqslant A_i,B_i \leqslant 10$；对于所有评测用例，$1 \leqslant N \leqslant 1000$，$-100000 \leqslant A_i,B_i \leqslant 100000$。

先看第一条和第二条直线。第一条直线把平面分成两部分。第二条直线如果与第一条直线平行，则把平面分成 3 部分；如果不平行，有一个交点，则把平面分成 4 部分。

概括来说，每增加一条直线，平面分割的增加数量等于“其与先前直线的交点数（不包括与已有交点重合的点）+1”。

先对输入的直线去重，然后按上述规则统计平面被直线分成了几个部分。每加入一条直线，用暴力法计算它与其他直线的交点即可。

（1）C++代码。用 set()去重。

```
#include<bits/stdc++.h>
using namespace std;
const int N = 1005;
double A[N], B[N];
int main(){
    int n;   cin>>n;
    pair<double, double> p;
    set<pair<double, double>> s;  //利用 set 自动去重功能筛选掉重复的直线
    for(int i = 0; i < n; i++){
        cin >> p.first >> p.second ;
        s.insert(p);
    }
    int i = 0;  //将去重后的直线数据放回 A、B 数组
    set<pair<double, double> >::iterator it = s.begin();
    while(it != s.end()){
        A[i] = it -> first;
        B[i] = it -> second;
        it++, i++;
    }
    long long ans = 2;  //初始情况，当只有一条直线时，有两个平面
    for(int i = 1; i < s.size(); i++){     //从下标 1，也就是第二条直线开始
        set<pair< double,  double> > pos;  //记录第 i 条直线与先前直线的交点
        for(int j = 0; j <= i-1; j++){
            double a1 = A[i], b1 = B[i];
            double a2 = A[j], b2 = B[j];
            if(a1 == a2) continue;     //平行线无交点，跳出
            p.first = (b2-b1)/(a1-a2);  //交点的 x 坐标
            p.second = a1*(b2-b1)/(a1-a2) + b1; //交点的 y 坐标
            pos.insert(p);
        }
        ans += pos.size() + 1;  //与先前直线的交点数+1
```

```
    }
    printf("%d\n", ans);
    return 0;
}
```

（2）Python 代码。也是用 set()去重，逻辑与上面 C++代码的一样。

```
n = int(input())
line = [tuple(map(int,input().split(" "))) for i in range(n)]
se = set(line)
line = list(se)  #去重后的直线
if line:
    ans=2
    for i in range(1,len(line)):
        a1,b1=line[i]
        pos=set()
        for j in range(i):
            a2,b2=line[j]
            if a1==a2:  continue
            x=(b1-b2)/(a1-a2)
            y=a1*x+b1
            pos.add((x,y))
        ans += len(pos)+1
print(ans)
```

✧ 提示：普通几何题是蓝桥杯大赛的常见题。

8.8.2 点和向量

二维平面中的点用坐标（x, y）来表示。写一个结构体，代码如下。

```
struct Point{ double x,y;};
```

把两点看成直角三角形的两个顶点，直角三角形的斜边长就是两点间的距离。求距离的代码如下。

```
double Dist(Point A,Point B){return sqrt((A.x-B.x)*(A.x-B.x) + (A.y-B.y)*(A.y-B.y));}
```

计算几何的基础是向量。有大小、有方向的量称为向量，如图 8.1 所示。只有大小而没有方向的量，称为标量。

用平面上的两个点可以确定一个向量，例如用起点 $P1$ 和终点 $P2$ 表示一个向量。

为了简化描述，可以把它平移到原点，把向量看成从原点(0, 0)指向点(x, y)的一个有向线段。向量的表示在形式上与点的表示完全一样，可以用点的数据结构来表示向量，代码如下。

```
typedef Point Vector;
```

注意，向量并不是一个线段，它只是表示方向和大小。因此，向量平移后仍然不变。

向量的运算有加、减、乘、除，图 8.2 所示为向量的加法和减法。

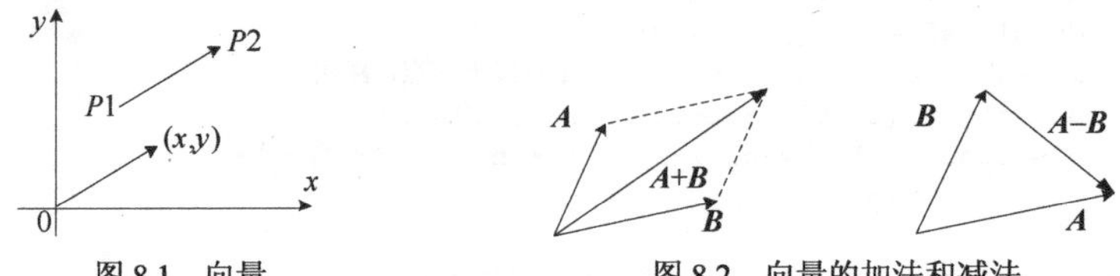

图 8.1　向量　　图 8.2　向量的加法和减法

在 struct Point 中，对向量运算重载运算符。

（1）加。点与点的加法运算没有意义；点与向量相加可得到另外一个点；向量与向量相加可得到另外一个向量。向量的加法的代码如下。

```
Point operator + (Point B){return Point(x+B.x,y+B.y);}
```

（2）减。两个点的差是一个向量；向量 ***A*** 减 ***B***，得到由 ***B*** 指向 ***A*** 的向量。向量的减法的代码如下。

```
Point operator- (Point B){return Point(x-B.x,y-B.y);}
```

（3）乘。向量与实数相乘得到等比例放大的向量。向量的乘法的代码如下。

```
Point operator * (double k){return Point(x*k,y*k);}
```

（4）除。向量与实数相除得到等比例缩小的向量。向量的除法的代码如下。

```
Point operator / (double k){return Point(x/k,y/k);}
```

（5）等于。

```
bool operator == (Point B){return sgn(x-B.x)==0 && sgn(y-B.y)==0;}
```

8.8.3 点积和叉积

向量的基本运算是点积和叉积，计算几何的各种操作**几乎都基于这两种运算**。

1. 点积（Dot Product）

记向量 $\boldsymbol{A}$ 和 $\boldsymbol{B}$ 的点积为 $\boldsymbol{A}\cdot\boldsymbol{B}$，定义：$\boldsymbol{A}\cdot\boldsymbol{B} = |\boldsymbol{A}|\,|\boldsymbol{B}|\cos\theta$

其中 θ 为向量 $\boldsymbol{A}$、$\boldsymbol{B}$ 之间的夹角。点积的几何意义为 $\boldsymbol{A}$ 在 $\boldsymbol{B}$ 上的投影长度乘以 $\boldsymbol{B}$ 的模长，如图 8.3 所示。

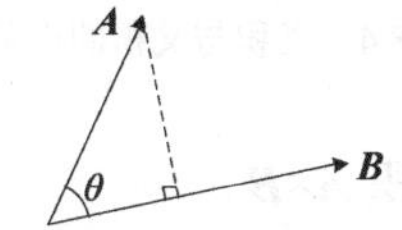

图 8.3 点积的几何表示

编程计算点积时，并不需要知道 θ。如果已知向量 $\boldsymbol{A}$、$\boldsymbol{B}$，可以得出下列式子。

$$\boldsymbol{A}\cdot\boldsymbol{B} = \boldsymbol{A}_x\times\boldsymbol{B}_x + \boldsymbol{A}_y\times\boldsymbol{B}_y$$

下面推导这个公式。设 θ_1 是 $\boldsymbol{A}$ 与 x 轴的夹角，θ_2 是 $\boldsymbol{B}$ 与 x 轴的夹角，向量 $\boldsymbol{A}$ 与 $\boldsymbol{B}$ 的夹角 θ 等于 $\theta_1-\theta_2$，推导过程如下。

$$\begin{aligned}
&\boldsymbol{A}_x\times\boldsymbol{B}_x + \boldsymbol{A}_y\times\boldsymbol{B}_y\\
&= (|\boldsymbol{A}|\times\cos\theta_1)\times(|\boldsymbol{B}|\times\cos\theta_2) + (|\boldsymbol{A}|\times\sin\theta_1)\times(|\boldsymbol{B}|\times\sin\theta_2)\\
&= |\boldsymbol{A}||\boldsymbol{B}|(\cos\theta_1\times\cos\theta_2 + \sin\theta_1\times\sin\theta_2)\\
&= |\boldsymbol{A}||\boldsymbol{B}|(\cos(\theta_1-\theta_2))\\
&= |\boldsymbol{A}||\boldsymbol{B}|\cos\theta
\end{aligned}$$

求向量 $\boldsymbol{A}$、$\boldsymbol{B}$ 点积的代码如下。

```
double Dot(Vector A,Vector B){return A.x×B.x + A.y×B.y;}
```

2. 点积的基本应用

（1）判断向量 ***A*** 与 ***B*** 的夹角是钝角还是锐角。

点积有正负之分，利用正负号可以判断向量的夹角。

若 Dot(A, B) > 0，则 ***A*** 与 ***B*** 的夹角为锐角；

若 Ot(A, B) < 0，则 ***A*** 与 ***B*** 的夹角为钝角；

若 Dot(A, B) = 0，则 ***A*** 与 ***B*** 的夹角为直角。

（2）求向量 ***A*** 的长度，代码如下。

```
double Len(Vector A){return sqrt(Dot(A,A));}
```

也可以求长度的平方，避免开方运算，代码如下。

```
double Len2(Vector A){return Dot(A,A);}
```

（3）求向量 ***A*** 与 ***B*** 的夹角大小，代码如下。

```
double Angle(Vector A,Vector B){return acos(Dot(A,B)/Len(A)/Len(B));}
```

3. 叉积（Cross Product）

叉积比点积更常用。它的计算公式是 $\boldsymbol{A}\times\boldsymbol{B}=|\boldsymbol{A}||\boldsymbol{B}|\sin\theta$。

θ 表示向量 ***A*** 旋转到向量 ***B*** 所经过的夹角。

两个向量的叉积是一个带正负号的数值。***A***×***B*** 的几何意义为向量 ***A*** 和 ***B*** 形成的平行四边形的**"有向"面积**，这个面积是有正负之分的，如图 8.4 所示。

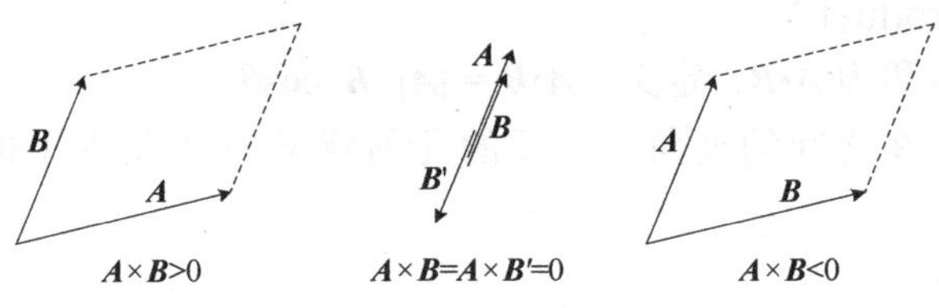

图 8.4　叉积与叉积的正负

用以下代码可计算向量 ***A***、***B*** 的叉积 ***A***×***B***。

```
double Cross(Vector A,Vector B){return A.x*B.y-A.y*B.x;}
```

读者可以用前面证明点积的推导方法来证明其正确性。

✧ 提示：函数 Cross()中的 ***A***、***B*** 是有顺序的，叉积有正负之分，***A***×***B*** 与 ***B***×***A*** 的值相反。

---

4. 叉积的基本应用

下面介绍叉积的几个基本应用。其他应用，如求两条线段的方向关系、求多边形面积等，将在后文讲解。

（1）判断向量 ***A***、***B*** 的方向关系。

若 ***A***×***B*** > 0，则 ***B*** 在 ***A*** 的逆时针方向；

若 ***A***×***B*** < 0，则 ***B*** 在 ***A*** 的顺时针方向；

若 ***A***×***B*** = 0，则 ***B*** 与 ***A*** 共线，可能是同方向的，也可能是反方向的。

（2）计算两向量构成的平行四边形的有向面积。

3 个点 *A*、*B*、*C*，以 *A* 为公共点，得到两个向量 *B*−*A* 和 *C*−*A*，求由它们构成的平行四边形的有向面积，代码如下。

```
double Area2(Point A,Point B,Point C){return Cross(B-A, C-A);}
```

如果以 B 或 C 为公共点构成平行四边形，则面积是相等的，但是正负不一样。

（3）计算由 3 点构成的三角形的面积。

3 个点 A、B、C 构成的三角形面积等于这 3 个点构成的平行四边形的有向面积 Area2(A, B, C)的二分之一。

（4）用叉积检查两个向量是否平行或重合，代码如下。

```
bool Parallel(Vector A, Vector B){return sgn(Cross(A,B)) == 0;}
```

5. 例题

例题 8-27. 三角形的面积

lanqiaoOJ 题号 1231

【题目描述】平面直角坐标系中有一个三角形，请你求出它的面积。

【输入描述】第一行输入一个 T，代表测试组数。每组测试输入有 3 行，每行包含一个坐标（x, y），代表 3 个点。$1 \leqslant T \leqslant 10^3$，$-10^5 \leqslant x,y \leqslant 10^5$。

【输出描述】输出一个实数，表示三角形面积。

本题十分简单，下面给出两种解法：海伦公式、叉积。

（1）C++代码。

用海伦公式直接计算。一般情况下海伦公式可以满足计算需求，但是本题的要求十分高，坐标值范围是$-10^5 \leqslant x,y \leqslant 10^5$。用 double 类型会产生误差，long double 类型才够用。

```
#include<bits/stdc++.h>
using namespace std;
long double Dist(long double x1,long double y1,long double x2,long double y2){
    return sqrt((x1-x2)*(x1-x2) + (y1-y2)*(y1-y2));
}
int main() {
    long double x1,y1,x2,y2,x3,y3;
    int t; cin>>t;
    while(t--){
        scanf("%lf%lf", &x1, &y1);  //cin>>x1>>y1;  //用 cin 也行
        scanf("%lf%lf", &x2, &y2);  //cin>>x2>>y2;
        scanf("%lf%lf", &x3, &y3);  //cin>>x3>>y3;
        long double a = Dist(x1, y1, x2, y2);
        long double b = Dist(x1, y1, x3, y3);
        long double c = Dist(x2, y2, x3, y3);
        long double p = 0.5*(a + b + c);
        long double area = sqrt(p * (p - a) * (p - b) * (p - c));
        printf("%.2lf\n", area);
    }
    return 0;
}
```

下面改用叉积计算。3 个点的叉积就是这 3 个点形成的平行四边形的有向面积，除以 2 就是三角形的面积。不过，叉积有正负，所以最后用 fabs()求绝对值。用叉积求面积，避免了求根计算，精度大大提高。

```
#include<bits/stdc++.h>
using namespace std;
struct Point{
```

```
    double x, y;
    void input(){ scanf("%lf%lf", &x, &y); }
    Point(){}
    Point(double _x, double _y){x = _x, y = _y;}
    Point operator - (Point B){return Point(x-B.x,y-B.y);}  //定义减法
};
double Cross(Point A,Point B){return A.x*B.y - A.y*B.x;}     //叉积
double Area2(Point A, Point B, Point C){return Cross(B-A, C-A);} //面积可能为负
int main(){
    int t;   cin >> t;
    while(t--){
        Point a, b, c;   a.input(); b.input(); c.input();
        double ans = Area2(a, b, c)* 0.5; //除以 2 就是三角形的面积
        printf("%.2f\n", fabs(ans));  //取绝对值
    }
    return 0;
}
```

（2）Python 代码。

如果用海伦公式编程，其 Python 代码的结果会有较大误差。本题用 Python 编程的正解是用叉积求面积。

```
def Cross(x1,y1,x2,y2):    return x1*y2 -y1*x2; #叉积
t = int(input())
for i in range(t):
    x1,y1 = map(float,input().split())
    x2,y2 = map(float,input().split())
    x3,y3 = map(float,input().split())
    a1=x1-x2
    a2=y1-y2
    b1=x1-x3
    b2=y1-y3
    s=Cross(a1,a2,b1,b2)/2      #用叉积算面积
    if s<0: s=-s                #取绝对值
    print("{:.2f}".format(s)) #或者: print("%.2f" % s)
```

8.8.4 点和线的关系

1. 直线的表示

直线有多种表示方法。编程时，最简单的表示直线的方法是用直线上的两个点。

```
struct Line{
    Point p1,p2;      //直线上的两个点
    Line(){}
    Line(Point p1,Point p2):p1(p1),p2(p2){}
};
```

2. 线段的表示

可以用两个点来表示线段，起点是 p_1，终点是 p_2。直接用直线的数据结构来定义线段，代码如下。

```
typedef Line Segment;
```

3. 点和直线的位置关系

在二维平面上，点和直线有 3 种位置关系：点在直线左侧、点在直线的右侧、点在直线上。用直线上的两点 p_1 和 p_2 与点 p 构成两个向量，用叉积的正负来判断方向，就能得到点和直线

的位置关系；也可以用 p、p_1、p_2 3 点形成的三角形的面积来确定 p 和直线 p_1、p_2 的关系。

下面的例题分别用这两种方法求解。

例题 8-28. 点和直线关系

lanqiaoOJ 题号 1240

【题目描述】平面直角坐标系中有一个点 C 和一条直线 AB，求点 C 和直线 AB 的位置关系。

【输入描述】输入的第一行包含一个整数 T，表示测试数量。每组测试输入 3 行，每行包含一个坐标 (x, y)，分别代表 A、B、C 这 3 点。

【输出描述】如果点 C 在直线 AB 上，则输出"IN"，如果点 C 在直线 AB 左侧，则输出"L"，如果点 C 在直线 AB 右侧，则输出"R"。

（1）C++代码。

用向量 $\overrightarrow{CA}$ 和 $\overrightarrow{CB}$ 的叉积的正负判断方向，用函数 Point_line_relation()实现。

```
#include<bits/stdc++.h>
using namespace std;
const double pi = acos(-1.0);    //高精度圆周率
const double eps = 1e-8;         //偏差值
int sgn(double x){               //判断 x 是否等于 0
    if(fabs(x) < eps)  return 0;
    else return x<0?-1:1;
}
struct Point{
    double x, y;
    void input(){ scanf("%lf%lf", &x, &y); }
    Point(){}
    Point(double x,double y):x(x),y(y){}
    Point operator + (Point B){return Point(x+B.x,y+B.y);}
    Point operator - (Point B){return Point(x-B.x,y-B.y);}
};
double Cross(Point A,Point B){return A.x*B.y - A.y*B.x;}
struct Line{
    Point p1,p2;         //直线上的两个点
    Line(){}
    Line(Point p1,Point p2):p1(p1),p2(p2){}
};
int Point_line_relation(Point p, Line v){
    int c = sgn(Cross(p-v.p1,v.p2-v.p1));
    if(c < 0)return 1;         //1: p 在 v 的左边
    if(c > 0)return 2;         //2: p 在 v 的右边
    return 0;                  //0: p 在 v 上
}
int main(){
    int t;    cin >> t;
    while(t--){
        Point a, b, c;
        a.input(); b.input(); c.input();
        Line v;
        v=Line(a,b);
        int pos=Point_line_relation(c, v);
        if(pos==1) cout<<"L"<<endl;
        if(pos==2)cout<<"R"<<endl;
        if(pos==0)cout<<"IN"<<endl;
    }
    return 0;
}
```

（2）Python 代码。

设直线上的两个点是 A、B，判断的点为 C。S 是 3 个点围成的三角形的面积。

① 如果 S 为正数，则点 C 在直线 AB 的左侧。

② 如果 S 为负数，则点 C 在直线 AB 的右侧。

③ 如果 S 为 0，则点 C 在直线 AB 上。

```
def Cross(x1,y1,x2,y2):  return x1*y2 -y1*x2;  #叉积
t = int(input())
for _ in range(t):
      ax,ay = map(float,input().split())
      bx,by = map(float,input().split())
      cx,cy = map(float,input().split())
      x1=ax-bx
      y1=ay-by
      x2=ax-cx
      y2=ay-cy
      s = Cross(x1,y1,x2,y2)/2   #用叉积算面积
      if s > 0:  print("L")
      if s < 0:  print("R")
      if s == 0:  print("IN")
```

4. 点和线段的位置关系

判断点 p 是否在线段 v 上：先用叉积判断是否共线，然后用点积看点 p 和线段 v 的两个端点产生的角是否为钝角（实际上应该是 180 度）。

下面例题代码中的函数 Point_on_seg()可以实现这一功能。

例题 8-29. 点和线段关系

lanqiaoOJ 题号 1242

【题目描述】平面直角坐标系中有一个点 C 和一条线段 AB，求点 C 和线段 AB 的位置关系。

【输入描述】输入的第一行包含一个整数 T，表示测试数量。每组测试输入 3 行，每行包含一个坐标(x, y)，分别代表 A、B、C 这 3 点。

【输出描述】如果点 C 在线段 AB 上，则输出"Yes"，否则输出"No"。

（1）C++代码。

```
#include<bits/stdc++.h>
using namespace std;
const double eps = 1e-8;          //偏差值
int sgn(double x){  //判断 x 是否等于 0
    if(fabs(x) < eps)  return 0;
    else return x<0?-1:1;
}
struct Point{
    double x, y;
    void input(){ scanf("%lf%lf", &x, &y); }
    Point(){}
    Point(double x,double y):x(x),y(y){}
    Point operator + (Point B){return Point(x+B.x,y+B.y);}
    Point operator - (Point B){return Point(x-B.x,y-B.y);}
};
typedef Point Vector;                    //定义向量
double Cross(Point A,Point B){return A.x*B.y - A.y*B.x;} //叉积
double Dot(Vector A,Vector B){return A.x*B.x + A.y*B.y;} //点积
struct Line{
    Point p1,p2;       //线上的两个点
```

```
    Line(){}
    Line(Point p1,Point p2):p1(p1),p2(p2){}
};
bool Point_on_seg(Point p, Line v){ //点和线段：0 表示点不在线段 v 上；1 表示点在线段 v 上
    return sgn(Cross(p-v.p1, v.p2-v.p1)) == 0 && sgn(Dot(p - v.p1, p- v.p2)) <= 0;
}
int main(){
    int t;  cin >> t;
    while(t--){
        Point a, b, c;
        a.input(); b.input(); c.input();
        Line v;
        v=Line(a,b);
        int pos=Point_on_seg(c, v);
        if(pos==0) cout<<"No"<<endl;
        if(pos==1) cout<<"Yes"<<endl;
    }
    return 0;
}
```

（2）Python 代码。其原理和上面 C++代码的一样。

```
def Cross(x1,y1,x2,y2):  return x1*y2 - y1*x2;  #叉积
def Dot(x1,y1,x2,y2):    return x1*x2 + y1*y2;  #点积
t = int(input())
for _ in range(t):
     ax,ay = map(float,input().split())
     bx,by = map(float,input().split())
     cx,cy = map(float,input().split())
     x1=ax-bx
     y1=ay-by
     x2=ax-cx
     y2=ay-cy
     if Cross(x1,y1,x2,y2)==0 and Dot(x1,y1,x2,y2)<=0: print('Yes')
     else:print('No')
```

5. 点到直线的距离

已知点 p 和直线 v（线上两点为 p_1、p_2），求 p 到 v 的距离。先用叉积求 p、p_1、p_2 构成的平行四边形的面积，然后用面积除以平行四边形的底边长，也就是线段（p_1,p_2）的长度，就得到了平行四边形的高，即点 p 到直线的距离。

例题 8-30. 点到直线距离

lanqiaoOJ 题号 1286

【题目描述】平面直角坐标系中有一个点 C 和一条线段 AB，求点 C 到 AB 所在直线的距离。

【输入描述】输入的第一行包含一个整数 T，表示测试数量。每组测试输入 3 行，每行包含一个坐标(x, y)，分别代表 A、B、C 这 3 点。

【输出描述】输出一个实数，表示距离。结果保留两位小数。

（1）C++代码。

```
#include<bits/stdc++.h>
using namespace std;
double Cross(double x1,double y1,double x2,double y2){      //叉积
    return x1*y2 - y1*x2;
}
int main(){
  int t;  cin >> t;
  while(t--)  {
```

```
        double ax,ay,bx,by,cx,cy;
        cin >> ax >> ay;
        cin >> bx >> by;
        cin >> cx >> cy;
        double d = abs(Cross(ax-cx,ay-cy,bx-cx,by-cy));   //平行四边形的面积
        double w = sqrt((ax-bx)*(ax-bx)+(ay-by)*(ay-by)); //底边长
        printf("%.2lf\n",d/w);
    }
    return 0;
}
```

（2）Python 代码。

```
from math import *
def Cross(x1,y1,x2,y2):  return x1*y2 -y1*x2;     #叉积
t = int(input())
for i in range(t):
    ax,ay = map(float,input().split())
    bx,by = map(float,input().split())
    cx,cy = map(float,input().split())
    d = abs(Cross(ax-cx,ay-cy,bx-cx,by-cy))       #用叉积算面积
    w = sqrt((ax-bx)*(ax-bx)+(ay-by)*(ay-by))
    #print("{:.2f}".format(d/w))  #或者  print("%.2f" % (d/w))
```

6. 其他关系

（1）点关于直线的对称点：求点 p 关于直线 v 的镜像点。先求点 p 在直线上的投影 q，再求对称点 p'。

（2）点 p 到线段 AB 的距离。在以下 3 个距离中取最小值：从点 p 出发对 AB 做垂线，垂线的长度（如果交点在线段 AB 上，则这个距离就是最小值）；点 p 到点 A 的距离；点 p 到点 B 的距离。

（3）判断两条线段是否相交。仍然利用叉积有正负的特点。如果一条线段的两个端点在另一条线段的两侧，那么两个端点与另一条线段产生的两个叉积正负相反，也就是说两个叉积相乘为负。如果两条线段互相满足这一点，那么它们就是相交的。

（4）求两条线段的交点。先判断两条线段是否相交，若相交，则将问题转化成求两条直线的交点。

【练习题】

“轨道炮”lanqiaoOJ 题号 236；“荒岛探测”lanqiaoOJ 题号 500；“点到线段距离”lanqiaoOJ 题号 1285；“线段相交判断”lanqiaoOJ 题号 1287；“矩形运算”lanqiaoOJ 题号 275；“圆圆圆”lanqiaoOJ 题号 1004；“奶酪”lanqiaoOJ 题号 339。

小　　结

在算法竞赛所有的知识点中，数学的知识点是最多的。本章只介绍了少量的简单数学知识点，它们是蓝桥杯大赛中常出现的知识点。

算法竞赛中的数学分为几个专题：初等数论、组合数学、几何、概率论、高等数学等。读者可以继续深入学习以下知识点。

初等数论：模运算、GCD、LCM、素数判定、埃氏筛、整数拆分、ExGCD、欧拉筛（线性筛）、威尔逊定理、原根、费马小定理、欧拉定理、欧拉函数、整除分块、同余，逆元、高

斯消元、线性基、中国剩余定理、0/1 分数规划、丢番图方程等。

组合数学：排列、组合、二项式定理、杨辉三角、鸽巢原理、常见恒等式、帕斯卡恒等式、容斥原理、错排问题、卢卡斯定理、Catalan 数列、Stirling 数列、普通母函数、指数母函数、泰勒级数、博弈论、Burnside 定理、Pólya 定理等。

几何：点积、叉积、点、线、面、二维几何、面积、体积、凸包、最近点对、半平面交、旋转卡壳、三角剖分、最小圆覆盖、最小球覆盖等。

概率论：条件概率、随机变量、数学期望、方差等。

高等数学：极限、积分、微分、泰勒公式等。

第 9 章

CHAPTER 9

字符串

字符串处理是蓝桥杯大赛中的常见题。本章将先介绍字符串函数，然后介绍有名的字符串算法 KMP。

9.1 字符串函数

求解字符串的题目，最好使用系统提供的库函数。本节将介绍常用的 C++、Python、Java 的字符串函数。

9.1.1 C++的字符串函数

- find()函数：查找。
- substr()函数：查子串。
- replace()函数：替换。
- insert()函数：插入。
- append()函数：添加字符串。
- swap()函数：交换字符串。
- compare()函数：比较字符串。

有时候输入的一行字符中有空格，可以用 gets()函数读取包含空格的这一行。

下面的可执行代码演示了这些函数的应用。

```
#include<bits/stdc++.h>
using namespace std;
int main(){
    string str ="123456789abcdefghiaklmn";
    for(int i=0;i<10;i++)   cout<<str[i]<< " ";          //把 str 看成一个字符串数组
    cout << endl;
//find()函数
    cout<<"1()23 的位置:   "<<str.find("123")<<endl;      //输出: 123 的位置:   0
    cout<<"34 在 str[2]到 str[n-1]中的位置:   "<<str.find("34",2)<<endl;
                                    //输出: 34 在 str[2]到 str[n-1]中的位置:   2
    cout<<"ab 在 str[0]到 str[12]中的位置:    "<<str.rfind("ab",12)<<endl;
                                    //输出: ab 在 str[0]到 str[12]中的位置:    9
//substr()函数
```

```
    cout<<"str[3]及以后的子串: "<<str.substr(3)<<endl;
                                            //输出: str[3]及以后的子串:456789abcdefghiaklmn
    cout<<"从 str[2]开始的 4 个字符: "<<str.substr(2,4)<<endl;       //若小于限制长度，则报错
                                            //输出: 从 str[2]开始的 4 个字符:3456
//find()函数
    str.replace(str.find("a"), 5, "@#");
    cout<<str<<endl;              //输出: 123456789@#fghiaklmn
//insert()函数
    str.insert(2, "***");
    cout<<"从 2 号位置插入: "<<str<<endl;     //输出: 从 2 号位置插入: 12***3456789@#fghiaklmn
//添加字符串: append()函数
    str.append("$$$");
    cout<<"在字符串 str 后面添加字符串: "<<str<<endl;       //输出: 在字符串 str 后面添加字符串: 12***3456789@#fghiaklmn$$$
//求字符串长度
    cout<<str.size()<<endl;
    cout<<str.length()<<endl;
//交换字符串: swap()函数
    string str1="aaa",str2="bbb";
    swap(str1, str2);
    cout<<str1<<"  "<<str2<<endl;
//字符串比较: compare()函数，若相等，则输出 0; 若不等，则输出 1
    cout<<str1.compare(str2)<<endl;
    if(str1==str2) cout <<"==";        //直接比较也行
    if(str1!=str2) cout <<"!=";
    return 0;
}
```

9.1.2　Python 的字符串处理

Python 的字符串处理十分简洁。下面的可执行代码给出了各种应用的例子。

```
str1="12345678abcdefghi"
print(str1)                        #输出: 12345678abcdefghi
print(str1[3])                     #输出: 4
print(str1[2:5])                   #输出: 345         截取一部分，左闭右开
print(str1[:5])                    #输出: 12345
print(str1[2:])                    #输出: 345678abcdefghi
print(len(str1))                   #输出字符串的长度: 17

str2="***"
str3="abc"
#合并字符串: +
str12=str1+str2
print(str12)                       #输出: 12345678abcdefghi***
#也可以这样合并字符串
print(' '.join([str1, str2])) #输出: 12345678abcdefghi***

str_list = list(str1)
str_list.insert(4, "***")          #在 str1[4]位置插入字符串
aa = ' '.join(str_list)
print(aa)                          #输出: 1234***5678abcdefghi

#重复输出
print(str2*2) #输出: ******

#用\输出特殊符号
print("\\    \"    \n ")         #输出: \ "  换行

#查找子串
```

```
print(str3 in str1)            #输出：True
print(str3 not in str1)        #输出：False

str2,str3 = str3,str2          #交换
print(str2)                    #输出：abc

#比较
print(str2 == str3)            #输出：False
print(str2 != str3)            #输出：True

#str.find(str, beg=0, end=len(string))    指定范围查找
print(str1.find("345"))          #输出：2
print(str1.find("345", 10))      #输出：-1
print(str1.find("456", 2,20))    #输出：3
```

9.1.3 Java 的字符串函数

Java 的字符串处理函数很丰富，下面给出部分函数的说明。

（1）substring()：返回指定位置的子串，有以下两种形式。

```
① String substring(int startIndex)
② String substring(int startIndex,int endIndex)
```

```
String Str = new String("This is haha");
System.out.println(Str.substring(4) );        //输出：is haha
System.out.println(Str.substring(4, 10) );    //输出：is ha
```

（2）concat()：在字符串后面连接字符串，返回新字符串。

```
String s = "www: ";
s = s.concat("abcde.com");
System.out.println(s);    //输出：www.abcde.com
```

（3）replace()：替换，其定义如下。

public String replace(char searchChar, char newChar) 用 newChar 替换字符串中出现的所有 searchChar，并返回替换后的新字符串。

```
String Str = new String("abcde");
System.out.println(Str.replace('c', 'T'));   //输出：abTde
```

（4）trim()：删除字符串的首尾空格。

（5）valueOf()：返回给定参数的数值，参数可以是原生数据类型，如 String 等，有以下 3 种形式。

```
① static Integer valueOf(int i)
② static Integer valueOf(String s)
③ static Integer valueOf(String s, int radix)
```

```
Float a = Float.valueOf("80");
System.out.println(a);          //输出：80.0
```

（6）toLowerCase()：将字母转换为小写形式。

```
System.out.println(Character.toLowerCase('a'));      //输出：a
System.out.println(Character.toLowerCase('A'));      //输出：a
```

（7）toUpperCase()：将字母转换为大写形式。

```
String Str = new String("www.com");
System.out.println( Str.toUpperCase() );     //输出：WWW.COM
```

（8）length()：返回字符串的长度。

```
String Str1 = new String("www.com");
System.out.println(Str1.length());              //输出：7
```

（9）charAt()：截取一个字符。

```
String s = "www.com";
char result = s.charAt(6);
System.out.println(result);  //输出：m
```

（10）getChars()：截取多个字符，将字符从字符串复制到目标字符数组，其定义如下。

```
void getChars(int sourceStart,int sourceEnd,char target[],int targetStart)
```

参数说明如下。

- sourceStart：字符串中要复制的第一个字符的索引。
- sourceEnd：字符串中要复制的最后一个字符之后的索引。
- target：目标数组。
- targetStart：目标数组中的起始偏移量。

```
String Str1 = new String("www.abcde.com");
char[] Str2 = new char[6];
Str1.getChars(4, 10, Str2, 0);
System.out.println(Str2 );    //输出：abcde.
```

（11）equals()和 equalsIgnoreCase()：比较两个字符串。

（12）regionMatches()：检测两个字符串在一个区域内是否相等。

（13）startsWith()和 endsWith()：startsWith()检测字符串是否以指定的字符串开始，endWith()检测字符串是否以指定的字符串结束。

（14）compareTo()和 compareToIgnoreCase()：比较字符串。

（15）indexOf()和 lastIndexOf()：indexOf()查找字符或者子串第一次出现的地方，lastIndexOf()查找字符或者子串最后一次出现的地方。

9.2　简单字符串例题

下面介绍一些简单的字符串题目，不涉及复杂算法，这样的题目在蓝桥杯大赛省赛中很常见。

例题 9-1．标题统计

lanqiaoOJ 题号 325

【题目描述】凯凯刚写了一篇优美的作文，请问这篇作文的标题中有多少个字符？注意：标题中可能包含大小写英文字母、数字字符、空格和换行符。统计标题的字符数时，空格和换行符不计算在内。

【输入描述】输入只有一行，包含一个字符串 s $(1\leqslant|s|\leqslant5)$。

【输出描述】输出只有一行，包含一个整数，即作文标题的字符数（不含空格和换行符）。

（1）C++代码。

使用 gets()能输入带空格的一行字符串。

```
#include<bits/stdc++.h>
using namespace std;
int main(){
    char s[10];
    gets(s);
    int ans=0;
    for(int i=0;i<strlen(s);i++)     {
        if(s[i]>= 'A'&&s[i]<= 'Z')      ans++;
        if(s[i]>= 'a'&&s[i]<= 'z')      ans++;
        if(s[i]>= '0'&&s[i]<= '9')      ans++;
    }
    printf("%d",ans);
    return 0;
}
```

或者直接用 string 定义变量，一个一个地读入字符串，字符串之间是用空格分开的。

```
#include<bits/stdc++.h>
using namespace std;
int main(){
    string s;
    int ans=0;
    while(cin >> s)   ans += s.size();
    cout << ans;
    return 0;
}
```

（2）Python 代码。

替换空格和换行符后统计字符数。

```
s=input()
print(len(s.replace(' ', '').replace('\n', '')))
```

例题 9-2. 罗马数字

lanqiaoOJ 题号 276

【题目描述】古罗马开创了辉煌的人类文明，但他们的数字表示法的确有些烦琐，尤其在表示大数的时候。之所以这样，不是因为发明数字表示法的人的智力有限，而是因为当时的宗教禁止在数字中出现 0 的概念。罗马数字的表示主要依赖以下几个基本符号（原题很长，请访问官网查看）:

I 1　　V 5　X 10　　L 50　　C 100　　D 500　　M 1000

【输入描述】输入的第一行是整数 n（n<100），表示接下来有 n 个罗马数字。以后的每行输入一个罗马数字。罗马数字的大小不超过 999。

【输出描述】输出 n 行，每行就是罗马数字对应的十进制数。

把罗马数字转换为阿拉伯数字。

（1）C++代码。

```
#include<bits/stdc++.h>
using namespace std;
```

```
int toi(string x){
    if(x == "I")    return 1;
    if(x == "V")    return 5;
    if(x == "X")    return 10;
    if(x == "L")    return 50;
    if(x == "C")    return 100;
    if(x == "D")    return 500;
    if(x == "M")    return 1000;
}
int main(){
    int n;     cin>>n;
    while(n--){
        string s;  cin>>s;
        int ans=0;
        ans = toi(s.substr(s.length()-1,1));
        for(int i=s.length()-2; i>=0; i--){
            if(toi(s.substr(i,1)) >= toi(s.substr(i+1,1)))
                 ans+=toi(s.substr(i,1));
            else
                ans-=toi(s.substr(i,1));
        }
        cout<<ans<<endl;
    }
    return 0;
}
```

（2）Python 代码。

```
dict={'I':1, 'IV':4, 'V':5, 'IX':9, 'X':10, 'XL':40, 'L':50, 'XC':90,\
      'C':100, 'CD':400, 'D':500, 'CM':900, 'M':1000}
n = int(input())
for i in range(n):
    ans = 0
    flag = 0
    s = input()
    for i in range(len(s)):
        if flag:
            flag = 0
            continue
        c=s[i]
        if i+1 <len(s):
            if dict[c]<dict[s[i+1]]:
                flag = 1
                c = s[i:i+2]
        ans += dict[c]
    print(ans)
```

例题 9-3. 删除字符

lanqiaoOJ 题号 544

【题目描述】给定一个单词，请问在单词中删除 t 个字母后，能得到的字典序最小的单词是什么？

【输入描述】输入的第一行包含一个单词，由大写英文字母组成。第二行包含一个正整数 t。其中，单词长度不超过 100，t 小于单词长度。

【输出描述】输出一个单词，表示答案。

从头到尾遍历一遍字符串，比较相邻的两个字符，若前字符大于后字符，则删除前字符。

（1）C++代码。

```
#include<bits/stdc++.h>
using namespace std;
int main(){
    string s;  int t;  cin>>s>>t;
    while(t--)
        for(int i=0;i<s.size();i++)
            if(s[i]>s[i+1]) {s.erase(i,1); break;}
    cout<<s;
    return 0;
}
```

（2）Python 代码。

```
s=list(input())+[' ']
t=int(input())
for _ in range(t):
    for i in range(0,len(s)):
        if s[i]>s[i+1]: s.remove(s[i]); break
print(''.join(s))        #连起来输出 s
```

例题 9-4. 数位递增的数

lanqiaoOJ 题号 145

【题目描述】如果一个正整数的任何一个数位都不大于其右边相邻的数位，则称这个正整数为一个数位递增的数。例如 1135 是一个数位递增的数，而 1024 不是一个数位递增的数。给定正整数 n，请问在整数 1 至 n 中有多少个数位递增的数？

【输入描述】输入一行，包含一个整数 n（$1<n<10^6$）。

【输出描述】输出一行，包含一个整数，表示答案。

因为 n 比较小，所以可以用暴力法检查每个数字。如何判断一个数是否为一个数位递增的数？一种简单的方法是把数变成一个字符串，然后按顺序判断每个字符的大小。

（1）C++代码。

使用 sprintf()函数能很方便地把数字转为字符串，见下面第 4 行代码。这是一个编程技巧。

```
1  #include<bits/stdc++.h>
2  using namespace std;
3  bool check(int t){
4      char s[8];     sprintf(s, "%d", t);
5      //如果一定要用 C++的 string，可以这样转换：string str = s;
6      for(int i=1;i<strlen(s);i++)
7          if(s[i-1]>s[i])    return False;
8      return True;
9  }
10 int main(){
11     int n; cin>>n;
12     int ans=0;
13     for(int i=1;i<=n;i++)
14         if(check(i))    ans++;
15     cout<<ans;
16     return 0;
17 }
```

（2）Python 代码。

下面的 Python 代码更简洁。将数转换为字符串后，用 sorted()对其进行从小到大排序，如果排序前后的字符串一样，则表示该数是一个数位递增的数。

```
n = int(input())
ans = 0
for i in range(1,n):
    s = list(str(i))
    if s==sorted(s):   #注意不能用 sort()
        ans+=1
print(ans)
```

例题 9-5. 单词接龙

lanqiaoOJ 题号 769

【题目描述】单词接龙是一个与我们经常玩的成语接龙相似的游戏，现在我们已知一组单词，且给定一个开头的字母，要求输出以这个字母开头的最长的“龙”（每个单词都最多在“龙”中出现两次），在两个单词相连时，其重合部分合为一部分，例如 beast 和 astonish 如果接成一条“龙”，则变为 beastonish，另外，相邻的两部分不能存在包含关系，例如 at 和 atide 不能相连。

【输入描述】输入的第一行为一个单独的整数 n（$n \leqslant 20$），表示单词数。以下 n 行每行有一个单词，输入的最后一行为一个单个字符，表示“龙”开头的字母。你可以假定以此字母开头的“龙”一定存在。

【输出描述】输出以此字母开头的最长的“龙”的长度。

本题大意是把所有字符串拼接在一起，输出最长的拼接字符串的长度。

DFS 所有可能的拼接字符串，找到其中最长的拼接字符串，输出其长度。

（1）C++代码。

代码中的 check()函数判断字符串是否能拼接，若前字符串的后 k 个字符与后字符串的前 k 个字符相同，则能拼接。

add()函数把后字符串拼到前字符串的尾部。若前字符串的后 k 个字符与后字符串的前 k 个字符相同，则拼接。

下面的 check()和 add()都用两种方法实现，一种用了 substr()，另一种没用 substr()。

```
#include<bits/stdc++.h>
using namespace std;
const int N=100;
int n;
int ans = 0;
string word[N];   //存单词
int vis[N];       //记录每一个单词被使用了几次
bool check(string s,string m,int k){        //第一种方法，判断是否能拼接，用 substr()实现
    int len = s.size();
    if(s.size()<k || m.size()<k) return False;
    if(s.substr(len-k,k) == m.substr(0,k)) //若 s 的后 k 个字符与 m 的前 k 个字符相同，则能拼接
        return True;
    return False;
}
bool check1(string s,string m,int k){      //第二种方法，不用 substr()实现
    int lens = s.length();
    for (int i=0;i<k;i++){
        if(s[lens-k+i]!=m[i])
            return False;
    }
    return True;
}
string add(string s,string m,int k){       //第一种方法，拼接用 substr()实现
```

```
    int len = m.size();
    s = s + m.substr(k,len-k);              //拼接，把m接到s的尾部
    return s;
}
string add1(string s,string m,int k){      //第二种方法，不用substr()实现
    int len = m.size();
    for (int i=k;i<len;i++)   s+=m[i];
    return s;
}
void dfs(string dragon){                    //dragon：目前拼接好的字符串
    int len = dragon.size();
    ans = max(ans, len);
    for (int i=1;i<=n;i++){
        if (vis[i]>=2) continue;            //题目说每个单词最多用两次
        int k = word[i].size();
        for (int j=1;j<=k;j++)              //枚举拼接长度
            if (check(dragon,word[i],j)){
                string temp = dragon;
                temp = add(temp,word[i],j);
                vis[i]++;
                dfs(temp);
                vis[i]--;
            }
    }
}
int main(){
    cin >> n;
    for (int i=1;i<=n;i++) cin >> word[i];
    string first; cin >> first;
    dfs(first);        //用dfs()搜索所有可能的拼接字符串
    cout << ans << endl;
    return 0;
}
```

（2）Python 代码。

```
def check(x,y):
    flag=0
    for i in range(1,min(len(x),len(y))):
        if x[-i:len(x)]==y[:i]:  flag=1;    break
    if flag == 1 :
        if x[:len(x)-i] in y[i:] or y[i:] in  x[:len(x)-i]:  return False
        else:    return i
    else:       return False
def dfs(dragon,x):
    global ans
    ans=max(len(dragon),ans)
    for i in range(n):
        if check(x,word[i])!=False and vis[i]<2:
            r= dragon+word[i][check(x, word[i]):]
            vis[i]+=1
            dfs(r,word[i])
            vis[i]-=1
n=int(input())
word=[]
for i in range(n):   word.append(input())
first =input()
ans=0
for i in range(n):
    vis=[0]*n
    if word[i][0]==first:
        vis[i]+=1
        res=word[i]
```

```
        dfs(res,word[i])
print(ans)
```

【练习题】

“扫雷游戏” lanqiaoOJ 题号 358；“潜伏者” lanqiaoOJ 题号 519；“ISBN” lanqiaoOJ 题号 523；“字符串的展开” lanqiaoOJ 题号 536；“立体图” lanqiaoOJ 题号 526；“计算器的改良” lanqiaoOJ 题号 771；“串的处理” lanqiaoOJ 题号 287；“谁拿了最多奖学金” lanqiaoOJ 题号 565；“子串” lanqiaoOJ 题号 365；“表达式求值” lanqiaoOJ 题号 378；“单词分析” lanqiaoOJ 题号 504；“统计单词数” lanqiaoOJ 题号 397；“乒乓球” lanqiaoOJ 题号 744；“回文数” lanqiaoOJ 题号 774；“子串分值” lanqiaoOJ 题号 499；“回文日期” lanqiaoOJ 题号 498；“音节判断” lanqiaoOJ 题号 148。

9.3　朴素模式匹配算法

模式匹配（Pattern Matching）问题：在一篇长度为 n 的文本 S 中，查找某个长度为 m 的关键词 P，称 S 为母串，P 为模式串。

P 可能出现多次，都需要找到。例如在 S = abcxyz123bqrst12dg123gdsa 中查找 P =123，P 出现了两次。

最优的模式匹配算法复杂度是什么？由于至少需要检索文本 S 的 n 个字符和关键词 P 的 m 个字符，所以复杂度至少是 $O(m+n)$。

最简单的是朴素模式匹配算法，这是一种暴力法，从 S 的第 1 个字符开始，逐个匹配 P 的每个字符，如果发现不同，就从 S 的下一个字符重新开始匹配。

例如 S =abcxyz123，P = 123。

第 1 轮匹配：比较 S[0]～S[2]= abc 和 P[0]～P[2]= 123。发现第 1 个字符就不同，即 P[0]≠S[0]，这种情况称为“失配”，后面的 P[1]、P[2]就不用比较了，如图 9.1 所示。

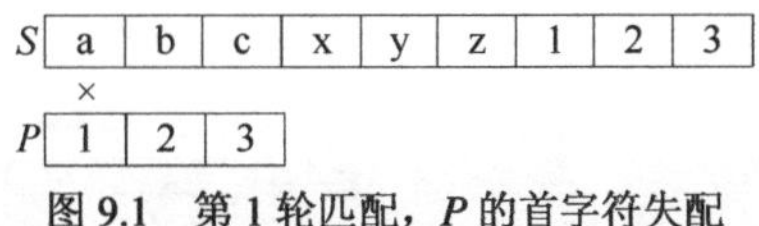

图 9.1　第 1 轮匹配，P 的首字符失配

第 2 轮匹配：S 往后移一个字符，比较 S[1]～S[3]= bcx 和 P[0]～P[2]=123。发现 P 的第 1 个字符与 S 的第 2 个字符不同，即 P[0]≠S[1]，后面的 P[1]、P[2]就不用比较了，如图 9.2 所示。

继续匹配，直到第 7 轮匹配，终于在 S 中完全匹配了一个 P，如图 9.3 所示。

图 9.2　第 2 轮匹配，P 的首字符失配　　图 9.3　第 7 轮匹配，成功（1）

一共比较了 6 + 3 = 9 次：前 6 轮每次只比较了 P 的第 1 个字符，第 7 轮比较了 P 的 3 个字符。

这个例子比较特殊，因为 P 和 S 的字符基本都不一样。在每轮匹配时，往往第 1 个字符就不同，用不着继续匹配 P 后面的字符。计算复杂度差不多是 $O(n)$，这已经是字符串匹配能达到的最优复杂度了。所以，如果字符串 S、P 符合这样的特征，**暴力法是很好的选择**。

但是如果情况很“恶劣”，例如 P 的前 $m-1$ 个都容易找到匹配，只有最后一个不匹配，那么复杂度就退化成 $O(nm)$。例如 S =aaaaaaaab，P =aab。

第 1 轮匹配：比较 S[0]～S[2]=aaa 和 P[0]～P[2]=aab，前两个字符相同，第 3 个字符不同，即 S[2]≠P[2]，共比较了 3 次。i 是指向 S 的指针，j 是指向 P 的指针，在 i=2、j=2 处失配，如图 9.4 所示。

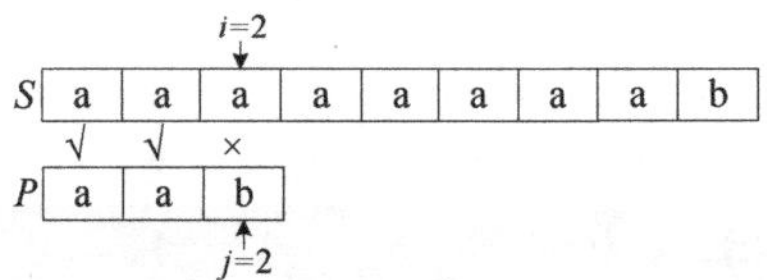

图 9.4　第 1 轮匹配，在 i=2、j=2 处失配

第 2 轮匹配：让 i 回溯到 1，j 回溯到 0，重新开始比较 S[1]～S[3]= aaa 和 P[0]～P[2]= aab，如图 9.5 所示。发现 S[3]≠P[2]，共比较了 3 次，在 i=3、j=2 处失配。

……

第 7 轮匹配：在 S 中完全匹配了一个 P，如图 9.6 所示。

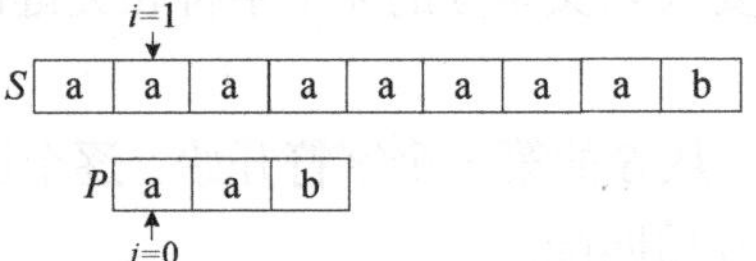

图 9.5　第 2 轮匹配，i 回溯到位置 1，j 回溯到位置 0，重新匹配

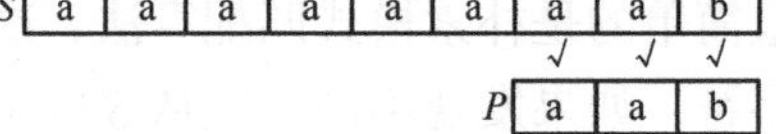

图 9.6　第 7 轮匹配，成功（2）

这 7 轮匹配共比较 7×3 = 21 次，远远超过上面例子中的 9 次。

显然朴素模式匹配算法很不稳定，有没有更好的方法？9.4 节将介绍的 KMP 算法是在任何情况下都稳定、高效的算法。

9.4　KMP 算法

KMP 算法是一种在任何情况下都能达到 $O(n + m)$复杂度的算法。

9.3 节介绍的朴素模式匹配算法的特征是每次失配之后，指向 S 的 i 指针都要回溯，而指向 P 的 j 指针都要回溯到 0，以重新开始下一轮的匹配。这是朴素模式匹配算法低效的原因。KMP 算法克服了这一弊端，极大优化了匹配计算。

在朴素模式匹配算法中，每次新的匹配都需要重新对比 S 与 P 的全部 m 个字符，这实际上做了重复操作。例如第 1 轮匹配 S 的前 3 个字符 aaa 和 P 的 aab，第 2 轮从 S 的第 2 个字符 a 开始，与 P 的第一个字符 a 比较，这其实没有必要，因为在第 1 轮比较时已经检查过这两个字符，知道它们相同。如果能记住每次的比较，将其用于指导下一次比较，使得指向 S 的 i 指针不用回溯，就能提高效率。

9.4.1　模式串 P 的特征与匹配的关系

如何让 S 的指针 i 不回溯，P 的指针 j 不回溯到 0？下面详细分析各种情况。

在朴素模式匹配算法中，如果 P 和 S 的字符基本不一样，则此时的朴素模式匹配算法也是高效的算法。下面主要讨论 P 和 S 的大多数字符相同的情况。

1. P 在失配点之前的每个字符都不同

例如 S =abcabcd，P =abcd，第一次匹配的失配点是 $i = 3$、$j = 3$ 处。失配点之前的 P 的每个字符都不同，P[0]≠P[1]≠P[2]；而失配点之前的 S 与 P 相同，即 P[0] = S[0]、P[1] = S[1]、P[2] = S[2]，如图 9.7 所示。

下一步如果按朴素模式匹配算法，则 j 要回溯到位置 0，i 要回溯到 1，去比较 P[0]和 S[1]。这里是可以进行优化的，不用回溯 i。从上一步的 P[0]≠P[1]、P[1] = S[1]推出 P[0]≠S[1]，所以 i 不用回溯到位置 1。同理，P[0]≠S[2]，i 也不用回溯到位置 2。所以继续从 $i = 3$、$j = 0$ 开始下一轮的匹配。

为了更简洁、直观地剖析上面的思路，下面画出示意图，如图 9.8 所示。当 P 滑动到图 9.8 左图所示位置时，i 和 j 所处的位置是失配点，S 与 P 的阴影部分相同，且阴影内部的字符都不同。下一步直接把 P 滑到 S 的 i 位置，此时 i 不变、j 回溯到 0，然后开始下一轮的匹配。

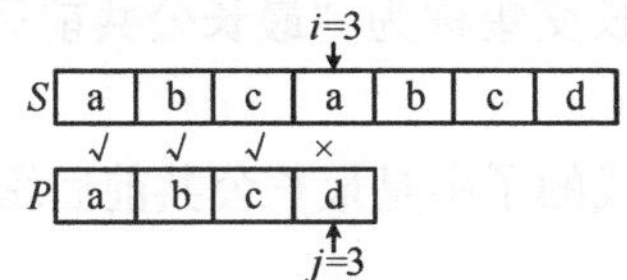

图 9.7　P 在失配点之前的每个字符都不同

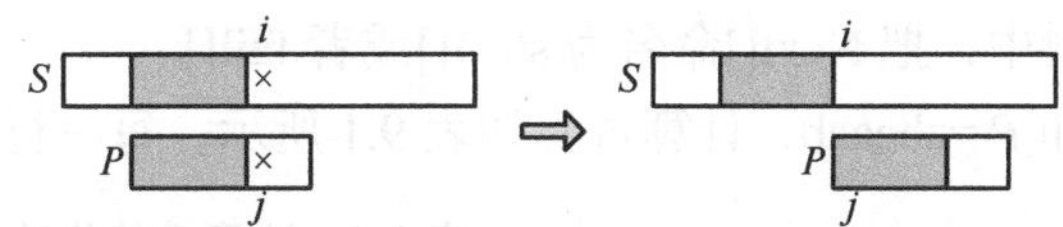

图 9.8　P 在失配点之前的每个字符都不同的滑动情况

2. P 在失配点之前的字符有部分相同

P 在失配点之前的字符有部分相同可细分为以下两种情况。

（1）相同的部分是前缀（位于 P 的最前面）和后缀（在 P 中位于 j 前面的部分字符）。

前缀和后缀的定义：对于字符串 A 和 B，若存在 $A = BC$，其中 C 是任意的非空字符串，则称 B 为 A 的前缀；同理可定义后缀，若存在 $A = CB$，C 是任意非空字符串，则称 B 为 A 的后缀。例如 A=abcxyabc，它有 7 个前缀{a, ab, abc, abcx, abcxy, abcxya, abcxyab }，也有 7 个后缀{bcxyabc, cxyabc, xyabc, yabc, abc, bc, c}，前缀和后缀中相同的是 abc。

当 P 滑动到图 9.9 左图所示位置时，i 和 j 所处的位置是失配点，j 之前的部分与 S 匹配，且子串 1（前缀）和子串 2（后缀）相同，设子串长度为 L。下一步把 P 滑到图 9.9 右图所示位置，让 P 的子串 1 和 S 的子串 2 对齐，此时 i 不变，$j = L$，然后开始下一轮的匹配。注意，前缀和后缀可以部分重合。

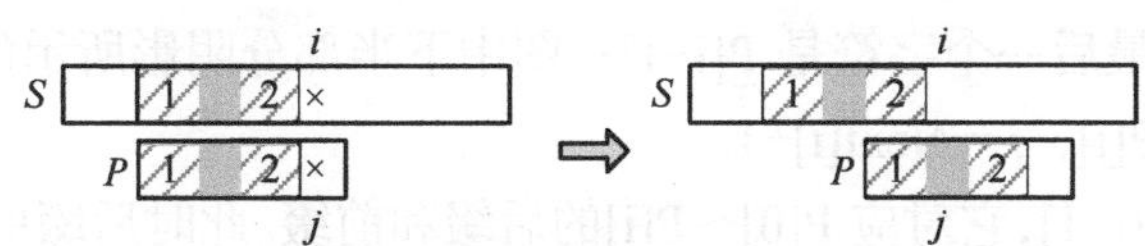

图 9.9　相同的部分是前缀和后缀

在这种情况下，S 的 i 指针不用回溯，P 的 j 指针也不用回溯到 0，而是直接跳回到 L 位置，大大地减少了计算量。

把 P 的相同的前缀和后缀定义为“公共前后缀”，显然 L 就是最长公共前后缀的长度。下一小节用 Next[]数组计算和记录“最长公共前后缀”。

（2）相同部分不是前缀或后缀。

在图 9.10 的左图中，P 滑动到失配点 i 和 j，前面的阴影部分是匹配的，且子串 1 和子串 2 相同，但是子串 1 不是前缀（或者子串 2 不是后缀），这种情况与“1. P 在失配点之前的每个字符都不同”类似，下一步 P 滑动到图 9.10 右图所示位置，即 i 不变，j 回溯到 0。例如阴影部分是 xabyabz，子串 ab 相同，下一步 P 直接滑过 S 的阴影部分，从 S 的阴影部分后面开始匹配。

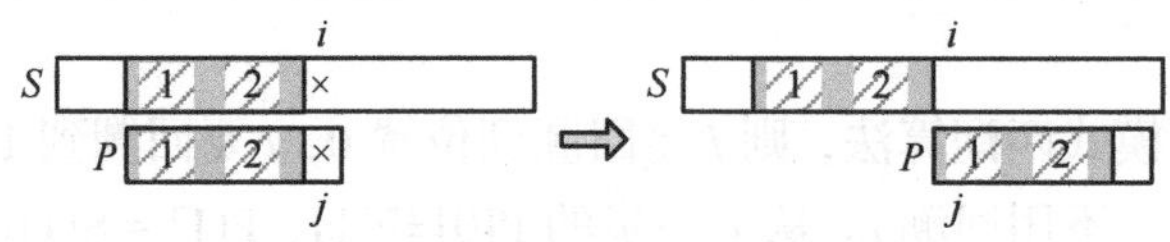

图 9.10　相同的部分不是前缀或后缀

9.4.2　最长公共前后缀和 Next[]数组

通过上面的分析可知，不回溯 i 完全可行。算法的关键在于计算 P 的前缀和后缀。

计算每个 P[j]的前缀、后缀，并将其记录在 Next[]数组中，Next[j]的值等于 P[0]～P[j−1]这部分子串的前缀集合和后缀集合的最长交集的长度，这个最长交集称为“**最长公共前后缀**”。有的资料中，把 Next[]命名为 shift[]或者 fail[]。

例如 P =abcaab，计算过程如表 9.1 所示，每一行带下划线的子串是最长公共前后缀。

表 9.1　计算 P 的前后缀的过程

j	P[0]～P[j-1]	前缀	后缀	Next[j]
1	a	空	空	0
2	ab	a	b	0
3	abc	a, ab	bc, c	0
4	abca	<u>a</u>, ab, abc	bca, ca, <u>a</u>	1
5	abcaa	<u>a</u>, ab, abc, abca	bcaa, caa, aa, <u>a</u>	1
6	abcaab	a, <u>ab</u>, abc, abca, abcaa	bcaab, caab, aab, <u>ab</u>, b	2

Next[]只和 P 有关，通过预处理 P 得到。

如何计算出 Next[]？下面介绍一种复杂度只有 $O(m)$的极快的方法，它巧妙地利用了前缀和后缀的关系，从 Next[i]递推到 Next[i+1]。

假设已经计算出了 Next[i]，它对应 P[0]～P[i−1]这部分子串的前缀集合和后缀集合的最长交集的长度，如图 9.11 所示。阴影部分 w 是最长交集，交集 w 的长度等于 Next[i]。图中上半部分阴影所示的后缀的最后一个字符是 P[i−1]；图中下半部分阴影所示的前缀的第一个字符是 P[0]，最后一个字符是 P[j]，j = Next[i]−1。

下面扩展到求 Next[i+1]，它对应 P[0]～P[i]的后缀和前缀。此时后缀的最后一个字符是 P[i]，与这个字符对应，把前缀的 j 也往后移一个字符，j = Next[i]。判断以下两种情况。

（1）若 P[i] = P[j]，则新的交集等于“阴影 w+ P[i]”，交集的长度 Next[i+1] = Next[i]+1，如图 9.12 所示。

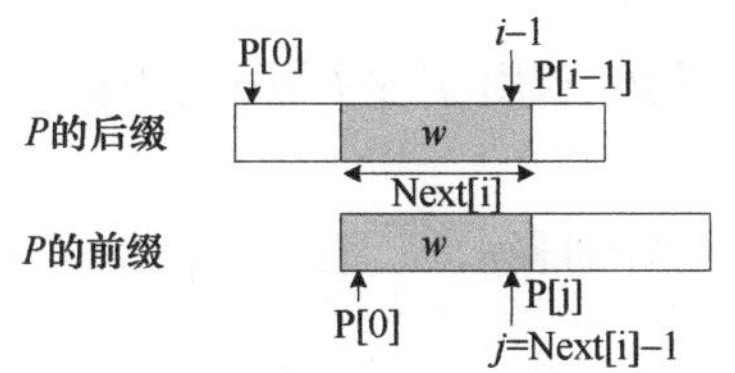

图 9.11　已算出 P[0]～P[i−1]对应的 Next[i]

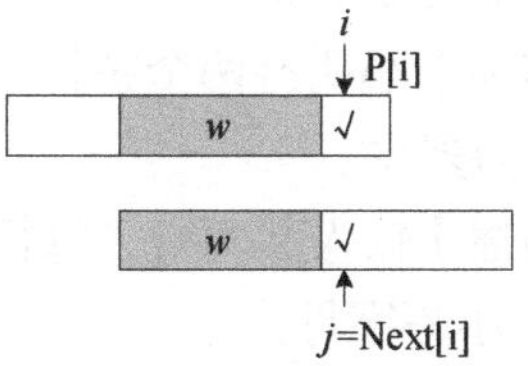

图 9.12　若 p[i] = p[j]，得 Next[i+1] = Next[i]+1

（2）若 P[i]≠P[j]，则说明后缀的“阴影 w+P[i]”与前缀的“阴影 w+P[j]”不匹配，如图 9.13 所示，只能缩小范围找新的交集。

图 9.14 合并了图 9.13 中的前缀和后缀，画出了完整的子串 P[0]～P[i]，最后的字符 P[i]和 P[j]不相等。

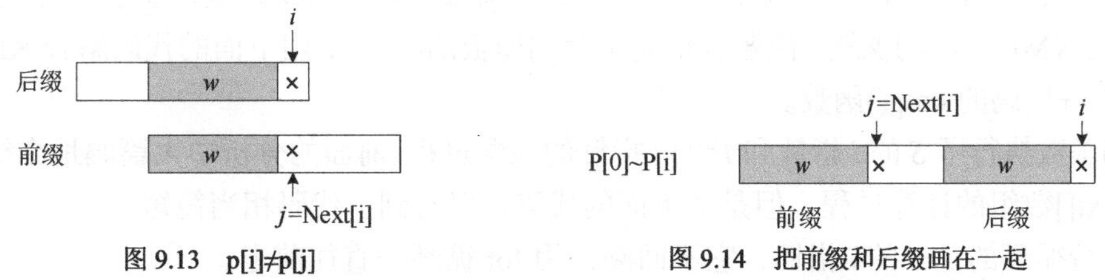

图 9.13　p[i]≠p[j]　　图 9.14　把前缀和后缀画在一起

把前缀往后滑动，也就是通过减小 j 来缩小前缀的范围，直到找到一个匹配的 P[i] = P[j] 为止。如何减小 j? 只能在 w 上继续找最大交集，这个新的最大交集是 Next[j]，所以更新 j' = Next[j]。在图 9.15 中，斜线阴影 v 是 w 上的最大交集，下一步判断：若 P[i] = P[j']，则 Next[i+1]等于 v 的长度加 1，即 Next[j']+1；若 P[i]≠P[j']，则继续更新 j'。

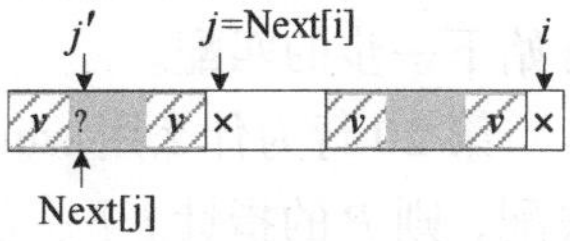

图 9.15　更新 j' = Next[j]

重复以上操作，逐步扩展 i，直到求得所有的 Next[i]。

有了 Next[]数组，就能在失配的时候，让 P 的 j 指针直接跳到 Next[]所指向的新位置。

以上内容完整地介绍了 KMP 算法。

✧ 提示：在网络上，模式串 P 的 j 指针的跳转过程还可以使用一种“border 分析法”来分析，此方法将在 9.4.3 小节的模板代码中介绍。

9.4.3　例题

KMP 算法的模板代码包括 getNext()、kmp()两个函数。getNext()预计算 Next[]数组，是前面图解思路的完全实现。kmp()函数在 S 中匹配所有的 P，每次匹配到的起始位置是 S[i+1−plen]，末尾是 S[i]。

KMP 算法的复杂度：getNext()函数的复杂度为 $O(m)$；匹配函数 kmp()从 S[0]到 S[n−1]只走了一遍，S 的每个字符只与 P 的某个字符比较了一次，复杂度为 $O(n)$；总复杂度为 $O(n + m)$。

下面通过一道例题解释模板代码。

例题 9-6. 小明的字符串

lanqiaoOJ 题号 1203

【题目描述】小明有两个字符串，分别为 S、T。请你求出 T 字符串的前缀在 S 串中出现的最长长度为多少。

【输入描述】输入共两行，每行包含一个字符串，分别表示 S、T。$1 \leqslant |S|, |T| \leqslant 10^6$；保证 S、T 只包含小写字母。

【输出描述】输出共一行，包含一个整数，表示答案。

本题求 T 的前缀在 S 中出现的最长长度。简单的思路是枚举 T 的每个前缀，对于每个前缀，用 KMP 算法到 S 中查找，在所有匹配到的前缀中查找最长的前缀，其长度就是答案。

不过，其实并不需要做多次 KMP，只做一次 KMP 即可。

回顾 KMP 算法：用 P 匹配 S，逐个移动 P 的指针 j，直到失配为止，如果失配之前的 P 的前缀在 S 中匹配到了，那么只要记录匹配到的最长前缀，其长度就是题目要求的答案。

本题是 KMP 算法的裸题（裸题是指完全套用模板的题目），用下面的代码解释 KMP 算法。

（1）C++代码的 kmp()函数。

kmp()函数执行了 S 的 i 指针和 P 的 j 指针的匹配过程。前面的分析中大篇幅地介绍了 KMP 算法和 Next[]数组的计算过程，但是从下面的代码可以看到，代码相当简短。

第 19 行循环的是 S 的 i 指针，它不回溯，用 for 循环一直往前走。

第 22 行判断 s[i]和 p[j]是否相等。若 s[i]==p[j]，则说明当前 P 的字符和 S 的字符匹配，那么让 j 递增，同时回到第 19 行让 i 递增，下一步匹配 s[i+1]和 p[j+1]。

第 20 行的 s[i]!=p[j]表示失配，那么让 j 回溯到 Next[j]的位置，并回到第 19 行让 i 递增，开始下一步的匹配。

第 20 行为什么用 while？这是一个循环动态更新。例如 P = ababXababY，若在 P[9] =Y 处失配，则 P 的指针 j 下一步跳到 j = Next[9] = 4 处；若继续在 P[4] = X 处失配，则 j 下一步跳到 j = Next[4] = 2 处。在这个例子中，ababXabab 的最长公共前后缀是 abab，对应 Next[9] = 4；而 abab 的最长公共前后缀是 ab，对应 Next[4] = 2，所以可以连续跳。这个连续跳用 while 循环来实现非常合适。

下面介绍“border 分析法”，它其实就是对第 20、21 行代码“while(j && s[i] != p[j])　j = Next[j];”的解析。

一个字符串的 border，表示既是该字符串的前缀，又是该字符串的后缀的所有子串，例如 P=ababXabab，它的 border 有两个：abab、ab。

显然，一个字符串的 border 的 border 还是该字符串的 border。例如 P=ababXabab，border abab 的 border 是 ab。

border 对应了 Next[]数组，例如 border abab 对应了 Next[9]，border ab 对应了 Next[4]。所以 Next[]数组可以理解为字符串 P 的所有 border 的关系。

第 20、21 行代码“while(j && s[i] != p[j])　j = Next[j];”，用 border 分析法来说明就是，失配后，通过 border 的 border 寻找下一个 Next[]。这体现了动态查找的过程。

（2）C++代码的 getNext()函数。

getNext()用于计算模式串 P 的 Next[]数组，前面已经详细解析了它的作用。可以看到，getNext()

的主代码第 7～第 13 行和 kmp()的主代码第 19～第 25 行很相似。

从前面的解析可以概括出，kmp()的 P（j 指针）和 S（i 指针）的匹配过程，与 getNext()的前缀（j 指针）和后缀（i 指针）的匹配过程的思路是一样的。这就是 getNext()和 kmp()相似的原因。

```
1   #include<bits/stdc++.h>
2   using namespace std;
3   const int N = 1e6+5;
4   int Next[N];
5   void getNext(string p){                    //计算 Next[1]～Next[plen]
6       Next[0]=0; Next[1]=0;
7       for(int i=1; i < p.size(); i++){       //把 i 的增加看成后缀的逐步扩展
8           int j = Next[i];                   //j 的后移：j 指向前缀阴影 w 的后一个字符
9           while(j && p[i] != p[j])           //阴影的后一个字符不相同
10              j = Next[j];                   //更新 j
11          if(p[i]==p[j])    Next[i+1] = j+1;
12          else              Next[i+1] = 0;
13      }
14  }
15  int kmp(string s, string p) {              //在 s 中找 p
16      int ans=0;
17      int slen=s.size(), plen=p.size();
18      int j=0;
19      for(int i=0; i<slen; i++) {            //匹配 s 和 p 的每个字符
20          while(j && s[i]!=p[j])             //失配了
21               j=Next[j];                    //j 滑动到 Next[j]位置
22          if(s[i]==p[j]) {                   //当前位置的字符匹配，继续
23              j++;
24              ans=max(ans,j);                //统计最长匹配
25          }
26          if(j == plen) {                    //j 到了 p 的末尾，找到了一个完全匹配
27              //这个匹配，在 s 中的起点是 i+1-plen，末尾是 i。如有需要，则可以输出：
28              // printf("at location=%d, %s\n", i+1-plen,&s[i+1-plen]);
29             return ans;                     //最长前缀就是 p 的长度，直接返回
30          }
31      }
32      return ans;                            //返回 p 在 s 中出现的最长前缀
33  }
34  int main(){
35      string s, t;
36      cin >> s >> t;
37      getNext(t);                            //预计算 Next[]数组
38      cout<<kmp(s, t);
39      return 0;
40  }
```

（3）Python 代码。

下面代码的逻辑和上面 C++代码的完全一样。

```
N=1000005
Next = [0]*N
def getNext(p):                        #计算 Next[1]～Next[plen]
    for i in range(1,len(p)):
        j = Next[i];                   #j 的后移：j 指向前缀阴影 w 的后一个字符
        while j>0 and p[i] != p[j]:    #阴影的后一个字符不相同
            j = Next[j]                #更新 j
        if p[i]==p[j]:   Next[i+1] = j+1
        else:              Next[i+1] = 0
def kmp(s,p):
    ans = 0
```

```
    j = 0
    for i in range(0,len(s)):
        while j>0 and s[i]!=p[j]:      #失配了
            j=Next[j]                  #j 滑动到 Next[j]位置
        if s[i]==p[j]:                 #当前位置的字符匹配，继续
            j+=1
            ans = max(ans,j)
        if j == len(p): return ans     #最长前缀就是 p 的长度，直接返回
    return ans                         #返回 p 在 s 中出现的最长前缀
s=input()
t=input()
getNext(t)
print(kmp(s,t))
```

下面是一道例题。

例题 9-7. 编程作业

lanqiaoOJ 题号 1433

【题目描述】如下的两段代码，很容易发现它们其实是一样的。

代码 1

```
int i, j;
i = 3;
j = i + 1;
```

代码 2

```
int a, i;
a = 3;
i = a + 1;
```

因为这两段代码之间唯一的差异是变量名，例如第一段代码中的 i 变成了第二段代码中的 a，第一段代码中的 j 变成了第二段代码中的 i。而其他的常量，例如 3、1，或者其他的关键字和运算符，例如 int、+ 和 ;，都是没有发生变化的。

不过对于如下的代码片段，我们并不能简单地认为它们是一样的，因为它们的差异不是一个简单的变量名的替换，而是可以导致不同的运算结果。

代码 3

```
a = 3;
b = 3;
```

代码 4

```
c = 3;
c = 3;
```

为了简化问题，我们用大写字母来表示所有的关键字、常量等非变量符号。

假如我们采用如下的替换表：

符号	int	,	;	=	3	+	L
字母	A	B	C	D	E	F	G

那么最开始给出的两段雷同代码就可以分别写成 AiBjCiDECjDiFGC 以及 AaBiCaDECiDaFGC。

或者简单地说，我们认为这两段代码是一样的。

现在请编写一个程序，处理若干这样的代码雷同检测问题：给一段完整代码以及一段较短的代码片段，请求出这个代码片段在完整代码中一共出现了多少次（代码片段出现的位置可以重叠）。

为了简单起见，我们认为程序中至多只会出现 a～z 这 26 个变量，同时也至多只有 A～Z 这 26 个非变量符号。

【输入描述】输入的第一行包含一个整数 T，表示此数据中一共包含 T 个询问。接下来的 $2T$ 行，每两行为一个询问。每个询问中的第一行包含一个字符串 S，表示完整的代码，第二行包含一个字符串 P，表示需要检测出现次数的代码片段。

【输出描述】输出共 Q 行，每行包含一个整数，表示对应代码片段的出现次数。

给定母串 S，问其中可以匹配到多少个模式串 P。一个匹配需满足两个条件：P 与 S 对应位置的大写字母相等；P 中小写字母的位置顺序与 S 中小写字母的位置顺序相等，换句话说，P 中若有两个相等的小写字母，则在 S 中相同位置的两个小写字母也应该相等。

如何判断第 2 个条件？显然小写字母是什么不重要，重要的是它们之间的位置。对于每个小写字母，转化为它与上一个相同字母的距离，如果距离一样，就是匹配的。例如 S = aabca，P =cce，转化为 S=0100，P=010，就能匹配。

但是有些情况比较复杂。例如 S=ccdcdc，P=xyxy，其中的 dcdc 和 xyxy 应该匹配一次。但是转化后 S=010222，P=0022，匹配不到了。这是因为，当 P 滑动到 S 的某个位置 S[i]时，S[i]应该被看成第一次出现，可以跟任意数字匹配。所以 P 滑动到 S=ccdcdc 的 dcdc 位置时，它应该转化为 0022。

用 check()函数来判断是否匹配。该函数的定义如下。

```
bool check(int a,int b,int j)          //a 对应 S 的字符，b 对应 P 的字符，j 是 P 的匹配位置
{    if(a<0||b<0) return a==b;         //大写字母
     return a==b||(b==0&&a>j);         //小写字母
}
```

其中的“b==0&&a>j”判断了上述的复杂情况。b=0 是模式串 P 的首字符，a 是对应的 S 的字符，a>j 说明 S 的这个字符以前出现过，现在仍然当成第一次出现。

（1）C++代码。

先用 inits()、initp()转化字符串 S、P，然后编写 getNext()、kmp()模板代码。稍有不同的是用 check()函数判断 P[j]和 S[i]是否相同。

```
#include<bits/stdc++.h>
using namespace std;
const int N=1e6+9;
char v[N];     // 读入字符串
int slen,plen,s[N],p[N],pre[29],Next[N];
bool check(int a,int b,int j) {
    if(a<0||b<0) return a==b;            //大写字母
    return a==b||(b==0&&a>j);            //小写字母
}
void inits(){  //转化母串 s
    scanf("%s",v+1);
    slen = strlen(v+1);
    memset(pre,0,sizeof(pre));
    for(int i=1;i<=slen;i++)                          //预处理 s
        if(v[i]>= 'A'&&v[i]<= 'Z')  s[i]=-v[i];  //大写字母记为负数
         else{
            if(pre[v[i]- 'a'+1]>0) s[i]=i-pre[v[i]- 'a'+1];
            else s[i]=0;
            pre[v[i]- 'a'+1]=i;
        }
}
```

```
void initp(){                                      //转化模式串p
    scanf("%s",v+1);  plen=strlen(v+1);
    memset(pre,0,sizeof(pre));
    for(int i=1;i<=plen;i++)                       //预处理t
        if(v[i]>= 'A'&&v[i]<= 'Z') p[i]=-v[i];
        else{
           if(pre[v[i]- 'a'+1]>0)    p[i]= i-pre[v[i]- 'a'+1];
           else p[i]=0;
           pre[v[i]- 'a'+1]=i;
        }
}
void getNext(){    //getNext[]模板
    Next[0]=Next[1]=0;
    for(int i=1;i<plen;i++) {
        int j = Next[i];
        while(j&&!check(p[i+1],p[j+1],j))       j=Next[j];
        if(check(p[i+1],p[j+1],j))     Next[i+1] = j+1;
        else  Next[i+1] = 0;
    }
}
void kmp() {          //kmp()模板
    int ans=0;
    int j=0;
    for(int i=0;i<slen;i++) {
        while(j&&!check(s[i+1],p[j+1],j))     j=Next[j];
        if(check(s[i+1],p[j+1],j))       j++;
        if(j==plen)
           ans++,j=Next[j];   //找到一个匹配，继续找下一个
    }
    cout<<ans<<endl;
}
int main() {
    int Q; cin>>Q;
    while(Q--){ inits();  initp();  getNext();  kmp();}
    return 0;
}
```

（2）Python 代码。

把上面的 C++代码改写为 Python 代码。注意第 16 行对字符相减的处理，Python 不能像 C++那样直接对字符做减法，需要用到 ord()函数。

```
1  N=1000006
2  Next = [0]*N
3  slen,plen=0,0
4  s = [0]*N
5  p = [0]*N
6  pre = [0]*29
7  def check(a,b,j):
8      if a<0 or b<0: return a==b
9      return a==b or (b==0 and a>j)
10 def inits():
11     global pre,slen
12     pre=[0]*29            #清空
13     v = ' '+input()
14     slen = len(v)-1
15     for i in range(1,slen+1):
16         if v[i]>= 'A' and v[i]<= 'Z': s[i] = -ord(v[i]) #字符不能直接相减,需要用 ord()来处理
17         else:
18             if pre[ord(v[i])-ord('a')+1]>0: s[i]=i-pre[ord(v[i])-ord('a')+1]
19             else: s[i] = 0
20             pre[ord(v[i])-ord('a')+1]=i
21 def initp():
```

```
    global pre,plen
    pre=[0]*29
    v=' '+input()
    plen=len(v)-1
    for i in range(1,plen+1):
        if v[i]>= 'A' and v[i]<= 'Z': p[i]=-ord(v[i])
        else:
            if pre[ord(v[i])-ord('a')+1]>0:  p[i]=i-pre[ord(v[i])-ord('a')+1]
            else: p[i]=0
            pre[ord(v[i])-ord('a')+1]=i
def getNext():
    for i in range(1,plen):
        j = Next[i];
        while j>0 and check(p[i+1],p[j+1],j)==0:   j = Next[j]
        if check(p[i+1],p[j+1],j)>0:   Next[i+1] = j+1
        else:                 Next[i+1] = 0
def kmp():
    ans = 0
    j = 0
    for i in range(0,slen):
        while j>0 and check(s[i+1],p[j+1],j)==0:  j=Next[j]
        if check(s[i+1],p[j+1],j)>0:   j+=1
        if j == plen:
            ans+=1
            j=Next[j]
    print(ans)
Q=int(input())
for i in range(Q):  inits();  initp();  getNext();  kmp()
```

【练习题】

“最短循环节问题”lanqiaoOJ 题号 1628；“小蓝的 01 串”lanqiaoOJ 题号 1627；“串的前缀”lanqiaoOJ 题号 1071；“刻印章”lanqiaoOJ 题号 1080；“文字游戏”lanqiaoOJ 题号 1078；“蚰蜒”lanqiaoOJ 题号 1249；“网格”lanqiaoOJ 题号 1210。

小　结

本章的内容比较少，只介绍了基本的字符串处理方法。蓝桥杯大赛的字符串题一般是本章介绍的这些题型。另外，本章介绍了一个有名的字符串算法 KMP。

还有很多字符串算法没有在本章提及，它们很少出现在蓝桥杯大赛中。因为它们的难度高，相关的题目往往是算法竞赛中的难题，这些算法包括字典树、Manacher 回文算树、回文树、后缀树、后缀数组、AC 自动机、后缀自动机等。

第 10 章 图论

CHAPTER 10

图是极为常见的数据结构，基于图的图论算法丰富而深刻。图论的基本算法是 BFS 和 DFS，它们是研究图问题的绝佳算法，大多数图论高级算法都是从 BFS 和 DFS 发展出来的。

本章将介绍图的基本概念和图的几个基本算法，包括图的概念、图的存储、拓扑排序、最短路径算法、最小生成树等内容。

10.1 图的基本概念

图这种抽象模型由点（Vertex）和连接点的边（Edge）组成。很多点和边构成了一个网状结构，从而能方便地描述事物之间的连接关系。

图算法的复杂度显然和点的数量 n、边的数量 m 直接相关。如果一个算法的复杂度能达到线性时间 $O(n+m)$，那这就是图问题中能达到的最好程度了，例如在边长都为 1 的图上用 BFS 查找最短路径，复杂度是 $O(n+m)$。即使差一点，能达到 $O(n\log m)$、$O(m\log n)$或类似的复杂度的算法，也是很好的算法，例如在一般性的图上用 Dijkstra 算法搜索最短路径，复杂度是 $O((n+m)\log m)$。如果算法的复杂度是 $O(n^2)$、$O(m^2)$、$O(nm)$或更高，它就不是好算法，例如 Floyd 算法的复杂度是 $O(n^3)$，Bellman-Ford 算法的复杂度是 $O(nm)$，它们都不是高效的算法。

由于复杂度和 n、m 都有关系，因此 n、m 的情况对算法的选择有影响，稀疏图和稠密图适用于不同的算法。如果 n 和 m 的数量级相同，那就是稀疏图。如果 m 很大，例如在极端情况下，每两个点之间都有边连接，$m≈n^2/2$，则此时是极稠密图。

图的基本特征是点和边，图的基本算法是用搜索来处理点和边的关系。用 BFS 和 DFS 遍历一个图非常简单。BFS 和 DFS 是解决图问题的基本算法，与图有关的算法大部分都是基于它们的。这些算法，或者直接用 BFS 和 DFS 来解决问题，或者使用了 DFS 或 BFS 的思想。特别是 DFS，用递归来搜索图，其编程实现十分简便。图论中的很多算法，例如拓扑排序、强连通分量等，都建立在 DFS 之上。

图的一个基本问题是连通性检查，判断图中所有的点之间是否连通。本书在 5.3 节“连通性判断”和 6.1 节“并查集”中，分别用 BFS、DFS、并查集求解了连通性问题，读者若存疑可回顾相关内容。连通性检查的代码比较简单，例如用 DFS 检查连通性，只要从一个点出发执行 DFS，就能找到它连通的点。

10.2　图的存储

对图的任何操作，都需要基于一个存储好的图。图的存储结构应该是一种有序的存储结构，能让程序很快定位到点 u 和 v 的边(u, v)。通常情况下，计算复杂度为 $O(1)$，即只用一次或几次计算就定位到。

算法竞赛中常用 3 种数据结构来存储图：邻接矩阵、邻接表、链式前向星。本节介绍邻接矩阵和邻接表，它们适用于绝大多数情况。链式前向星非常省空间，可应用于极大的图中。

✧ 提示：除了上述 3 种方法，还有一种极简单、极省空间的存储图的方法，就是直接用数组存储起点 u、终点 v、边长 w 的三元组$\{u, v, w\}$。但是这种方法有一个极大的缺点，无法快速定位点和边，所以其应用场景较少。10.6 节“Bellman-Ford 算法”、10.8.2 小节“Kruskal 算法”使用了这一存储方法，因为这两种算法不需要定位具体的点和边。

---

1. 邻接矩阵

这是最简单、最容易操作的存储方法，特别适用于稠密图，图越稠密越好。如果用于稀疏图，则非常浪费空间。

定义 int graph[N][N]二维数组来存储图。graph[i][j]的值是点 i 到 j 的边的权值，例如 graph[1][2] = 3，graph[2][1] = 5 等。

把边分成两种情况，无向边和有向边，分别对应无向图和有向图。

（1）无向图：graph[i][j] = graph[j][i]。

（2）有向图：graph[i][j] != graph[j][i]。

i 和 j 之间没有边怎么办？定义一个极大值 INF，用 graph[i][j] = INF 表示 i 和 j 之间无边。

邻接矩阵的优点如下。

（1）适合稠密图。

（2）代码非常简短；对边的存储、查询、更新等操作又快又简单，只需要一步就能实现访问和修改边。

邻接矩阵的缺点如下。

（1）存储的空间复杂度为 $O(n^2)$，太高了。用它存稀疏图时，由于 graph[i][j]中有大量点是不存在的，所以使用邻接矩阵非常浪费空间。当 $n = 10000$ 个点时，空间需要 100MB，已经超过了常见算法竞赛题的空间限制。而有 1×10^6 个点的图在竞赛题中是很常见的。

（2）一般情况下不能存储重边。(u, v)之间可能有两条或更多条边，这就是重边。为什么需要重边？因为点与点之间的边可能需要定义不同的度量，如费用、长度等，它们不能合并为一个度量。有向边(u,v)在矩阵中只能存储一个参数，矩阵本身的局限性使它不能存储重边。不过，如果这个参数值只是用来表示边的数量，那么也算存储了重边。

2. 邻接表

邻接表是最常用的存储方法，它只存储存在的边，不存储不存在的边，这是它相对邻接矩阵的优点。

邻接表的编程也不麻烦，可以直接使用系统函数来实现，省去了自写邻接表代码这一步。例如 C++中使用 STL 的 vector，Python 中使用 list 等。

邻接表特别适用于稀疏图。它的优点是存储效率非常高，只需要与边数成正比的空间，存储的空间复杂度为 $O(n+m)$；而且能存储重边。缺点是编程比邻接矩阵稍微麻烦一些，访问和修改也慢一些。

（1）C++的 vector 存储邻接表。

用 STL 的 vector 实现邻接表，代码如下。

```
//定义边
    struct edge{
        int from, to, w;                    //边：起点 from，终点 to，权值 w
        edge(int a, int b,int c){from=a; to=b; w=c;}  //对边赋值
    };
    vector<edge> e[N];                      //e[i]：存第 i 个结点连接的所有的边
//初始化
    for(int i=1; i<=n; i++)
        e[i].clear();
//存边
    e[a].push_back(edge(a,b,c));             //把边(a,b) 存到结点 a 的邻接表中
//检索结点 u 的所有邻居
    for(int i=0; i < e[u].size(); i++){  //结点 u 的邻居有 e[u].size()个
        ...
    }
```

（2）Python 存储邻接表。

用 Python 实现邻接表极为简单，下面的代码给出了邻接表的定义，以及读图、遍历邻居点等功能。

```
edge = [[] for i in range(N+1)]             #定义邻接表
for i in range(N):
    u, v, w = map(int, input().split())     #读入点 u、点 v 和边长 w
    edge[u].append((v,w))                   #存储，点 u 的一个邻居是点 v，边长是 w
for v,w in edge[u]:                         #遍历点 u 的邻居。点 v 是一个邻居，边长是 w
```

10.3 拓扑排序

在现实生活中，我们经常要做一连串的事情，而这些事情之间有顺序关系或者依赖关系，所以做一件事情之前必须先做另一件事。这些事情可以抽象为图论中的拓扑排序问题。

拓扑排序是 BFS 和 DFS 的一个简单、直接的应用。从代码上看，拓扑排序几乎就是纯粹的 BFS 和 DFS。

1. 拓扑排序

设有 a、b、c、d 等事情，其中 a 的优先级最高，b、c 的优先级相同，d 的优先级最低，表示为 $a\to(b, c)\to d$，那么 $abcd$ 或者 $acbd$ 都是可行的排序。把事情看作图的点，先后关系看作有向边，把问题转化为在图中求一个有先后关系的序列，这就是拓扑排序，如图 10.1 所示。

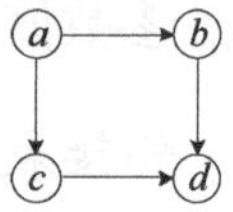

图 10.1　用图表示先后关系

显然，一个图能进行拓扑排序的充要条件是它是一个有向无环图。有环图不能进行拓扑排序。

2. 图的入度和出度

拓扑排序用到了点的出度和入度概念。

出度：以点 *u* 为起点的边的数量，称为点 *u* 的出度。

入度：以点 *v* 为终点的边的数量，称为点 *v* 的入度。

一个点的入度和出度，体现了这个点的先后关系。如果一个点的入度等于 0，则说明它是起点，是排在最前面的；如果它的出度等于 0，则说明它是排在最后面的。例如在图 10.2 中，点 *a*、*c* 的入度为 0，它们都是优先级最高的事情；*d* 的出度为 0，它的优先级最低。

拓扑排序结果可以有多个，例如，图 10.2 中的 *a* 和 *c* 谁排在前面都可以，*b* 和 *c* 也是。

拓扑排序用 BFS 或者 DFS 都能实现，DFS 更常用。DFS 天生适合做拓扑排序，简单地在图上做一遍 DFS，就会返回一个拓扑排序结果。

回顾 DFS 的原理：沿着一条路径一直搜索到最底层，然后逐层回退。这个过程正好体现了点和点的先后关系，从而解决了拓扑排序问题。

一个有向无环图（Directed Acyclic Graph，DAG），如果只有一个点 *u* 是 0 入度点，那么从 *u* 开始 DFS，DFS 递归**返回**的就是拓扑排序的结果（是一个**逆序**）。DFS 递归返回的先是最底层的点，它一定是 0 出度点，没有后续点，是拓扑排序的最后一个点；然后逐步回退，最后输出的是起点 *u*；输出的顺序是一个**逆序**。

以图 10.3 为例，从 *a* 开始，递归返回的顺序见点旁边的带下划线的数字。*cdba* 的顺序是拓扑排序的逆序。

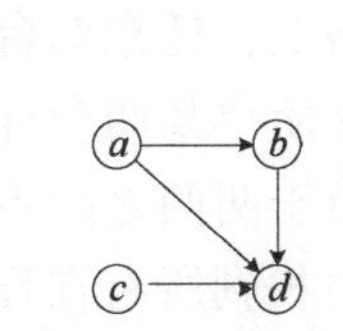

图 10.2　入度和出度

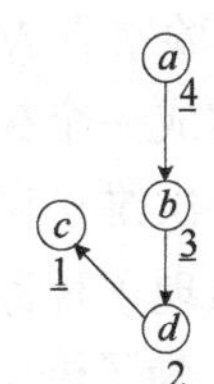

图 10.3　递归和拓扑排序

为了按正确的顺序输出拓扑排序结果，编程时的处理是定义一个拓扑排序队列 list，每次递归输出的时候，就把输出元素插到当前 list 的最前面；最后从头到尾输出 list，得到的就是拓扑排序结果。这实际上是一个**栈**，**直接用** STL 的 stack<int>定义栈也行。

读者可以自己画图，体会 DFS 和拓扑排序的关系。

但是，还有以下一些细节需要处理。

（1）应该以入度为 0 的点为起点，开始 DFS。如何找到入度为 0 的点？需要找到入度为 0 的点吗？如果有多个入度为 0 的点呢？

对于这几个问题，其实并不需要特别处理。想象有一个虚拟的点 *v*，它单向连接到所有其他点。这个虚拟点就是图中唯一的 0 入度点，图中所有其他的点都是它的下一层递归；而且它不会把原图变成环路。从这个虚拟点开始 DFS，就可以完成拓扑排序。例如图 10.4（1）所示有两个 0 入度点 *a* 和 *f*，图 10.4（2）所示有一个虚拟点 *v*，那么递归返回的顺序见点旁边带下划线的数字，返回的是拓扑排序的逆序。

实际编程的时候，并不需要处理这个虚拟点，只要在主程序中把每个点轮流执行一遍 DFS 即可。这样做相当于显式地递归了虚拟点的所有下一层点；或者直接把某个点看作虚拟点，对它的所有邻居点执行 DFS。

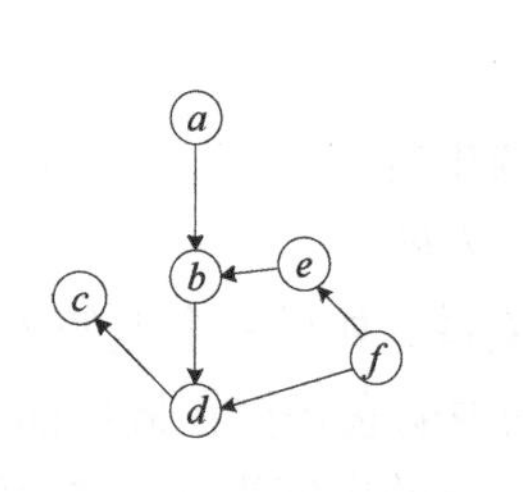

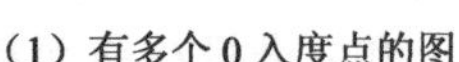
（1）有多个 0 入度点的图

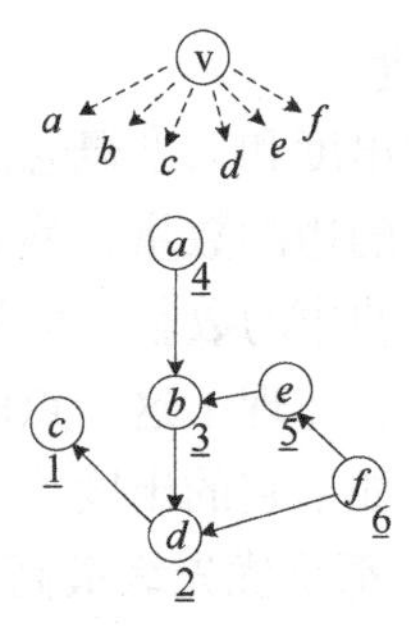

（2）递归返回的顺序

图 10.4　增加虚拟点

（2）如果图不是有向无环图，那么能判断吗？

图不是有向无环图，说明图是有环图，不存在拓扑排序。在递归的时候，会出现**回退边的情况**。

在程序中，可以这样发现回退边：记录每个点的状态，如果 dfs()递归到某个点时发现它仍在前面的递归中没有处理完毕，就说明存在回退边，不存在拓扑排序。

下面的例题在 6.1 节“并查集”曾经用“并查集+暴力 DFS”进行了解析，当时提过这一题用拓扑排序求解更简单。下面用拓扑排序求解本题。

例题 10-1. 发现环

2017 年（第八届）全国赛，lanqiaoOJ 题号 108

【题目描述】小明的实验室有 N 台计算机，编号为 1～N。原本这 N 台计算机之间有 N−1 条数据链接相连，恰好构成一个树形网络。在树形网络上，任意两台计算机之间有唯一的路径相连。不过在最近一次维护网络时，管理员误操作使得某两台计算机之间增加了一条数据链接，于是网络中出现了环路。环路上的计算机由于两两之间不再只有一条路径，因此数据传输出现了 Bug。为了恢复正常传输。小明需要找到所有在环路上的计算机，你能帮助他吗？

【输入格式】第一行包含一个整数 N。以下 N 行每行包含两个整数 a 和 b，表示 a 和 b 之间有一条数据链接相连。对于 30%的数据，$1 \leqslant N \leqslant 1000$；对于 100%的数据，$1 \leqslant N \leqslant 100000$，$1 \leqslant a, b \leqslant N$。输入保证合法。

【输出格式】按从小到大的顺序输出在环路上的计算机的编号，中间用一个空格分隔。

本题需要寻找环，即寻找一个有环图，可以用拓扑排序来查找回退边，回退边连起来就是环。

如果用 BFS 做拓扑排序，在 BFS 的过程中，不断取出度数为 1 的点，留下的就是环。

（1）C++代码。

下面用 DFS 做拓扑排序，代码比用 BFS 做拓扑排序的更简单，也比“并查集+暴力 DFS”的简单多了。代码中的注释详解了用 DFS 做拓扑排序的过程，除了处理环这一部分，它实际上就是一个简单的 DFS。

因为每个点只访问一次，所以复杂度是 $O(n)$。

```
#include <bits/stdc++.h>
using namespace std;
const int N=100000+6;
vector<int>edge[N];
```

```
int pre[N];                        //前驱点，用于生成环
int ring[N];                       //记录环
bool vis[N];                       //vis[i]=True 表示这个点已经被访问过
int tot;                           //环上点的数量
int flag;                          //用于发现环后的回溯
void dfs(int x,int fa){            //x 和它的父结点 fa
    vis[x] = True;                 //标记这个点已被访问
    for(int i=0; i<edge[x].size(); i++){
        int v = edge[x][i];
        if(v == fa)     continue;
        pre[v] = x;                 //v 的前驱是 x
        if(vis[v]){                 //v 在前面递归中被访问过，发现环
            int tmp = v;
            flag = 1;
            while(True)  {          //记录环
                tmp = pre[tmp];
                ring[++tot]=tmp;
                if(tmp==v)   break;     //兜了一圈回来了，出现了环
            }
            return ;
        }
        else  dfs(v,x);             //没有出现环，继续 DFS
        if(flag)  return;           //在 DFS 中发现环了，回溯
    }
}
int main(){
    int n; cin>>n;
    for(int i=1;i<=n;i++) {
        int u,v;    cin>>u>>v;
        edge[u].push_back(v);
        edge[v].push_back(u);
    }
    dfs(1,0);                           //从 1 点开始。从任意点开始都行
    sort(ring+1,ring+tot+1);
    for(int i=1;i<=tot;i++) cout<<ring[i]<< " ";
    return 0;
}
```

（2）Python 代码。

下面的 Python 代码与上面 C++代码的步骤一样。注意掌握 Python 如何用邻接表存储图。

```
N = int(input())
edge = [[] for i in range(N+1)]  #邻接表
pre = [0] * (N+1)
ring = []
vis = [False] * (N+1)
for i in range(N):
    u, v = map(int, input().split())
    edge[u].append(v)
    edge[v].append(u)
def dfs(x,fa):                              #x 和它的父结点 fa
    vis[x] = True
    for son in edge[x]:
        if len(ring) > 0: return
        if not vis[son]:
            pre[son] = x
            dfs(son, x)
        elif son != fa:
            tmp = x
            while tmp != son:
                ring.append(tmp)
                tmp = pre[tmp]
            ring.append(son)
```

```
dfs(1, 0)
ring.sort()
for k in ring:   print(k, end=' ')
```

【练习题】

“走多远”lanqiaoOJ 题号 1337；“排水系统”lanqiaoOJ 题号 793；“神经网络”lanqiaoOJ 题号 748，“航空管制”lanqiaoOJ 题号 1093；“菜肴制作”lanqiaoOJ 题号 1195。

10.4 Floyd 算法

最短路径问题是广为人知的图论问题。

5.2.2 小节“BFS 与最短路径”中曾提到 BFS 也是一种很不错的最短路径算法。适合一种情况：任意的相邻两点之间的距离相等。

在更多的应用场景中，需要用不同的算法来求解最短路径。表 10.1 总结了一些经典算法，除了贪心最优搜索之外，其他**都是最优性算法**，即得到的解是最短路径。表中的 *m* 是边的数量，*n* 是点的数量。

表 10.1　最短路径算法比较

问题	边权	算法	时间复杂度
一个起点，一个终点	非负数；无边权（或边权为 1）	A*	$< O((m+n)\log n)$
		双向广搜	$< O((m+n)\log n)$
		贪心最优搜索	$< O(m+n)$
一个起点到其他所有点	无边权（或边权为 1）	BFS	$O(m+n)$
	非负数	Dijkstra（堆优化优先队列）	$O((m+n)\log n)$
	允许有负数	SPFA	$< O(mn)$
所有点对之间	允许有负数	Floyd	$O(n^3)$

本章后面几节将介绍几种通用的最短路径算法：Floyd、Dijkstra、Bellman-Ford、SPFA 等。

本节将介绍 Floyd 算法。Floyd 算法是最简单的最短路径算法，对应代码仅 4 行且非常易懂，比暴力法更简单易懂。它的效率不高，不能用于大图，但是在某些场景下也有自己的优势，难以替代。

Floyd 算法是一种“多源”最短路径算法，一次计算能得到图中每一对结点之间（多对多）的最短路径。后面要介绍的 Dijkstra、Bellman-Ford、SPFA 都是“单源”最短路径算法，一次计算能得到一个起点到其他所有点（一对多）的最短路径。

✧ 提示：在截至目前的蓝桥杯大赛中，Floyd 算法是最常见的最短路径算法。

10.4.1 Floyd 算法思想

求图上两点 i、j 之间的最短距离，可以按“从小图到全图”的步骤，在逐步扩大图的过程中计算和更新最短路径，这是 DP 求解的思路。定义状态为 dp[k][i][j]，i、j、k 是点的编号，范围为 1～n。状态 dp[k][i][j]表示在包含 1～k 点的子图上，点对 i、j 之间的最短路径。当从子图 1～k−1 扩展到子图 1～k 时，状态转移方程设计如下。

```
dp[k][i][j] = min(dp[k-1][i][j], dp[k-1][i][k] + dp[k-1][k][j])
```

计算过程如图 10.5 所示，图中虚线圆圈内是包含了 1～k−1 点的子图。方程中的 dp[k−1][i][j]是虚线子图内的点对 i、j 的最短路径；dp[k−1][i][k] + dp[k−1][k][j]是经过 k 点的新路径的长度，即这条路径从 i 出发，先到 k，再从 k 到终点 j。比较不经过 k 的最短路径 dp[k−1][i][j]和经过 k 的新路径，较小者就是新的 dp[k][i][j]。每次扩展一个新点 k 时，都能用到 1～k−1 的结果，从而提高了效率。这就是用 DP 求解的方法。

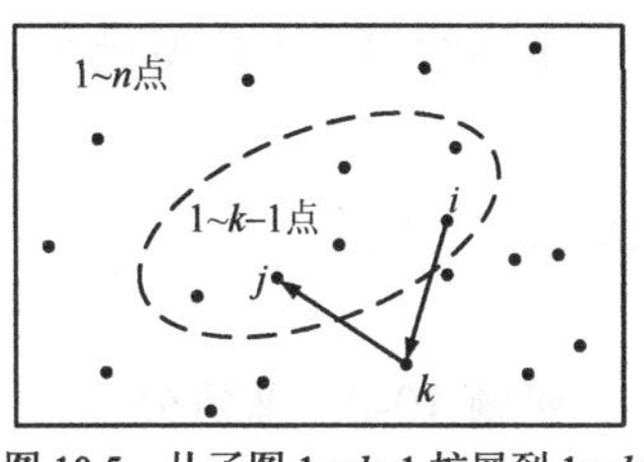

图 10.5　从子图 1～k−1 扩展到 1～k

当 k 从 1 逐步扩展到 n 时，最后得到的 dp[n][i][j]是点对 i、j 之间的最短路径长度。由于 i 和 j 是图中所有的点对，所以能得到所有点对之间的最短路径。

若 i、j 是直连的，初值 dp[0][i][j]就是它们的边长；若 i、j 不是直连的，则将 dp[0][i][j]赋值为**无穷大**。

由于 i、j 是任意点对，所以计算结束后得到了所有点对之间的最短路径。

下面是代码，仅 4 行。这里把 dp[][][]缩小成了 dp[][]，用到了**滚动数组**，因为 dp[k][][]只和 dp[k−1][][]有关，所以可以省略 k 这一维。由于 k 是 DP 的子问题的"阶段"，即 k 是从 1 开始逐步扩大到 n 的，所以 k 的循环必须放在 i、j 循环的外面。三重循环，复杂度为 $O(n^3)$。

```
for(int k=1; k<=n; k++)                    //Floyd 的三重循环
    for(int i=1; i<=n; i++)
        for(int j=1; j<=n; j++)            //k 的循环在 i、j 循环外面
            dp[i][j] = min(dp[i][j], dp[i][k] + dp[k][j]); //比较不经过 k 和经过 k
```

Floyd 算法的寻路极为盲目，几乎"毫无章法"，这是它的效率低于其他算法的原因。但是，这种"毫无章法"在某些情况下却有优势。

与其他最短路径算法相比，Floyd 算法有以下特点。

（1）能在一次计算后求得所有结点之间的最短距离。其他最短路径算法都做不到这一点。

（2）代码极其简单，是最简单的最短路径算法。三重循环结束后，所有点对之间的最短路径都得到了。

（3）效率低下，计算复杂度是 $O(n^3)$，只能用于 $n < 300$ 的小规模的图。

（4）存图用邻接矩阵 dp[][]是最好、最合理的，不用更省空间的邻接表。因为 Floyd 算法计算的结果是所有点对之间的最短路径，本身就需要 n^2 的空间，所以用邻接矩阵存储最合适。

（5）能判断负圈。若图中有权值为负的边，某个经过这个负边的环路，所有边长相加的总长度也是负数，这就是负圈。在负圈上每绕一圈，路径的总长度就更小，从而陷入在负圈上兜圈子的死循环。使用 Floyd 算法很容易判断负圈，只要在算法运行过程出现任意一个 dp[i][i] < 0，就说明有负圈。因为 **dp[i][i]是从 i 出发，经过其他中转点绕一圈回到自己的最短路径**，所以如果 dp[i][i] < 0，就存在负圈。

下面的场景适用 Floyd 算法。

（1）图的规模小，点数 $n < 400$。计算复杂度 $O(n^3)$限制了图的规模。对于 $n < 400$ 这种小图不需要用其他算法，因为其他算法的代码长，写起来麻烦。

（2）问题的解决和中转点有关。这种场景与 Floyd 算法的核心思想不谋而合，算法用 DP 方法遍历中转点来计算最短路径。

（3）路径在“兜圈子”，一个点可能多次经过。处理这种情况是 Floyd 算法的特长，其他最短路径算法都不行。

（4）允许多次询问不同点对之间的最短路径。能应用于这种场景是 Floyd 算法的优势。

下面给出几个典型例题。

10.4.2 例题

例题 10-2. 蓝桥公园

lanqiaoOJ 题号 1121

【题目描述】小明来到了蓝桥公园。已知公园有 N 个景点，景点和景点之间一共有 M 条道路。小明有 Q 个观景计划，每个计划包含一个起点 st 和一个终点 ed，表示他想从 st 去到 ed。但是小明的体力有限，对于每个计划他想通过走最少的路完成，你可以帮帮他吗？

【输入描述】输入第一行包含 3 个正整数 N、M、Q。第 2 到 M+1 行，每行包含 3 个正整数 u、v、w，表示 u、v 之间存在一条距离为 w 的路。第 M+2 到 M+Q−1 行，每行包含两个正整数 st、ed，其含义如题所述。

$1 \leqslant N \leqslant 400$，$1 \leqslant M \leqslant N \times (N-1)/2$，$Q \leqslant 10^3$，$1 \leqslant u,v,\mathrm{st},\mathrm{ed} \leqslant n$，$1 \leqslant w \leqslant 10^9$。

【输出描述】输出共 Q 行，对应输入数据中的查询。若无法从 st 到达 ed，则输出−1。

本题简单演示 Floyd 算法的基本应用。边数 $1 \leqslant M \leqslant N \times (N-1)/2$，说明是一个稠密图。当 $M = N \times (N-1)/2$ 时，任意两个点之间都有边。

代码很简单，但是也有一些容易出错的点，请读者仔细看注释。

（1）C++代码。

```
#include <bits/stdc++.h>
using namespace std;
const long long INF = 0x3f3f3f3f3f3f3f3fLL;          //这样定义 INF 的好处是 INF <= INF+x
const int N = 405;
long long dp[N][N];
int n,m,q;
void input(){
   // for(int i = 1; i <= n; i++)
   //      for(int j = 1; j <= n; j++)    dp[i][j] = INF;
    memset(dp,0x3f,sizeof(dp));                       //初始化，和上面两行的功能一样
    for(int i = 1; i <= m; i++){
        int u,v;long long w;
        cin >> u >> v >> w;
        dp[u][v]=dp[v][u] = min(dp[u][v] , w);    //防止有重边
    }
}
void floyd(){
    for(int k = 1; k <= n; k++)
        for(int i = 1; i <= n; i++)
            for(int j = 1; j <= n; j++)
                dp[i][j] = min(dp[i][j] , dp[i][k] + dp[k][j]);
```

```
}
void output(){
    while(q--){
        int s, t; cin >> s >>t;
        if(dp[s][t]==INF) cout << "-1" <<endl;
        else if(s==t) cout << "0" <<endl;        //如果不这样，dp[i][i]就不等于 0
        else          cout <<dp[s][t]<<endl;
    }
}
int main(){
    cin >> n>> m >> q;
    input();    floyd();    output();
    return 0;
}
```

（2）Python 代码。

```
n,m,q=map(int,input().split())
dp = [[int(0x3f3f3f3f3f3f3f3f) for _ in range(405)]for _ in range(405)]
def input_():
    global dp
    for i in range(1,m+1):
        u,v,w = map(int,input().split())
        ww = min(dp[u][v],w)   #去掉重边
        dp[u][v] = ww
        dp[v][u] = ww
def floyd():
    global dp
    for k in range(1, n + 1):
        for i in range(1, n + 1):
            for j in range(1, n + 1):
                if dp[i][k]+dp[k][j]<dp[i][j]:  dp[i][j] = dp[i][k]+dp[k][j]
def output():
    global q
    for i in range(q):
        s,t = map(int,input().split())
        if dp[s][t] == 0x3f3f3f3f3f3f3f3f:  print(-1)
        elif s==t:                          print(0)
        else:                               print(dp[s][t])
input_()
floyd()
output()
```

例题 10-3. 补给

2020 年（第十一届）全国赛，lanqiaoOJ 题号 1050

时间限制：3s　**内存限制**：128MB

【题目描述】小蓝是一个直升飞机驾驶员，他负责给山区的 n 个村庄运送物资。每个月，他都要到每个村庄至少一次，可以多于一次，将村庄需要的物资运送过去。每个村庄都正好有一个直升机场，每两个村庄之间的路程都正好是村庄之间的直线距离。由于直升机的油箱大小有限，因此小蓝单次飞行的距离不能超过 D。每个直升机场都有加油站，可以给直升机加满油。每个月，小蓝都是从总部出发，在给各个村庄运送完物资后回到总部。如果方便，小蓝中途也可以经过总部来加油。总部位于编号为 1 的村庄。请问，要完成一个月的任务，小蓝至少要飞行多长距离？

【输入描述】输入的第一行包含两个整数 n、D，分别表示村庄的数量和单次飞行的距离。接下来的 n 行描述村庄的位置，其中第 i 行包含两个整数 x_i、y_i，分别表示编号为 i 的村

庄的坐标。村庄 i 和村庄 j 之间的距离为 $\sqrt{(x_i-x_j)^2+(y_i-y_j)^2}$。$1\leqslant n\leqslant 20$，$1\leqslant x_i$，$y_i\leqslant 10^4$，$1\leqslant D\leqslant 10^5$。

【**输出描述**】输出一行，包含一个实数，四舍五入保留正好两位小数，表示答案。

本题是经典的“旅行商”问题，即从起点出发，找一条经过所有 n 个点再回到起点的最短路径。与 7.4 节“状态压缩 DP”的例题 7-13“坐标搜寻”相似。

先计算出任意两点之间的最短路径，把两点之间的最短路径看作边，建立一个图。在这个图上求解旅行商问题。

如何计算任意两点间的最短路径？显然要用 Floyd 算法。把村庄抽象为点，任意两个村庄之间能直接飞到，那么任意两个村庄之间都有边，这是一个稠密图，且 $n\leqslant 20$，规模很小，用 Floyd 算法求最短路径非常合适。

本题的求解思路是“状态压缩 DP+最短路径”。

（1）C++代码。

定义 w[i][j]：表示从村庄 i 到村庄 j 之间的最短距离。用 Floyd 算法计算。

状态压缩 DP 部分，完全套用了 7.4 节“状态压缩 DP”的例题 7-13“坐标搜寻”的模板代码，请读者对照阅读。

本题的时间限制是 3s。旅行商问题的计算复杂度是 $O(n^2\times 2^n)$，本题的 n=20 时，计算量为 $n^2\times 2^n=419430400$，勉强可以满足时间限制。

本题的空间限制是 128MB。下面第 10 行定义的 dp[][]若用 double 型，则会超出内存限制。改用 int 型，然后在第 33 行、第 36 行、第 37 行用乘、除 5000 转换为 double 型。

```
1  #include <bits/stdc++.h>
2  using namespace std;
3  const int INF=0x3f3f3f3f;
4  double x[20],y[20];
5  double dis(int a,int b){
6      return sqrt((x[a]-x[b])*(x[a]-x[b])+(y[a]-y[b])*(y[a]-y[b]));
7  }
8  int n;
9  double w[20][20],D;
10 int dp[1<<20][20];                    //先用 int 型，比用 double 型省空间
11 void floyd(){
12     for(int k=0;k<n;k++)
13         for(int i=0;i<n;i++)
14             for(int j=0;j<n;j++)
15                 w[i][j]=min(w[i][j],w[i][k]+w[k][j]);
16 }
17 int main(){
18     cin>>n>>D;
19     for(int i=0;i<n;i++)    cin>>x[i]>>y[i];
20     for(int i=0;i<n;i++)               //初始化两个村庄之间的距离
21         for(int j=i+1;j<n;j++){
22             w[i][j]=w[j][i]=dis(i,j);
23             if(w[i][j]>D) w[i][j]=w[j][i]=INF; //距离大于 D
24         }
25     floyd();
26     memset(dp,0x3f,sizeof(dp));      //初始化最大值
27     dp[1][0]=0;                      //开始：集合中只有点 0，起点和终点都是 0
28     for(int S=0;S<(1<<n);S++)        //从小集合扩展到大集合，集合用 S 的二进制数表示
29         for(int j=0;j<n;j++)         //枚举点 j
30             if((S>>j&1))
31                 for(int k=0;k<n;k++) //枚举到达 j 的点 k，k 属于集合 S-j
32                     if(((S^(1<<j))>>k&1))
```

```
                   dp[S][j]=min(dp[S][j],dp[S^(1<<j)][k]+int(5000*w[k][j])) ;
    int ans=INF;     //找到所有路径中最短的路径
    for(int i=1;i<n;i++)
        ans=min(ans,int(w[i][0]*5000)+dp[(1<<n)-1][i]); //加上回到起点的长度
    printf("%.2f",ans/5000.0);
}
```

（2）Python 代码。

✧ 提示：下面的代码运行会超时。因为 Python 的 for 循环非常慢，本题的计算量为 $O(n^2 \times 2^n)$，当 $n = 20$ 时下面代码需要数分钟才能运行结束。蓝桥杯大赛一般不会把这种题放在 Python 组中。

```
from math import *
def dis(i, j):  return sqrt((xy[i][0]-xy[j][0])**2+(xy[i][1]-xy[j][1])**2)
def floyd():
    global w
    for k in range(n):
        for i in range(n):
            for j in range(n):   w[i][j]=min(w[i][j],w[i][k]+w[k][j])
n,D = map(int,input().split())
dp = [[float('inf')]*(21) for _ in range((1<<21))]
w = [[float('inf')]*(21) for _ in range(21)]
xy = []              #坐标
for _ in range(n): xy.append(list(map(float, input().split())))
for i in range(n):
    for j in range(i+1,n):
        w[i][j] =dis(i,j); w[j][i]=w[i][j]
        if w[i][j]>D: w[i][j]=float('inf');w[j][i]=float('inf')
floyd()
for i in range(i<(1<<n)):
    for j in range(n):    dp[i][j]=float('inf')
dp[1][0] = 0
for S in range(1<<n):
    for j in range(n):
        if (S>>j) & 1:
            for k in range(n):
                if (S^(1<<j)) >> k & 1 :
                    dp[S][j] = min(dp[S][j],dp[S^(1<<j)][k] + w[k][j])
ans = inf
for i in range(1,n):   ans=min(ans,w[i][0]+dp[(1<<n)-1][i])
print("%.2f" % ans)
```

【练习题】

"路径" lanqiaoOJ 题号 1460；"打印路径" lanqiaoOJ 题号 1656；"指数移动" lanqiaoOJ 题号 1657；"环境治理" lanqiaoOJ 题号 2178；"估计人数" lanqiaoOJ 题号 235。

10.5　Dijkstra 算法

Dijkstra 算法是非常有名的最短路径算法，也是一般的最短路径问题中最常用、效率最高的算法之一。与 Floyd 这种"多源"最短路径算法不同，Dijkstra 是一种"单源"最短路径算法，一次计算能得到从一个起点 s 到其他所有点的最短距离，并能记录每个点的最短路径上的途径点。

10.5.1 Dijkstra 算法思想

Dijkstra 算法的模型以多米诺骨牌为例，读者可以想象一下下面的场景。

在图中所有的边上排满多米诺骨牌，相当于把骨牌看成图的边。一条边上的多米诺骨牌数量和边的权值（如长度或费用）成正比。规定所有骨牌倒下的速度都是一样的。如果在一个结点上推倒骨牌，会导致这个结点后的所有骨牌都往后面倒下。

在起点 s 推倒骨牌，可以观察到，从 s 开始，它连接的边上的骨牌都逐渐倒下，并到达所有能达到的结点。在某个结点 t，可能先后有不同线路的骨牌倒过来；先倒过来的骨牌，其经过的路径，就是从 s 到达 t 的最短路径；后倒过来的骨牌，对确定结点 t 的最短路径没有贡献。

从整体来看，这就是一个从起点 s 扩散到整个图的过程。

在这个过程中，观察所有结点的最短路径是如何得到的，步骤如下。

（1）在 s 的所有直连邻居点中，最近的邻居点 u 的骨牌首先到达。u 是第一个确定最短路径的结点。从 u 直连到 s 的路径肯定是最短的。

（2）把后面骨牌的倒下分成两部分，一部分是从 s 继续倒下到 s 的其他的直连邻居点，另一部分从 u 出发倒下到 u 的直连邻居点。那么下一个到达的结点 v，必然是 s 或者 u 的一个直连邻居点。v 是第二个确定最短路径的结点。

（3）按照以上步骤继续操作，在每一次迭代过程中，都能确定最短路径的一个结点。

表 10.2 总结了 Dijkstra 算法的基本过程。

表 10.2　Dijkstra 算法的基本过程

步骤	做法	具体操作	结果
1	从起点 s 出发，用 BFS 扩展它的邻居点	把这些邻居点放到一个集合 A 中，并记录这些点到 s 的距离	
2	选择距离 s 最近的那个邻居点 v，继续用 BFS 扩展 v 的邻居点	（1）在 A 中找到距离 s 最近的点 v，把 v 的邻居点放到 A 中； （2）如果 v 的邻居点经过 v 中转，到 s 的距离更短，则更新这些邻居点到 s 的距离； （3）从集合 A 中移走 v，后面不再处理 v	（1）得到了从 s 到 v 的最短路径； （2）v 的邻居点更新了到 s 的距离
3	重复步骤 2，直到所有点都扩展到并计算完毕		集合 A 为空。计算出了所有点到 s 的最短距离

Dijkstra 算法应用了**贪心算法**的思想，即“抄近路走，肯定能找到最短路径”。算法可以简单概括为 Dijkstra = BFS + 贪心。实际上，**Dijkstra + 优先队列 = BFS + 优先队列**（队列中的数据是从起点到当前点的距离）。

下面分析此算法的**复杂度**。设图的点有 n 个，边有 m 条。编程的时候，集合 A 一般用优先队列来模拟。优先队列可以用堆或其他高效的数据结构实现，往优先队列中插入一个数、取出最小值的操作的复杂度都是 $O(\log n)$。一共往队列中插入 m 次（每条边都要进集合 A 一次），取出 n 次（每次从集合 A 中取出距离 s 最近的一个点，取出时要更新这个点的所有邻居点到 s 的距离，设一个点平均有 k 个邻居点），那么总复杂度是 $O(m\times\log n + n\times k\times\log n) \approx O(m\times\log n)$，一

般有 m 大于 n。注意在稠密图情况下，m 是 $O(n^2)$，k 是 $O(n)$。在计算单源最短路径时，Dijkstra 是效率非常高的算法。

题目若是稀疏图，往往 n 很大而 m 较小，必须使用邻接表、链式前向星来存储图；若是稠密图，则 n 较小，就用简单的邻接矩阵来存储图，用邻接表来存储图并不能减少所需存储空间。

✧ 提示：Dijkstra 算法不仅高效，而且稳定。从集合 A 中得到一个点的最短路径后，继续 BFS 时只需要扩展和更新这个点的邻居点，范围很小，可以看出算法是**高效**的；每次从集合 A 中都能得到一个点的最短路径，可以看出算法是**稳定**的。

Dijkstra 算法的局限性是边的权值**不能为负数**。因为 Dijkstra 算法基于 BFS，其计算过程是从起点 s 逐步往外扩散的，每扩散一次就用贪心算法得到一个点的最短路径。扩散要求路径越来越长，如果遇到一个负权边，就会导致路径变短，从而使扩散失效。在图 10.6 中，设当前得到 $s \to u$ 的最短路径，路径长度为 8，此时 $s \to u$ 的路径计算已经结束了。继续扩展 u 的邻居点，如果 u 到邻居点 v 的边权是-15，而 v 到 s 的距离为 20，那么 u 存在另一条经过 v 到 s 的路径，距离为 $20 + (-15) = 5$，这推翻了前面已经得到的长度为 8 的最短路径，破坏了 BFS 的扩散过程。

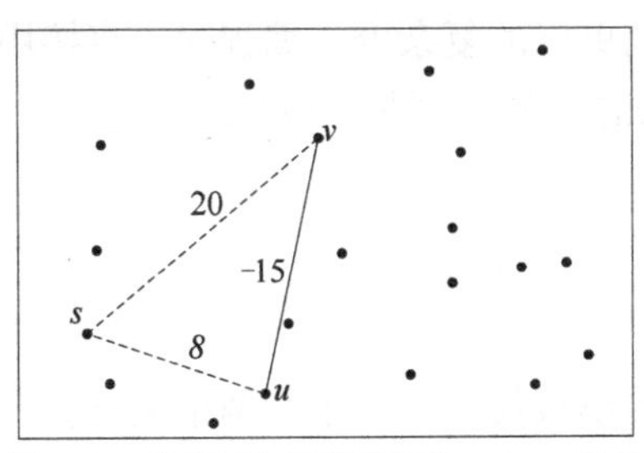

图 10.6 带负权边的图不能用 Dijkstra 算法

10.5.2 编程实现 Dijkstra 算法

Dijkstra 算法代码的主要内容是维护两个集合，分别为已确定最短路径的结点集合 A、这些结点向外扩散的邻居点集合 B。步骤如下。

（1）把起点 s 放到 A 中，把 s 的所有邻居点放到 B 中。此时，邻居点到 s 的距离就是直连距离。

（2）从 B 中找出距离起点 s 最近的结点 u，放到 A 中。

（3）把 u 的所有新邻居点放到 B 中。显然，u 的每一条边都连接了一个邻居点，每个新邻居点都要加进去。其中 u 的一个新邻居点 v，它到 s 的距离 $\text{dis}(s, v)$等于 $\text{dis}(s, u) + \text{dis}(u, v)$。

（4）重复步骤（2）、（3），直到 B 为空，结束。

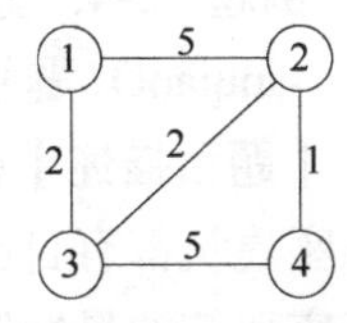

图 10.7 无向图

计算结束后，可以得到从起点 s 到其他所有结点的最短距离。

举例说明，如图 10.7 所示。图 10.7 中，起点是 1，求 1 到其他所有结点的最短路径。

（1）1 到它自身的距离最短，把 1 放到集合 A 里：A={1}。把 1 的邻居点放到集合 B 里：B={(2−<u>5</u>), (3−<u>2</u>)}，其中(2−<u>5</u>)表示结点 2 到起点的距离是 5。

（2）从 B 中找到离集合 A 中起点最近的结点，是结点 3。在 A 中加入 3，现在 A={1, 3}，也就是说得到了从 1 到 3 的最短距离；从 B 中移除(3−2)，B={(2−5)}。

（3）对结点 3 的每条边，扩展它的新邻居点，放到 B 中。3 的新邻居点是 2 和 4，那么 B={(2−5), (2−4), (4,7)}。其中(2−4)是指新邻居点 2 通过 3 到起点 1 的距离是 4。由于(2−4)比(2−5)更好，因此丢弃(2−5)，B={(2−4), (4−7)}。

（4）重复步骤（2）、（3）。从 B 中找到离起点最近的结点，是结点 2。在 A 中加入 2，并从 B 中移除(2−4)；扩展 2 的邻居点，放到 B 中。现在 A={1, 3, 2}，B={(4−7), (4−5)}。由于(4−5)比(4−7)更好，因此丢弃(4−7)，B={(4−5)}。

（5）从 B 中找到离起点最近的结点，是结点 4。在 A 中加入 4，并从 B 中拿走(4−5)。已经没有新邻居点可以扩展。现在 A={1, 3, 2, 4}，B 为空，结束。

下面讨论上述步骤的复杂度。图的边共有 m 条，需要往集合 B 中扩展 m 次。在每次扩展后，需要找集合 B 中距离起点最近的结点。集合 B 最多可能有 n 个结点。把问题抽象为每次往集合 B 中放一个数据；在 B 中的 n 个数中找最小值。如何快速得到答案？如果往 B 中放数据是乱放的，找最小值也使用类似冒泡法的简单方法，复杂度是 n，那么总复杂度是 $O(nm)$，与 10.6 节介绍的 Bellman-Ford 算法的复杂度一样。

上述方法可以改进，以得到更好的复杂度。编程时，直接用优先队列就行了，完成数据的插入和提取。此时 Dijkstra 算法总的复杂度是 $O(m\log n)$，是非常高效的最短路径算法。

10.5.3 例题

下面通过例题给出此算法的模板代码，其中有两个关键。

（1）用邻接表存储图和查找邻居。对邻居的查找和扩展，通过动态数组 vector <edge> e[N] 实现邻接表。其中 e[i]存储第 i 个结点上所有的边，边的一头是它的邻居，即 struct edge 的参数 to。需要扩展结点 i 的邻居的时候，查找 e[i]即可。已经放到集合 A 中的结点，不要扩展；用 bool done[N]记录集合 A，当 done[i] = True 时，表示它在集合 A 中已经找到了最短路径。

（2）在集合 B 中找距离起点最近的结点。直接用 STL 的优先队列 priority_queue <s_node> Q 实现。但是有关丢弃的操作，STL 的优先队列无法做到。例如 10.5.2 小节讲解图 10.7 的步骤（3）中，需要在 B={(2−5), (2−4), (4,7)}中丢弃(2−5)，但是 STL 没有这种操作。在代码中用 bool done[NUM]协助解决这个问题。从优先队列 pop 出(2−4)时，记录 done[2] = True，表示结点 2 已经处理好。下次从优先队列 pop 出(2−5)时，若 done[2]是 True，则丢弃。

例题 10-4. 蓝桥王国

lanqiaoOJ 题号 1122

【题目描述】蓝桥王国一共有 N 个建筑和 M 条单向道路，每条道路都连接着两座建筑，每座建筑都有自己编号，分别为 1～N（其中皇宫的编号为 1）。国王想让小明回答从皇宫到每座建筑的最短路径是多少，但紧张的小明此时已经无法思考，请你编写程序帮助小明通过国王的考核。

【输入描述】输入第一行包含两个正整数 N、M。第 2 到 M+1 行每行包含 3 个正整数 u、v、w，表示 $u \to v$ 存在一条距离为 w 的路。$1 \leqslant N \leqslant 3\times10^5$，$1 \leqslant m \leqslant 10^6$，$1 \leqslant u_i$、$v_i \leqslant N$，$0 \leqslant w_i \leqslant 10^9$。

【输出描述】输出仅一行，共 N 个数，分别表示从皇宫到编号为 1～N 的建筑的最短距离，两两之间用空格隔开。（如果无法到达，则输出-1。）

（1）C++代码。

下面是基本 Dijkstra 算法的代码，使用了“邻接表 + 优先队列”。代码的详细内容已经在前面解释过了。

代码中还包括了输出**最短路径的功能**。Dijkstra 算法输出最短路径非常容易；定义 pre[]，记录每个点的前驱点，最后用 print_path()输出整个路径。

```
#include<bits/stdc++.h>
using namespace std;
const long long INF = 0x3f3f3f3f3f3f3f3fLL; //这样定义 INF 的好处是 INF <= INF+x
const int N= 3e5+2;
struct edge{
    int from, to; long long w; //起点、终点、权值。起点 from 并没有用到，e[i]的 i 就是 from
    edge(int a, int b,long long c){from=a; to=b; w=c;}
};
vector<edge>e[N];                //用于存储图
struct s_node{
    int id; long long n_dis;    //id：结点；n_dis：结点到起点的距离
    s_node(int b,long long c){id=b; n_dis=c;}
    bool operator < (const s_node & a) const
    { return n_dis > a.n_dis;}
};
int n,m;
int pre[N];                                          //记录前驱点，用于生成路径
void print_path(int s, int t) {                      //输出从 s 到 t 的最短路径
    if(s==t){ printf("%d ", s); return; }            //输出起点
    print_path(s, pre[t]);                           //先输出前一个点
    printf("%d ", t);                                //后输出当前点。最后输出的是终点 t
}
long long  dis[N];           //记录所有结点到起点的距离
void dijkstra(){
    int s = 1;               //起点 s 是 1
    bool done[N]; //done[i]=True 表示到结点 i 的最短路径已经找到
    for (int i=1;i<=n;i++) {dis[i]=INF; done[i]=False; }     //初始化
    dis[s]=0;                                   //起点到自己的距离是 0
    priority_queue <s_node> Q;                  //优先队列，存储结点信息
    Q.push(s_node(s, dis[s]));                  //起点入队
    while (!Q.empty())   {
        s_node u = Q.top();                     //pop 出与起点 s 距离最小的结点 u
        Q.pop();
        if(done[u.id])  continue;          //丢弃已经找到最短路径的结点，即集合 A 中的结点
        done[u.id]= True;
        for (int i=0; i<e[u.id].size(); i++) {  //检查结点 u 的所有邻居点
            edge y = e[u.id][i];            //u.id 的第 i 个邻居点是 y.to
            if(done[y.to])  continue;      //丢弃已经找到最短路径的邻居点
            if (dis[y.to] > y.w + u.n_dis) {
                dis[y.to] = y.w + u.n_dis;
                Q.push(s_node(y.to, dis[y.to]));  //扩展新的邻居点，放到优先队列中
                pre[y.to]=u.id;  //如果有需要，就记录路径
            }
        }
    }
    // print_path(s,n);             //如果有需要，就输出路径：起点 1，终点 n
}
int main(){
    scanf("%d%d",&n,&m);
    for (int i=1;i<=n;i++)    e[i].clear();
    while (m--) {
```

```
        int u,v,w;  scanf("%d%d%lld",&u,&v,&w);
        e[u].push_back(edge(u,v,w));
     // e[v].push_back(edge(v,u,w));     //本题是单向路径
    }
    dijkstra();
    for(int i=1;i<=n;i++){
        if(dis[i]>=INF)  cout<<"-1 ";
        else   printf("%lld ", dis[i]);
    }
}
```

（2）Python 代码。

用堆 heapq 实现优先队列。另外，注意邻接表的用法，第 24 行读取 u 的邻居点 v 和它们之间的边长 w，第 12 行遍历 u 的邻居点 v 和对应边长 w。

```
1  import array, heapq
2  def dij(s):
3      done = [0 for i in range(n + 1)]
4      hp = []
5      dis[s] = 0
6      heapq.heappush(hp, (0, s))
7      while hp:
8          u = heapq.heappop(hp)[1]
9          if done[u]:    continue
10         done[u] = 1
11         for i in range(len(G[u])):
12             v, w = G[u][i]             #遍历 u 的邻居点 v 和对应边长 w
13             if done[v]: continue
14             if dis[v] > dis[u] + w:
15                 dis[v] = dis[u] + w
16                 heapq.heappush(hp, (dis[v], v))
17 n, m = map(int, input().split())
18 s = 1
19 G = [[] for i in range(n+1)]           #邻接表用于存储图
20 INF = 1<<64
21 dis=[INF]*(n+1)
22 for i in range(m):
23     u, v, w = map(int, input().split())
24     G[u].append((v,w))                 #存图，u 的一个邻居点是 v，它们之间的边长是 w
25 dij(s)
26 for i in range(1, n + 1):
27     if dis[i]>=INF: print("-1",end=' ')
28     else: print(dis[i], end=' ')
```

10.6 Bellman-Ford 算法

Bellman-Ford 算法是“单源”最短路径算法，它的原理十分简单易懂：一个有 n 个点的图，给每个点 n 次机会，询问邻居点是否有到起点 s 的更短的路径，如果有就更新；经过 n 轮更新，就得到了所有点到起点 s 的最短路径。

第 1 轮：起点 s 的邻居点中，肯定有一个点 u 距 s 是最近的；第 1 轮确定了 s 到 u 的最短路径。

第 2 轮：所有点再次询问邻居点是否有到 s 的更短的路径；显然，要么是 s 的某个邻居点，要么是 u 的某个邻居点，能确定最短路径。

重复以上步骤，每一轮能确定一个点的最短路径。n 个点共计算 n 轮，每一轮需要检查所有的 m 条边，总复杂度为 $O(mn)$。Bellman-Ford 算法能用于边权为负数的图，这是它与 Dijkstra 算法相比的优势，基于"扩散+贪心"的 Dijkstra 算法，边的权值不能为负。

Bellman-Ford 算法的特点是只对相邻结点进行计算，可以避免 Floyd 那种大撒网式的无效计算，大大提高了效率。为了更好地理解这个算法，可以想象图上的每个点都站着一个人，初始时，所有人到 s 的距离设为 INF，即无限大。用下面的步骤求最短路径。

（1）第 1 轮，给所有的 n 个人每人一次机会，询问他的邻居到 s 的最短距离是多少。如果他的邻居到 s 的距离不是 INF，他就能借道，经过这个邻居到 s 去，并且把自己原来的 INF 更新为较短的距离。显然，开始的时候，起点 s 的直连邻居，如 u，肯定能更新距离，而对于 u 的邻居，如 v，如果在 u 更新之后询问 u，则 v 有机会更新，否则就只能保持 INF 不变。特别地，在第 1 轮更新中，存在一个与 s 最近的邻居 t；t 到 s 的直连距离就是全图中 t 到 s 的最短距离。因为它通过别的邻居绕路到 s，肯定会更远。t 的最短距离已经得到，后面不会再更新。

（2）第 2 轮，重复第 1 轮的操作，再给每个人一次询问邻居的机会。这一轮操作之后，至少存在一个 s 或 t 的邻居 v，可以算出它到 s 的最短距离。v 要么与 s 直连，要么通过 t 到达 s。v 的最短距离也得到了，后面不会再更新。

（3）第 3 轮，再给每个人一次机会……

继续以上操作，直到所有人都不会再更新最短距离为止。

每一轮操作都至少有一个新的结点得到了到 s 的最短路径。所以，最多只需要 n 轮操作，就能完成 n 个结点的更新。在每一轮操作中，需要检查所有 m 条边，更新最短距离。根据以上分析，Bellman-Ford 算法的复杂度是 $O(nm)$。

Bellman-Ford 算法有现实的模型，即问路。每个十字路口站着一个警察；在某个路口，路人问警察，怎么走到 s 最近？如果这个警察不知道，他就会问相邻几个路口的警察："从你这个路口走，能到 s 吗？有多远？"这些警察可能也不知道，他们会继续问新的相邻的警察。这样传递下去，最后肯定有个警察是 s 路口的警察，他会把 s 的信息返回给与他相邻的警察，该警察再把信息返回给其他相邻的警察。最后所有的警察都知道怎么走到 s，而且是最短路径。

问路模型里有趣并且能体现 Bellman-Ford 算法思想的一点是警察并不需要知道到 s 的完整的路径，他只需要知道从自己的路口出发，往哪个方向走能到达 s，并且距离最近。

例题 10-5. 出差

2022 年（第十三届）全国赛，lanqiaoOJ 题号 2194

【题目描述】 A 国有 N 个城市，编号为 1～N。小明是编号为 1 的城市中一家公司的员工，今天他突然接到了上级通知，需要去编号为 N 的城市出差。因为疫情，很多直达的交通方式暂时关闭，小明无法乘坐飞机直接从城市 1 到达城市 N，需要通过其他城市进行陆路交通中转。小明通过交通信息网，查询到了 M 条城市之间仍然还开通的路线信息以及每一条路线需要花费的时间。同样因为疫情，小明到达一个城市后需要隔离观察一段时间才能离开该城市前往其他城市。通过网络，小明也查询到了各个城市的隔离信息。由于小明之前在城市 1，因此可以直接离开城市 1，不需要隔离。应上级要求，小明希望能够尽快赶到城市 N，因此他求助于你，希望你能帮他规划一条路线，能够在最短时间内到达城市 N。

【输入描述】 第 1 行：包含两个正整数 N、M，N 表示 A 国的城市数量，M 表示未关闭的路线数量。第 2 行：包含 N 个正整数，第 i 个整数 C_i 表示到达编号为 i 的城市后需要隔离的时间。第 3～$M+2$ 行：每行包含 3 个正整数 u、v、c，表示有一条城市 u 到城市 v 的双向路线仍然开通着，通过该路线的时间为 c。

【输出描述】 输出一个正整数，表示小明从城市 1 出发到达城市 N 花费的最短时间（到达城市 N，不需要计算在城市 N 的隔离时间）。

对于 100%的数据，$1 \leqslant N \leqslant 1000$，$1 \leqslant M \leqslant 10000$，$1 \leqslant C_i \leqslant 200$，$1 \leqslant u, v \leqslant N$，$1 \leqslant c \leqslant 1000$。

本题要求最短路径，数据规模 $1 \leqslant N \leqslant 1000$，$1 \leqslant M \leqslant 10000$ 不算大。用复杂度为 $O(n^3)$的 Floyd 算法会超时，用复杂度为 $O(mn)$的 Bellman-Ford 算法正好，没有必要使用复杂度更小的 Dijkstra 算法或 SPFA。

两点之间的边长，除了路线时间 c，还要加上隔离时间。经过这个转化后，本题是一道简单的 Bellman-Ford 算法模板题。

（1）C++代码。

第 7 行用 struct edge{int a,b,c;}来存储边。虽然这种简单的存储方法不能快速搜索点和边，但正适合 Bellman-Ford 这种简单的算法。本题的边是无向边，要存储为双向边，见第 13、14 行。

Bellman-Ford 算法的代码相当简单，几乎和 Floyd 算法的代码一样短。

```
1   #include<bits/stdc++.h>
2   using namespace std;
3   const int INF = 0x3f3f3f3f;
4   const int M = 20010;               //双向边的最大数量
5   int t[M];
6   int dist[M];                       //dist[i]: 起点到第 i 点的最短路径
7   struct edge{int a,b,c;}e[M];       //分开操作也行，改为 int a[M],b[M],c[M];
8   int main(){
9       int n,m; cin>>n>>m;
10      for(int i=1;i<=n;i++) cin>>t[i];
11      for(int i=1;i<=m;i++){
12          int a,b,c;  cin >>a>>b>>c;
13          e[i].a=a;   e[i].b=b;   e[i].c=c;     //双向边：a->b
14          e[m+i].a=b; e[m+i].b=a; e[m+i].c=c;   //双向边：b->a
15      }
16      //下面是 Bellman-Ford 算法的实现
17      memset(dist,INF,sizeof(dist));   //初始化为无穷大
18      dist[1]=0;                       //起点是 1，1 到自己的距离为 0
19      for(int k=1;k<=n;k++){           //一共有 n 轮操作
20          for(int i=1;i<=2*m;i++){     //检查每条边
21              int u=e[i].a,v=e[i].b;   //u 的一个邻居点是 v
22              int res = t[v];          //隔离时间
23              if(v==n) res = 0;        //终点不用隔离
24              dist[v]=min(dist[v],dist[u]+e[i].c+res);  //u 通过 v 到起点的距离更短，更新
25          }
26      }
27      cout<<dist[n];
28      return 0;
29  }
```

（2）Python 代码。

下面的代码也使用简单的数组来存储边。

✧ 提示：由于 Python 很慢，因此这段代码的复杂度虽然和上面 C++代码的一样，但是其运行时间特别长。

```
n, m = map(int, input().split())
t= [0]+[int(i) for i in input().split()]     #不用t[0]，从t[1]开始
e = []                              #简单的数组用于存储点和边
for i in range(1,m+1):
    a, b,c = map(int, input().split())
    e.append([a,b,c])
    e.append([b,a,c])               #双向边
dist=[0x3f3f3f3f]*(n+1)
dist[1]=0
for k in range(1,n+1):
    for a,b,c in e:                 #检查每条边
        res=t[b]
        if b==n: res=0
        dist[b]=min(dist[b],dist[a]+c+res)
print(dist[n])
```

10.7 SPFA

Bellman-Ford 算法的效率低，没有太高的实用价值，它的改进版本是 SPFA，效率有了极大提升。

在算法竞赛中，如果遇到大图的最短路径计算问题，只能使用 Dijkstra 算法或 SPFA。如果图的边权都大于或等于 0，则用 Dijkstra 算法；如果边权有负数，则用 SPFA。

10.7.1 SPFA 原理

读者稍微深入思考，就能发现 Bellman-Ford 的改进办法：每一轮计算，只需要更新上一轮有变化的那些点的邻居点，而不需要更新所有的点。这种改进用队列来处理，就是 SPFA。SPFA 在一般情况下和 Dijkstra 算法一样好，甚至更好，但最差时其复杂度仍然是 $O(mn)$。

SPFA 的执行步骤如下。

（1）起点 s 入队，计算它所有邻居点到 s 的最短距离（当前最短距离，不是全局最短距离。下文中，把计算一个结点到起点 s 的最短路径简称为更新状态。最后的状态就是 SPFA 的计算结果）。让 s 出队，让状态有更新的邻居点入队，没有更新的邻居点不入队。也就是说，队列中都是状态有变化的结点，只有这些结点才影响最短路径的计算。

（2）现在队列的头部是 s 的一个邻居点 u。弹出 u，更新它所有邻居点的状态，让其中有状态变化的邻居点入队。

（3）弹出 u 之后，在后面的计算中，u 可能会再次更新状态（后来发现，u 借道别的结点去 s，路更近），u 需要重新入队。这一点很容易做到：处理一个新的结点 v 时，它的邻居点可能就是以前处理过的 u，如果 u 的状态变化了，把 u 重新加入队列就行了。

（4）继续以上过程，直到队列为空。这也意味着所有结点的状态都不再更新。最后的状态就是到起点 s 的最短路径。

上面第（3）步决定了 SPFA 的效率。有可能只有很少的结点重新进入队列，也有可能有很多结点，这取决于图的特征。即使两个图的结点和边的数量一样，但是边的权值不同，它们的 SPFA 队列也可能差别很大。所以，**SPFA 不稳定**，它的复杂度在最差情况下是 $O(nm)$。

✧ 提示：竞赛时，有的题目可能会故意考核 SPFA 的不稳定性。如果一道题目的图规模很大，并且边的权值为非负数，那么它很可能故意设置了不利于 SPFA 的测试数据。此时不能用 SPFA 来求解，而应用稳定的 Dijkstra 算法。

SPFA 的优势是边的权值可以为负。不过，负权边可能会导致负圈，从而导致最短路径在负圈中兜圈子。如何判断负圈？前面提到过，每个点经过 n 轮计算就应该能得到最短路径，如果超过 n 轮计算，就很可能出现了负圈。

10.7.2 SPFA 的模板代码

下面用一道例题给出模板代码。

例题 10-6. 随机数据下的最短路问题

lanqiaoOJ 题号 1366

【题目描述】给定 N 个点和 M 条单向道路，每条道路都连接着两个点，每个点都有自己的编号，分别为 1～N。问你从 S 点出发，计算到达每个点的最短路径为多少。

【输入描述】输入第一行包含 3 个正整数 N、M、S。第 2 到 M+1 行每行包含 3 个正整数 u、v、w，表示 $u \to v$ 存在一条距离为 w 的路。$1 \leqslant N \leqslant 5 \times 10^3$，$1 \leqslant M \leqslant 5 \times 10^4$，$1 \leqslant u_i, v_i \leqslant N$，$0 \leqslant w_i \leqslant 10^9$。

【输出描述】输出仅一行，共 N 个数，分别表示从编号 S 到编号为 1～N 点的最短距离，两两之间用空格隔开（如果无法到达，则输出-1）。

（1）C++代码。

spfa()计算起点 s 到其他点的最短路径，是标准的 SPFA。用邻接表来存储图。

```
#include<bits/stdc++.h>
using namespace std;
const long long INF = 0x3f3f3f3f3f3f3f3f;
const int N = 5e3+10;
struct edge{
    int to;    long long w;
    edge(int tt,long long ww) {to = tt; w = ww;}
};
long long dist[N];
int inq[N];
vector<edge> e[N];
void spfa(int s){
    memset(dist,0x3f,sizeof(dist));
    dist[s] = 0;          //起点到自己的距离是 0
    queue<int> q;
    q.push(s);            //从 s 开始，s 入队
    inq[s] = 1;           //起点在队列中
    while(!q.empty()) {
        int u = q.front();
        q.pop();
        inq[u] = 0;     //u 已经不在队列中
        if(dist[u] == INF)      continue;
        for(int i = 0;i < e[u].size();i++) {    //遍历 u 的邻居
            int v = e[u][i].to;
            long long w = e[u][i].w;
            if(dist[v] > dist[u]+w) {           //u 的第 i 个邻居 v，它借道 u 到 s 更近
```

```
                dist[v] = dist[u]+w;            //更新邻居 v 到 s 的距离
                if(!inq[v]) {                   //邻居 v 更新状态了，但 v 不在队列中，将其放进队列
                    q.push(v);
                    inq[v] = 1;
                }
            }
        }
    }
}
int main(){
    int n,m,s;cin>>n>>m>>s;
    for(int i = 1;i <= m;i++)     {
        int u,v; long long w;
        cin>>u>>v>>w;
        e[u].push_back(edge(v,w));
    }
    spfa(s);
    for(int i = 1;i <= n;i++) {
        if(dist[i]==INF)  cout << -1;
        else              cout << dist[i];
        if(i != n)        cout << " ";
        else              cout << endl;
    }
    return 0;
}
```

（2）Python 代码。

用 heapq 处理优先队列。用邻接表来存储图，第 24 行存储了一条边 *u-v*，边长为 *w*。第 12 行遍历了 *u* 的邻居点。

```
1  import heapq
2  def spfa(s):
3      dis[s] = 0
4      hp = []
5      heapq.heappush(hp, s)
6      inq=[0]*(n+1)
7      inq[s]=1
8      while hp:
9          u = heapq.heappop(hp)
10         inq[u]=0
11         if dis[u]==INF: continue
12         for v,w in e[u]:       #遍历点 u 的邻居点 v，对应边长为 w
13             if dis[v] > dis[u] + w:
14                 dis[v] = dis[u] + w
15                 if(inq[v]==0):
16                     heapq.heappush(hp, v)
17                     inq[v]=1
18 n,m,s = map(int, input().split())
19 e = [[] for i in range(n + 1)]
20 INF = 1<<64
21 dis=[INF]*(n+1)
22 for i in range(m):
23     u, v, w = map(int, input().split())
24     e[u].append((v,w))   #u 的邻居点是 v，对应边长是 w
25 spfa(s)
26 for i in range(1, n + 1):
27     if dis[i]>=INF: print("-1",end=' ')
28     else: print(dis[i], end=' ')
```

10.8 最小生成树

树即连通无环图，是一种特殊的图。给定一张连通图，生成的不含有环路的一个连通子图，称为一棵生成树，它包含原图的全部 n 个点，以及选取的 $n-1$ 条边。

树的结点从根开始，层层扩展子树，是一种层次关系，这种层次关系保证了树上的结点不会出现环路。在图的算法中，经常需要在图上先生成一棵树，再进行相应操作。

边权之和最小的树称为最小生成树。最小生成树的基本模型，例如修路问题：在 n 个村庄之间修路，已知每两个村庄之间的距离，怎么修路才能使所有村庄都能互相连通，并且道路总长度最小？这就是最小生成树问题。

图的两个基本元素是点和边，与此对应，有两种方法可以构造最小生成树：一种是从点的角度，另一种是从边的角度。这两种算法都基于贪心算法，因为最小生成树问题满足贪心算法的“最优性原理”，全局最优包含局部最优。

（1）Prim 算法的原理：“最近的邻居一定在最小生成树上”。对点进行贪心操作。从任意一个点 u 开始，把距离它最近的邻居点 v 加入最小生成树中；下一步把距离 $\{u,v\}$ 最近的点 w 加入最小生成树中，且保证加点时连接的边不会导致环路；继续这个过程，直到**所有点**都在最小生成树中。

（2）Kruskal 算法的原理：“最短的边一定在最小生成树上”。对边进行贪心操作。从最短的边开始，把它加入最小生成树中；在剩下的边中找最短的边，如果这条边的加入不会产生环路，就将这条边加入最小生成树中，如果产生了环路，就丢弃它，继续找剩下的最短边；继续这个过程，直到**所有点**都在最小生成树中。

在这两个算法中，重要的问题是判断环路（圈）。最小生成树显然不应该有圈，否则就不是“最小”了。所以，在新加入一个点或者一条边的时候，要同时判断是否形成了圈。判圈是最小生成树算法的核心操作。

10.8.1 Prim 算法

用图 10.8 说明 Prim 算法的操作步骤。设最小生成树中的点的集合是 U，开始时最小生成树为空，所以 U 为空。

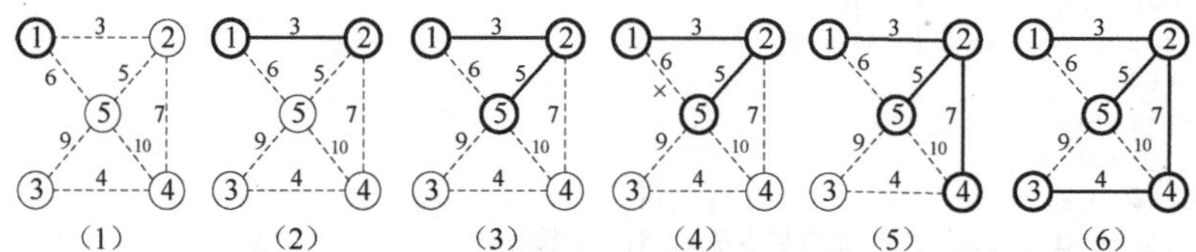

图 10.8 Prim 算法的操作步骤

（1）任取一点，如点 1，将其放到 U 中，$U=\{1\}$。

（2）找离集合 U 中的点最近的邻居点，即离 1 最近的邻居点，是 2，将其放到 U 中，$U=\{1, 2\}$。

（3）找离集合 U 中所有点最近的点，是 5，$U=\{1, 2, 5\}$。

（4）与集合 U 距离最短的是 1、5 之间的边，但是它没扩展新的点，不符合要求。

（5）加入 4，继续以上分析，得 $U=\{1, 2, 5, 4\}$。

（6）加入 3，继续以上分析，得 $U=\{1, 2, 5, 4, 3\}$。所有点都在 U 中，结束。

对比上面的步骤和 Dijkstra 算法的步骤，会发现它们非常相似，不同的是，Dijkstra 算法需要更新 U 的所有邻居点到起点的距离，而 Prim 算法不需要。所以只要把 Dijkstra 算法的程序简化一些即可得到 Prim 算法的程序，Prim 算法是 Dijkstra 算法的简化版。

与 Dijkstra 算法一样，Prim 算法的程序如果用优先队列来查找距离集合 U 中所有点的最近的点，则能优化算法，此时复杂度是 $O(m\log n)$。

例题 10-7. 修建公路

lanqiaoOJ 题号 1124

【题目描述】（这里简化了原题目的描述）给出一个无向图，求最小生成树。如果该图连通，输出一个整数表示最小生成树的边长之和。

【输入描述】输入第一行包含两个整数 n、m，表示有 n 个点和 m 条无向边。接下来的 m 行，每行包含 3 个整数 u、v、w，表示有一条长度 w 的无向边，连接 u 和 v。$1 \leq n \leq 10^5$，$1 \leq m \leq 3\times10^5$，$1 \leq z \leq n$，$w \leq 10^9$。

【输出描述】输出一个整数，表示最小生成树的各边长之和。如果该图不连通，则输出−1。

（1）C++代码。

下面的 Prim 算法的代码与 Dijkstra 算法的代码极为相似。

```
#include <bits/stdc++.h>
using namespace std;
int n,m;
const int N=100005;
typedef long long ll;
const ll INF=0x3f3f3f3f3f3f3f;
bool vis[N];                                       // =True: 表示点 i 已经在最小生成树（MST）中
ll dis[N];
typedef pair<int,int> pii;
vector<pii> e[N];
priority_queue<pair<int,int>,vector<pii>,greater<pii> > q;  //优先队列
void prim(int s){
    memset(dis,INF,sizeof(dis));
    q.push({0,s});                               //从 s 点开始处理队列
    dis[s]=0;
    ll ans=0;
    while(!q.empty())    {
        int u=q.top().second;                    //pop 出距集合中所有点最近的点 u
        q.pop();
        if(vis[u]) continue;                     //丢弃已经在 MST 中的点，有判圈的作用
        vis[u]=1;
        ans+=dis[u];
        for(int i=0;i<e[u].size();i++){          //检查点 u 的所有邻居点
            pii v=e[u][i];                       //一个邻居点
            if(!vis[v.second])
                if(v.first<dis[v.second]){
                    dis[v.second]=v.first;
                    q.push(pii(dis[v.second],v.second)); //扩展新的邻居点，放进优先队列
                }
        }
    }
    for(int i=1;i<=n;i++)                        //判断所有 n 个点是否都在 MST 上
        if(!vis[i]){
```

```
                cout<<"-1"<<endl;
                return ;
            }
        cout<<ans<<endl;
    }
int main(){
        cin>>n>>m;
        for(int i=0;i<m;i++){
            int u,v,w;      scanf("%d%d%d",&u,&v,&w);
            e[u].push_back({w,v});                //存储双向边
            e[v].push_back({w,u});
        }
        prim(1);
        return 0;
}
```

（2）Python 代码。

用堆 heapq 处理优先队列。

```
from heapq import *
def prim():
    ans, cnt = 0, 0                                  #cnt：统计加入 MST 的点的数量
    dis = [float('inf') for _ in range(n + 1)]
    dis[1] = 0
    q = []
    vis = [False for _ in range(n + 1)]              # =True：表示点 i 已经在 MST 中
    heappush(q, (0, 1))                              #从点 s 开始处理队列
    while q and cnt < n:
        w, u = heappop(q)                            #pop 出距集合中所有点最近的点 u
        if not vis[u]:
            vis[u] = True
            ans += w
            cnt += 1
            for v,w in e[u]:                         #遍历点 u 的邻居点 v，边长为 w
                if dis[v] > w:
                    dis[v] = w
                    heappush(q, [dis[v], v])         #扩展新的邻居点，放进优先队列
    if cnt != n:    print('-1')                      #加入 MST 的点的数量不等于 n，说明原图不连通
    else:           print(ans)
n, m = map(int,input().split())
e = [[] for i in range(n + 1)]
for i in range(m):
    u, v, w = map(int,input().split())
    e[u].append((v,w))    #u 的邻居点是 v，边长为 w
    e[v].append((u,w))    #双向边
prim()
```

10.8.2 Kruskal 算法

Kruskal 算法有两个关键之处。

（1）对边进行排序。排序后，依次把最短的边加入最小生成树中。

（2）判断圈，即处理连通性问题。这个问题用并查集来解决简单又高效，并查集是 Kruskal 算法的绝配。

以图 10.9 为例说明 Kruskal 算法的操作步骤。

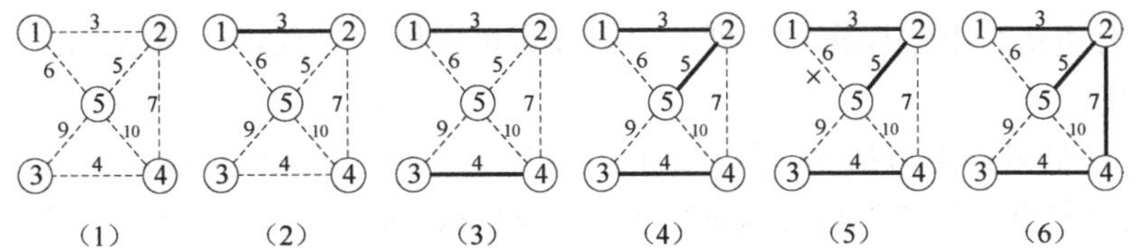

图 10.9　Kruskal 算法的操作步骤

（1）初始时最小生成树 T 为空。令 S 为以结点 i 为元素的并查集，开始的时候，每个点属于独立的集，如图 10.10 所示（为了便于讲解，下面的图中都区分了结点 i 和集 S：集的编号加了下划线）。

S	1	2	3	4	5
i	1	2	3	4	5

图 10.10　初始时的结点

（2）加入第一条最短边(1−2)：T={1−2}。在并查集 S 中，把结点 2 合并到结点 1，也就是把结点 2 的集 2 改成结点 1 的集 1，如图 10.11 所示。

S	1	**1**	3	4	5
i	1	2	3	4	5

图 10.11　加入第一条最短边

（3）加入第二条最短边(3−4)：T={1−2, 3−4}。在并查集 S 中，把结点 4 合并到结点 3，如图 10.12 所示。

S	1	1	3	**3**	5
i	1	2	3	4	5

图 10.12　加入第二条最短边

（4）加入第三条最短边(2−5)：T={1−2, 3−4, 2−5}。在并查集 S 中，把结点 5 合并到结点 2，也就是把结点 5 的集 5 改成结点 2 的集 1，如图 10.13 所示。在集 1 中，所有结点都指向了根结点，这样做能避免并查集的**长链**问题，即使用了“路径压缩”的方法。

S	1	1	3	3	**1**
i	1	2	3	4	5

图 10.13　加入第三条最短边

（5）对于第四条最短边(1−5)，检查并查集 S，发现 5 已经属于集 1，故丢弃这条边。这一步实际上是发现了一个**圈**。并查集的作用就体现在这里。

（6）加入第五条最短边(2−4)。在并查集 S 中，把结点 4 合并到结点 2。注意这里结点 4 原来属于集 3，实际上修改的是把结点 3 的集 3 改成 1，如图 10.14 所示。

S	1	1	**1**	3	1
i	1	2	3	4	5

图 10.14　加入第五条最短边

（7）对所有边执行上述操作，直到结束。读者可以练习加入最后两条边(3−5)、(4−5)，这两条边都会形成圈。

Kruskal 算法的复杂度包括两部分，对边的排序的复杂度为 $O(m\log m)$，并查集的操作的复杂度为 $O(m)$，总复杂度为 $O(m\log m + m)$，约等于 $O(m\log m)$，时间主要花在了排序上。

✧ 提示：对比 Kruskal 算法和 Prim 算法的复杂度，结论是 Kruskal 算法适用于稀疏图，Prim 算法适用于稠密图。

下面是例题 10-7 “修建公路”的 Kruskal 算法的代码。

（1）C++代码。

```
#include<bits/stdc++.h>
using namespace std;
const int N = 100005,M = 300006;
int n,m,cnt;                              //cnt：统计加入 MST 的边的数量，MST 的边数应该等于 n-1
int s[N];                                 //并查集
struct Edge{ int from,to,dis;}e[M];       //用最简单且最省空间的结构体数组存储边
bool cmp(Edge a,Edge b){                  //从小到大排序
    return (a.dis<b.dis);
}
int find(int x)  {                        //查询并查集，返回 x 的根
    if(x!=s[x]) s[x]=find(s[x]);          //路径压缩
    return s[x];
}
void union_set(int x,int y)   {           //合并
    s[find(y)]=find(x);
}
int main(){
    cin>>n>>m;
    for(int i=1;i<=m;++i)  cin>>e[i].from>>e[i].to>>e[i].dis;
    for(int i=1;i<=n;++i)  s[i]=i;        //并查集初始化
    sort(e+1,e+m+1,cmp);                  //对边排序
    long long ans=0;
    for(int i=1;i<=m;++i){                //贪心：逐一加入每条边
        if(find(e[i].from)!=find(e[i].to)){   //判断边的端点是否属于同一个集
            ans+=e[i].dis;                    //计算 MST
            union_set(e[i].from,e[i].to);     //合并
            ++cnt;                            //统计 MST 中的边数
        }
        if(cnt==n-1) break;                   //边数等于 n-1，MST 已经完成
    }
    if(cnt!=n-1)      cout<<"-1";             //边的数量不等于 n-1，说明有点不在 MST 上
    else              cout<<ans;
    return 0;
}
```

（2）Python 代码。

```
e = []
s = []                                   #并查集
def find(x):                             #查询并查集，返回 x 的根
    if s[x] == x:  return x
    s[x] = find(s[x])                    #路径压缩
    return s[x]
def kruskal():
    cnt=0
    ans = 0
    e.sort(key=lambda tup: tup[2])       #对边排序
```

```
    for i in range(n + 1):   s.append(i)   #并查集初始化
    for i in range(m):
        x, y = e[i][0], e[i][1]
        e1, e2 = find(x), find(y)
        if e1 == e2:  continue             #属于同一个集：产生了圈，丢弃
        else:
            ans+=e[i][2]
            s[find(y)]=find(x)             #合并
            cnt += 1
        if cnt==n-1: break                 #边数等于 n-1，MST 已经完成
    if cnt != n-1:      print("-1")        #边的数量不等于 n-1，说明有点不在 MST 上
    else:               print(ans)
    return
n,m = map(int,input().split())
for i in range(m):
    u, v, w = map(int,input().split())
    e.append((u, v, w))                    #存储边
kruskal()
```

【练习题】

“聪明的猴子”lanqiaoOJ 题号 862；“部落划分”lanqiaoOJ 题号 967；“通电”lanqiaoOJ 题号 162；“旅行”lanqiaoOJ 题号 859。

小　　结

本章介绍了蓝桥杯大赛中常见的图论知识点，大赛中最常出现的是最短路径算法的相关题目。

图论算法丰富且充满趣味性，题目可难可易，受到出题人和参赛人员的欢迎。

一个图论问题常有多种算法可以解决。例如求最短路径的有 BFS 算法、Floyd 算法、SPFA 算法、Dijkstra 算法，求最小生成树的有 Kruskal 算法、Prim 算法，求最大流的有 Edmonds-Karp 算法、Dinic 算法、ISAP 算法等。它们各有优缺点，各有适合的应用场景。

图论问题往往是现实问题的抽象，是科学研究的重要方向，图论的相关内容在应用软件中也得到了广泛应用，例如游戏软件中场景的寻径、地图软件的导航、网络分组的转发等。